U0316383

剑桥

全球经济专题史

稻米
全球网络与新历史

〔英〕白馥兰
（Francesca Bray）

〔美〕彼得·A.科克拉尼斯
（Peter A. Coclanis）　编

〔美〕埃达·L.菲尔兹 布莱克
（Edda L. Fields-Black）

〔德〕达格玛·舍费尔
（Dagmar Schäger）

秦传安　译

上海财经大学出版社

上海市"十四五"时期重点出版物出版专项规划项目

图书在版编目(CIP)数据

稻米:全球网络与新历史/(英)白馥兰等编;秦传安译. —上海:
上海财经大学出版社,2023.1
(剑桥·全球经济专题史)
书名原文:*Rice:global networks and new histories*
ISBN 978-7-5642-3994-7/F·3994

Ⅰ.①稻… Ⅱ.① 白…②秦… Ⅲ.①水稻栽培-农业史-世界
Ⅳ.①S511-091

中国版本图书馆 CIP 数据核字(2022)第 113835 号

□ 责任编辑　　吴晓群

□ 封面设计　　陈　楠

□ 版式设计　　张克瑶

稻　米
全球网络与新历史

[英]白馥兰
(Francesca Bray)
[美]彼得·A. 科克拉尼斯
(Peter A. Coclanis)　　　　编
[美]埃达·L. 菲尔兹-布莱克
(Edda L. Fields-Black)
[德]达格玛·舍费尔
(Dagmar Schäger)
　　秦传安　　　　　译

上海财经大学出版社出版发行
(上海市中山北一路369号　邮编200083)
网　　址:http://www.sufep.com
电子邮箱:webmaster@sufep.com
全国新华书店经销
上海华教印务有限公司印刷装订
2023 年 1 月第 1 版　2023 年 1 月第 1 次印刷

787mm×1092mm　1/16　31.25 印张(插页:2)　459 千字
定价:148.00 元

稻米在今天已经是世界上一半人口的粮食。其历史与殖民主义的出现、工业资本主义的全球网络和现代世界经济难分难解地纠缠在一起。稻米的历史当前是一个至关重要、富于创新的研究领域,吸引人们予以严肃认真的关注,但至今尚没有人做出努力,试图从全球的和比较的视角撰写一部稻米及其在资本主义兴起中的位置的历史。《稻米》一书是朝向这样一部历史迈出的第一步。全书15章由几个研究非洲、南北美洲和亚洲地区的专家撰写,建立在真正跨国的历史研究方法的基础之上。每一章都带来了新的途径,搅乱了流行的叙事,暗示了新的关联。它们一起投射了新的光亮,凸显稻米作为作物、粮食和商品的意义,并且追踪稻米如何在非洲、南北美洲和亚洲塑造历史轨迹和跨地区关联。

编者介绍

  白馥兰:爱丁堡大学社会人类学教授。著作有:《稻米经济:亚洲社会的技术与发展》(*The Rice Economies*:*Technology and Development in Asian Societies*,1994)、《技术与性别:晚清中国的权力结构》(*Technology and Gender*:*Fabrics of Power in Late Imperial China*,1997)、《明代中国的权力与社会:1368—1644》(*Technology and Society in Ming China*,1368—1644,2000)、《帝制中国的技术、性别和历史:重思巨变》(*Technology*,*Gender and History in Imperial China*:*Great Transformations Reconsidered*,2013)。

  彼得·A.科克拉尼斯:北卡罗来纳大学教堂山分校阿尔伯特·R.纽瑟姆特聘历史教授和全球研究所所长。著作有:《梦的阴影:南卡罗来纳低地地区的经济生活和死亡,1670—1920》(*The Shadow of a Dream*:*Economic Life and Death in the South Carolina Low Country*,1670—1920,1989)、《时间之箭,时间之圆:长时段内东南亚的全球化》(*Time's Arrow*,*Time's Cycle*:*Globalization in Southeast Asia Over La Longue Durée*,2006)。他还是《湄公河三角洲的环境改变和农业可持续性》(*Environmental Change and Agricultural Sustainability in the Mekong Delta*,2011)的联合编者。

埃达·L.菲尔兹-布莱克:卡内基梅隆大学历史学副教授。著作有:《深根:西非的稻农与非洲人大流散》(*Deep Roots: Rice Farmers in West Africa and the African Diaspora*, 2008)。

达格玛·舍费尔:柏林马克斯·普朗克科学史研究所第 3 学部"人工制品、知识和行动"的主管,曼彻斯特大学中国史教授。著作有:《皇帝的丝衣:明代的国营丝绸制造,1368—1644》(*The Emperor's Silk Clothes: State-Run Silk Manufacturing in the Ming Period, 1368—1644*, 1998)、《工开万物:17 世纪中国的知识与技术》(*The Crafting of the 10,000 Things: Knowledge and Technology in 17th-Century China*, 2011)。她还是《编织明代的经济模式,1368—1644》(*Weaving an Economic Pattern in Ming Times, 1368—1644*, 2002)的联合编者。

目 录

第三部分　权力与控制

序

"我们不能仅仅因为价格贵就不再买米。没准我们会增加烤肉的消费。"这是 2013 年 1 月印度一位家庭主妇达米尼·古普塔(Damini Gupta)在接受《印度时报》(*The Times of India*)采访时所说的一番话,她当时正在班加罗尔一家超市购买供应品。《读者观点》栏目留下的评论提供了关于这个问题的更多意见。17 条评论中,尽管有人敦促读者改变消费习惯,比如一条评论认为"转向小麦"对糖尿病有好处,但大多数评论暗示了更广泛的问题。有一条评论说:"有多少公担大米在另外的滑稽情境中由于糟糕的基础设施而腐败变质。"另一条评论有点过激:"我们应当停止给农民发放贷款。"还有一些评论认为,这是政府的阴谋和"恐怖主义国大党的管理不善",或者干脆就是国家方面的失败。来自芒格洛尔市的普拉文(Praveen)从更宽广的政治经济视角看待这个问题:"政府近 6 个月内解除了非印度香米的出口禁令。现在到了重新推行这一禁令的时候了,我们出口大米,而我们的人民却在受苦。现在洋葱的价格也上涨了。"同样来自芒格洛尔市的贾德普·舍诺伊(Jaideep Shenoy)开玩笑地说:"就算没有米,何不食肉糜。"[1]

只要是认为"米很容易得到"的人在读到《印度时报》上这些文字时都可能

---

[1] "Should we stop eating rice?" by R. Sunitha Rao, *The Times of India*, 23 January 2013; http://timesofindia. indiatimes. com/business/india - business/Should - we - stop - eating - rice/articleshow/ 18141554. cms.

改变想法,正如五百年前,稻米是一个复杂主题。它不只是千百万人一日三餐的主食,而且是世界上最重要的作物之一。然而,不像食品和饮料中的鳕鱼、食盐或巧克力,实际上也不像全球交易商品中的丝绸、棉花、白银甚至铜,稻米如此远离世界范围的通俗分析和学术分析。在最近米价上涨——实际上包括其他很多主要食品,比如咖啡和糖——之前,很少有通俗报道想到稻米,充其量不过是这样一个观念:它是亚洲食品中最棒的。这个刻板的观点至少在两个重要方面截然不同于本书所传达的有点复杂的稻米史。首先,稻米不是世界上仅仅一个区域的一种作物或商品。在其整个历史上,稻米的种植、贸易和消费影响了亚洲、非洲和美洲的广袤地区。在中国,一万多年前就开始种植水稻;南亚和东南亚也很早就种植水稻,整个古代,那里就广泛传播稻米的栽培。到公元10世纪,它生长在欧洲,并在16世纪早期作为所谓哥伦布交换的组成部分被引入欧洲。到前殖民时期,水稻种植在西非很普遍。

意大利人喜欢调味饭,日本人喜欢米糠;加勒比地区的烹饪以椰米豆子饭著称于世;印度人的任何一餐没有米饭都是不完整的。因此,你可以把稻米的全球史想象为在全世界不同地区种植和消费的东西的历史。然而,这可能是一个过于简单或简化的观点。复杂的稻米史的第二个特征是——正如对其他很多商品一样——它并非以唯一的一个标准品种出现。至少有三个截然不同的稻米品种,每个品种又有上百个不同的类型,依据不同的耕作,适合不同的目的。实际上,正如本书导论中所揭示的,品种只是“让稻米抗拒任何轻易具体化”的理由之一。稻米是一种“五花八门的商品”,依赖各种不同的种植体系、劳动组织、性别关系,以及诸如此类。的确,正如《印度时报》的文章所指出的,稻米是人们消费习惯的核心,它是一种国家关切,是一种其生产需要大量基础设施投入的商品,是一种在世界范围内与其他食品竞争的产品。

本书编者和撰稿人所面对的挑战,一是在稻米漫长的、地理上多样的历史中还原稻米的复杂历史,二是以一种清晰而简洁的方式传达这一历史。这不是一项轻松的任务。由于这个领域十分广阔,他们集体决定听从威廉·麦克尼尔(William McNeill)的建议:全球性的学术研究需要知道“省略”什么。因此,本书聚焦最近 5 个世纪。这并不是随机的选择，因为 15 世纪末对美洲的"发现"重塑了地理等高线，重新设计了不同世界区域之间的关系逻辑。在近二十年里，世界史和全球史家产生了一系列研究，致力于近五百年内如何产生了很多结构、挑战和成就，主宰着关于我们今天这个全球化世界的争论。全球化已经成了一个日常表述，表示这个世界不断增长的互联性。全球化不只是最近的一个现象，而是在几个世纪里缓慢出现的，这个意识是全球史所包含的关键主题之一。特别是，经济史家感兴趣的不只是理解世界的经济关联性如何影响人们的生活，而且有不同世界区域之间的财富不平等。因此，第二个关切是所谓的"差异"——经济发展的不同路径，它见证了西方工业化，而大多数亚洲和非洲地区却落在了后面。

经济史的语言和关切主宰着关于全球化和差异的争论，在塑造全球型叙事上很有影响力。然而，近十年见证了这样一种全球史的出现：它更加多学科化，讨论的主题并不局限于经济发展。至少有三四个新的领域与本书是相关的。第一，科学技术史如今接合了嵌入性知识的重要性：不同世界区域不同的"认知文化"，以及有用而可信的知识的传播。第二，商品已经成了反思不同时间和空间的商业接触、物质接触和文化接触的途径。超越传统的贸易史还原，商品今天已经成了考量一些复杂的全球过程的途径，这些过程把资源、技术、制造、交换、权力以及国家作用和消费者关联在一起。第三，有一大批新兴的学术研究论述全球消费实践。从布鲁尔（Brewer）和波特（Porter）及德·弗里斯（de Vries）对欧洲的研究开始，有几个世界区域正在进行精密复杂的研究，涉及消费者行为、新奇的异国商品的重要性以及消费者的品味和偏好，它们有望导致一次全球范围对消费意义的重新考量。

对全球史中这些新趋势的分析还可以继续下去。在这里我的要点是：本书质疑轻易的归类。白馥兰（Francesca Bray）在本书第一部分导论中问道："当我们重构聚焦于生产的陈腐争论时会发生什么？正是这些争论，构建了对经济史的标准解读，为的是把关于消费者口味、农民的作用、技术选择的意识形态维度或者花粉抗拒人类控制的证据纳入进来。"这实际上是在问：当我们以新的眼光仔细审视众所周知的方法时,将会发生什么? 结果是,可能需要一个更折中的方法。这里做出的选择不是要把稻米的故事简化为经济发展的简单故事,或农业知识和相关技术的故事,或一种叫作"稻米"的商品的故事,或一种在世界各地消费的食品的故事。只接受其中一个视角都是对稻米的"不公正",而且会限制这项研究的潜力及其对全球史的贡献。《稻米——全球网络与新历史》不是"排外的",而是接合不同的研究文献,并在这样做的过程中,把迄今为止被视为彼此分离的争论和问题关联起来。

到目前为止还不错,但良好的意图如何转变成行动,更重要的是如何转变成良好的结果呢? 首先,本书的目的之一是要把截然不同的讨论整合到一起,同时不否认其特殊性、逻辑和它们在启发上的重要性。这里的要点不是像很多流行记述那样叙述一部统一的、跨越不同时间和空间的稻米史,而是要通过它们的关系、它们的牵连、在某些点上还借助比较分析的方法,来考量稻米的历史。例如,20 世纪 60 年代和 70 年代的绿色革命是推动世界各地洁净耕作景观的一个推动力。然而,源自西方实验室的知识和意识形态将在诸如中国、东南亚和印度这样的地方创造不同的变革向量。尽管它们的历史彼此相关并互相对话,但它们显示有深刻的接触。对于制度的性质和权力,对于水稻种植中的性别、种族和阶级关系,对于每个世界区域外生性力量和内生性力量之间的关系,对于国家的角色、劳动关系,以及诸如此类,都可以说同样的话。

另一个支撑这个项目的因素更具实际性。支持这项工作的知识方面努力的前提有点不同于组织学术研究的传统方式。不是召集一群学者各自努力构建一个单独的论证,排斥其他任何可选的解释,在本书中,撰稿人承认自己解释的局限性,并互相"比较笔记"。有些人可能反对科学实验室长时间地按照合作原则工作,即所谓的团队合作。然而,历史学家们并不太熟悉这种学术研究的方式。只是在最近这些年,大型合作研究项目才开始进入历史学界,经常耗费大量公款。更著名的是编辑图书的格式,常常是一次学术会议或一连串研讨会的结果,把志趣相投的人聚到一起,讨论一个主题或问题。结果是深度分析:一次集体性的挖掘工作,深深钻过巨大的历史表面,常常把领地局限于狭窄的时间坐标和地理坐标。在这个意义上,《稻米——全球网络与新历史》完全不同于一本编辑的图书。正如前面所指出的,它涵盖广泛的时间坐标和地理坐标,至少跨越4个大陆和几个世纪。更重要的是,它的目标是把不同的主题、方法,甚至学科关联起来。

构思这本书的方式并不是它唯一的区别点。全球史的领域致力于巨大的时间和空间区域,大多借助享有特权的宏观方法。在努力描绘宏大的历史画卷时,全球史家的笔触有点大,有时候使用经济学和社会学的理论作为一般化的手段。从实际角度看,这意味着过于依赖二手材料,而不是从事一手研究。它还意味着,离奇古怪的细节、丰富多彩的趣闻,实际上是个人的和主观的,这在最近的全球史叙事中处境不是太好。总是很难挑出糟糕实践的例证,但让我说,这样的困难困扰了我本人对棉花的研究。在一个被大量二手文献所主宰的领域,我撰写全球棉纺织品历史的方法就有点宏观,因此对个别地区的特殊性一带而过,而聚焦于与一组预先构想的问题相关的主题。这样的方法无论如何对稻米都不起作用。这不仅仅是因为稻米提出的大量主题和学者需要涵盖的经验范围,更重要的是因为稻米的历史扔给我们一连串很难的问题,其典型特征是与不同的学术传统和学术讨论共存。

正如本书的导论和各章所指出的,至少有两次大规模争论关乎稻米史的核心:大西洋地区的"黑米命题"和现代早期中国的"农业内卷化"或"没有发展的增长"。二者的论述都围绕水稻种植的问题。黑米命题强调一组农业技能和一个性别化知识体系从西非向美洲转移。相比之下,农业内卷化强调稻米如何鼓励小规模改进,而不是寻求激进的转变,因此掉进了递增回报的"陷阱"。前者是正面的,后者有点负面;前者是联结的,后者助长比较;前者发生在大西洋地区,后者发生在东亚。这里似乎没有多少共同点,然而,正如本书撰稿人清楚地表明的那样,权力、性别、国家和个人的作用及决策过程是贯穿这两次大规模争论的共同主题。类似的关联、对照和相互比较在个体因素和宏观史的层面上也有帮助:稻米所导致的社会凝聚力是不是亚洲社会独有的?劳动在知识传承上所起的作用在大西洋地区是不是完全不同于亚洲?水资源是不是始终对水稻种植很关键? 诸如此类。

本书因此涉及地方经验和宏观论题集,常常通过个体撰稿人的专业知识来传达。然而,这不是简单地搜集宝贵的信息,再简单地添加到我们的稻米知识之上。这里不是大笔触,而是关于稻米的大场面,被互相对话,有时候是由互相对照中不同声音的多变性所形成的。几位编辑作出有意识的决定:强调历史证据所显示的不同逻辑、可延展的演化路线,以及一部全球范围稻米史的很多差别和不一致。这是一个激进的起始点,理由很简单:绝大多数全球史接受相反的观点——相信模型或元叙事应当是大规模历史分析的终点。在这里,我们看到的是一种不同的展示和解释策略。一连串反复出现的主题,比如经济发展,现代化、国家、知识和农业实践的作用,商品的标准化和均质化等,通过各种不同的透镜加以考量,常常在具体的历史和史学场景中被语境化。与此同时,几位作者加入了相互间的对话,并将其聚集为至少三个重要主题,分别论述"纯化与杂交""环境问题"和"权力与控制"。

我想通过反思以稻米书写全球史的独特性来结束我这篇简短的分析。到现在,有一点应该很清楚:稻米不遵从撰写全球史的既定方式,因为它并没有呈现线性的或统一的叙事。区域研究(历史研究的地理聚集)还有一定的非渗透性,并没有提供什么帮助。稻米的故事里也有伴随着停滞的深远变革和不同力量之间尖锐对立(最明显的是本地种植者对国家行政或资本主义利益集团)的时刻。你可能会说,尤其当我们聚焦水稻种植时,比较分析对于更深刻地理解商品、差异和独特性,无论如何都有很大的潜力。农业经济知识、工具和技术的转移,以及对水稻品种和种植体系的采用,是具有关联性的进一步的全球性主题。然而,与共同的预期相反,稻米被证明是一种"令人失望的"全球商品。当今大概是处于全球化的高峰,而在世界稻米总产量中,只有5%~7%的稻米在国际上交易。你可能会问,有多少稻米实际上是一种失败的全球商品的绝佳例证,甚至是一种所谓的反商品。在这里,全球力量导致具体的"本土"生产方式的创造,全球并不涉及世界范围的过程,而是关心众多不同的经验在全球范围的共存。在很多方面,这是一个全球股市,让我们回到本地,回到印度主妇达米尼·古普塔或孟加拉、巴西、柬埔寨、老挝、马达加斯加、缅甸、尼加拉瓜或越南一个类似的一家之主的当务之急,在所有这些国家,稻米都提供了相当多的日常热量摄入。在这里,我们看到了借助全球过程和全球力量来认识地方消费模式的潜力。本书考量的五百年历史能够让读者了解、审视种植者、行政管理者、商人和消费者的日常生活,他们很少认为自己是任何全球史的组成部分,但他们每个人最终都是一幅大范围历史镶嵌画中的一块瓷砖。

乔治·里埃洛
(Giorgio Riello)

导论

稻米的全球网络与新历史

稻米的历史与现代早期世界经济及工业资本主义全球网络的出现盘根错节地缠绕在一起。作为一种作物、食品和商品，稻米在塑造和联结非洲和美洲、欧洲及亚洲几乎每个地区的历史上扮演了一个关键角色。作为殖民时期增长和后独立时期发展计划的一个基本产品，今天的稻米是超过半个世界的粮食。这是如何发生的？我们能在多大程度上还原这部流动与交换、引入与杂交以及让稻米成为一种全球商品的生产、消费和交易模式改变的历史？聚焦稻米及其多个方面——饮食的与象征的，性别的、经济的和政治的——可能对繁荣兴旺的全球史领域做出什么贡献？

挑　战

早在 2010 年我们的全球稻米研究项目就启动了，有一个"稻米新史"的专题讨论小组，由埃达·菲尔兹-布莱克（Edda Fields-Black）在美国历史学会（AHA）的邀请下牵头组织。这不是常有的事，一种纯粹的作物吸引了历史行业的关注，但是，围绕"黑米命题"而展开的那场争论的活泼性——即便不能说是猛烈性——明显使其成为一个有新闻价值的主题。[1] 美国历史学会的讨论小组包含 3 个大西洋地区历史学家提交的论文[2]，而我是评论人。作为一个

---

[1]　例如 Carney 2001；Eltis et al. 2010.

[2]　马克斯·埃德尔森（Max Edelson）与埃达·菲尔兹-布莱克和彼得·科克拉尼斯（Peter Cocla-nis）一起加入了这个研讨小组。很遗憾他没能加入我们后来的研讨会和图书计划。

亚洲主义者,我对讨论稻米的非洲和美洲历史学家们的问题和假设的陌生性及惊人的不熟悉感到吃惊。但我们大家都在谈论一头大象的不同部位:稻米是现代早期世界经济。我们决定进行比较,本书就是结果。

以其关于美国种植园经济有什么要归功于西非的知识体系这个挑战性的命题,黑米论战致力于有关知识、不平等、权力和财富之源的大问题,其含义似乎要远远超出国家甚至半球的边界。但我们认识到,黑米争论所提出的令人兴奋的挑战和对照显然绕开了中国历史学家。相反,那些研究东亚和东南亚稻米的历史学家所关注的问题几乎没有体现在黑米争论中,例如,水稻种植体系对长期环境史的影响[1]、国家对粮食自足的强制[2]、商人文化[3]、国家或农民对不断演化的消费品市场选择的影响[4]、水稻种植的意识形态及其他农业改进计划[5]、国家与地区之间灌溉策略的谈判[6],或者稻米与民族身份[7]。与此同时,黑米学者认为下面这个观点理所当然:水稻种植对现代资本主义的增长是必不可少的,而在东亚的语境中,水稻种植经常被视为经济发展的一个障碍。

稻米地区史学的巴尔干化是显著的,同时也是令人吃惊的。诚然,稻米体系起初是在世界上不同地区独立地发展起来的,在不同的环境生态龛中,在不同的社会模板之内。然而,在最近4个世纪里,稻米作为作物、食品和商品的地区史难分难解地与现代早期世界经济的出现纠缠在一起,与全球网络和工业资本主义的商品流纠缠在一起。尽管稻米在从巴西延伸到日本的互相交叉的交换路线之间种植、交易和消费,但是稻米史学依然将稻米按地区分割并表述为截然不同的问题。引人注目的是,关于稻米提出的一些历史问题在不同地区之间,甚至在同一个地区之内不同国家之间是多么不同,而跨越这些地理分割的

---

〔1〕 Elvin 2004；Boomgaard 2007b；Bray 2007a；Harrell 2007.

〔2〕 Francks 1983；Will and Wong 1991.

〔3〕 Hamilton and Chang 2003.

〔4〕 Francks 2009；Montesano 2009.

〔5〕 Maat 2001；Moon 2007.

〔6〕 Bray 1986；Lansing 2006；Li 2010.

〔7〕 Ohnuki-Tierney 1993；Cwiertka 2006.

对话则是少之又少。这就仿佛是地方性的调查领域占据着滴水不漏的分隔空间,形成了一个由互相不知道对方议程的知识共同体组成的碎片化拼凑物。

看似矛盾的是,一个阻碍对话、比较和综合的障碍或许恰好就是:地区史家如此敏锐地意识到了他们各自领域里稻米与现代性之间的关联。你不可能抱怨稻米作为一个历史作用者或范式塑造者被忽视了,范围从大西洋地区的黑米命题,到现代早期中国的"农业内卷化"或"没有发展的增长",以及日本特定现代性之路的分析者们提出的"勤勉革命"的概念。很显然,这样的争论被嵌套在非常具体的历史变革的地区问题中,被一些十分有特色的问题所架构,这些问题涉及社会的物质基础、人类作用者的性质、知识与控制、进步或权力的德性。因此,很少有历史学家会想到问这样的问题:地区史与稻米史学之间的相似和区别可能意味着什么,它们可能如何关联,或者,如果我们把中国与美国南方比较,或者把爪哇与塞内加尔比较,有哪些新的因素需要我们关注。

《稻米:全球网络与新历史》暗示,如果推倒屏障,严肃对待彼此的关注,我们将会有多少获益。当前稻米的历史是一个至关重要的创新研究领域,在更广泛的学科之内吸引了严肃的关注。最近几年出现了数量惊人的富有挑战和启发的地区研究。[1] 尽管地区史家清楚地知道他们的地方性研究是一幅更广阔图景的组成部分,但迄今为止并没有人做出努力,试图从全球的和比较的视角来撰写一部稻米及其在资本主义兴起中的位置的历史。[2] 而《稻米:全球网络与新历史》是朝向这样一部历史迈出的第一步。

全球史开始显示,世界上不同地区如何变得相互关联,它们如何朝着现代核心区共同演化,什么沿着全球网络移动而什么不是这样,流动在何处加快、在何处停滞或在何处受到零星抵抗,以及环境和资质的地方模板及其社会的、政

---

[1]　最近的地区史中包括我们几个撰稿人的作品:Cheung 2008,Fields-Black 2008,Hawthorne 2003,Lee 2011,Stewart and Coclanis 2011。

[2]　沙玛(Sharma 2010)的研究涵盖了几个地区,但那是一项非常不同于全球史的事业,由一些不相关的国家史构成,时间跨越一万年。差不多三十年前,有人针对糖(Mintz:*Sweetness and Power*,1985)和玉米(Warman:*Corn and Capitalism*,2003,西班牙语版最早出版于1988年)写过这样的历史。它们都立即成为经典,为今天依然吃香的比较研究的活跃新领域搭好了舞台。

治的和物质的实践是如何进入全球模式或提供全球价值的。与此同时,全球视角天生就是比较性的,迫使我们批评性地思考我们地方性地产生的问题或模型:如果我们对晚清中国询问黑米的问题,是否会扰乱我们的当前解释,产生新的问题,还是激发我们采用新的方法? 如果一个新的研究工具挑战关于英属印度或佐治亚州的稻米的流行叙事,日本或巴西的历史学家把它拿来是不是有用?

在《稻米:全球网络与新历史》中,我们的集体信念是要从全球和比较的视角思考地方案例,试图凸显和检验一些被纳入地区研究和争论之内的根深蒂固的假设,识别那些将会以新的方式阐明标准问题的横截主题。特别是,我们想要凸显和探索地方与全球接合的性质,正是这些接合塑造了稻米作为作物、食品和原材料的地方史,以及贸易、劳动、专业知识、品味和遗传物质的国际网络,地方要么参与了这个网络,要么被排除在外。从最近的全球史和科学技术研究中得出的一个有价值的教训是:不要绝对地区分生产与消费、科学研究与农民实践或营养与仪式,我们常常能从历史材料中学到更多的东西,只要我们认识到造、干、用在实践中难分难解地纠缠在一起,正如经济价值、社会价值和象征价值一样,或者正如饮食营养与文化营养一样。所以,不是试图涵盖无所不包的种米世界和吃米世界的范围,也不是根据地理或数据或者根据像生产或消费这些并无帮助的范畴来组织各章,我们决定聚焦少量有力的、富有启发意义的截面主题。

《稻米:全球网络与新历史》一书共 15 章,是由专门研究非洲、美洲及几个亚洲地区的专家撰写的。大多数稿件是有丰富经验材料的、深植于地方的案例研究,有些是综合性的反思,还有一些是思考性的内容,其中探索了诸如基因作图这样的新研究工具的潜力和含义。[1] 每篇文章都提出了一个新的方法,在某个层面上颠覆通行叙事并暗示了新的跨学科关联。本书由三部分构成:纯化

---

〔1〕 布鲁斯·L. 穆泽(Bruce L. Mouser)等人和埃里克·吉尔伯特(Erik Gilbert)开创性地使用基因作图来追踪历史上作物传播和育种的模式。菲尔茨-布莱克提出了新的方法,把历史语言学纳入地区史研究。戴维·比格斯(David Biggs)和本·怀特(Ben White)都使用地形学和水文学作图作为工具。

与杂交、环境问题、权力与控制。我们把这些主题(在各部分的导言中有更充分的解释)设想为概念的桥梁,连通了当前在全球史领域开风气之先的三个学科:科学史、环境史和政府治理研究。

《稻米:全球网络与新历史》一书的作者从几个不同的层面讨论稻米的全球比较史。他们使用的新颖方法以及他们提出的大问题,都以"真正国际性的历史方法的效用"为前提。"处理这个主题的地区方法或民族方法经常是自足的和自私的,在本例中不适用"。[1]

这几位作者因此寻求以新的方式把微观史与宏观史关联起来[例如比格斯、菲尔兹-布莱克、海登·R. 史密斯(Hayden R. Smith)]。他们提出了很多研究地区史的新方法,尤其是通过重新定义稻米在特定语境中的意义[例如张瑞威(Sui-Wai Cheung)、奥尔加·利纳雷斯(Olga Linares)、沃尔特·霍索恩(Watter Hawthorne)、哈罗·马特(Harro Maat)]。他们识别了一些大有前途的角度,从这些角度发展出更好的比较分析,并探索以新的方式把稻米的历史整合到更复杂的商品、人员、资本、知识和权力的纵横交错的流动中,它们汇聚起来形成资本主义的历史[例如李承浚(Seung-Joon Lee)、彼得·布姆加德(Peter Boomgaard)和彼得 M. 克罗宁伯格(Pieter M. Kroonenberg)、科克拉尼斯]。这些文稿借用了一些来自文化史(霍索恩)、科学与技术研究(比格斯)或医学史[劳伦·明斯基(Lauren Minsky)]的刺激性的观念:如果我们认真聆听稻田里工人受苦的躯体发出的声音,或者把布鲁诺·拉图尔(Bruno Latour)的聚合体概念引入对湄公河三角洲的分析中,将会发生什么? 单独地或综合地看,各章还凸显了不同解释之间的矛盾和对立,在这些地方,断点拒绝连线,数据不存在,分析框架不会移动,或者,新的研究方法提出了一些棘手的、看似无解的问题。它们还凸显并探索了各种不可化简的紧张,例如,地方价值与全球价值之间的紧张,作为生计作物、商品和食品的稻米之间的紧张,或者五花八门的稻米及稻米耕作体系之间的紧张,以及与税收、国际贸易、科学育种及农业发展的现

---

[1]　Coclanis 1993b,1051.

代理想伴随而来的向同质化推进的压力。换句话说,这项工作依然在进行中:我们正处在一个令人兴奋的阶段,新的问题纷至沓来,但我们并无把握这些问题会把我们领向何方。

在这篇导论的其余部分,我将从非常一般的角度来描述现场,勾勒稻米在现代早期和现代时期作为一种全球作物和商品的某些特征。接下来,我将考量在两次对比鲜明的关于稻米历史的争论中岌岌可危的是什么,这两次争论是大西洋地区史中的黑米之争和东亚史中的内卷化之争。随后我将讨论研究稻米和社会的一些对照鲜明的方法,它们描述了不同的地区史,在不同的语境中质疑稻米的稻米性,最后以对跨越不同空间与时间进行关联的某些反思作为结尾。

全球稻米

当我们谈到作为一种全球作物和商品的稻米时,我们指的是什么? 棉花和瓷器最近都被声称是最早的全球商品[1],为支持这些主张而提出的论证都颇有教益。长期趋势及其相关结果构成一个共同的模板,稻米的历史也是在这个模板内展开的,瓷器和棉花的案例凸显了类似的但绝不是完全一样的融合物质分析与文化分析的机会。

瓷器和细棉都是在 1400 年或 1500 年前后开始了它们的全球生涯。在这两个实例中,亚洲的本地企业源源不断地把高品质商品输送到正在扩张的、最终横跨全球的出口市场。现代早期欧洲的君主、国家和企业家都坚持不懈地寻求发现或重新创造出制造印度精细印花布和中国瓷器的技术。一个目标是进口替代,以防止榨干国库。但是,当这两种新技术都在工业化的第一波振奋人心不久之前被掌握,没过多久,欧洲的纺织品和陶瓷制造商便开始瞄准大规模

---

[1] Riello and Parthasarathi 2011; Finlay 2010.

生产和大众市场——在国内和国外——开启大众消费的时代。

前工业时代瓷器和精细陶器的远程贸易有着重要的文化影响和技术影响，创造了一个审美价值、视觉主题和新生活方式的核心区（包括让欧洲人了解餐盘，作为对木盘的替代）。棉花制品和专业技能的地区间流动同样促进了新的品味和消费模式，但正是棉花在触发英国工业革命及其后果上所扮演的角色吸引了全球史家最多的关注。18 世纪晚期至 20 世纪中期之间棉花栽培和生产的洲际组织的发展，对于工业资本主义、殖民主义及现代市场的兴起，对于阶级、种族和专业技能的新等级制度的巩固，对于其遗产至今持续的劳动和资源新的国际分工，都是必不可少的。

作为一种作物、食品和商品，稻米同样在过去四五个世纪里获得了全球意义。尽管它不像细棉和瓷器那样是一种高价值商品，但最初在欧洲人看来，它也是一种典型的亚洲产品和财富之源。1506 年，就在哥伦布声称伊斯帕尼奥拉岛属于西班牙国王几年之后，荷兰人让·哈伊根·范林斯霍滕（John Huyghen van Linschoten）记录了他对孟加拉的印象。他写道，那是一个这样的国度，"有最丰富的必需食品，特别是稻米，[那个国家的]稻米比东方所有国家的都要多，每年来自各个地方的各种船只[在那里]装载，那里从不缺稻米"[1]。

亚洲繁荣的海上贸易是一个财富之源，也是欧洲人渴望占有和控制的可欲商品之源，实际上，当哥伦布动身穿越大西洋时，他所寻求的是一条更短的通往印度的西行路线。香料、珍稀木材和昂贵染料、精美的印花棉布、高超的技能，以及瓷器，都是沿着亚洲商路旅行的奢侈品，欧洲人最初贪求的正是这些高价值商品。但是，像棉花、丝绸、铁钉、铁锅、铜钱和稻米这些普通必需品的贸易，对于亚洲贸易不断扩大的制造业和市场同样至关重要。转口港和工业企业像军队一样匍匐前进。水稻种植在整个热带和温带亚洲传播并加剧，与之同步的是国家昌盛、人口爆炸、繁荣兴旺，以及商业种植、制造业和城市的稳步增长。随着对美洲的征服，欧洲人很快就看到了自己着手从事稻米生产的理由和

---

〔1〕 转引自 Minsky（本书）。

机会。

到 1700 年,稻米已经是西非与美洲之间奴隶贸易的首要必需品,后来成了整个热带地区殖民地劳动力的主粮。18 世纪巴西和卡罗来纳的水稻种植利用非洲人的技能和劳动力,为出口欧洲及加勒比海地区的欧洲殖民地而生产稻米。整个 19 世纪,当它们把自己的殖民地扩大到整个亚洲时,英国、法国与荷兰等殖民强国在缅甸、印度支那和印度尼西亚开辟了新的稻米出口地带以满足帝国日益扩大的需求,在这个过程中,美洲的稻米产业由于价格过高而没有了销路。东南亚的一些独立王国,尤其是暹罗,但还有像吉打这样一些小国,也加入了这场争夺,开拓了新的稻米边疆,以喂养整个西方殖民地的矿工、种植园工人和日益增长的城市人口。

然而,水稻种植作为一个积累和增长之源,绝不限于殖民地的语境。在 18 世纪晚期之前,中国经济大概是世界上体量最大的。晚清帝国巨大的财富和力量根源于一个密集的小规模水稻耕作体系,支撑着商业种植、农村制造业和巨量的贸易。在国家大力投资于发展稻米生产以养活其人口、维持军队和政府的同时,市场的改变对于在任何一个给定地点打造水稻种植与其他经济活动之间的平衡同样重要。在莫卧儿时期的印度——它在现代早期作为一个制造品出口者与中国竞争——国家促进水稻种植以支持商业的扩张。在日本,以水稻为基础的种植业的进步推动了江户时代第一次强有力的城市发展和商业增长,随后是明治时代野心勃勃的现代化、工业化和军事化。

在遭遇殖民-工业资本主义时,印度、中国和日本的稻米经济各自遵循了不同的路径。在英国人治下,旁遮普和孟加拉的水稻体系进一步多样化和强化,以支持殖民地出口作物的生产,比如靛蓝、棉花和甘蔗。中国没有自己的正式殖民地,但到 19 世纪晚期,中国的厂主和商人控制了大多数稻米贸易,不仅在中国本土,而且在整个东南亚,包括欧洲人的殖民地。明治时代的日本通过占领自己的殖民地、吞并中国台湾和朝鲜并控制它们的稻米生产,来满足它不断扩大的资源需求。

从 1600 年或 1700 年前后起,新世界和旧世界的稻米产业和消费惯例通过重叠的且常常是互相竞争的交换通道关联起来,既有稻米本身的交换,也有劳动力、技能、技术及农艺知识和模式的交换。当需求增加时,稻米稳步征服新的领地。稻田从河谷向下蔓延到水淹平原和海岸红树沼泽地,从谷底向上蔓延到山间梯田那令人眩目的阶梯。到19世纪中叶,排水、泵水和平整土地的新技术意味着沼泽三角洲和水淹平原破天荒第一次可以变成稻田。在交趾支那、缅甸和暹罗建立了出口型稻米工业,部分是为了养活整个南亚和东南亚欧洲殖民地的矿山和种植园里的移民工人,部分是为了削减欧洲本土从美洲或孟加拉进口稻米。

这些新的亚洲饭碗,尽管是在比传统农场大得多的规模上经营,但依然依赖劳动力的密集使用。但是,到19世纪80年代,革命性的变革已经在路易斯安那发生。在那里,正如彼得·科克拉尼斯所解释的,蒙大拿的农业移民和来自中西部地区的耕作专家成功地"把米变成了麦",把处女地变成了可以用机器灌溉、耕种和收割的大片稻田。不需要大量工人细致而连续的劳作,如今一两个人就可以管理一家大农场,其劳动力需求不是按每人天数计算,而是按每人小时数计算的。新的工业化水稻种植的高产模式诞生了。这个模式的价值在路易斯安那、后来在加利福尼亚得到了证明,从现代经济学的角度看,它看上去远比老亚洲的微型农场高效得多。之后这个模式被输出到世界各地,先是被殖民地政府输出,后是被现代化独立国家输出,经常是作为一个更广泛的绿色革命包的组成部分。但它的记录良莠不齐。

即使在今天,我们依然可以描绘稻米的地方品种和类型以及耕作实践的丰富多彩,它们逃过了绿色革命的单一耕作模式:用拖拉机、化肥和除草剂在大片矩形稻田里种植"奇迹米"。对有些农民来说,依然有很好的理由选择旱稻、深水稻或再生稻;有理由从一大堆不断演化的地方品种当中选择,有些品种是与"奇迹米"杂交的;有理由在巴掌大的梯田里或者在临时从森林里开垦出来的小块土地上辛勤劳作。现代化的大规模水稻种植在之前没有栽种过稻米的土地上经常成功,而在改进者试图改变现有小规模种植的地方则经常失败。成败与否不仅取决于自然环境,而且在于社会和政治环境,正是在这样的环境中,我们试图如此激进地改变它的地表景观。

中西部水稻种植模式有着持久吸引力——尽管被证明也有局限——的一个理由是,它体现了工业理性甚至社团主义理性的一些关键方面:它是资本密集型的,带来了规模经济,优先考虑劳动生产率。正如乔纳森·哈伍德(Jonathan Harwood)所解释的,这绝不是应用于科学育种的唯一理性,但是,在效率与进步的资本主义解释和商业解释这个更宽泛的模板内,它开始盛行。正如比格斯所言,资本主义生产方式被"封装"在美国训练的作物科学家过去一个世纪里发展出来的高产品种中。接下来各章中个反复出现的一个主题是:现代稻米——在与本地环境及社会构成的特定要求之间的持续紧张中——如何逐步成形,成为一种全球作物,一个被科学地量身定做的发展工具,政府、企业、政策制定者、经济学家和科学家都努力以"普遍品种"的形式来使用这个工具且希望它在世界上任何地方都会茁壮生长并被证明作为一种食品是可以接受的。

相信种子或技术是可转移的——拉图尔称之为"不变的流动性",这个信念绝不局限于现代时期:在 1100 年前后,中国主管农业发展的部门就担心有人把快熟稻米输入给农民。但在殖民时代,当科学被应用于作物选择时,步伐加快了,对普遍性的信心增强了。科学水稻育种是法属印度支那的殖民事业、中国台湾和后独立时期塞内加尔的国家和地区构建以及国际发展意识形态的后续版本——从 20 世纪 60 年代的绿色革命到最近国际水稻研究所的黄金大米项目——的重要组成部分。今天,集中的科学水稻育种被广泛接受,作为应对饥饿和贫困这个全球问题的一个全球解决方案。对于普遍稻米的观念如何变得以及为什么变得如此有说服力和如此强大——尽管有其他选项的弹性,本书撰稿人还是提出了各种不同的解释。有些解释聚焦当前过程,有些解释则把它的根源追溯到更遥远的过去。

不管我们是在中国还是路易斯安那,是在塞拉利昂还是孟加拉,有一点很清楚:地方性的稻米史,与殖民扩张和资本主义扩张的世界性趋势,与现代科学和制度的出现紧密缠绕在一起。问题是,我们如何能把不同的几股编织在一起从而产生更多的东西,而不只是地方故事的大拼盘。在这里,请让我比较一下两次关于稻米、历史和资本主义的地方性争论。我认为,它们之间的不可通约性揭示了历史事业内部更深的研究议程。暴露这些潜在的目标和价值暗示了全球史层面上某个颇有前途的新的思考点。

当我们谈论稻米时我们
在谈论什么：争论与议程

　　简言之,黑米之争的争端如下。[1] 黑米命题是:北卡罗来纳或巴西稻田里的非洲工人不只是在执行白人农场主分派的任务,而且在转移或重新创造一整套西非的技能和知识体系。朱迪思·卡尼(Judith Carney)在她的《黑米》(*Black Rice*)一书中,利用来自西非的人种学证据,提出了这样一个命题:女人是水稻种植技能和知识的主要守护人,因此也是跨大西洋技术转移的主要行动者。黑米论证所依据的证据遭到另外一些历史学家的强烈质疑。有人认为,并没有令人信服的证据表明,美洲大多数种稻工人来自种植水稻的非洲地区(主要是几内亚沿海地区);另一些人质疑女人作为技术技能提供者的角色。还有一些人相信,新世界殖民地的稻米体系最好不要从白人与黑人之间权力与知识的简单二元性的角度来理解,而是要理解为更加复杂的杂交。[2]

　　黑米论战以那些关于美国的种植园经济究竟有什么要归功于西非的知识体系的挑战性命题,致力于解决有关知识、不平等、权力和财富之源的大问题,其含义远远超出了国家甚至半球的边界。它还提出了一些棘手的关于材料与解释的方法论问题。

　　作为一个研究中国的历史学家,我所竭力应付的这场熟悉的争论完全不同:它所涉及的是一些像帝制中国这样的以稻米为基础的农业经济的农业内卷

---

　　[1]　更多的关键细节参见菲尔茨-布莱克、史密斯,尤其是霍索恩的那几章。
　　[2]　例如 Smith(本书),Hawthorne 2003。

化和历史轨道。在任何一个不熟悉这个术语的人看来,它是人类学家克利福德·格尔茨(Clifford Geertz)杜撰出来的。格尔茨的《农业内卷化》(*Agricultural Involution*)出版于 1963 年,它研究的是爪哇的殖民"种植体系"(Cultuur Stelsel,强制种植)对社会和生态的影响。格尔茨认为,关于作为一种主粮的稻米,在技术上有独特的东西。在爪哇,殖民地糖料种植部门的资本主义活力,与喂养劳动力的农民的水稻种植形成戏剧性的鲜明对照。格尔茨认为,爪哇的灌溉型水稻种植使得无穷多的小规模产量增长成为可能,但这些增长的实现大多是通过劳动输入的增强,不是通过生产手段的发展,而是通过强化传统的、非资本主义的制度,水稻种植就是被嵌入在这样的制度中。格尔茨认为,内卷化出现在爪哇,是因为那里没有工业或城市部门吸收多余的人口;相比之下,明治时代的日本则没有内卷化,部分是因为不断增长的工业部门正在吸引农民离开土地,部分是因为新的省力技术对日本农民变得可用。

《农业内卷化》对研究亚洲及其他非西方文明的历史学家的影响是巨大的。政治性不像卡尔·魏特夫(Karl Wittfogel)的主张——仅仅出版于 6 年前——那么明显。魏特夫声称,像帝制中国典型的那种大规模灌溉工程既需要也支持"东方专制主义"的制度,格尔茨的农业内卷化概念继续架构比较历史中的一些关键争论,特别是对中国历史的解释[1],或者对格尔茨模型的反驳[2]。稍后我将回到印度尼西亚历史学家最近对农业内卷化概念的挑战。眼下,我要解释它为什么被热情地接受,并作为解释中国历史的关键。

中国的难题是如何解释一个明显失败的故事。李约瑟(Joseph Needham)最清晰地设定了条件,他认为,在大约 1400 年之前,中国在科学和技术创造力上是世界的领头羊,但接下来这种创造力陷于停顿。在科学上,在经济增长上,

---

[1] 魏特夫关于技术与极权主义国家的论证出版于冷战高潮时期(Wittfogel 1957),在西方学界内外受到热烈欢迎。格尔茨的内卷化概念暗示,真正的发展只能来自爪哇之外——因此很好地契合了发展理论的原则。

[2] 经济-环境史家李伯重(Li Bozhong)为 2010 年美国历史学会的讨论小组提交了一篇论文(遗憾的是没能出现在本书中),他使用关于稻田和劳动力的气象记录与数据,显示 1823 年之后长江下游地区水稻种植的土地和劳动生产率长达一个世纪的下降,"主要是由于气候寒冷,而不是像人们经常认为的由于农业内卷化"。

在军事和政治实力上,中国迅速被欧洲超越。科学和工业革命发生在欧洲,而不是中国。为什么? 李约瑟逮住的罪魁祸首包括:官僚机构的遏制效应,以及儒家精英对大自然和实用知识所谓的漠不关心。伊懋可(Mark Elvin)利用格尔茨的理论以及日本人对中国的研究,在《中国过去的模式》(*The Pattern of the Chinese Past*)一书中把农业生产方式纳入了这个解释模型中。[1]

据李约瑟和伊懋可说,中国科学技术成就的鼎盛时期是宋朝(960—1279)。为这次科学实验和智力才华大喷涌奠定基础的,是伊懋可所说的"宋朝绿色革命"。为了提高赋税收入以保护边境和养活人口,宋朝国库为灌溉工程和土地开垦计划提供经费,通过复种、由地方行政官的法庭传播信息和农艺专著的发行来促进对新的稻米品种、耕作设备和种植技术的使用,并通过减税减租来鼓励采用。这个"宋朝绿色革命包"导致了农业产出的一次短期喷发,以及以家庭为基础的纺织品和其他商品的生产。然而,其长期影响让农村人口陷入困境,并且把中国政府和中国社会扩大到格尔茨针对爪哇描述的那种内卷化动态中。在伊懋可的解释中,中国落后的根源来自其发展模式的动态。

伊懋可的范式设定(paradigm-setting)研究成了论述中国的最有影响的作品之一。研究中国的经济史家做出了各种不同的改编,来解释他们所认为的中国内在地没能向现代性发展,从而导致 1400 年之后活力衰落,却依然结合了有文献记载的农业和商品产出的长期增长。伊懋可提出了"高水平均衡陷阱"的观念,来解释这个受抑制发展的模式,黄宗智(Philip Huang)等人则使用像"停滞"或"没有发展的增长"这样的术语[2]。相反,"加利福尼亚学派"的历史学家认为,中国在后宋时期继续发展,尽管所遵循的意识形态的、制度的和技术的路径不同于欧洲或北美所经历的路径。他们认为,中国的农业国家经济在一些关键指标上并不逊色于欧洲,至少在 1750 年或 1800 年之前是这样,而且,中国在现代形式的资本组织的出现上,在塑造"现代性"上,是一个关键参与者。把中

---

〔1〕　Needham 1969,16,190;Elvin 1973.

〔2〕　Huang 1990.

国 19 世纪的退化引导到了"亚洲病夫"的,并不是本土水稻种植体系的趋势,而是一大堆因素,其中包括气候改变和西方列强掠夺性的入侵。[1]

在早年的一篇后来成为加利福尼亚模型的文稿中,我提出,亚洲典型的我所说的"技能导向"的小规模、低资本的水稻种植强化路径有着独特的动态,完全不同于英国或其温带殖民地农业发展的典型模式。我认为,基于稻米的动态绝不天生就是内卷的。更典型的是,它有效地维持了农村经济多样化和收入产生的模式,常常提高劳动生产率和家庭产出——尽管没有大规模机械化的惊人回报。[2]

我构想我的技能导向模型,是为了回应我关于日本水稻种植与国家发展之间的关系所学到的东西。[3] 佩内洛普·弗兰克斯(Penelope Francks)的那一章(第十四章)证实,它依然符合更晚近的日本经济发展研究。说来也怪,日本的实例似乎断然反驳了关于中国停滞的那些依然盛行的论证。江户时代日本基于稻米的耕作体系的强化大约始于 1600 年,反映了(实际上是按照它的模子打造的)更早的中国先例,比如宋朝绿色革命。正如在中国一样,稻米及其他作物产量的提高支持了城市化、制造业的扩张,提高了消费水平。明治政府(1868—1912)为水稻种植的进一步强化推行了严格的政策,作为现代化驱动力的组成部分,为的是支持非常成功的工业化和军事扩张政策。

就日本的实例而言,故意促进小规模技能导向的水稻种植——像弗兰克斯解释的那样,这一投入继续影响今天日本的生态景观、经济景观和政治景观——被日本的经济史家视为不成问题的,尽管是与众不同的,因为它的结果是资本积累、工业水平的规模经济或创新精神。可能不只是——像格尔茨所提出的——日本的稻米经济在明治政府从 19 世纪 70 年代开始采用西方的科学

〔1〕 加利福尼亚学派里程碑性的研究包括:Wong 1997, Pomeranz 2000, Marks 1998, Frank 1998, Li 1998, and Arrighi et al. 2003。

〔2〕 Bray 1986; Li 1998; 关于稻米经济所养活的经济多样化的各种形式,更详细的信息参见下文。性别互补和女性工作基础性的经济贡献得到了中国政策支持者的认可,被视为吸收到经济政策和官方干预中的一个关键因素(Bray 1997; Pomeranz 2003)。

〔3〕 尤其是 Smith 1959, Hayami 1967, Ishikawa 1981, and Francks 1983。

与工业发展政策之后在质量上发生了改变。实际上，日本经济史家速水融
(Akira Hayami)提出了英国 1800 年前后的"工业革命"与江户时代日本的"勤
勉革命"之间的鲜明对照。英国的革命依赖高资本输入来实现规模经济，而日
本革命投入使用的是小规模水稻种植和农村手工艺生产的传统所塑造的精神
习惯和身体技能。这个勤勉革命的观念随后在欧洲的语境中被扬·德·弗里
斯(Jan de Vries)重新加工，他对欧洲工业革命的根源和动态提出了修正主义的
解释——基于小规模家庭生产的强化。德·弗里斯认为，大约在 1550 年至
1800 年间，西北欧家庭的工作时间更长，他们更多的劳动被分配给专门化的市
场生产。他们通过购买一些他们先前自己生产的商品，并为这一工作腾出时
间。他们通过销售挣得的利润使他们能购买更多的消费品，因此提高了他们的
生活水平，尽管牺牲了一定的闲暇。德·弗里斯反过来为加利福尼亚学派的修
正主义论证提供了一个新的分析框架，后者记录了现代早期和现代化中国的类
似模式。[1]

东亚内卷化争论中有两个重要利害关系都是高度政治性的。一个是现代
化和进步的问题：以稻米为基础的社会，其需求和制度是不是与资本主义、工业
化和自由化的兴起相抵触？换句话说，是不是与现代性(也就是从欧洲或北美
的视角所看到的现代性)的出现相抵触？与现代性的问题紧密相关的是另一个
问题，这一个是关于创造力的。如果稻米经济在历史上趋向于内卷化，那是不
是因为它们通常是通过极小的匿名改进来提高产量，而不是通过鼓励寻找激进
的变革、高尚的发明，或者是那种与现代西方科学思维方式和创新工程文化的
兴起相关联的发现？

关于东亚稻米与历史的争论已经在各种不同的层面上对欧洲中心主义和
智力种族主义提出了挑战。这些争论促使我们重新思考非西方文明的品质与
价值、它们具体的历史活力、它们对世界史的影响、它们对现代性的贡献，以及
它们在世界舞台上获得承认的权利。这些争论还促使我们重新思考我们的目

---

[1]　Hayami 1967,1992；de Vries 1994；Pomeranz 2003.

的论,特别是质疑"现代"究竟有多少真正是西方的——它们因此要求我们把我们的很多确信相对化。

还有一点同样是真的:围绕稻米和历史的争论是在大西洋沿岸。但要记住,表达这些挑战所使用的术语致力于解决的潜在不平等,在教益上是不同的。东亚争论挑战了西方霸权的意识形态。它们通常在国家史或地区史的层面上操作。不管是在中国还是在日本,国家的性质、意识形态和延伸范围都是关键考量;剥削和控制的体制被视为设置在社会之内,而不是外国势力强加的。[1]

另外,围绕大西洋地区稻米体系的争论由一些批评性的讨论所构成,这些讨论的发展是为了处理美国的历史经验及其与非洲的关系,特别是奴隶制及其现代遗产。有三个附属的体制,即种族、阶级和性别,构建了研究议程。在其最有力的阐述中,黑米命题有两个互补的目标,把作用和价值归还给处于从属地位的社会群体。第一,要让我们看到,据说无力而无知的黑奴,其知识和技能造就了南方种植园经济的发展、美国对世界贸易的参与以及工业资本主义的美国路径。第二,沿着黑色雅典娜线,要展示非洲社会,尤其是非洲女性的创造力,以及他们的创新发明对世界史的影响。让东亚主义者印象深刻的一个兴趣点是,这里没有任何地方暗示水稻种植与激进的社会变革有点水火不容,或者与工业资本主义的发展水火不容。正相反,在大西洋-美洲的语境里,水稻种植的动态似乎被认为与内卷化刚好背道而驰。

对比关于稻米和历史的大西洋主义争论和东亚争论,我们明显远远没有穷尽比较的可能性。在可以探索的选项中,我们可以把一些论证包含在内,例如关于稻米与缅甸、印度尼西亚或越南的殖民/后殖民时期的发展,或者关于稻米与 19 世纪暹罗的国家构建。或者,我们可以在单一地理语境中,例如在北美或印度,把稻米的历史和史学与其他重要作物进行比较,比如小麦、玉米或棉花。东亚-大西洋比较的一个特别的好处是,它对比了两个截然不同的生产方式。在中国和日本,稻米的小规模农户生产对于混合乡村经济是必不可少的,嵌入

---

〔1〕 Francks 1984 and this volume;Wong 1997;Mazumdar 1998;Buoye 2000.

在一个干涉主义农业国的内部,对于这样一个国家来说,农村部门是主要的收入和积累之源。美国南方发展起来的稻米体系是一个出口产业;种植园是商业企业,在很大程度上是自由放任主义的国民经济体的内部竞争外国市场。

稻米与社会

这把我们带到了下一个主题:水稻种植与社会秩序的接合。在大西洋稻米史领域的框架内,在水稻种植及其开发体制的社会嵌入中观察到的差别、连续性或破裂,有助于凸显技术转移和创新的社会机制的解释问题。正如戴维·埃尔蒂斯(David Eltis)等人所言:

> 大抵说来,两个对比鲜明的模型主宰着大西洋历史的解释。一个利用旧世界的影响来解释美洲社会和文化的性质,而另一个则把首要位置分派给新世界的环境。一个强调连续性,另一个强调变化。两个极端是持久和短暂、继承和经历。着重遗产就把移民随身带来的文化"行李"置于首位,而聚焦经历就凸显他们所遭遇的物理环境和社会环境,比如气候、自然资源和定居过程。按现代的说法,一个方法聚焦社会习俗,另一个方法聚焦天资禀赋。[1]

在涉及技术知识的地方,在其最强的形式中,黑米论题提出,一套完整的"知识系统",包括种子、工具和水管理设备,以及特定性别的劳动分工、知识和身体技能,实际上从西非海岸转移到了卡罗来纳低地或巴西的天然沼泽地。[2]另外一些解释,例如埃德尔森的解释,则描绘了适应和融合的复杂过程,例如注意到卡罗来纳的英国种植园主已经对稻米产生兴趣。尽管我们不知道是不是来自对东亚、意大利或印度的水稻种植的描述,但我们知道,像萨缪尔·哈特利

---

〔1〕　Eltis et al. 2010,1329.
〔2〕　Carney 2001.

布(Samuel Hartlib,约 1600—1662)这样一些论述农艺学的英国作者,曾鼓吹把水稻引入英国领土适宜的扩张部分,为的是减少国民在进口上的花销。埃德尔森认为,英国种植园主为卡罗来纳低地的排水和引水重新创造了本地的技术,提供了一个物质母体,在这个母体内,通过实验和协商而出现的一套新技术水稻种植体系,把英国、非洲和美洲的技能、知识和目标结合在一起。[1]

海登·史密斯提出,更深入理解美洲杂交稻体系内知识与技能混合的一个关键在于环境的微观史。史密斯对南卡罗来纳低地内陆稻体系的连续模式的精细研究聚焦地形学,提出了它如何影响选择的问题,不仅有对稻田位置和技术组织的选择,而且有关于人们认为哪些土地适合移居的选择。史密斯暗示,你可以从稻田和住宅由里向外构建,跟随(受奴役的和自由的)居民走遍整个地表景观,特别聚焦于接触更广大世界的机会。史密斯提出,这个野心勃勃的计划说明了地貌在塑造一个地区的文化和社会上的作用。

地形、地貌和水文学在比格斯对湄公河三角洲政治地理学的历史描绘中也是一个显著特征。稻米的天然杂交意味着,人类必须努力工作来维护适合其需要的品种。比格斯把稻种看作殖民的劳动、技术、科学和政治的封装。他聚焦四个不同的、适合不同生态龛和生产方式的稻米亚型(长周期品种与短周期品种、高价值品种与高产量品种),并把它们定位于资源和专业知识的行动者网络中。比格斯展开的连续几波殖民浪潮、截然不同的政府形式以及战争和抵抗的历史,最后在湄公河三角洲转变为绿色革命技术的典范中达到顶峰。尽管这可能被看作一个合乎逻辑的因此也是稳定的结果,但比格斯成功地证明了它的偶然性和不稳定性。

奥尔加·利纳雷斯就塞内加尔卡萨芒斯地区三个种植水稻的朱拉人村庄对干旱的回应所做的纵向研究类似地说明了史密斯的观点的相关性。当然,一个人类学家在这里是有优势的,因为她可以不受限制地追踪移动的人和资源。利纳雷斯的人种学研究有着异乎寻常的历史深度,她详细追踪了 1968 年长期

----

〔1〕 Edelson 2006,2010.

干旱开始之后三十多年时间里水稻种植的生产率、土地面积和实践的波动与改变。她比较了三个截然不同的生态地带基于村庄的谋生之道的稻米生产的适应性和可持续性。然而，像劳伦·明斯基（Lauren Minsky）在她对印度的疾病、环境和经济之间的复杂关联所作的分析一样，利纳雷斯也拒绝过于简单化的生态决定论，她认为，性别和生育的角色与关系，以及村民进入更宽广的就业和商业网络，在解释这些村庄之间的差别上，如同生态学一样重要。

正如布姆加尔德和克罗宁伯格所分析的日本摄政时期一样，在利纳雷斯研究的这三个社群中的每一个社群中，稻米生产的需求都塑造但并没有决定更广阔的经济活动模式，包括社区基础设施工程和劳动的性别分工。在干旱前，朱拉人家庭通常把生计性的水稻种植与花生这样的经济作物结合起来，常常也生产少量稻米剩余。干旱使商品市场发生了改变，正如如今从亚洲进口廉价的稻米，增加了到移民城市找工作的村民数量。这个语境当然是当代的，但利纳雷斯吸引我们关注的很多因素对于我们理解其他地方的历史微观改变也是相关的，例如前现代的中国或日本。但它们并不容易转换到大西洋彼岸的大规模奴隶劳工种植园。

历史和人类学在非洲研究中通常有着紧密的关联，因此，17 世纪或 18 世纪非洲背景下的水稻种植研究，就像当代研究一样，特别致力于稻米栽培的要求与本地政体之间的关联、使用土地的权利、性别体制、年龄组，以及本地人对"外人"的权利。穆泽、菲尔兹-布莱克和沃尔特·霍索恩（Walter Hawthorne）的几章全都捡起了这些主题。但是，一旦我们越过大西洋，这种形式的社会学分析通常就让位给对这样一个社会的突出属性的分析：在这个社会，种植园主与移民者、奴隶与劳工、非洲人、土著和白人混在一起，提供了无限多的合作或剥削的形式，最终并入了"种植园经济"。[1]

对美洲的分析比对非洲的分析看上去特征不那么悬殊——考虑到奴隶制的阴影——这倒也不难理解——的是，水稻种植本身是不是塑造了社会凝聚力的

---

〔1〕 Smith（本书），Edelson 2010.

制度。然而,这在东亚和东南亚稻米历史中是一个最重要的问题,在日本研究中大概最为显著。马克思主义唯物主义的一个强大特征可以在"紧组织"和"松组织"农村社会的日本模式中看出,这依然反映了当地乡村组织的重要现实。[1]

这里有两个主要考量。第一,在组成任何重力给料的或圩田灌溉单位的属于不同农民小田拼块中,确保水的公平分配符合集体的利益。如果地方统治者或国家官员想要财源充裕,而不是饿死手下的农民,他们就必须确保上游村庄把份额公平的水留给下游村庄。第二,亚洲的灌溉水稻种植以两个劳动需求高峰(移栽和收割)为标志。家庭或社区根据轮班原则共享其劳动力,各自负责关键的任务,而且,这些劳动交换群体在构建其他经济或社会活动中也扮演了重要角色。在中国的土地改革之后,共产党政府把农民劳动力组织成了"生产队",基本上是老的劳动交换群体;在马来西亚,农业发展官员在 20 世纪 70 年代把互助小组(gotong-royong)用作传播新技术的方便渠道。[2]

个人利益与集体利益、利益与互相依赖之间的紧张是东亚和东南亚稻米体系中一个反复出现的主题。巴厘人的苏巴克(subak,地方灌溉管理组织)很有名,大概是一个围绕水稻种植而组织起来的社会和地表景观的最复杂、最完美的实例:令人眼花缭乱的水稻梯田像瀑布一样顺着山坡层叠而下,多亏了所有苏巴克农民在本地水庙举行的定期集会而四季常绿。然而,即使在单个的苏巴克之内,家族群体之间对水的竞争依然对一致同意构成威胁。那么,如何在沿着一条分水岭彼此紧邻的众多苏巴克之内和之间维持平衡呢?人类学家史蒂文·兰辛(Steven Lansing)在他最近研究苏巴克的作品中提出了颇有争议的观点,宗教的、社会的和技术的干预在不同空间和时间的复杂交织是一个历史上的"自组织过程",把互相竞争的利益引导到产生对秩序和共享繁荣的共同承诺。[3]

---

[1] Ishii 1978.

[2] Bray 1986;2009.

[3] Lansing 2006.

在苏巴克的神秘性吸引了一连串西方历史学家、民俗学家和人类学家的同时，日本也有它自己的神秘唯物主义解释的传统来解释水稻种植的规则，例如，回溯到中世纪的村规——判决将任何破坏灌溉规则的农民均逐出本村。[1] 在大清帝国庞大的江河体系中，比如长江流域，防洪的必要性必须与作物灌溉和运输的必要性一较短长。历史学家们审视了国家、地区和社群与官僚、地主或小农的交叉利益或对立利益如何协商谈判，转变成物质实践或政治议程，个人与集体的目标和资源之间的紧张如何塑造了现代地表景观和经济决策。[2]

日本大概是成功的现代"稻米经济"最显著的实例。弗兰克斯那一章（第十四章）描述了国家通过什么样的政策和制度来动员多功能的农村家庭构建现代竞争性工业经济，这一经济至今在明显程度上依然是围绕小规模水稻种植的需要和可用性来塑造和组织。正如弗兰克斯所言，如果说稻米今天依然是真正日本生活的一个符号，那就反映了水稻种植很紧密地被整合到了日本的工业构成和消费实践中。

那么，东亚或东南亚主义者会同意像卡尼这样的黑米学者的观点，认为"对稻米生产的投入"[3]深刻塑造了乡村景观的社会轮廓和物理轮廓，其方式——尽管在微观环境层面上并没有令人印象深刻的统一性[4]——常常跨越政治边界或地理边界。亚洲主义者还认为下面这个说法理所当然：稻米是一种小农栽种的作物——这一理解广泛反映在不同地区政府的意识形态和实践中，不管是在前殖民时代、殖民时代，还是在后殖民时代。[5]

在东亚或东南亚的语境中，规模经济在水稻种植中干脆不起作用：在提高

---

〔1〕 Tamaki 1977.

〔2〕 Li 2010.

〔3〕 Carney 2001；Eltis et al. 2007；Fields-Black（本书）.

〔4〕 参见菲尔兹-布莱克和利纳雷斯的那两章。

〔5〕 参见本书中马特论述 M. B. 斯米茨（M. B. Smits）的那一章。苏珊妮·穆恩（Suzanne Moon）对荷兰东印度公司技术发展的研究也记录了一些这样的案例：殖民理想主义与科学实践导致荷兰人致力于其"本土民族发展"中的小规模改变（Moon 2007）。

产量上,技能比昂贵的设备更有效。[1] 尽管在东亚稻米地区有很多地主所有制,但农场都很小,种植园闻所未闻,即使对于像茶叶或糖这些很有价值的经济作物也是如此。在 17 世纪 60 年代前后技术尖端的长江三角洲,人们认为一半面积的稻田就足够养活一家人,而其余的田地则被用来种植经济作物,比如棉花或蔬菜,或者栽种养蚕的桑树。有些家庭宁愿到市场上买米,好让他们能把所有土地和劳动投入到经济作物上。水稻种植为中国的经济多样化充当了一个备用锚。我们看到了几百年来的一个历史涟漪效应:像长江下游和珠江三角洲这样的稻米高产地区转向了像纺织品或糖这样的高价值商品,而从前的落后地区却成了新的国内稻米贸易中心。一些从前很穷的山区建立了兴旺的竹纸工业或茶叶工业,开始进口稻米。接下来,大约 1800 年前后,长江下游回归水稻种植,并再次开创先进技术。[2]

在殖民时代的爪哇也是如此,尽管格尔茨对小规模稻米体系的农业创新、异质性、适应性和灵活性的描述有充分的文献证据。布姆加尔德和克罗宁伯格注意到,格尔茨对爪哇农村经济的解释"被很多研究其他地区的学者所赞赏和仿效,却遭到大多数爪哇学者的诋毁"。他们对格尔茨所谓的糖与稻米在爪哇"互利共生"的关系所作的批评性重估凸显了一些活动的重要性,而格尔茨干脆从他的分析中省略了这些活动,例如,饲养家畜,栽种范围广泛的作物,或作为劳工在附近的非糖产区干活。布姆加尔德和克罗宁伯格对农民作用(人口统计学的和经济的)的重构很好地补充了马特针对苏门答腊提出的关于农民的经济作用的论证。

社会理论家中不只是格尔茨一个人提出,殖民时代或现代经济中的"本土"部门由一些在很大程度上是维持生计的低技术活动组成,它们是反应性的,被发展水平更高的资本主义部门的渗透所决定。同样的态度经常启发世界各地的殖民政策和后殖民时期的发展政策。在对殖民地时期苏门答腊小农当中不

---

[1] Bray 1986,115,148-155. 只是在 20 世纪 70 年代,当日本人开始特别为耕地、移栽和收割设计小型机器时,情况才开始改变。

[2] Bray 2007a; Li 1998; Marks 1998.

同的水稻种植策略的探索中,马特的"反商品"概念吸引人们关注稻米其他农作物或农产品的歧义性。一会儿用来维持生计,一会儿作为商品卖掉,农民家庭生产这样的物品,对正式的商品生产资本主义部门做出灵活的回应。农民的选择无疑被包含在殖民或后殖民时代的经济分割体系之内,但也可以被视为抵抗或动员这些体系。

就苏门答腊的情况而言,殖民政府试图在低地地区建立一套灌溉密集水稻种植体系;充其量只能算成败参半,即使政府从爪哇引入了一些还算"勤奋"的农民为这些计划提供人力。苏门答腊大多数稻米继续由小农栽种,他们把高地旱稻与商业上有竞争力的经济作物的生产结合起来,比如橡胶。然而,农村经济的这一关键成分,尽管已经与国际商品市场关联,但在很大程度上在政策层面依然是看不见的。正如马特提醒我们的,殖民时代和后独立时期的农学家、经济学家和正在现代化的政府几乎总是把高效率的商品生产等同于大规模种植园水平的生产,把高产水稻种植等同于灌溉低地水稻。

穆泽及其合作者提供了一个西非视角来看待反商品,追踪了后独立时期塞拉利昂"稻米作为一种国际贸易的商品与更适合本地需求的商品结成网络"。特别有意义的是,在这里他们应用了一个新近出现的研究工具,即稻米品种的基因作图,来假设 20 世纪 20 年代解放之后几十年里人们追求的小农择种和培植的历史。农民塑造和重塑了本地稻米遗传资源,以配合殖民时代和后独立时代官方现代化稻米部门的战略。在塞拉利昂,就像经常在别的地方一样,绿色革命政策和普遍品种被证明是不可持续的,但农民成功地发展出了一系列品种,它们不仅来自物种内杂交,而且来自跨物种杂交。一些品种仅仅在本地生态龛中培育得很好,另一些品种则实现了普遍品种的目标,在范围广泛的条件下兴旺。利纳雷斯对朱拉人种植互补的记述、穆泽的分子分析详尽说明了引导农民在可利用的稻米类型之间进行选择的生态因素、经济因素和社会因素。

致力稻米：种、吃、征税、贸易

依赖稻米作为一种关键资源，而不是作为一种作物、食品、原材料或贸易商品，意味着什么呢？历史学家面临的一个挑战是，不管在哪里种植水稻，它总有抢镜头的趋势。关于稻米，一件非常引人注目的事情是，大多数人认为"稻米是好东西"，即使对他们来说它是一种新的食品。稻米很可口，稻米很雅致，稻米样子好，味道也好。在几乎每一个有稻米的地方，它都是一种地位很高的食品，精选的一盘稻米用于宗教仪式、节庆宴会、供奉祖先，也用于支付地租和赋税。[1] 如果我们问，一个社会或地区是否"一律致力于稻米"[2]，甚至稻米在其农村经济、贸易流通或日常饮食中可能扮演什么角色，我们就必须考量稻米似乎（至少在本地人看来）有着高度的象征魅力。

例如，在晚清中国的记录中，由于赋税是以稻米或其等价物缴纳的，因此一个行政区会根据它的稻米产出来归类，即使农民收获的所有稻米都交给了地主和收税官，而他们自己只好吃番薯。[3] 日本提供了一个更加戏剧性的实例，无处不在的现代"日本人论"（nihonjin ron）中的一个关键成分是这样一个信念：稻米是日本文明自古以来赖以构建的主食，各种日本典型的社会特征和心理特征来自吃米和种米的日本方式。日本教科书告诉孩子们，水稻种植支撑和塑造日本社会两千多年。每年春天，电视节目都播放天皇仪式性地在稻田里耕地。运动员教练坚持认为，日本人要想充分发挥其身体潜能和精神潜能，就必须吃日本米，而不是进口米。政治家们支持浪费型的水稻种植体系作为一项不容置疑的国家遗产。弗兰克斯的那一章分析了稻米作为现代日本生产模式和消费模式的基础。与此同时，卡塔日娜·茨威塔卡（Katarzyna Cwiertka）证明了军事

---

[1] Hamilton 2004.

[2] 参见 Fields-Black（本书），Eltis et al. 2007。

[3] Cheung（本书）；Huang 1990；Mazumdar 1998.

化和殖民化在确立稻米作为底层日本人预期的日常主食上所扮演的关键角色，人类学家大贯惠美子（Emiko Ohnuki-Tierney）在一项题为"作为自我的稻米"（Rice as Self）的研究中，生动描绘了稻米在当代日本文化中复杂的象征地位。像夏洛特·冯·费许尔（Charlotte von Verschuer）这样的历史学家指出，日本作为一个以稻米为中心的文明的神话可以追溯到一千年前，尽管只是在 20 世纪之交，稻米才最早成为很多日本人的主食，包括稻农。[1] 那么，稻米神话是如何出现的呢？

首先，正如冯·费许尔指出的，稻米从很早的时期起就具有了一个特别政治性的角色。不像轮耕甚至旱田，水稻田很容易定位、测量和记录。稻米是其生产例行征税的唯一谷物。国家和地方统治者试图鼓励或强加水稻种植，不管是否可能；而农民宁愿种植其他谷物——这些谷物不仅免税，而且所需劳动要少得多。一点也不奇怪，有权者占了上风，水稻种植面积在几个世纪里不可阻挡地增长。[2]

稻米在日本文化中是如何获得其特殊的象征身份呢？在 20 世纪，为日本最早的文本——公元 7 世纪创作的历史、神话和诗歌——撰写评论的学者们开始把对谷类作物或一般食品的泛指注解为对稻米的特指。[3] 这一把所有食品或谷物等同于稻米的趋势在 1600 年至 1850 年间江户时代的学术研究中得到了强化。1870 年至 1920 年间，正在现代化的明治政府把稻米崇拜转化到了古典学术之外，产生了一批关于起源神话和民族精华的大众讨论，并且进入了教科书和政治演说。换句话说，随着时间的推移，稻米特殊的政治角色及其在精英日常饮食中的地位被人操纵，为的是创造日本作为一个吃米者民族的形

----

〔1〕　Cwiertka 2006；Ohnuki-Tierney 1993；Verschuer 2005.

〔2〕　詹姆斯·C. 斯科特（James C. Scott）最新的一本书（Scott 2009）起初题为"文明为什么不能爬山"，提供了一个拒绝服从模型，以描述东南亚大陆不断蔓延的国家控制的这一动态。马特和比格斯（本书）分别讨论了苏门答腊稻米轮作（殖民当局称之为过度开发或"掠夺式种植"），以及湄公河三角洲的高地稻或深水稻，它们同样逃过了中央政府的控制。

〔3〕　可以在中国观察到一个类似的趋势，在那里，"饭"这个词——任何地方主粮谷物蒸煮形式的通称——越来越被等同于米。

象。[1] 正如研究神话史一样，我们的农业史家不得不回到我们的源头，更仔细地审视日本饮食文化中的稻米，它们究竟能告诉我们什么。

认识日本的稻米神话，还需要我们批评性地重新思考中世纪和现代早期日本农业专论的重要性，所有这些专论都把稻米生产作为耕作实践的基石来对待。水稻种植在日本政治哲学中的意识形态地位在一些关键方面与中国的情形是一致的。在评估优秀的农业上，日本精英像中国的政治阶层一样，也聚焦勤劳：移栽和薅草辛苦费力，与大多数其他作物相比，水稻种植需要格外艰苦的劳作，因此代表了优良耕作的道德和政治典范。[2] 在中国的政治意识形态中，水稻种植是天道-政治二分体的一个成分——男耕女织，因此在他们之间，既为他们的家庭也为国家提供衣食。这里面涉及的苦工本身并不是道德的善，而是为了维护社会和谐并因此确保上天的持续恩赐而需要做出的牺牲。耕作手册对于种植农村家庭日常所吃的大豆或番薯给出了详细的指示，但只有稻米才有资格使用木刻插图，插图通常强调水稻种植的仪式意义和象征意义。[3]

水稻种植技能如何被人格化在世界各地大不相同。在中国，水稻种植的劳动和技能大多（即便不是完全）由男人履行，并且法定是男性的，但并没有任何具体的男性美德或力量与这个行当相关联。在利纳雷斯讨论的三个朱拉人村庄的每个村庄里，性别劳动分工都是不同的。但有一种工作完全是男性的：每当修筑堤坝、疏浚沟渠或从红树沼泽里开垦稻田时，都是年轻力壮的男人上阵，他们按年龄搭伙分组，一起干活。霍索恩拿几内亚比绍的巴兰塔族做他的人类学案例研究，更贴近地审视与西非红树沼泽水稻种植的英勇任务相关联的男性品质，这次是在黑米争论的语境中。

黑米论题不仅赞扬几内亚海岸稻农在把水稻种植技能带到美洲上所取得

---

[1] Verschuer 2005；Ohnuki-Tierney 1993.

[2] Verschuer 2005. 在后来的历史理论中，正如我们已经看到的那样，这被转换成了奠定"勤勉革命"基础的人类品质。

[3] Bray 2007b. 在大约公元 1000 年前，华北最重要的谷类作物——小米一直是标志性的谷物。到了大约 1000 年前后，中国的经济中心决定性地南移，随着北方各省在 1126 年丢给了鞑靼人，政治、技术和符号的关注焦点转移到了稻米。

的成就,而且推断这些技能赋予人力量。卡尼的关键论证之一——埃尔蒂斯激烈地与其辩论——是:几内亚人(特别是几内亚女人)在卡罗来纳种植园主当中很有需求,他们愿意为几内亚人的水稻种植技能出更高的价钱。据卡尼说,这些技能当时让几内亚奴隶在种植园充当了一种贸易品或讨价还价的筹码,这使他们能通过谈判在一定程度上控制自己的劳动。埃尔蒂斯根据奴隶来源和购买价格的记录,质疑了这一解释。[1] 霍索恩的那一章采取了完全不同的策略,聚焦工作的意义。他指出,尽管生产资料在大西洋两岸是一样的,但生产方式完全不同。在稻田里干活使得男孩成为男人、女孩成为女人。一个有技能的稻米工人是一个受欢迎的婚姻配偶,巴兰塔人把自己描述为吃苦耐劳的工人,不同于他们"懒惰的"邻居,后者种植不那么费力的作物或饲养牲畜。在巴西的奴隶种植园里,在稻田里干活成了一次"去文化的经历":"在他们的祖国,上几内亚人从不为了苦活本身而干苦活。他们在稻田里长时间劳作是因为社会奖赏那些苦干的人,而惩罚那些不干的人。美洲的种植园体系剥除了社会奖赏,使得稻田里为白人主人劳作无异于苦工……非洲人的人格、宗教义务和集体文化身份的概念被打破了。"

　　巴西稻场的奴隶工人所面对的野蛮和艰苦是极端的。奴隶主偏爱新近开辟的土地,而不是常年耕作的田地,很多的劳动涉及砍伐和清理。工人们死于未经治疗的创伤、烧伤和疾病,营养不良,缺少睡眠,缺乏安慰。卡罗来纳种植园的条件倒是不那么极端,考虑到那里的奴隶在"任务"制下干活,理论上给他们自己留下了一定的时间。当然,无论在哪一种情况下,作为奴隶,工人们都对工作时间多长和多艰苦没有任何选择。那么,稻农们在恰亚诺夫(Chayanov)所说的"自我剥削"的条件下又过得如何呢? 很自然,与种植水稻相关联的苦与乐大不相同,风险程度也是如此:轮耕所需要的苦工时间少于常年耕种的土地,佃农们必须苦干才有足够的钱交地租和赋税并养活他们的家人,主要种植水稻的农场容易遭受洪水或干旱之害,深植于市场的家庭任由物价涨跌的摆布……尽

---

[1]　Carney 2001；Eltis et al. 2007.

管这些笼统的概况众所周知,常常可以通过其他材料来源在细工饰品中瞥见,但特别关注农民身体健康的历史研究殊为罕见。

尽管海登·史密斯的那一章承认塑造卡罗来纳殖民模式的健康考量,但正是在劳伦·明斯基的文章中,把农民的健康置于舞台中心,提醒我们"现代世界的一个核心悖论:饥饿、营养不良和疾病严重困扰着那些生产、养育和维持世界人口的主粮谷物的人"。

在孟加拉和旁遮普,稻米生产在整个 19 世纪和 20 世纪初期得到了强化,并作为更广泛的商业作物发展的组成部分,包括像黄麻、靛蓝和糖这样的出口作物。明斯基发现,在这一时期,农民中的发病率和死亡率都大幅上升。但明斯基对一些决定论的阐述提出质疑,这些论述把稻米与疟疾、霍乱及其他热带病联系在一起,"仅仅由于它是一种'湿'作物"。相反,她指出,不断恶化的健康水平源自混合商业作物体系的强化,这使得水、化肥(包括人粪)和劳动输入的稳步增加变得必要,以及先前用于旱作作物或牧场的土地所面临的冷酷无情的压力。

孟加拉和旁遮普的农村人口都受到了长期影响,并且感染了越来越致命的季节性流行病。明斯基以疟疾为例来说明两个地区之间传染病、免疫力和抵抗力显著不同的模式,部分是因为各地带滋生不同的蚊子,部分是因为蚊子的季节性存在因截然不同的地区降雨模式而有所不同。但在每个案例中,那些最容易遭受疾病之害的人都是穷人,他们本就因饥饿、营养不良和疲劳而身体羸弱。旁遮普,尤其是孟加拉,都有很好的理由被描述为稻米经济,但是,尽管这一地区生产的稻米的质量有所提高,随着时间的流逝,大多数旁遮普人和孟加拉人吃米饭却越来越少。贫困的或没有土地的家庭购买食品,而不是自己种植,即便是更粗糙的稻米品种也超出了他们的购买能力。正如明斯基最后所说的,历史学家和政策制定者同样需要"理解商业化如何塑造了阶级之间不同的食品权利、代谢需求和风险暴露中所彰显的社会不平等"。与发展政策的口号相反,增强食品生产未必意味着穷人会吃得更好或变得更健康。

在聚焦穷人的命运时,明斯基追踪了日常饮食的历史,但不是消费的历史。

在当前的社会消费理论中,争论的问题是消费者选择:是什么影响了它? 它的影响是什么? 是影响市场还是影响身份? 消费者本质上是选择者、作用者,寻求把需求打包为欲望,把欲望打包为需求。孟加拉一个赤贫的农场劳工不是一个消费者,因为正如布迪厄(Bourdieu)所言,她的选择是没有选择的选择。在明斯基的解释中,推动经济增长并从中受益的消费者在很大程度上是隐藏的:她的聚光灯转向了别处。但类似的商业化和市场渗透过程标志着 18 世纪华南的经济,张瑞威的那一章追踪了互补的消费史,聚焦口味和饮食改善。

张瑞威认为,在太过狭隘地聚焦生产方法和人口统计学增长上,历史学家迄今为止忽视了口味和消费者选择在解释(很多人研究的)中国稻米产业史中的重要性。张瑞威吸引我们关注主粮与杂粮之间的通俗区分。城市家庭和农村家庭同样渴望吃主粮,这在华南和华中常常指稻米。像番薯这样的杂粮不仅被认为不那么可口和不那么有营养,而且它们带有贫穷的标志。那些买得起米的人对不同的类型、品种或季节有强大的偏好,而且,正如张瑞威所指出的,这些偏好深刻塑造了稻米市场、进口水平和农民的作物选择。正如在印度那样,种植水稻的农民自己却经常靠番薯这样的杂粮为生。但越来越多的中国人承担得起偶尔——即便不是始终——放纵他们"吃好的愿望"。[1]

张瑞威讨论的是一个这样的时期:中国消费的大多数稻米是国内生产的,米商(和国家)控制着其省际流动。但是,正如李丞浚在他的那一章所指出的,从国外,特别是从南洋(东南亚)进口稻米的重要性在不断增长,已经移民的中国厂主和商人控制了整个地区的稻米生产和贸易。1911—1937 年,香港"米师傅"已控制像上海和广州这样一些中国大城市的稻米供应。他们从南洋进口稻米挣得的利润比中国土产稻米的利润高,他们对价格和偏好的影响在塑造市场上是决定性的。米师傅们的专业知识具有传奇色彩:他们瞥一眼就能评估一船货物的品质和味道,能满足城市消费者的苛刻预期。

---

〔1〕 还可参看下文讨论的 Latham 1999,112。广东省的稻农今天依然渴望给他们的家人提供一日三餐米饭(Santos 2011)。与此同时,在追求简单生产更高的稻米数量这个生产主义的目标几十年之后,中国政府如今鼓励研发新的品种,以满足消费者对品质的预期(Zader 2011)。

不幸的是,民国时期早年的稻米进口量非常之高,以至于让贸易平衡转为赤字,而中国的稻米生产由于缺乏销路而陷入低迷。国民党领导人有些惊慌:要是不能养活自己,中国怎么能经受得住日本的进攻?他们选择了一个相当现代的解决办法:科学救国。国民党与康奈尔大学合作,设立了绿色革命计划的先驱,在这个项目中,国家和各省的实验站研发出了稻米和小麦的高产品种,制订了扩展计划,鼓励农民采用新种子和化肥。新稻米产量增加了30%以上,但它们不易保存并且味道也不好。

李丞浚认为,如果国民党政府认真对待米师傅们的专业知识,并在其育种计划中同样致力于口味和产量,事情的结果可能有所不同。但是,正如哈伍德所指出的,自上而下的、生产主义的、绿色革命型的政策都受困于质量问题。口味是一件烦心事;需求、偏好,以及以改善生活为目标的小农的脆弱性,都被忽视了;消费者的口味和偏好被忽略了,让位于卡路里计算和维生素或蛋白质含量的分析。这并不纯粹是一个现代问题:张瑞威记录了18世纪中国官员阴郁地注意到,南方人不管多么饥饿,都拒绝接受以北方小米或豆类的形式提供的援助。"苏南人习惯吃米,不吃杂粮。"

正如前面的讨论所指出的,种米的人可能不吃米,卖米的人可能不消费米,乐意吃一种米的人可能不愿吃另一种米。那么,从历史上看,"致力稻米"——不管是不是一律——看上去像什么?正是这个问题架构了埃达·菲尔兹-布莱克的跨学科研究。菲尔兹-布莱克试图追踪并解释来自上几内亚沿海不同地区的俘虏与稻米和稻米生产之间可能存在的复杂关系:他们是不是经验丰富的稻农,如果是的话,稻米究竟是一种主要作物,抑或只是众多作物之一?稻米究竟是他们偏爱的食品,抑或只是一种贸易品?在一个时常容易遭受旱灾的地区,水稻种植有什么机会存在,其吸引力是什么?菲尔兹-布莱克批评性地评估了可以从旅行者的记述、考古学、环境史及相关的年代语言学当中得到什么样的信息,而拼凑出水稻种植及其与大西洋奴隶贸易和内陆贸易网络之间关系的初步历史。她描绘了一幅有着巨大多样性的图景:上几内亚一些极小的地区为生计而种植水稻;另一些地区更多地依赖抗旱的福尼奥米(小米);降雨量决定了时节的选择。菲尔兹-布莱克得出结论：尽管稻米在重要性上不断提高，但这一地区在 17 世纪和 18 世纪绝不致力于稻米。

穆泽等人的那一章在年代上与菲尔兹-布莱克的那一章部分重叠，但前者把西非稻米的故事从大西洋奴隶贸易的高潮时期一直带到了今天，并强调引入、栽培或传播不同类型或品种的稻米的生产关系。穆泽的研究用 2008 年在西非沿海地带搜集到的 315 个农民品种补充了历史文献，让人们重新认识农民栽培的过程和动机，认识稻米杂交的能力——不仅在不同品种之间杂交，而且在亚洲物种与非洲物种、光稃稻与水稻之间杂交，这些杂交品种长期被视为在实验室之外只生产不结果实的品种。穆泽和他的合作者们特别感兴趣的是记述非洲农民的足智多谋，他们致力于改造引入的"卡罗来纳"的粳稻，以适应他们的需要，因为它们最早是在 18 世纪从美国引入的。

相比之下，埃里克·吉尔伯特应用类似的遗传学证据，这一回是使用来自东非和大西洋沿岸的样本，来探索整个亚洲大陆水稻的起源和分布。吉尔伯特的综合性问题是：亚洲水稻如何变得以及为什么变得如此重要？"在非洲稻曾经占优势的地区，亚洲稻如今成了首选作物。在亚洲大陆其他很多从未驯化本地稻、水稻种植相对较新的地区，亚洲稻是唯一种植的稻米。"根据原始的遗传学证据，吉尔伯特推断，有三次甚至四次单独地把亚洲稻引入非洲，导致截然不同的种群的存在。他指出，"三个主要的非洲水稻种群中，没有一个局限于非洲大陆，相反，它们是跨大陆的，包括美洲、南欧和东南亚，留下了不同大陆之间人类接触的植物学痕迹"。吉尔伯特考量了一些生态龛链，水稻可能沿着这些生态龛链一路旅行，从东海岸到西海岸，但他得出结论：不像其他亚洲作物，比如香蕉或高粱，水稻事实上并没有在前现代时期跨越非洲大陆。尽管这个遗传学证据依然是试探性的，但它提出了一些有意义的挑战。例如，印度与东亚之间为什么没有可以追踪的联系，考虑到强大的贸易关联，你可能会预期这样的联系吗？

一种奇特的商品

在长时间讨论稻米的多样性如何影响历史解释之后,你很可能会问:稻米作为稻米是不是特殊的,如果是的话,如何是特殊的? 在世界上少数几个地区,如今大规模地在高度机械化的农场里种植水稻,就像种植小麦、玉米或大豆那样。但在大多数地方,即使农民如今也使用机器和工业输入,但把稻米与其他主要谷类作物区别开来的特征依然是规模小得多的农田、机械和农场,是依然需要大量有技能的劳动力来种植作物和维护灌溉系统。正如彼得·科克拉尼斯在"权力与控制"那一部分的导言中所评论的,"不管我们谈论的是种植实践、水管理、劳动礼仪、市场力量,还是政治命令,稻米,尤其是灌溉体系下的稻米,长期以来被理解为一种倾向于——即便不是强制性要求——高水平的权力与控制、操纵和阴谋的作物。"近几十年来提出的很多论证和挑战,特别是东亚和东南亚历史学家们提出的,涉及水稻种植的具体要求塑造社会的方式。在这篇导论性的纵览中,我试图避开以生产为中心的技术决定论所带来的快乐和陷阱,去看看如果我们从不同的视点开始会出现什么。例如,如果我们从稻米不是作为一种作物而是作为一种商品开始,会发生什么?

从世界中心期货市场的视角看,稻米就是稻米,就像小麦是小麦、糖是糖、钢是钢一样。出处可能影响商品的品质,但不影响其内在性质。然而,如果我们更贴近地看,稻米抗拒这样轻易被具体化。从生产的视角看,对于农场主、水稻种植者或厂主来说,稻米作为一种植物或作物,它的要求、约束和预设用途是无穷可变的。当然,这不仅仅适用于稻米。但出于各种不同的理由——包括已经提到的特征尺度和技能输入,以及这样一个事实:稻米是作为整粒的谷物而被吃掉,而不是作为粉产品或粥——稻米被证明比大多数主粮更抗拒那些与工业型生产和食品营销相关联的,社会的、环境的和农艺学的标准化和均质化。

当我们把焦点转到营销和消费时,有一点就变得清楚了:至少在稻米是首选主粮的地区,稻米作为一种商品充其量是不完全可替代的。有条件进行选择的消费者对稻米的品种、物种、地区和季节有着明显的偏好。正如张瑞威所指出的,谷物的颜色、味道、香气、形状和大小,黏稠度、半透明和医疗属性,全都是塑造市场的因素,至于谷物是整粒的还是破碎的,是新鲜的、成熟的还是变质的,那就更不用说了。米商必须是专家,而不只是简单地区分好品质与坏品质。贸易路线可能在某些点上重叠,但即使在今天,也不存在单一而同质的世界稻米市场。

几年前,经济史家 A. J. H. 拉瑟姆(Latham)受邀给"劳特里奇现代世界经济研究"丛书撰写一本论述稻米的书。反复思考他的研究该叫什么之后,拉瑟姆决定使用"稻米:初级商品"(Rice: The Primary Commodity)这个标题。他指出,稻米有显著的资格被认为不只是一种商品,而且是初级商品,因为当今世界上大约有一半人口依赖稻米作为他们日常饮食的很大一部分,更甚于依赖任何其他主粮作物。然而,正如拉瑟姆所言,这里有一个悖论,因为,尽管稻米有它的重要性和独特性,但它"在世界大集市中并不显著。芝加哥小麦市场在稻米那里没有对等物……稻米在一个看上去令人困惑的接触网络中被世界各地的商人和政府交易"。[1]

在这些方面,稻米作为一种商品大概更接近于茶叶(或现代咖啡)而不是小麦:它在 20 世纪消费手段革命之前就把大众市场与小众市场结合了起来。本书的几篇文稿,包括比格斯、张瑞威、李丞浚、利纳雷斯和明斯基等人的那几章,考量了大众市场与小众市场之间的交叉或重叠。即使在稻米被当作一种廉价大宗淀粉食物来对待,出口并船运到世界各地,养活殖民地劳动力和城市穷人的时候,其市场也依然被分割为不同类型和品质的稻米市场。然而,要求把稻米"仅仅作为稻米"来对待的压力稳步增长。大清帝国或殖民时代印度的饥荒救济计划以不同类型的大米一律等价为前提。这一态度在现代育种实践中,在粮食安全的国家计划或国际计划中,在很多科学育种适合其要求的贫困救济

---

〔1〕　Latham 1998,1.

中,得到了进一步的巩固。第二次世界大战之后的粮食援助是稻米均质化和巩固它作为世界最常见主粮的地位的另一个工具。这反过来为培育新稻米作为饥饿和营养不良的"全球"解决方案的普遍主义计划提供了杠杆。

从这里看:把我们的网撒得更开

全球史领域一个颇受尊重的策略是比较这个世界从不同地点看是什么样子。作为一个实例,我再次拿大西洋视点作为衬托来暗示,通过微观地区与宏观地区一次更有野心的接合,可以把它与以中国为中心的历史关联起来。

黑米争论要求研究稻米的历史学家重画领土边界和解释框架。一些像丹尼尔·利特尔菲尔德(Daniel Littlefield)、卡尼和霍索恩那样的学者宣称,南卡罗来纳或巴西稻田里的非洲工人不只是在执行白人农场主分派的任务,而且在有效地移植或重新创造西非的农业知识体系,他们赞成从根本上重画大西洋奴隶贸易及其人员、知识和权力流动的文化地理学(包括传统的性别解释)。[1]在证明卡罗来纳的水稻种植实际上源于几内亚海岸时,他们还挑战了从前被认为是两个独立的稻米生产技术体系(一个具有世界史的意义,另一个可以忽略)的地理边界,而把它们当作一个单一地带的组成部分来对待,正是在这个地带之内,知识跨越大西洋流向西方——不过是从非洲,而不是从欧洲流出。此外,为了支撑和发展他们的论证,黑米命题的支持者们变得越来越跨学科,在一个很宽的范围内跨越不同学科展开工作,不仅包括经济史、社会史和技术史,而且包括食品、种族语言学或生态学的历史。一直有人以许许多多的理由激烈地或者更温和地对黑米命题提出质疑[2],但黑米学者们一个未受置疑的成就是清晰地把西非的水稻种植置于经济史的版图上。

---

〔1〕 Littlefield 1981;Carney 2001;Hawthorne 2003.
〔2〕 Eltis et al. 2007;Edelson 2010.

　　"大西洋史"和"大西洋世界"这两个术语是常见的历史地理术语,迄今流行了好几年,它们无疑为黑米学者提出的稻米史重新分区铺平了道路。他们并没有提出一个新的地区。相反,他们认为,一种新的贸易品,即水稻种植的知识和技能,应当被添加到很多五花八门的商品之中,这些商品沿着那些旧路跨越一片风景(或者更准确地说是海景),这片风景不言而喻地是一个地区,即大西洋。新奇的不是西非与南卡罗来纳之间的关联。黑米命题中的新奇成分是这样一个论证:沿着这条路线、在这个方向上运输的公认物品是专业技术知识——连同这样一种转移中所固有的传统知识和权力等级的颠倒。稻米去了大西洋,但大西洋作为一个地区到如今已经是一个相当熟悉的地带。

　　然而,大西洋尽管很宽阔,但它并不是世界。正如彼得·科克拉尼斯在一系列出版物中所证明的,把它当作池塘(这是我的说法,不是他的)来对待太过轻易,也就是说,一个自足的循环和交换体系远离了更宽阔的水流或其他池塘的影响。[1]

　　从美洲向外看,主要的稻米市场是北欧。到 18 世纪,欧洲的需求打造了科克拉尼斯所说的一个稻米的"世界市场"。这个市场迎合一系列的使用,有着广泛变化的需求弹性。当其他谷物稀缺和昂贵时,稻米可以被用作穷人、军队或动物的廉价食物;对富人来说,稻米是对五花八门的日常饮食的一种可欲的添加;作为一种工业原材料,稻米及其副产品服务于酿酒、造纸或淀粉制造。这种多样化意味着很难准确解释米价或需求水平为什么千变万化。当 18 世纪初在当时的英属卡罗来纳殖民地确立水稻种植时,生产者与巴西和意大利竞争主要城市的稻米市场。但一旦英国人在 18 世纪 80 年代确立了对孟加拉的殖民控制,孟加拉的稻米就开始把美国的竞争对手挤出北欧市场。到 19 世纪 30 年代,荷兰东印度公司加入了这场争夺;随后,缅甸从 19 世纪 50 年代起,暹罗和交趾支那几年之后也都加入进来。对于南亚和东南亚在与美国竞争以欧洲为中心的稻米"世界市场"上所取得的成功,可以提出各种不同的解释,包括亚洲

---

　　[1]　Coclanis 1993b,1995,2006.

资本与欧洲资本通力合作的多功能性,有利的气候和地形,或者很低的劳动成本和资本成本。然而,十分清楚的是,美国稻米产业的长期历史与亚洲稻米的历史接合紧密,不能仅从"大西洋"的角度来理解。[1]

但是,是否有必要把这些关联扩大到更远呢? 在被拉进 19 世纪欧洲和殖民地稻米贸易环路之前,越南、暹罗、菲律宾、印度尼西亚和印度洋的东部边缘就在一个中国人称为南洋的地带与中国结成了紧密的贸易关联。尽管在体量或价值上从未超过中国的国内市场,但南洋贸易规模是巨大的;然而,到 18 世纪晚期,中国与欧洲的贸易赶上来了。不管是南洋还是欧洲,中国出口的主要是制造品,范围从铁钉、铁锅和铜钱,到丝绸、锦缎和瓷器;进口的主要是原材料、银条或银币,以及稻米。罗伯特·马尔克斯(Robert Marks)记录了 1685 年至 1850 年间广州地区内外贸易模式的复杂性和灵活性。进口包括来自南洋的染料和来自华北、南洋及英属印度的原棉。这个地区向中国其他地区和南洋出口棉布、丝织品和食糖。欧洲人购买丝绸、棉花制品和茶叶,反过来带来原棉、白银和鸦片。本地农民翻耕他们的稻田种桑树或甘蔗,像城市工人一样,他们如今吃的稻米是来自上游各省和南洋的。他们对于自己吃的稻米种类经常很挑剔,因此决定了那些养活他们的农民的选择。[2]

拉瑟姆论述的是同一时期末尾,但是从不同的视角,他注意到一个起初看上去令人眼花缭乱的事实。到 19 世纪中叶已经出现一个国际稻米市场,在这个市场里,缅甸、暹罗和法属印度支那出口稻米,而锡兰、马来亚、荷兰东印度公司、菲律宾和中国进口稻米。拉瑟姆说,移民劳工出力的种植园经济和采矿经济进口稻米不难理解,可中国为什么需要这么做? 是说明中国正在遭受厄运,没有能力解决自己的生产问题吗? 正相反,拉瑟姆说:关于米价和市场的数据显示,像广州或长江下游这样的地区选择放弃稻米生产,专攻其他作物和产品,让他们足够繁荣到可以购买他们偏爱的食品——稻米。"在一个正在有利市场

---

[1] Coclanis 1993b,1052,1995,148,154—5; Montesano 2009.

[2] Marks 1998,1999; Cheung, this volume.

条件下不断扩张的经济体中,收入不断增加。活力之源是已经提高的农业生产率,以及由于正在前进的专门化而不断增长的收入。……稻米是一种奢侈品,而非必需品,中国在发展。"[1]

然而,尽管进口在整个现代早期很重要,但中国人吃的绝大部分稻米是国内生产的。这里没有空间公平对待研究中国国内稻米市场的中国、日本和西方的学者的很多研究。[2] 说这个市场很大就足够了。就算并非所有农民都吃得起稻米,此外,在华北大多数地方,小麦、高粱或小米更为常见,无论是作为作物,还是作为食品。然而,到明朝(1368～1644)初年,每年多达 12 000 艘驳船(各装载 25 吨)装运漕米到北方,供应北京和北方边境沿线的军队;到明朝中期,驳船的装载能力增加到了 45 吨。这些数据并不包括在地方或行省层面上直接被用掉的税米。比起全国各地由米商在公开市场上流通的稻米数量,漕米的体量就相形失色了。[3] 处于不同发展水平的互相关联的地区经济的起落沉浮,比较优势的改变,对不同作物或制造品不断改变的需求,气候波动的影响,自然灾害或战争,以及控制定价或粮食自足水平的政府政策的改变,所有这些全都影响中国国内稻米的生产和流动,以及对进口稻米的需求。与此同时,外国稻米来源也在改变,以回应内部因素及生产者之间的外部竞争。因此暹罗传统上向广州和厦门出口大量稻米,被客气地称作"贡米",但到 18 世纪,暹罗商人已经没法让他们的稻米在中国卖到足够高的价钱,而转向了日本和琉球群岛的市场。[4]

我们因此看到了一条关联链的出现,它把大西洋地区稻米生产的命运最终不仅与印度洋地区关联起来,而且与以中国为中心的南洋贸易带关联起来,与中国的国内米市——它在 18 世纪和 19 世纪初影响着亚洲各地的稻米市场——关联起来,甚至与遥远的、位于日本和中国台湾之间的琉球群岛关联起

---

[1]　Latham 1998,1999,110,122. 也可参见 Cheung(本书)。

[2]　对这批研究文献的综述,参见 Cheung(本书),Cheung 2008。

[3]　Brook 1998,46,118;Wang 2003;Cheung 2008.

[4]　Zurndorfer 2004,7.

来。然而,有一点并不明显:这些不同的节点和地区究竟是如何咬合在一起的?

例如,究竟在哪个时期——如果有的话——横跨哪些地区,一个整合的世界稻米市场在运转?[1] 什么样的壁垒可能把地理单位分隔开来,什么样的共同利益把它们关联起来,一袋米沿着这个网络可以走多远,究竟是作为一件商品、一个消费对象,还是作为一个象征物品? 对某些消费者来说,稻米是一种奢侈品;而对另一些消费者来说,稻米是日常主食;还有一些人,对他们来说,稻米只是廉价工业淀粉的几个来源之一。农民可能高高兴兴地为市场种植某些种类的稻米,而他们自己发现这些米十分难吃,这种因素必定影响物种或品种以及耕作技能如何"旅行"。[2] 有些稻米产区出口其绝大部分产品,而在另一些地区,大多数稻米是在本地消费掉的,只有少量剩余进入国际市场。[3] 对暹罗来说,19世纪稻米产业的急剧扩张是国家构建战略的组成部分,而它的邻居(缅甸,法属印度支那)是作为养育重要城市的殖民米篮子而发展起来的。

另一些生产稻米的国家是依据官方对粮食自足的承诺来统治的。晚清帝国就是这样,在那里,大多数官员在市场不可改变地被移植过来很久之后继续不信任市场。[4] 一套官方的"知识体系"在运转,以补充或者在必要的时候压倒公开市场的运作或地方寡头的影响。这一体系包括灌溉网络的管理,经由江河、运河与海洋的远程运输设施的管理,公共粮仓网络的管理,以及对稻米产量和价格的密切关注。[5] 李丞浚的那一章描述了一些被吸收到官方宝库中的新技术,为的是促进民国年间(1911—1937)的稻米自足,这些技术包括保护性关

---

〔1〕 科克拉尼斯(Coclanis 1993b,1072—1075)为它到19世纪末的出现提出了证明;正如我们已经看到的,拉瑟姆否认它的存在(Latham 1998)。

〔2〕 这对于农民之间的交换以及官方试图传播新种植方法或新作物的努力同样是真的,不管是在宋代中国还是在现代国家(Bray 2008)。

〔3〕 说到第二次世界大战之后那段时期,拉瑟姆写道:"进入世界稻米市场的稻米是剩余的或'剩下的'稻米,是满足输出国需要之后的剩余。它们拿掉他们自己的消费所需要的,然后出口剩余的。[市场]'很薄',因为相对世界稻米生产的总量,交易稻米的数量非常小,正如大多数生产者和出口商自己也是稻米的消费者。进入世界市场的稻米不到世界年产量的5%。如果市场上的卖家和买家年复一年相同的话,这倒不是问题。但事实上市场极其多变,卖家和买家始终在变,依据他们自己的作物的状态。"(Latham 1998,27)

〔4〕 Brook 1998; Wong 1997.

〔5〕 Will and Wong 1991; Marks 1998,1999.

税、铁路和现代科学稻米育种程序。像后来的"绿色革命包"一样,中华民国的计划也强调数量而不是质量,最终没能减少进口稻米的消费。[1] 然而,这项计划在中国边境之外有了一个非常重要的来生:

> 在内战中被打败之后,民国政府 1948 年逃到中国台湾,带走了一些国家研究设施,稻米研究在台湾继续。成功培育出的半矮秆水稻台中本地 1 号是台湾台中区农业改良场的重大成果,这个品种后来被国际水稻研究所(IRRI)用来与其他品种杂交,以发展各种改良型半矮秆品种[作为"绿色革命包"的组成部分在亚洲各地传播]。[2]

我们在《稻米:全球网络与新历史》中的目标是,利用全球史的关切,建立地区学派之间的创造性对话,探索跨越地方边界共享创新方法或解释框架的潜力,提出把微观史与宏观史相对照的战术,对更丰富地理解地方过程和全球过程做出贡献。

稻米在塑造和联结非洲和美洲、欧洲及亚洲几乎每个地区的历史上扮演了一个关键角色。它在地方、地区和国际层面上对殖民主义、工业资本主义和现代世界秩序的出现做出了关键贡献。正如在瓷器或棉花的实例中一样,稻米的种植和消费对在现代早期和现代世界上有人居住的地区的传播提出了一些挑战性的问题,涉及今天盛行的经济理性模型和科学技术效率的世系和有效范围。《稻米:全球网络与新历史》中的文稿探索了谷物、遗传物质、技术知识、人和资本的流通的促进因素及障碍,这样的流通塑造了贸易通道或生产体系的形成和寿命。在同等地强调消费和生产时,全球史还给经济和技术史之内的一个趋势带来了有益的矫正,这个趋势就是:把各种类型的稻米都当作本质上不可区分的卡路里包来对待。正如我们的撰稿人所证明的,无论是全球方法还是地

---

〔1〕　更晚近的这些年里,粮食自足的目标在很多亚洲国家决定了政策(我们首先想到的是马来西亚和韩国)。后独立时期不愿意依赖从变幻莫测的邻国或世界强国进口的粮食,在形成很多发展中国家的农业政策和对绿色革命技术的促进上起到了决定性的作用。

〔2〕　Shen 2010,1035.

方方法,都承受不起在评估供给与需求、生产与消费、饥饿与欲望、审美与时尚之间的关系上忽视一件商品的基本品质。作为历史学家,我们承受不起无视被封装在一粒种子或一袋稻米中的权力政治。

白馥兰
(Francesca Bray)

第一部分

纯化与杂交

导言

　　稻米在很大程度上是自我授粉的,与大多数谷类植物相比,其杂交较少。正常的杂交率在 1％左右,尽管这取决于气候和品种,也有人观察到高达 30％的杂交率。在某些环境下,杂交品种是不同寻常的,因此很可能引起农民的关注;在另一些环境下,农民不得不奋力反对他们的作物与附近其他稻米品种或者与作为野草滋生于稻田的野生近亲植物杂交的趋势。调动稻米的易变性让过去一千年的农民能够选择和发展数以千计的地方品种来填充一幅地形和气候微观变化的镶嵌画,以满足一系列的需要。但农艺也运用在对变种的净化和控制上,运用在对耕作景观的简化和规整、纯种的培育和维护、满足公认标准的谷物的生产上。

　　纯化的体制寻求更大的控制、更高的可预期性以及更高的效率,但它们也包含不育和脆弱的威胁。传染与紊乱、野性、混乱的杂交,以及不可预测的变种,威胁着可靠的秩序,但也确保它未来构建实际的或比喻性的生物多样性——这是新颖、丰产和新能量的基本来源。像 20 世纪 60 年代“奇迹米”IR8 号这样的实验室里培育出来的品种,其设计就是为了用单一的理想品种平滑地铺遍热带亚洲的稻田,但这样的“普遍”稻米是杂交品种,其存在依赖于接触地方品种、野生近亲和野生稻米中所包含的遗传物质的无穷变化的可能性,它们是从世界各地收集来的,细心地保存在紧邻大型育种实验室的种质库中。

　　正如人类学家玛丽·道格拉斯(Mary Douglas)在《纯洁与危险》(*Purity and Danger*)中所指出的,维护纯洁,对抗变质、污染或传染,是普遍的、即便是千变万化的人类努力。智力的、象征的、技术的和管理的净化程序,深刻标志着耕作和粮食生产的历史。为了种子而选择类似的穗,清除一块地的杂草,一片地里只栽种一种作物,用白牛给白牛育种、黑牛给黑牛育种:这些都是简单而明显的净化技术,可以追溯到农耕的起源。更复杂的措施常常发生在政府层面,就像给缴税或在市场上销售的谷物的质量制定标准或者在"改良"方法上给农民提供指导一样;商人、专家网络或具有进步思想的农民可能对知识与技术的流通和标准化做出贡献。

随着工业化、商业和科学的作物育种以及农业科学的兴起,朝着耕作方法和产品的标准化和均质化发展的趋势变得更加显著。20 世纪 60 年代和 70 年代的绿色革命,本质上是世界各地净化耕作景观的一个驱动力,清除地方特性和品种,以普及被设想为普遍有效的高效谷物生产的模式。正如哈伍德所指出的,绿色革命遇到了很多挑战,既有技术的也有社会的,充其量只是部分成功;然而,它的均质化目标和战略在某些有利的方面依然有非常强大的吸引力,以至于当前有人向我们允诺一场新绿色革命。

尽管在绿色革命的范围和规模上,以及在其与实验室科学和企业资本主义合理性的牵连程度上,都史无前例,但绿色革命源自一条漫长的历史世系:通过强加更大的统一性来控制和改进农业生产的计划。有时候,动议来自国家:例如,在 12 世纪的中国,整个南方各省的所有农民都必须用稻米缴纳他们的部分赋税,并清楚规定了可以接受的稻米品种和质量。另一些形式的规章可能在地方层面运转,例如,在一个灌溉单位内,水控制的约束意味着所有农民都必须种植大致在同一时间移栽和收割的品种。在另一些情况下,正是城市消费者的需求,通过米商的引导,对标准化稻米生产做出了贡献,这很像今天的超市控制着为超市供货的农民的生产选择。

但是,在任何特定案例中,究竟是何种秩序或统一性处在危险中呢?究竟是依据形状、颜色、基因构成、所生长的地形类别来分类和估值的稻米类型,还是它们契合一个复杂混合经济的难易程度?何种程度的野性、紊乱、变种和意外有助于维护任何特定的以稻米为基础生产、消费、征税或贸易体系的健康与活力?当国家为水稻种植设计政策时,对农民收入、国家粮食安全或出口创汇的关切如何权衡?

　　科学家们如今最有可能从基因的角度来定义稻米品种的纯化。他们可能从产量、硬度、资源使用、营养，有时候甚至是那种难以捉摸的品质"可口性"的角度来计算稻米的价值。比格斯提出，我们可能把任何特定历史语境中估值很高的稻米或稻种——不管是 IR8 号，还是中国政府在 12 世纪为鼓励双季稻而分发的占城稻，抑或是民族解放阵线（NLF）士兵播种的浮水稻和湄公河三角洲传播的其他种群——想象为拉图尔式的组合，是人类行动者试图引导和控制自然杂交和环境不确定性的连续斗争的暂时稳定的产物。稻种中包含的遗传信息"封装"了一部这样的历史：各种知识、技能和欲望，不仅汇合于生产一种特定的稻米品种，而且汇合于一个物质、社会和政治的景观。

　　现代稻米育种程序和农业发展计划把统一性当作一个优点，优先考量高产和规模经济。在绿色革命灌溉计划的鼎盛时期，对经过批准的种子和化肥实行价格津贴并将其与上门收购体系结合；为了使农村景观扁平化和均质化，给它们铺上平滑的地毯，只种植一两个现代稻米品种。历史上，农民开发适合本地生态的稻米品种；如今，本地环境为了迎合"普遍"稻种的需要而被重建。

　　看到亚洲地表景观为适应"奇迹"米品种所习惯的方式而大幅度重塑，你可能假设，它对水和平整田地的特殊要求使得稻米（或者至少是水稻）成为一个有点刚性的作物，以标准化的单作种植最为有效。事实上，正如这一部分各章所证明的，稻米在其能够生长的地形范围上，在其支持的作物体系和经济活动中，都引人注目地灵活。现代作物育种专家和农学家可能采取强化地方体系并支持多样化和小规模耕作的路径（用 20 世纪早期一位德国种植科学家的话说，"我所知道的最好的农业规则是不要一般化"）。[1] 哈伍德解释了"普世性的"育种策略和进步的意识形态如何盛行并成为科学育种专家和发展专家国际共同体中大多数人的常识。

　　这一部分的几章致力于纯化与杂交、统一性与多样化之间的紧张，这些紧张形成了水稻种植体系在那段时期的完整历史演化，那段时期的显著标志是商

---

　　〔1〕　Kiessling 1906：330—331；quoted in Harwood，this volume，fn. 4.

品市场渗透、殖民主义和帝国主义的瓦解、不断变化的民族主义当务之急，以及有着全球主张的现代农业科学与发展模式的兴起。它们还挑战了一些流行的历史分析模式，这些模式过于简化或刻板地看待以稻米为基础的农村经济，像格尔茨的"农业内卷化"概念，或者那些把各种不同的稻米当作等价物来对待的解释。所有这一切全都吸引我们关注那种常常从过于简单的角度构建的稻米史的表面之下的紧张和异质性。哈伍德追踪了"普遍品种"的制度和政治的历史，而统计学家克罗宁伯格则协力重新评估格尔茨过于简单地以稻米为基础的经济模型。张瑞威提醒我们，像国家粮食安全、出口创汇及城市品味对农村生计的暴政这样一些"现代"挑战，早在18世纪的中国就已经是炙手可热的问题。李丞浚和比格斯的文章追踪了知识、政治和个人的网络，正是通过这些网络，规模经济与统一性的合理性得到巩固，并成为亚洲农村问题的常识解决方案。而穆泽等人让我们看到普世主义育种策略在塞拉利昂截然不同的命运，在那里，农民把育种权拿回到了自己的手里。

新的证明形式、新的跨学科合作和新的历史问题类型携手并进。像基因作图这样的研究技术给稻米的植物学-社会史带来什么样的挑战呢？当我们重构聚焦生产的陈腐争论时会发生什么？正是这些争论，构建了对经济史的标准解读，为的是把关于消费者口味、农民的作用、技术选择的意识形态维度或者花粉抗拒人类控制的证据纳入其中。第一部分各章留意审视过去稻米的分类、意义和使用。它们以敏感的细节，描绘了环境的、经济的、象征的、社会的和政治的领地，正是在这些领地内，具体的本地水稻种植体系出现并演化。它们强调互相交织的、日益趋同的基因、商品和知识的传播线路，嵌入全球的现代水稻种植实践就是从这里出现的，与此同时，它们对研究稻米作为种子、商品、食物以及作为国家实力和现代性符号的历史的新方法提出了挑战。

白馥兰

第一章

全球视野与地方复杂性：
专家与发展问题搏斗

本章在第一部分是古怪的一章。不像本书的其他作者，我对水稻种植以及它与社会、政治和经济的关系知之甚少。我的工作聚焦大规模农业转型——在欧洲约在 1900 年前后，在发展中世界则是自 1945 年之后，并且特别关注植物育种专家的作用。[1] 然而，在出席本书赖以产生的这次讨论会时，我对几个主题留下了深刻印象，无论是对于全球南方国家的水稻种植，还是对于我所熟悉的语境，这些主题都是共同的。我将在这里讨论其中的一个主题。

至少自 19 世纪以来（或许还要漫长很多），很多国家的农业史有一个显著的特征，即一种反复出现的努力：试图通过强加统一性来彻底变革农业。一组新的被认为格外有力的技术持着这样一个信念被引入整个地区：它会提高每一个地方的产量。然而，这些努力通常都失败了[2]，而且常常是由于同样的原因，即它们忽视了把多样化纳入考量：所研究的整个地区不同地点的生长条件和经济环境的千变万化。

熟悉詹姆斯·C. 斯科特的《国家的视角》（*Seeing Like a State*，1998）一书的人都会认识到，本章对这本极具挑战性的书欠了多少情，尽管我在这里较少关注作为宏大转型方案原动力的国家，更多地关注设计和执行这些方案的专家。然而，我的分析在本质上更加背离斯科特的分析之处，在于我们对专家共同体的描绘。他倾向于把专家共同体当作一个在很大程度上是统一的、毫无异议地执行这些方案的群体来对待，而我认为农业转型的宏大梦想常常是有争议

---

[1]　Harwood 2012.

[2]　Mouser et al.（本书）；Maat 2001；Bonneuil 2001.

的。数量可观的少数派专家挑战这些方案，认为它们绝不可能公平对待耕作条件的实际多样化。[1] 这个问题一直没有得到解决，普遍化的与特殊化的发展路径之间的紧张一直持续到了现在。[2] 明显不止有一种方式来组织一场革命。在本章，我将概述三个取自不同时间和地点的语境，在这些语境中，专家共同体在这个问题上各持己见。

地方性与世界性

我首先从 19 世纪初的欧洲开始。那个时代，农民已经到处栽种通常所说的"本地"品种（有时候被称作"传统"品种或"农民"品种）。好几代人在一个地区种植这些品种，因此它们必定已经通过自然选择的过程很好地适应了本地的土壤和气候条件。它们还适应了本地的种植实践，因为自几代人以来，它们经历了农民每年关于应该给哪些作物提供下一季种子的决定而幸存下来。这意味着它们是"不挑剔的"：即使在种植条件相对恶劣的地区，它们也能产生还算不错的产量。

然而，从大约 19 世纪中叶起，当矿物肥料对植物生长的影响变得更加广为人知时，热衷更高产量的农民开始试验。他们发现，他们的地方品种无法承受大量这样的化肥。典型的是，植物生长得很高，植物茎干变得很瘦，以至于遇到风雨便倒伏在地。在一次试图避开这个问题的努力中，一些喜欢试验的农民试图把不同寻常的、更适合使用化肥的植物从他们的田里分离出来（或者偶尔通过杂交来构造它们）。这些改良品种在邻居们那里深受欢迎，这导致其中有些农民将育种作为他们的主业。这种商业育种最早出现在英国和法国，但在 19 世纪后半叶传播到了几个大陆国家。

---

〔1〕 比较 Scott 1998,288—306。最近论述殖民地农业科学的著作也反对斯科特对专家共识的描述(Beinart et al. 2009；Barton 2011；Tilley 2011)。

〔2〕 van der Ploeg 1992.

　　商业育种专家的策略就是我所说的"普世主义"策略。[1] 正如其名称所暗示的,这一策略的基本目标就是开发一种在某个地方会产生良好结果的突出品种。育种的出发点通常是高产品种。这种植物随后被进一步选择,以确保它在"集约"种植条件下能获得高产,即那些被认为能最大化产出的条件:土壤准备,对矿物肥料的自由使用,彻底的除草和害虫控制。这样的突出品种当时在说德语的世界被称作"普遍品种"(Universalsorten)。我并不知道究竟在何时何地最早对它们提出这样的要求。但有一点很清楚:在说德语的世界里,这样的要求至少在 1900 年前后很常见。[2] 实际上,有一些经验证据指向此类品种的存在。例如,19 世纪 70 年代从英国进口到欧洲大陆的小麦品种"方头"被证明在大多数西欧和东欧国家推行很成功。[3] 从 19 世纪 90 年代起,一个被称作"佩特库斯黑麦"的德国商业品种非常成功地落户德国各地和瑞典。[4] 类似地,一个来自匈牙利哈纳地区的改良地方品种"哈纳大麦"在欧洲很多国家被采用。[5]

　　然而,尽管它们的产量引人注目,但到 19 世纪 80 年代,有一点已经变得很明显:商业品种在那些种植条件不同于其育种地的地区发展得并不好。例如,在符腾堡,佩特库斯黑麦被广泛种植,除了高海拔地区,而本地品种在那里发展得更好。[6] 类似地,尽管不同版本的方头小麦在气候和土壤适宜的地方获得了最高的产量,但在更恶劣的生长条件下,它们的产量通常不如本地品种。商业品种的问题部分是生态性的。由于是在德国中部和北方培育出来的,因此它

---

　　[1] Harwood 2012,45ff.

　　[2] 诚然,大多数证据是间接的。很少有公开发表的主张支持此类品种的存在(Kühle 1926;Stadelmann 1924),但有大量对此类主张的驳斥(例如 Kulisch 1913,Scharnagel 1936)暗示,这个观念在当时育种专家的圈子里想必十分常见。

　　[3] Schindler 1928.

　　[4] Nilsson-Ehle 1913.

　　[5] Schindler 1907.

　　[6] Fruwirth 1907.

们不大适应德国南部,那里的土壤类型和气候条件不仅不同,而且差异巨大。[1] 此外,这些小农场所使用的种植方法也五花八门,因此排除了任何基因选择的可能。[2] 但也有一些经济障碍。一个障碍是,由于商业品种是为了在集约种植下很好地发展而培育出来的,因此它们对德国南部大多数小农场太过"挑剔",集约种植在那里不那么常见。[3] 即使在商业品种对特定地点确实很适合的地方,它们也比优质本地品种更加昂贵,因此大多数农民买不起。[4] 最后,至少在德国,酿造商和磨坊主常常认为大麦和小麦的本地品种比商业品种质量更好。结果,"普遍品种"招来大量的批评者,他们使人们关注这些品种在本地的失效。实际上,很多批评者的行动更甚,从原则上把它们排除了。例如,巴登州植物育种站站长坚持认为,"从来没有一个人能培育出普遍品种"。[5] 另一个育种专家宣布,在整个德国茁壮生长的品种根本不存在。巴伐利亚州植物育种站站长说得更温和些:"普遍品种尽管是可欲的,但我对自己能够实现它们并不抱多大希望。"萨克森试验站的一个部门领导人说话则不那么客气:普遍品种的主张要么是基于一个错误,要么是彻头彻尾的欺骗。[6]

但这些批评者并非纯粹吹毛求疵,他们还追求一个不同的育种策略——最好被描述为"地方"育种。这个方法基于完全不同的前提。其目标不是开发单一的突出品种,而是开发许许多多的改良品种,每个品种都非常适合特定的生长条件。[7] 因此,育种的出发点不是一个突出的高产品种,而是很多个地方品

---

[1] 这个问题并不局限于德国;到 19 世纪 40 年代,英国种植者已经注意到这个问题。一个农民俱乐部评论道,当你在不同土壤上种植相同小麦品种时,结果大不相同,以至于"要决定任何一个品种的哪些优点普遍适用是不可能的"(转引自 Walton 1999,47)。

[2] Scharnagel 1953. 在今天的全球南方国家,给任何所谓普遍品种充当绊脚石的生态多样性甚至也存在于一个农场内。小农常常宁愿种植一种作物的几个品种,为的是顾及不同地块上略微不同的土壤和条件。

[3] 例如,Kryzymowski 1913。

[4] Dix 1911. 西班牙水稻种植者在 20 世纪 40 年代处于类似的情境。面对水和化肥的可能短缺,他们常常认为不值得在高产品种上花钱(Camprubi 2010)。

[5] Lang 1909,614.

[6] 分别参见 Böhmer 1914; Kiessling 1924,15; and Steglich 1893。

[7] 正如一个地方政策的支持者所评论的,"我所知道的最佳农业规则是'专门化,不要一般化'"(Kiessling 1906:330—331)。

种，每个品种之所以被选择，是因为它提供了高品质并非常适合特定的地点。育种专家的任务是提高这些植物的产量。一个地方品种通常由很多在基因上截然不同的世系组成，在产量上常常差别很大，这意味着可以通过选择迅速实现这个目标。如果说为普世策略奠定基础的构想是生理学的构想——在育种专家试图开发出最有效率地使用化肥和阳光的单一植物设计的意义上，那么，本地策略则源于生态学的视角。从认识生长条件——无论是在生态方面还是在经济方面——的巨大多样性开始，育种专家判断，提高一种非常适应的植物的产量比提高一种高产植物的适应性更容易。[1]

在世纪之交前后出现了一种寻求地方策略的新型研究机构，这种机构分布在中欧的不同地区，即国家支持的植物育种站：在瑞士（1898，1907）、奥地利（1902）、阿尔萨斯（1905），以及德国的巴伐利亚（1902）、汉森（1904）、符腾堡（1905）、巴登（1908）和萨克森（1908）等州。[2] 这些育种站开展了范围广泛的活动。它们全都投入了相当可观的努力来测试可用的植物品种，为的是给本地区的小农提建议：其中哪个品种适合通行的生长条件。很多育种站还承担了新品种开发的任务，试图培育出更适合本地条件的作物。此外，育种站还负责改良对本地很重要却被商业育种专家所忽视的作物。有几个育种站还提供植物育种课程，以便感兴趣的农民能学习如何执行基本的选择程序。至少有一个育种站投入了大量的努力来帮助小农把自己组织成本地作物改良协会，以便他们能更有效地推销其产品。一般而言，育种站的目标是改进小农场的生产力，但更特别地讲，是要让小农摆脱对商业育种生产的所谓"普遍"品种的依赖。到20世纪20年代，他们开始做这件事。其中最大的育种站把数量可观的改良品种带向了市场，而商业育种专家感觉到了压力，抱怨"不公平竞争"。到那时，地方

---

〔1〕　尽管斯蒂芬·比格斯在其对农业创新的不同模式的讨论（Biggs, S. 1990）中很少谈到植物育种本身，但他提供了一个更宽广的框架，我的分析可以放在这个框架里。我所说的普世主义育种策略提供了他所说的"中央来源"模式的一个特例，在这个模式中，新技术是在中央研究机构中产生的，再"向下"转移到国家和地区机构作修改，最终到达农民手里。相反，地方育种策略是比格斯所说的"多重来源"模式的一个实例，在这个模式中，技术在很多机构和团体中产生，包括农民，并朝几个不同的方向扩散。

〔2〕　在20世纪40年代和50年代，法国玉米育种专家中有一个类似的方法，参见Bonneuil and Thomas 2009, 182。

策略与普世策略为获得公众的认可和国家的支持而展开竞争。

绿色革命的弱点

考虑到 20 世纪早期育种方法的成就和局限,你可能会预期后期试图彻底变革农业的努力会进行得更谨慎些(或者至少是更折中些)。事实上,有些育种专家似乎已经放弃寻找普遍品种,但绝非所有专家都是如此。[1] 例如,如果我们转向 1945 年之后全球南方国家的绿色革命(GR),它在很多方面看上去很像之前发生的事情在重演。

像 19 世纪中叶的欧洲同行一样,在发展中世界构成农民绝大多数的小农长期依赖本地品种。例如,有人估算,1980 年前后印度种植的稻米大约有40 000 个品种。[2] 在那个时期,孟加拉水稻研究所在其国家辨别了 4 500 个不同的品种,但估算总数可能是这个数字的两倍。[3] 正如在 1900 年前后的欧洲,很多专家认为这样的地方品种更低劣,因为它们的产量没有西方商业品种那么高,对矿物化肥的反应也不是很好。而且,正如之前,绿色革命育种专家也认为他们的任务是用少量强有力的、在每个地方都会有重大影响的新品种取代这些多不胜数的地方品种。

由于战后绿色革命计划的目标是提高农业生产率,其育种专家再次采用了普世策略。正如洛克菲勒基金会的农业官员在 1954 年所宣布的:

> 关于稻米的基本难题是普遍性的难题,可以在一家让结果对所有人可用的中心实验室里得到解决。很多根本性的生理学、生物化学和遗传学的难题在本质上是独立于地理学的。[4]

---

[1] Engledow 1925; Bundesverband Deutscher Pflanzenzüchter 1987,42.

[2] Farmer 1979,307.

[3] Biggs,S. 2008,491.

[4] 转引自 Chandler 1982,2。

几位作者对这一策略的信心大概是基于洛克菲勒基金会的墨西哥农业计划所取得的成功。通过选择在这个国家不同地区尽管昼长不同却发展得很好的小麦品种,诺曼·布劳格(Norman Borlaug)设法研发出了不仅高产而且"广泛适用"的品种,这些品种在巴基斯坦、印度、埃及及其他地方的部分地区也发展得很好。[1]

例如,在20世纪60年代,国际水稻研究所研发的被宣传为"奇迹米"的新高产稻米品种,将会在整个东南亚茁壮生长。[2]给这一工作奠定基础的概念框架是"作物理想株型"(crop ideotype)概念。正如其最早倡议者所言,在一次"追求完美的粗糙尝试"中[3],育种专家利用了植物形态学和生理学,为的是设计出一种典范植物,其特征,例如茎干的长度和力量、叶子的尺寸和方向、谷物重量对总植物重量的比率等,原则上应当使它能在高密度种植在田地里时产生最大产量。这些福特基金会在1969年所说的"近乎普遍"的品种,在凡是种植实践被调整得适应它们的地方,都会茁壮生长。[4]其结果便是一个由小麦或稻米的高产品种、矿物化肥和杀虫剂组成的"技术包"。在那些有充足降雨或灌溉的地区引入,这个"技术包"恰如其分地成功地让谷物产量翻了两三倍。[5]

然而,在政治家中,正如在科学家中一样,采用这个"技术包"的决定是有争议的。例如,在印度,政府内部不同小集团之间有大量的斗争,一些提倡基于地

〔1〕　Myren 1970.

〔2〕　Cullather 2004. 正如国际水稻研究所的一位前科学家后来评论的,在该研究所有一个不言明的信念:存在一个"普遍的农民社会",以及一个单一类型的传统农业,这意味着"水稻研究所并不操心变异"(Anderson et al. 1991:91)。

〔3〕　Donald 1968,387;也可参见 Jennings 1964。

〔4〕　Anderson et al. 1991,70. 这一个品种对于一系列种植条件的稳定性的问题被视为一个次要问题。作物理想株型方法的一个提倡者(Hamblin 1993)坚持认为,这个方法的第一次系统展示被普遍误解。它的作者事实上并不是声称这样的理想株型在所有生长条件下都会茁壮生长,他的观点是需要为不同的环境设计不同的理想株型。然而,从我的观点看,理想株型的概念在这个特定方面被误解这个事实是一个很好的指标,表明"普遍"品种的观念在20世纪70年代和80年代依然在育种专家们的头脑里,而且它依然是有争议的。

〔5〕　尽管绿色革命计划直至20世纪60年代都是由美国农业科学家控制,但普世育种策略更为广泛。例如,它是法国国家农业研究院在1945年之后采取的主流方法(Bonneuil and Thomas 2009)。

方品种的可选发展策略的专家被边缘化了。[1] 某些东南亚国家的稻米育种专家对国际水稻研究所广泛采用的主张表示怀疑。例如,在孟加拉共和国,水稻科学家对于究竟是集中化的还是本地化的育种策略更有效莫衷一是。1966 年"奇迹米"品种 IR8 号发行之后,菲律宾育种专家怀疑它的质量,而有些专家,甚至是国际水稻研究所的专家知道,它容易遭受害虫的侵害。[2] 国际水稻研究所团队中的分歧在整个 20 世纪 70 年代一直存在。在这个十年之末,水稻研究所种植体系部门的领导干脆拒绝了这个自该研究所建立以来就一直占支配地位的策略,他说:"认为集中计划的大规模研究可以服务于农业生产的幻想对农民造成了损害……"[3]

怀疑者的保留态度看来被证明是有道理的。到 20 世纪 60 年代晚期,绿色革命成了激烈论战的主题,在接下来的十年这场论战仍在持续。有些批评者聚焦新技术对环境的危害性影响。[4] 但吸引最多批评者关注的是这样一个事实:尽管谷物产量增长巨大,但在很多地区,绿色革命对农村的贫困和营养不良的影响相对较小,在某些地区,贫困实际上增加了。[5] 对于这个显而易见的悖论,给出的解释是:在整个发展中世界,更早、更经常地接受绿色革命包的,要么是大地主——他们从技术中获益最多,要么是有机会得到优良土地和灌溉的小农。贫瘠或干旱土地上的小农获益少得多,没有土地的穷人常常过得更糟。[6] 因此,技术引入的总体效应是扩大了乡村富人与穷人之间的鸿沟。

这一获益差别的原因是,绿色革命的品种不适合热带地区大多数农民的需要。首先(正如五十年前在中欧那样),它们很昂贵。高产种子的价格大约是本地品种的两倍;矿物化肥要掏钱购买;而且,由于新品种经常容易遭受病虫害,

---

[1] Rudra 1987. 中央稻米研究所一个身居高位的稻米育种专家——他监督了一批珍贵的本地品种的收集,包括高产品种和抗虫品种——被粗暴地辞退了。当他做出回应,带着那批种子去一家地方研究所时,当局关闭了那家研究所(Juma 1989,92—93)。

[2] Anderson et al. 1991.

[3] 转引自 Anderson et al. 1991,90。

[4] Dahlberg 1979.

[5] 例如 Griffin 1974。

[6] Ruttan 1977。

因此农民就得使用杀虫剂。其次，在一心关注提高产量的同时，绿色革命的育种专家忽视了其他特征，而这些特征对小农来说同样重要，即便不是更重要的话。因此，新品种对天气条件、害虫和疾病比本地品种更敏感。[1] 最后，正如从启发其发展的普世策略中可以预期的那样，由于绿色革命品种的设计师是为了在水供应充足并控制良好的地方使新品种旺盛生长，所以绝大多数农民并未从中受益。[2] 例如，假如打算在灌溉稻田里种植，那么矮秆品种 IR8 号就不可能应付旱作地区周期性的洪水泛滥。[3] 结果，在某些地区，人们宁愿要本地稻米品种，而不是国际水稻研究所的品种；尽管产量更少，但它们不需要化肥、抗害虫，并且无须灌溉。如果说有些育种专家对这一偏好感到奇怪，那么中欧的农民对此一定非常理解。

心怀普世信仰的育种专家们躲在试验站里，明显接触不到条件不断发展的生态多样性和经济多样性。但这并不是一切；这种光荣孤立还意味着接触不到他们本应服务的那些地区的文化多样性。从本书第一部分几章中浮现的一个要点是，"口味"比很多绿色革命者所认识的更为重要。例如，张瑞威提醒我们，人们强烈关心他们所吃东西的质量，不仅仅是它对味觉和健康的影响，而且有它的文化意义（即它与社会地位的关联）。他指出，即使在饥荒时期，也说服不了某些地区的人吃"杂粮"。然而，不知何故，两个世纪后，这个信息似乎不为中国农业科学家所理解。因为，正如李丞浚所阐明的，怀着对提高产量的无限热情，20 世纪 20 年代和 30 年代的中国育种专家比米商更少关注品质，以至于他们的新高产国内品种没法与米商进口的品种竞争。类似地，正如戴维·比格斯所证明的，大约在同一时期的印度尼西亚，法国殖民科学家和商人试图加强出口的努力——通过引入新的稻米品种，他们相信这些品种在欧洲市场更受欢迎——在面对中国消费者和日本消费者的偏好时举步维艰。一代人之后，绿色

---

〔1〕 Chambers 1977；Pinstrup-Andersen and Hazell 1985.

〔2〕 平均起来，发展中世界大约 1/4 的农业土地是灌溉型的，拉丁美洲和非洲的比例要小很多（FAO 2004：table A5）。

〔3〕 Farmer 1986.

革命的育种专家依然没有察觉到品质的文化重要性。20 世纪 60 年代中期,诺曼·布劳格带着他在墨西哥培育的高产矮秆小麦来到印度,不久之后,他被告知,他的品种缺少用来制作薄煎饼的本地品种的口味和品质。有些印度评论者担心新技术正在危及烹饪传统。布劳格反驳说,这种反对意见是"小节",以后能解决。[1] 同样的故事在稻米那里重复。尽管产量很高,但几个地区的消费者发现,IR8 号在口味和烹调属性上劣于本地品种。[2]

因此,像 1900 年前后他们的中欧同行们一样,绿色革命的育种专家极大地低估了地方多样化——生态的、经济的和文化的——的程度,以及它们带来的障碍。

是由于革命吗

在某种意义上,绿色革命显然是一场巨大的试验。因此,它经得起问:我们从中学到了什么? 尤其是,它是否减弱了绿色革命者的普遍化野心? 我想,答案是:"起初是 yes,最终是 no。"

假如你在 20 世纪 70 年代、80 年代和 90 年代提出这个问题,答案几乎肯定是"yes"。为了回应对绿色革命的批评,绿色革命专家们的注意力在 70 年代开始转向小农的需要和环境。例如,起初,专家们对下面这个事实感到沮丧:他们的技术知识部分地被小农采用(或者根本不被采用),他们把这归因于无知和保守。然而,到 70 年代,证据不断积累并足以证明:小农在对技术的选择上并非不理性或无能力,他们的农场实际上十分高效,只要你把他们的经营不得不受到的限制纳入考量。[3]

还有一点也变得越来越清楚:小农并不被动地采用技术,而是为了改进技

〔1〕 Cullather 2010.
〔2〕 Anderson et al. 1991.
〔3〕 Schultz 1983 (first ed. 1964).

术而进行试验。[1] 正如本书的几章所显示的，这一认识要花很长时间才能得出。自 19 世纪初以来，大多数农业专家一致低估了小农的创新能力（Mouser et al.；Maat）。然而，小农培育成功稻米新品种的能力被人所知已经有一段时间了。一个经典案例是农民培育的品种"神力"，后来，从 19 世纪晚期起，它得到了日本试验站的认可与促进。[2] 本书另外几位作者强调了这一点。例如，比格斯和明斯基都证实，历史上迁徙到不同生态地区的农民被迫发展了新品种及其种植实践。我以为，那些作为奴隶被带到北美的西非稻农也需要类似的即兴技能。

然而，如果农民实际上是理性的和有创新能力的，那就暗示了绿色革命育种专家完全脱离了农民的需要。因此，从 20 世纪 70 年代起发展出了各种各样的农业研究的新方法。这些方法试图缩小试验站与农场之间的鸿沟。第一种方法是给社会科学家分派更重要的作用。以前他们在研究团队里的职能——只要他们参与其中——纯粹是评估引入新技术的社会后果；从此之后，他们将从技术设计一开始就发挥作用。[3] 第二种方法（"种植体系研究"）比之前更多地关注小农场实际上以什么方式运转。更特别的是，观念不是要聚焦单一作物（这曾经是育种专家当中压倒一切的倾向），而是要聚焦此类农场上的整个生产体系。他们所说的"体系"，不仅仅是指生产中的生物物理因素，而且有农场的社会经济语境。一旦研究者把农场作为一个整体来观察，就更容易识别究竟在哪个点上可以做出最有效率地改善生产率的干预。第三种方法（"农业生态学"）基于这样一个前提：由于绿色革命的方法既昂贵又损害环境，因此研究者的任务就是开发出能够实质性地提高产量的种植方法，尽可能用本地可用的施肥方法或其他形式的害虫控制取代商业农用化学品。

育种专家们从几个方面回应了对绿色革命的批评。一个回应是拓宽育种工作的范围，以便把那些对小农特别重要但迄今为止被忽视的作物和特性包含

---

[1]　Biggs 1980；Richards 1985.

[2]　Ishikawa and Ohkawa 1972.

[3]　Cernea and Kassam 2006.

进来。例如,从 20 世纪 70 年代中期起,各种不同的国际农业研究中心开始对一些作物做更多的研究,比如高粱、小米、大豆和番薯。此外,它们开始把较少的时间花在试图提高产量上,而把更多的时间花在改进对小农而言很重要的一些特性上,比如产量稳定性、口味和烹调属性。像国际水稻研究所这样的中心对开发一些抗害虫的(以减少对杀虫剂的需要)、更适应不利(例如非灌溉的)生长条件的品种投入了更多的关注。[1]

1975 年在稻米育种的去中心化上迈出了第一步,当时,国际水稻研究所已经停止开发它自己的"完善"品种,而开始把大有前途的育种材料交给全球南方国家的国家研究机构,后者以它们认为合适的方式完成育种过程。[2] 然而,就大部分而言,这些试图让育种"对农民更友好"的努力依然把控制权交到试验站的手里。更激进的方法是完全拒绝普世育种策略。"参与型植物育种"(PPB)的支持者们明显对其中欧前辈们一无所知,他们坚持认为,获得适应性良好品种的最佳途径是在相关边界条件下进行地方培育。[3] 如果你已经采用地方品种作为起始材料,并通过与农民协商确定他们认为有价值的品种,则开发出其特性对当地人无用的品种的风险就会小很多。农民参与 PPB 的程度千变万化。一般情况下,育种由专家执行,农民仅提供育种材料,或者在品种选择上和他们商议。但凡是需要这些品种适应范围广泛的生长条件的地方,这一安排都被视为过于昂贵。在这种情况下,让那些在这些环境中工作的农民自己执行育种,在生态上和经济上都是有意义的。对于以这种方式进行育种给出的理由是:农民是有思考能力的试验者,对于本地的生长条件、作物和种植体系,他们通常比专家拥有更广泛的知识(尽管后者常常要花一段时间才会认识到这一点[4])。

如今,在发展机构发布的几乎所有报告和战略文件中都可以找到"可持续性"和"参与"这些字眼。但 20 世纪 70 年代之后的新方法对农业研究的实际影

---

[1] Lipton 1978.

[2] Chandler 1982, x.

[3] Ceccarelli 1989; Simmonds 1991.

[4] Ashby 1990; Marglin 1996.

响更适度一些。例如,到20世纪80年代晚期,国际捐助者开始撤出,不再为种植体系研究提供经费。就农业生态学而言,尽管有证据表明,可持续的种植实践能在不利生长条件下提高产量,但国际农业研究中心的预算中只有很少比例的经费实际上被投入开发不需要商业农用化学品的技术中。[1] 就PPB而言,围绕这个主题的争论在过去十年里尖锐对立。PPB在各个不同的地方遭到强有力的抵制,抵制者既有传统的育种专家,也有一些农业部长。[2] 尽管有些育种专家是愿意接受的,但据说大多数专家认为PPB是传统育种之外一个毫无必要的选项。因此,尽管育种专家如今都同意有必要开发适合小农需要的品种,但对于做这件事情的最有效的策略是什么,他们依旧像从前一样莫衷一是。

　　尽管对于耕作的生态多样化和经济多样化(还有对于消费偏好的文化多样化)有着长时间的论证,但普世育种策略今天依然活得很好。例如,撒哈拉以南非洲的商业育种极大地集中化了(以成本为理由),结果产生的品种并不十分适合它们生长的地区。[3] 然而,信心依然在坚持:(近乎)普遍的品种是可能的。正如一个来自私人部门的育种专家所宣称的,"作为一般规则,一个品种在任何一个地点越是始终如一地表现出色,它就越广泛地适用很多地点"[4]。眼下,新的"生物强化型"稻米品种(例如富含铁元素或维生素)的支持者们声称——尽管证据是相反的——这些品种在所有生长条件下都会保持其可欲的特性。[5] 在国际水稻研究所,育种专家们正试图构造一种将在热带地区最大化产量的"新的植物类型"。(然而,当你更贴近地观察时,有一点变得很明显:这种新稻米预期在为这种类型而设计的灌溉等有利生长条件下苗壮生长,并没有

---

〔1〕 Tripp et al. 2006.

〔2〕 Biggs 2008.

〔3〕 DeVries and Toenniessen 2001; Lynam 2011.

〔4〕 Duvick 1990,41.

〔5〕 Brooks 2011.

提及它对于干旱地区或高地地区的稳定性。[1]）然而,尽管无疑很有影响力,但这个准演绎的育种方法没能争取到所有育种专家甚至作物生理学家的支持。[2] 因此,在一个多世纪的论证之后,育种专家们对于探索设计"奇迹"品种是不是明智依然莫衷一是。

结　论

在这个问题上的意见为什么一直有——而且将继续有——如此尖锐的分歧,这是一个重要的大问题,却是一个其权威答案必须推迟的问题。眼下,我只能对 20 世纪初德国那场论战提供一个试探性的解释。在德国,对比鲜明的育种策略可以归因于两个小集团不同的机构归属。就大部分而言,普遍育种的支持者是商业育种专家(得到了少数几个杰出学者的支持),他们出于可以理解的原因,试图开发出几乎在任何地方都会茁壮生长的品种。因此,当这些品种在相对少量的地区测试表现良好时,它们很快就得到推广,并被宣布具有普遍的稳定性。[3] 另一方面,地方育种策略的支持者往往集中在公共部门的育种站,他们的使命是服务于小农。然而,由于这些机构归属,两个育种专家集团也都熟悉大不相同的耕作种类。正如我们已经看到的,商业育种集中在有着良好土壤和温和气候的地区,在那里,一些已经充分资本化的大农场为在这些条件下茁壮生长的品种提供了市场,而"农民友好型"育种站坐落在南方,那里的生长条件千变万化,以至于没有一个单一品种可以预期在一个狭窄地点之外的地方茁壮生长。

---

〔1〕 Virk et al. 2004. 几年前,国际玉米和小麦改良中心成功开发出了一个非常类似的小麦品种。基于一种新的"构造",它极其高产。另外,它需要大量的化肥,而且,在宣布这一品种的时候,育种专家们尚不知道它究竟在哪些地区能够栽种(anon. 1998)。

〔2〕 Marshall 1991; Duvick 2002.

〔3〕 Remy 1908.

另一方面，如果我们转向普世育种专家与地方育种专家之间自 1945 年以来不断发生的冲突，机构归属就会再次看来至少是提供了部分解释。例如，少量跨国种子公司的力量几乎肯定是普世策略具有持续活力的一个理由，尽管地方育种的制度基础并不怎么清楚。然而到第二次世界大战后时期，双方对农民技艺不同的熟悉程度看上去不再貌似有理。诚然，偶尔有人暗示，那些主宰第一代绿色革命的美国育种专家对于发展中世界的生长条件所知甚少。但是，至少到 20 世纪 70 年代，在南方国家工作的育种专家几乎没有一个人不知道那里的农民得在五花八门的条件下耕作。相反，有证据表明，他们索性无视这样的多样化，为的是集中于大多数（更富有的）在有利条件下耕作的农民（仿佛他们的座右铭是"聚焦最好的，忘掉其余的"）。[1] 无论如何，对 1945 年之后持续争论的完整解释尚待写出。

然而，综述了三个不同的语境之后，我最后想要评估，通过对大规模农业转型的比较分析可能获得什么。分析报偿似乎很清楚。尽管绿色革命从 20 世纪 40 年代起传统上放在全球南方国家，但是研究发展和殖民主义的历史学家最近这些年认为，我们现在所说的"发展"并非始于 1945 年。[2] 一个众所周知的相关案例是明治时代日本引人注目的农业发展。[3] 但本书中的各章把我们带到更远，拓宽了比较分析的基础。浮现的是农业革命努力中许许多多反复出现的特征，例如统治者或国家在发起此类计划中的核心作用（Minsky，本书）、此类计划背后的政治目标（Biggs & Lee，皆为本书），以及所使用技术的种类。此外，正如我在这里证明的，比较分析揭示了关于专业知识性质的某个本质性东西：它的普遍化野心不仅是它的力量之源，而且是它容易出错的根源。

---

〔1〕 例如，在一次主题为"为恶劣环境育种"的国际会议上，大多数育种专家抵制开发适合此类环境的品种的观念，并认为，试着改进（并标准化）低劣农场所使用的种植方法更有意义（terHorst and Watts 1983，53，74—75）。拉丁美洲于 20 世纪 60 年代建立的国家农业研究体系的一个特征是：尽管国家与国家之间有着广泛不同的社会、经济和农业条件，但它们的研究体系在很大程度上是一样的。它们全都信奉那些在有限条件集下工作得很好的技术（Pineiro and Trigo 1983）。

〔2〕 例如 Bray 1979；Cowan and Shenton 1996；Rist 2008；Cooper 2010。

〔3〕 Francks 1984.

　　但比较分析提供的东西更多:这种分析还使得历史成为政策的一个潜在有用的资源。近 20 年,发展行业内部各种不同的学者和从业者都敦促他们的同僚更贴近地审视发展的历史,为的是避免不必要的错误。这一领域的研究文献中夹杂着对"从过去学习教训"的关切。[1] 但援引的"历史"很少是系统性的反思。更经常的情况是,你发现,过去的一个匆忙拼凑起来的、高度选择性的版本可以用来证明一条特定行动路线的正确性[2],而且其注意力通常只聚焦 1945 年之后的时期。但是,历史实际上又能提供什么呢? 显然,它不能提供一个简单易行的行动秘方,因为未来从来都不是简单地重演过去。然而,它能给政策制定者提供批评性的反馈(比如,"最后一次尝试这种方法发生了什么")。更一般的情况是,它可以提供一份要留意的问题的清单、应当从中选择的范围广泛的意见、一组思考工具。

　　从本书的各章中,政策制定者应当能学到很多东西,涉及哪些农业发展途径——在许多个世纪里各种不同的地点——是有效的,哪些是无效的。[3] 然而,从我自己这篇文章里显现的主旨是"当心那些带来礼物的专家",尤其当这个礼物是围绕一项"奇迹"技术构建的一些简单方案时。这些方案总是承诺太多。拿出普遍范围的解决方案所带来的专业回报,结合现代专业知识所特有的狭窄而专门化的训练,意味着农业科学家常常看不到本地生产(和消费)的复杂性。[4] 结果,除非采取反措施,昂贵的新技术的引入很可能让某些使用者受益,但几乎肯定会被证明对大多数人并不适宜。

　　在德国,以及近年来在英国,那些从事人文学科和社会科学的人不得不承受这样一个事实:教育部变得痴迷于用明显狭隘的标准来评价"相关性"和"影响力",这明显有利于自然科学的拨款。然而,本书各章说明了这样的政策究竟

---

　　〔1〕　例如 World Bank 2007,226。

　　〔2〕　Woolcock et al. 2011.

　　〔3〕　或者至少数政策制定者真正关心缓解农村贫困的问题。有证据表明,发展政策常常被完全不同的考量所驱动(Harwood 2012,173ff)。

　　〔4〕　常常看不见,但并非总是如此;有一个反例,参见 Riley 1983。正如我在别的地方所认为的(Harwood 2005),高等农业教育机构在一些重要方面各不相同。某些机构的教职员比其他机构更加关注农民的需要——对遵守学术规范的关注相对较少。

有多么短视。因为历史提供了一个经验的宝库。任何一个傻瓜都知道,你可以或者至少应该从经验中学习。

乔纳森·哈伍德

第二章

爪哇的稻米、糖和家畜’1820—1940：
自格尔茨的《农业的内卷化》出版50年以来

格尔茨与内卷化

我们究竟是爱他还是恨他？我们爱克利福德·格尔茨，是因为他用他那几本写得很棒的、吸引了大量读者的书把爪哇（及巴厘）置于学术的版图上吗？或者，我们恨他，是因为他的《农业的内卷化》是对 19 世纪和 20 世纪初爪哇经济社会史的一种歪曲吗？格尔茨得到了很多在爪哇之外区域工作的学者的赞扬和模仿，却遭到大多数爪哇学者的诋毁。

从个人来说，我们——本文作者——倾向于赞赏他吸引我们关注爪哇，作为一个研究人口增长与水稻种植中高劳动吸收率之间关联的一个绝佳案例。尽管他那本名作中有很多值得批评之处，但也有很多值得赞赏和学习的东西。令人遗憾的是，作为一个文化人类学家，他的装备对于档案研究的本质来说实在糟糕，这样的研究原本应该进行，却没有进行。这样做的好处是，大约三十五年前，本文第一作者给自己找到了一个很有吸引力的博士论文主题。[1]

在这一章，我们只讨论内卷化理论的一个特定方面——格尔茨关于爪哇水稻田（爪哇语 sawah）在殖民时期（约 1820—约 1940）几乎持续强化的所谓无限能力的观念。正如本·怀特所指出的，格尔茨并没有"对'内卷化'提供一个清晰的、可操作、可检验的定义——这一失败部分是由于格尔茨对能唤起联想的

---

〔1〕　Boomgaard 1989.

比喻(而不是直接的具体陈述)的偏好,而这使得这本书第一次读起来非常令人愉悦,之后却很令人生气"[1]。但其论证的主旨是清晰的。

格尔茨的主要观点是:

> 通过更仔细的、精耕细作的技术,大多数[水稻]梯田的产量几乎可以无限地提高;哪怕是一块中等稻田,只要干活稍稍努力一点,几乎总是可以从里面挤出更多一点……大多数梯田回报精心照料的能力是惊人的。[2]

这就是(农业)内卷化的生态基础。

其次,格尔茨认为,稻米和糖(甘蔗)在生态上是互惠共生的:

> 甘蔗需要灌溉[和排水]以及几乎和水稻完全一样的总体环境……在这种互惠共生的关系中,一方(甘蔗种植)的扩张会带来另一方(水稻种植)的扩张。梯田越多、被灌溉得越好,甘蔗就可以种植得越多;而且,更多的人——季节性的、随时可用的常住劳动力[有点像兼职的无产阶级]在这个周期的非蔗糖生产时期被这些梯田养活,他们可以种植甘蔗。[3]

据格尔茨说,这些因素的历史含义十分深远。它们创造了一个以"共同的贫穷、社会弹性[在格尔茨的术语表中,它是社会冲突的对立面]和文化模糊性"["一个不确定性,它更多不是改变传统模式,而是使传统模式更有弹性"]为特征的社会。农业内卷化导致没有发展的增长,没有结构上的经济变革和社会变革,没有发生专业化、多样化和工业化——糖厂除外,剩余劳动力被水稻和甘蔗种植所吸收。这基本上只是更多同样的东西。在水稻种植构成高人口增长率的背景的同时,这些增长率和蔗糖工业吸干了变革的潜力,包括处于胚胎期的

---

[1] White 1983,21.
[2] Geertz 1963,35.
[3] Geertz 1963,55—57.

真正的无产阶级。简言之,这就是格尔茨对农业内卷化后果的看法。[1]

格尔茨的定量数据

格尔茨在两张表中提出了这个互惠共生论证的主要证据。我们在这里复制了其中一张表的主要部分(见表 2.1)。

表 2. 1　　　　　　　1920 年爪哇糖区的土地、人口和稻米生产特征*

	土地 (%)	水稻土地 (%)	人口 (%)	水稻产量 (%)
37 个产糖摄政区 (摄政区总数的 47%)**	34	46	50	49
98 个主要产糖行政区 (行政区总数的 22%)	15	22	24	24
19 个首位产糖行政区 (行政区总数的 4%)	2. 6	4. 6	5. 3	5. 2

注:* 取自 Geertz 1963,71;表的标题照抄格尔茨的。

**"摄政区"(regenciy)是行政单位,由荷兰人称作"摄政"(regent)而今天的印度尼西亚人称作"布帕提"(bupati)的爪哇公务员统治。多个摄政区组成一个"驻扎区"(residency),由一个荷兰殖民官员"驻扎官"(resident)统治。

关于稻米和蔗糖于 1830 年之后在爪哇的"互惠共生",这里有一个简短的注解十分合适。关于 1830 年之后的爪哇,当文献中提到"蔗糖庄园"或"甘蔗种植园"时,这些庄园通常不是真正的种植园,那种一个人、一个家庭或一家公司拥有一大片种植甘蔗的土地的意义上的。毫无疑问,在一些引入了所谓种植体系的地区,即在爪哇中部和东部大多数驻扎区,除了所谓的公国(依然由爪哇亲王统治的地区),蔗糖生产者不得不从小农居住的村庄租用土地。这种土地以某个时间期限出租,常常是二十年,在此期间,始终有 1/3 的耕地种植甘蔗,而

<hr>

[1] Geertz 1963,particularly 103,123.

在另外 2/3 的土地上,最初的拥有者种植水稻。

对农业内卷化理论的很多批评是蔗糖-稻米"互惠共生"论证引来的。一些学者坚持认为,稻米和蔗糖对水的需要并不一样,一块种植水稻的田必须完全露出水面;另外,蔗糖占据田地的时间很长,以至于只有快速生长的稻米品种才能在蔗糖收割之后和之前种植在那里,因此,在蔗糖区,比如巴苏鲁安,稻米的平均收成都下降了。[1]

根据格尔茨的论证,你肯定会预期,在那些把甘蔗种在稻田里的地区,每单位土地的稻米产量应该会更高,生活在那里的人会更多。

说来也怪,很少有人仔细审视格尔茨公布的统计数据。如果他们这样做了的话,那他们可能会得出这样的结论:他并没有提出一个强有力的理由。如果我们看一下表 2.1 的第一行数据——那里给出了 37 个主要产糖摄政区的数据,就会发现,1920 年发现的主要蔗糖产区有 47％的土地单位在那里,还可以遇到全部水稻田的 46％,而且占总人口的 50％和水稻产量的 49％。[2] 我们看不出,这些数据怎么能指向稻米与蔗糖之间的互惠共生关系。

这些发现完全不引人注目;事实上,它们正因为不引人注目才引人注目。用文字表述,这意味着,主要糖区总量上略低于爪哇辖区数的一半,还包含被水稻田所占据面积的略低于一半。爪哇一半的人口生活在那里,生产全部稻米的一半。它还意味着,很少种植或不种植甘蔗的面积大约占到了爪哇领土的一半,包含大约一半被水稻田所占据的面积,以及爪哇另一半人口的家园,他们生产另一半的水稻收成。因此,岛上蔗糖的和非蔗糖的一半之间几乎没有差别,因为被记录的极小差别完全在误差的范围之内。

第二行的 98 个主要产糖行政区情况并不好多少,因为所有变量的得分都分别接近于行政区总数、水稻总面积、人口总数和水稻总产量的 1/4,所以,它们

---

[1] White 1983,22—24.

[2] 我们并没有把"土地的百分比"这一列包含在我们的分析中。这些摄政区或行政区所组成的爪哇地表面积的百分比是不相干的,它包含一些火山及其他山脉、湖泊、江河、沼泽和城市。格尔茨恰恰错误地、误导性地使用了这些表面积数据,作为我们在表 2.1 中部分复制的那张表的第二部分的索引基础。

并不比行政区总数剩下的 3/4 做得更好。

只是在最后一行,我们才看到格尔茨认为在稻米生产与蔗糖之间发现的那种关联的一些迹象。19 个首位产糖行政区,占爪哇所有行政区的 4%、水稻地的 4.6%、全岛人口的 5.3%,贡献了水稻总产量的 5.2%。因此,这些行政区在水稻土地、水稻产量和人口上的份额高于平均水平。然而,人均水稻产量和整个岛的平均值是一样的,这意味着,这 19 个首位产糖行政区高于平均水平的水稻产量是相对较高的人口密度(比平均数高 30%)与比平均数高 15% 的水稻土地的可用率结合起来所导致的。那里有比平均数更多的水稻土地,甚至有更多的人口,因此人均稻田可用率低于平均数,那么,为了让人均产量保持在全岛平均水平上,每单位土地就必须产出更多。这是土地拥有的平均规模变得更小时,增加单位土地产量(产出)多或少的普遍逻辑。[1]

但究竟是什么导致了什么?真像格尔茨所认为的(参见前面的引文),是蔗糖扩张带来了水稻种植的扩张吗?正如我们所看到的,在 19 个首位产糖行政区之外肯定不是这样。

一段统计学插曲

表 2.1 中所描述的格尔茨的数据只报告了几组面积的百分比,它们很少揭示这些面积在一个变量上(比方说水稻田里的蔗糖产量)相对它们在另一个变量上(比方说每块稻田的稻米产量或这些面积上的人口密度)的位置。对这些关系要想有更多的洞察,我们需要来自其他来源的更多信息,我们需要其他的衡量,而不只是简单的百分比。

1920 年,荷兰殖民政府发布了《爪哇和马都拉农业地图集》(*Landbouwat-*

---

[1] 有一点很清楚:在这些首位产糖区所获得的蔗糖、稻米和人口之间的无论什么关系,只对很小比例的行政区有效。

las van Java en Madoera），其中包含了很多变量——主要是农业变量——的详细信息，既有驻扎区层面的，也有行政区层面的。这些数据是我们进一步分析的基础，而且，顺便说一下，也是格尔茨的数据的来源。

两个变量（比方说稻田里的蔗糖产量和稻田里的稻米产量）之间的相关系数主要反映了关于这些地区在这两个生产变量上相对排位顺序的信息。如果更高蔗糖产量通常与更高稻米产量同步并进（反之亦然），相关系数就高，比方说 0.40 左右。相关系数原则上可以高达 +1，表示完全的正向关系，也可以低至 -1，表示完全的反向关系。在实际情境中，+0.70 以上的相关系数主要发生在这样的情况下：用类似的度量工具连续度量同一个变量两次。事实上，在大多数应用科学中，真正令人感兴趣的相关系数通常在 0.30~0.40 的范围。0.70 的相关系数很少见，这意味着你可能很少预期超过 50% 的可解释变率，10%~16% 更为常见。因此，下面这个情况十分罕见：单个变量凭借自身可以解释另一个变量的大多数变率。

关于本章所呈现的相关系数的解释，有一句警告是适当的。基于少量观察单位的相关系数对某些个别单位有点敏感，这些单位的值与其他单位相比有着巨大的差别。当我们针对 15~20 个驻扎区而不是针对 160 个行政区观察相关系数时，这一点便发挥了作用。我们会在恰当的时候针对驻扎区发出这种不稳定相关系数的信号。

我们对 1920 年，有时候还有 1880 年爪哇情形的讨论主要是从相关系数的角度来表述的。

更详细的分析

在本节，我们将呈现针对爪哇所有驻扎区和行政区计算出来的相关系数——基于前文提到的《爪哇和马都拉农业地图集》。偶尔，我们也有 1880 年的类似数据,但仅仅在驻扎区的层面上。[1]

种植甘蔗的稻田和人口密度

第一个问题是,对于驻扎区和行政区,稻田里种植甘蔗不断增长的百分比是不是与不断增长的人口密度同步并进? 根据格尔茨的推理,并基于19个首位产糖行政区的样本,你的预期可能分别是这样,相关系数[2]如下:

    1880年,驻扎区层面   0.02
    1920年,驻扎区层面   0.48
    1920年,行政区层面   0.45

显然,1880年没有相关性,但在1920年有中等程度的正向相关性,在行政区层面上对应20%的一个变量是对另一个变量的可解释变率。正如附录中所展示的,应当注意的是,1880年在稻田里种植的蔗糖并不多,只有两个驻扎区(庞越和岩望)超过5%。

然而,1880年根本没有相关性,这个事实暗示,因果箭头的方向不是从蔗糖到人口密度,而是相反。1880年,种植甘蔗的地区人口密度高低不一,因为在那时,高密度地区的劳动力剩余几乎不比低密度地区多多少。但是,当密度变得更高,廉价劳动力在定居稠密地区变得越来越可用时,在这些地区种植甘蔗就变得更有吸引力了。当关于甘蔗种植的所有活动都由季节性劳工来干的时候,人们就不大可能在1880年至1920年间大规模地永久性移民到产糖地区了。

---

[1] 1880年的数据取自1880年的《殖民地报告》(*Koloniaal Verslag*)。
[2] 本章报告的所有相关系数都适用于连续变量的标准皮尔逊相关系数。

资本主义企业与生计导向的小农

种甘蔗的稻田与人均稻田

我们现在应当揭示,在我们的数据中,种甘蔗的稻田的高产量与人均稻田的低可用率之间是不是有统计学的关联,像 19 个行政区的样本中所暗示的那样,这可以被视为高人口密集度的必然结果。相关系数如下:

> 1880 年,驻扎区层面　—0.34
> 1920 年,驻扎区层面　—0.60
> 1920 年,行政区层面　—0.20

相关系数有变化:1880 年中等程度,1920 年在驻扎区层面有点高,说来也怪,1920 年在行政区层面确实很高,仅仅解释了因变量 4% 的变动率。

或许,如果稻田变得太小——这无疑可能是高人口密集度地区的情况——近乎没有土地或完全没有土地的劳动者对于甘蔗种植园里的季节性劳动不再可用,因为他们需要更持久的工作。格尔茨研究中的一个问题是,他根本没有谈到非农业劳动,而我们从其他更晚近的研究中知道,1900 年前后,爪哇经济活动人口当中有相当比例是没有土地的(31%),几乎同样大的百分比应当被视为非农业人口(29%),在集镇和城市里干活和/或从事非农业工作。[1] 经常有人认为,例如在更理论性的(马克思主义的)文献中,保护生计型的家庭部门符合资本主义企业的利益,在这个部门,劳动力的再生产可以廉价地发生。[2] 完全没有土地的人比例太高对蔗糖企业家没有吸引力。我们的发现似乎说明了这个情况。

---

[1] Boomgaard 1991,34.
[2] 例如,参见 Meillassoux 1981;格尔茨同意这个观点(例如 Geertz,1963,89)。

种甘蔗的稻田与每单位稻田的稻米产量

在19个首位产糖行政区的样本中,发现了每单位稻田的稻米产量高于平均水平,我们应当试着揭示,这两个变量是不是实质性地彼此相关。相关系数如下:

　　　　1880年,驻扎区层面　0.09

　　　　1920年,驻扎区层面　0.34

　　　　1920年,行政区层面　0.39

正如人口密度一样,我们发现1880年根本没有相关性,1920年有中等程度的正向相关性。因此,仅仅每单位稻田的稻米产量只解释了行政区层面种甘蔗的稻田15％的变动率,这是一个适中的解释值。

种甘蔗的稻田与人均水稻产量

19个行政区样本中的人均水稻产量在平均数上下。在我们的数据中,这两个变量之间的关系如下:

　　　　1880年,驻扎区层面　－0.18

　　　　1920年,驻扎区层面　－0.52

　　　　1920年,行政区层面　－0.04

我们的1920年行政区层面的数据导致了和格尔茨样本一样的结论:种甘蔗的水稻土地的百分比与人均水稻产量之间不存在相关性。1880年的相关系数也很低。因此,令人有点费解的是,1920年驻扎区层面的相关系数为什么如此之高(不过是负的)。它解释了因变量变动率中的27％,差不多是1/3。它暗示,如果一个驻扎区的人均水稻产量低于平均数,种甘蔗的稻田的比例就有相当大的机会高于平均数(反之反是)。然而,这样一个因果关联在同一年的行政区层面并不存在! 这一现象的部分解释是日惹驻扎区的"异常值"位置:它在

1920 年种甘蔗的稻田比例很高(参见附录,图 2.5)。如果把日惹驻扎区排除在这一分析之外,那么 1920 年驻扎区层面的相关系数就低得多。

小农吸引蔗糖吗

种甘蔗的稻田与人均耕地

不过,我们或许不应该只审视人均稻田。人均耕地怎样? 数据如下:

> 1880 年,驻扎区层面　－0.11
>
> 1920 年,驻扎区层面　－0.66
>
> 1920 年,行政区层面　－0.36

1920 年驻扎区层面很高(不过是负的)的相关系数再一次引人注目,这意味着,如果一个驻扎区的人均耕地面积低于平均数,那就很有可能有很高比例的水稻土地种植甘蔗,这解释了 44% 的变动率。在行政区层面,相关系数低得多,只解释了 13% 的变动率——一个非常适中的预测值。1920 年驻扎区层面与行政区层面之间的差别的部分解释再一次是日惹驻扎区的异常值位置(参见附录,图 2.6)。如果把日惹排除在外,1920 年驻扎区层面的相关系数就是－0.45。

这两组数据——种甘蔗的稻田的百分比与人均稻田的相关系数,以及前一个变量与人均耕地之间的相关系数——暗示,凡是这样的驻扎区:那里的农民 1920 年都是实际上很少有财产的小农(dwarfholding),不管是水田还是旱地,都很有可能吸引甘蔗种植(大概是因为兼职劳动力方便可用)。反过来——很少财产的小农是由于甘蔗种植——则说不通,即使仅仅因为甘蔗并不种在旱地里。1920 年驻扎区层面甘蔗种植比例与人均稻米产量之间很小的负相关系数支持这些发现:如果就稻米而言的平均收入很低,人们就会寻找兼职工作,而蔗糖产业能够提供这样的工作。

在 1920 年的行政区层面,"种甘蔗稻田的百分比"这个变量只对三个变量产生超过 0.3(或低于−0.3)的相关系数:人口密度(0.45)、人均耕地(−0.36)和每单位稻田的水稻产量(0.39)。因此,如果人口密度高,每单位稻田的水稻产量也高,人均耕地面积却很低,那么甘蔗就有很大的机会种在很高比例的水稻田里。(与此同时,如果在驻扎区周围人均土地拥有量也很低的话,蔗糖比例高于平均数的机会就会明显增加!)

小农强化与勤勉革命

总之,我们预期,在人口密度高的地区,种甘蔗的稻田的百分比高于平均数。这样一个地区常常有低于平均数的水稻田和人均耕地,尤其是就后一个变量而言,当那里除了水稻田之外旱地很少时,种植更多甘蔗的可能性就更大。这是另一个论据证明甘蔗种植不是刚才衡量的那个变量的原因,而是它的结果,因为种植更多的甘蔗几乎不可能导致很低的土地可用率。这样一个地区常常还有高于平均数的每单位稻田产量,这让我们有相对较大的可能预期种甘蔗的稻田百分比高于平均数。

在那些人口密度高的地区,土地拥有量小于平均值、每单位土地产量高于平均数是意料之中的事——既不需要稻米也不需要蔗糖作为解释因素。小农称之为(传统的、前工业化的)农业强化,几乎总是导致更高的单位土地产量,同时有停滞的或下降的人均产出。[1]

然而,有时候,工作更刻苦,也就是说,比从前花更多的时间工作,能导致更高的人均产出,在这种情况下,有些学者使用"勤勉革命"(相对于工业革命)这个术语。正如马上就会显示的,有人可能认为,这一时期爪哇就发生了这样的

---

[1]　例如,参见 Booth 1988,236;Netting 1993,124—129。

革命。[1]

暂时回到我们的案例研究,我们认为,我们的发现——这种地区的人均稻米产量大约在平均数上下——符合这个"传统"模型。合乎逻辑的是,如果其他选项受到限制(大多数土地是可耕地),那这样的地区无疑就会吸引蔗糖产业。然而,结果是,这一地区的人均水稻土地的面积应该不会太低,不会有足够的空间种植甘蔗。相比之下,周围驻扎区低于平均水平的人均水稻土地对于甘蔗种植者来说是一件好事,因为它会为他们提供在繁忙季节(准备土地、栽种和收割)所需要的临时移民劳动力。

家畜抬头

最后来看看 1920 年驻扎区层面的相关系数,有一个很高的相关系数到现在为止尚未讨论,这就是种甘蔗水田的百分比与每单位耕地水牛和家牛数量之间 0.49 的相关系数。格尔茨没有谈到家畜的存在,唉,行政区层面上的信息不可用,所以,我们不能发现 19 个产糖行政区在这方面的表现如何。还有一点,它似乎是一个晚近的相关系数,因为它在 1880 年几乎为零(0.00)!

1920 年,仅这个变量就解释了另一个变量 35% 的变动率。但是,究竟是哪个变量解释哪个变量呢?当家畜大量可用时,我们是不是就有了大面积种植甘蔗的稻田呢?或者,蔗糖的存在是不是有助于家畜的饲养呢?

水牛和家牛在水稻种植的准备阶段都在水稻田里被用作耕畜,你会预期稻田或稻米收成的某个度量与每单位土地家畜数量之间有很高的正相关系数。然而,唯一真正大的相关系数(总耕地中水稻田的百分比、人均稻田和每单位土地稻米产量的相关系数全都低至适度)是在每单位耕地家畜数与人均稻米产量之间,这个相关系数是负的(−0.70)!如果这两个变量之间有因果关联(而不

---

[1] Hayami 1989,3—5;也可参见 De Vries 2008。

仅仅是统计学关联)，那我们就必须要么假设高于平均数的家畜数导致低于平均水平的人均稻米可用率，要么假设低于平均水平的人均稻米可用率莫名其妙地有助于高于平均数的每单位耕地家畜数。

然而，乍一看这似乎不大可能，后面这个关联是最貌似有理的，尽管是以一种间接的方式。家畜密度与播种玉米耕地的百分比的相关度有点高(0.61)，与种植木薯土地的百分比的相关度更低一点(0.44)。众所周知，玉米和木薯植物的某些部分——茎和叶——被用作家畜饲料，木薯的存在与人均稻米可用率有着很强的相关性，不过是负的(−0.75)。人均稻米可用率与玉米的相关系数也相当可观，而且也是负的(−0.45)。玉米和木薯的存在与耕地当中稻田的百分比之间(分别是−0.54和−0.47)以及与人均稻田数量之间(分别是−0.46和−0.49)也有相当强的负相关性。

因此，你可以假设，玉米和木薯种在某些地区可能吸引家畜饲养，在这些地区，所有耕地中稻田的百分比和人均稻田都低于平均水平，人均稻米可用率也是如此。当玉米和木薯都种植在旱地上——这些土地需要施肥，相比之下，灌溉稻田(很大程度上)由灌溉水中的营养成分提供肥料——家牛和水牛的粪便吸引了玉米和木薯的种植。

如果种植玉米和木薯的地区有大量蔗糖存在，那它必定对家畜饲养者特别有吸引力，因为蔗糖产业有很多活动需要家畜。那么，不断增长的家畜对更多甘蔗种植企业就构成一种额外的吸引力，如此等等。无疑有这样的可能：家畜反过来使玉米和木薯的种植更加有吸引力。因此，这样说更好一些：蔗糖吸引了家畜，家畜吸引了蔗糖；情况无疑就是这样。

增长吗

但我们的讨论离格尔茨的著作有点远了。格尔茨的农业内卷化理论中有一个重要成分是这样一个观念：爪哇在人数上增长了，在收割面积上增加了(部分通过双季作物），在每公顷生产率上提高了，但在人均产出上并没有增长。关于这个问题，他引用了荷兰经济学家 J. H. 博克（Boeke）的作品。博克描述了相同的现象，并称之为"静态扩张"[1]。

但是静态扩张的观念被晚近的研究证实了吗？表 2.2 提供了关于这个主题的数据。

表 2.2　　　　　　爪哇在所选择年份人均每天大卡产量*

	1815 年	1880 年	1940 年
来自耕地	1 654	1 926	2 111
总量	1 917	2 288	2 480

* 取自 Boomgaard and Van Zanden 1990,51。总量中包括果园、椰子以及鱼和肉的产出。

如果我们拿很多基准年份的人均每天大卡产量作为生计部门农业生产的一个合理代表，那看来，格尔茨低估了人均收入的增长，尽管不得不说，特别是在第二个时期，增长率有点低。其中的很多增长——在这一点上格尔茨是对的——几乎肯定是增加人均劳动输入产生的：人们工作得更辛苦；勤勉革命，确实如此！

另外，格尔茨以下面这句话夸大了他的理由："水稻种植具有不同寻常的能力来维持边际劳动生产力的水平——通过始终设法做到一个人干几个人的活而同时没有导致人均收入的严重下降……"1940 年前后，农业经济学家 G. J. 芬克（Vink）已经证明，在很多地区，劳动输入非常高，以至于它的边际生产力为零。[2]

所有这一切，资本投入几乎都没有发挥作用，除了殖民政府承担的灌溉改善和另一项殖民计划——更好道路的修建之外。然而，在 1880 年至 1940 年间，稻田占所有耕地百分比的总量从 55％下降到了 40％，这意味着灌溉工程的

〔1〕 Geertz 1963,78－80. 格尔茨让以下可能性悬而未决：1900 年之后爪哇的生活水平可能逐步改善（p. 80）。

〔2〕 Vink 1941,91－106；Geertz 1963,80；Boomgaard and Van Zanden 1990,42；Boomgaard 1999,182－183.

修建被耕地的增长超越,而耕地的增长反过来被很高的人口增长率所驱动,我们稍后回到这个主题。

　　但没有机械化可言,与此同时,其他形式的技术改进似乎确实发挥了很小的作用,尽管必须承认,我们对(比方说)改良犁几乎一无所知。我们知道,在稻米品种改良上做过一些研究,但这些改良品种直到 1930 年才开始种植,而且规模很小,以至于不可能有太大的效果。很多甘蔗种植园引入了人造的化肥,但它在生计部门是不是发挥过什么作用是值得怀疑的,这个部门很少有人买得起化肥。[1]

停　滞

　　因此,一点也不奇怪,每公顷产量的增加——这是格尔茨农业内卷包的组成部分——在 1880—1920 年间并没有发生,但在 19 世纪的部分时间里或许发生过。这展示在表 2.3 中。

表 2.3	所选择年份每公顷稻米产量*	
	第一季作物	第一季和第二季作物
1815 年	1 650	
1836 年	1 360	
1860 年	1 660	
1880 年	2 265	2 100
1900 年		2 000
1921 年/1925 年		1 850
1931 年/1935 年		1 900
1936 年/1940 年		2 040

　　注:* Boomgaard and Van Zanden 1990,41,44. 百分比虽然很小,却不断增长的水稻田栽种双季稻——第二季作物在旱季栽种,每公顷产量因此通常低于第一季作物。

---

[1]　Boomgaard and Van Zanden 1990,36—44;Boomgaard 1999,176,180—185.

19世纪早期的数据非常有意义，但不如后来的数据可信。然而，即使有10％左右的误差，趋势看来也是清楚的。

1815—1836年间，产量有过一次下降，几乎肯定是因为自1830年起引入了种植体系。殖民政府引入的这一体系要求农民在部分耕地上为欧洲市场生产作物（蔗糖、靛蓝和烟草）。他们为此接受一份工资（plantloon），这笔钱将从他们必须缴纳的赋税（landrente）中扣除。如果运气好，当作物的价值高于应缴赋税的金额时，他们就应该能得到一小笔钱，但这笔钱是不是到了他们手里是值得怀疑的（它充其量能到达摄政或村长的手里）。通常，他们可能不得不缴纳两者之间的差额。尽管发生了一些新的土地开垦，但强制作物在现有耕地中占显著比例，结果，稻米收成遭了殃，19世纪40年代的饥荒接踵而至。

接下来，种植体系最有害的特征得到了纠正，灌溉工程也完成了，产量得以逐步改善。1870年后，种植体系逐步淘汰。1860年前后，产量回到了1815年的水平，到1880年，产量超过了那个水平。超过多少是各人的猜测，因为那些年还见证了一些协同努力，试图改善土地、收成和人口的统计数据，从而使1880年更高的数字部分地反映了记录的改进。

1880年后，产量下降了，正如前文提到的，大概在很大程度上是因为灌溉没有跟上人口增长和土地开垦的步伐。只是在20世纪30年代，当蔗糖由于30年代的大萧条而或多或少地消失时（因此给水稻田腾出了土地），高产稻米品种被引入，产量不断得以改善，尽管再也没有达到过1880年的水平。[1]

当然，具有讽刺意味的是，稻米产量提高的主要原因正是蔗糖的消失，因为这一发展与格尔茨的蔗糖-稻米关联直接冲突。在这里，产量增长是因为这些稻田里不再种植甘蔗，而不是因为这两种作物之间有互惠共生的关系。

---

〔1〕 Boomgaard 1989，82—83；Boomgaard and Van Zanden 1990，36—47；Hugenholtz 2008.

人　口

关于人口增长,格尔茨是对的。在 19 世纪和 20 世纪早期大多数时间里,
人口增长率平均接近每年 1.5％,这个数字对于爪哇是非常高的(比那个时期大
多数周边国家都要高),那里 1800 年之前的增长率从未超过 0.5％,平均起来通
常接近每年 0.1 或 0.25。[1]

格尔茨对解释这些高人口增长率实际上并不感兴趣。然而,他对这个主题
贡献的几条线索包含很多敏锐的猜测。基本上,他把下列特征呈现为(不)影响
人口增长率:

——"改良了的健康医疗直到很晚才发挥重要作用。"

——"荷兰和平(Pax Nederlandica)大概是最有效的。"这里他指的是别人
所说的帝国和平(Pax Imperica),代表了殖民强国对本土战争的压制。

——"大概最重要而且最少被讨论的是运输网络的扩张,这防止了本地作
物歉收转变为饥荒。"[2]

后来,在对爪哇和日本的比较中,他把自己的解释总结如下:

> 1830 年之后的快速增长,明显是以下两个因素的结果:一是由于
> 通信改善和更大的安全保障所导致的死亡率下降,二是由于种植体系
> 的工资税压力所导致的繁殖力提高;而不是——除了最初很短暂的一
> 段时间之外——印度尼西亚生活水平普遍提高的结果。[3]

这里并不是要对爪哇的高人口增长率进行详细揭示。这样说就足够了:他
的要点都是切题的,他大概低估了——不管多么轻微——生活水平的提高,而

---

[1] Boomgaard 1989.
[2] Geertz 1963,80 (note 58).
[3] Geertz 1963,137.

且他漏掉了 19 世纪的天花种痘以及 19 世纪晚期和 20 世纪初的奎宁和公共卫生设施——二者都是对付疟疾的。

然而，最有意义的是他谈到了由于工资税压力而导致的繁殖力提高。这在（历史）人口统计学家当中如今被更准确地称作劳动力需求响应。最近关于印度尼西亚经济史和人口统计史的研究暗示，劳动负担的增加，无论有没有报酬，历史上（实例来自 19 世纪和 20 世纪初的爪哇和苏拉威西）都导致繁殖力提高，因为很多的劳动负担落在女人身上，于是，为了分担这一重负，她们想要更多的孩子，孩子们小小年纪就开始给她们当帮手。把劳动负担增加转变为更高繁殖力的机制是更短的哺乳期，因此还有更短的哺乳闭经，在收入更高的情况下可能还有结婚年龄的下降。[1]

因此，我们回到勤勉革命：人们，当然包括女人，开始更努力地工作，要么当他们预期从某种作物或人工制品的生产中增加收入时，例如因为更廉价、更安全的运输导致更大的需求，要么当劳动负担由于更高的实物赋税而增加时。在这两种情况下，女人都可能希望有更多的孩子，而她们潜在的生殖力由于更沉重的劳动负担可能缩短哺乳期并因此更早地结束哺乳，绝经人数也因此而有所增加（如果她们不想要这些额外的孩子，她们可以使用避孕的方法或终止怀孕，甚至杀婴儿，这些事情在大多数印度尼西亚及其他亚洲社会不会加以反对）。女人还可能渴望有更多的孩子来做她们的帮手，如果她们处在格尔茨所描述的情境中——需要更多的劳动来获得更高的稻米产量。这里没有必要把蔗糖带入这个故事。

第一种类型的增长又称"斯密增长"，这个称号取自亚当·斯密（Adam Smith），基于劳动分工和地区专门化，当良好治理——包括法律和秩序——或运输成本下降导致贸易增长时。[2] 在爪哇，这种类型的增长有可能发生在 19 世纪，大概在更小程度上发生在 20 世纪初。

---

〔1〕 Boomgaard 1989,192—195；Henley 2006,315—319；Boomgaard 2007a,212—313.

〔2〕 例如，参见 Maddison 2005,17。

还可以认为发生了一些"博塞鲁普增长"——以埃斯特·博塞鲁普（Ester Boserup）的名字命名——因为在很多地区，更多的劳动力被用于土地，从而导致产量的增加以及休耕地的减少。[1]

然而，大约 1900 年之后，爪哇农村经济的很多增长是由于通过开垦扩大了耕地。在边际效率（几乎）为零的地区，那些并不拥有土地的人常常可以在高地地区开垦新地——如果他们不想（或不能）完全离开农业部门的话。玉米和木薯的增长证明了这个过程。

农村经济新一轮增长爆发要等到 20 世纪 70 年代，农村部门有很高的投资率（绿色革命、高产品种、人工化肥、农村信贷、灌溉扩大）。但格尔茨写作的时代是 20 世纪 60 年代前后，那时农业部门实际上是停滞的。

结　论

具有讽刺意味的是，我们的统计分析指向了蔗糖与家畜之间的强关联——一个被格尔茨错过的因素。看来正是通过玉米和木薯——又是两个被格尔茨忽视的因素——在高地地区的生产，这一关联得以建立。很有可能，蔗糖吸引了家畜，而家畜也吸引了蔗糖。

我们的分析还显示，如果人口密度高，则蔗糖就会有相当大的机会种植在很高比例的水稻田里，而如果周边驻扎区的人均土地拥有很低，则蔗糖比例高于平均值的机会就会明显增加。

然而，没有证据表明，蔗糖种植导致高人口密度和高稻米产量。但它可能因使用很多的小农而对本地很大比例的小块农田的幸存做出贡献，这些小农构成了兼职的无产阶级。然而，这并不需要蔗糖，例如，在爪哇的另外一些地区，咖啡扮演了这个角色。

---

[1]　例如，参见 Boomgaard 1989,203—204；Van Zanden 2000,22。

总之,可以说,在高人口增长的地区,平均土地很小是理所当然的事,小土地和小农的产量必须得高——因为缺乏其他的类似收入来源(结合文化偏好,大概还有来自爪哇政府与荷兰殖民政府的某些强制)。

这一事态是小农对传统农业强化的结果(部分是斯密增长,部分是博塞鲁普增长)。大约 1880 年之后,稻米产量停滞了(与格尔茨所认为的形成鲜明对照),大多数农业增长是通过开垦新土地产生的,而新土地上多半种植非稻米作物,比如玉米和木薯。因此,有可能(再次与格尔茨所预言的形成鲜明对照)人均农业产出和消费继续增长,尽管增长不大。

正如已经证明的,格尔茨误解了很多关于爪哇增长的事实,他所假设的蔗糖与稻米之间的某些关联并没有多少证据。经济史家通常使用的术语足以描述 19 世纪和 20 世纪初爪哇所发生的事情。

感　谢

本章的观念产生于两位作者 2003 年和 2004 年在瓦瑟纳尔荷兰人文与社会科学高级研究所(NIAS)学术度假的时候。这次合作——两位作者此前并未正式认识——是 NIAS 如何能让人们走到一起开展其他情况下绝不可能进行学术研究的一个实例。我们感谢 NIAS 的人员提供的慷慨支持,特别要感谢安妮克·弗林斯-阿尔茨(Anneke Vrins-Aarts)把《爪哇和马都拉农业地图集》发布的 1920 年的数据转换成数据库。

附　录

在前面的篇幅中，呈现了种甘蔗的稻田百分比与各种不同的其他变量之间的相关性。为了解释已经观察到的某些结果，本附录提供了背景数据和统计材料。其特征必然比本章正文更具技术性。

驻扎区层面的分析

在驻扎区层面分析稻田里种甘蔗的数据的一个难题是，只有 19 个驻扎区有 1880 年的、15 个驻扎区有 1920 年的这个变量的有效数据，从而使像关联系数这样的统计材料很容易受到有着强偏离值的单一驻扎区的影响。在这一点上，审视结合了统计材料的关系图表比仅仅审视像平均数和相关系数这样的概括性衡量更有洞察力。

本章的解释主要基于与种甘蔗稻田的百分比的相关系数。在审视这些相关系数之前，我们不妨审视并比较这两年驻扎区层面上"种甘蔗稻田的百分比"这个变量的分布。

图 2.1 中的每个小方块表示这个变量在所标示年份的分布。方块的大小由被观察数据的中间值 50％和表示中值的长条以及把分布分为上半和下半的那个点所决定。值得注意的是，1880 年的分布的典型特征是变动很小。除了庞越和岩望之外，没有一个驻扎区种甘蔗的稻田超过 5％。在 1920 年，不仅种甘蔗稻田的百分比有了相当可观的增加，而且各驻扎区之间出现了规模差别。这样的变动率通常会获得与其他变量的高相关系数。日惹驻扎区是个例外，考虑到它在 1920 年种甘蔗稻田的百分比（32％），而其他所有驻扎区都不到 20％。

由于样本规模太小（总共只有 23 个驻扎区，而关于稻田里种甘蔗的有效数据

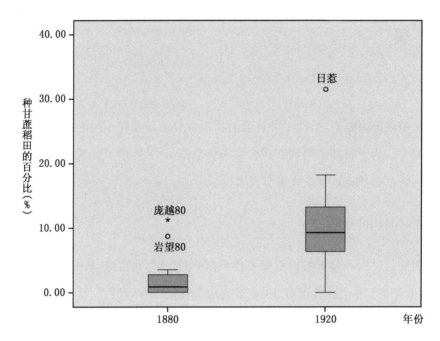

图 2.1　1880 年和 1920 年种甘蔗稻田百分比的分布

的数量更少），因此对 1920 年的每个计算都进行了核对，以确定日惹究竟在何种

程度上对这里计算出的统计数据，特别是相关系数，有严重影响（参见表 2.4）。

表 2.4　　　　　　　　种甘蔗的稻田百分比与其他变量的相关系数

变　量	驻扎区						行政区	
	1880 年		1920 年＋日惹		1920 年－日惹		1920 年	
	R^2	R	R^2	R	R^2	R	R^2	R
人均稻田	0.12	−0.34	0.36	−0.60	0.25	−0.49	0.04	0.20
人均耕地	0.01	−0.11	0.44	−0.66	0.21	−0.45	0.13	0.36
人均水稻	0.03	−0.18	0.27	−0.52	0.05	−0.22	<0.01	0.04
人口密度	<0.01	−0.02	0.23	−0.48	0.20	0.44	0.15	0.39
每单位稻田水稻	0.01	−0.09	0.12	−0.34	0.22	0.46	0.11	0.33

　　首先来概览种甘蔗的稻田百分比与很多相关变量的相关系数。请注意，总

共有 444 个行政区，却只有 152 个行政区有种甘蔗稻田的有效数据。

　　表 2.4 中的相关系数证实，1880 年种甘蔗的稻田百分比的变动率或许太小，以至于找不出与其他变量之间大的系统性关系。只有与人均稻田的相关系数（$R=-0.34$）看上去潜在地令人感兴趣（参见正文）。另外，1920 年的相关系数不仅更大，而且显示了一个相当一致的模式，因为与人均数量之间的相关系数始终是负的，1880 年的数据也是如此。由此看来，人均土地和稻米相对较大的可用率并不有助于蔗糖种植。相比之下，高人口密度和每单位稻田的高稻米产量（这两个是相互关联的因素）与种甘蔗稻田的高百分比同步并进。还有一点也很明显，日惹有很高百分比的甘蔗稻田，它的数据在决定某些相关系数上有很大的影响。总的来说，依靠不含日惹的相关系数作为一般统计关系的代表似乎是最好的。

　　除了相关系数的标志之外，似乎很难比较驻扎区的结果与行政区的结果，因为它们的相关系数颇为不同。我们稍后对行政区进行单独分析。

　　图 2.2 显示，种甘蔗稻田的百分比在 1880 年与人口密度几乎无关（$R=0.02$），但在 1920 年有强相关性（$R=0.44$，不含日惹）。巴达维亚、南旺和万丹这几个驻扎区接近没有种甘蔗的稻田。1880 年，庞越和岩望是"唯二"的有相当数量的稻田种甘蔗的驻扎区。

　　1920 年的 $R^2=0.25$（$R=0.49$，不含日惹），1880 年的 $R^2=0.12$（$R=0.34$），但请注意相关系数的大小主要是由于庞越和岩望的值。我们观察到在这两个年份种甘蔗稻田的比例不断下降，而人均稻田面积却增长了（图 2.3）。

　　由图 2.4 我们推断，1880 年的这些变量之间没有关系（$R=0.09$），但 1920 年有很大的关系（$R=0.46$，不含日惹）。因此，每单位稻田的稻米产量越高，种甘蔗稻田的比例就越大。

　　图 2.5 显示，在 1880 年，上面描述的两个变量之间的关系可以忽略，但在 1920 年两者有合理的相关性，来自日惹的结果增强了这一项关系（不含日惹 $R=-0.22$，含日惹 $R=-0.52$）。这意味着，人均水稻的可用率增长了，种甘蔗稻田的比例下降了。

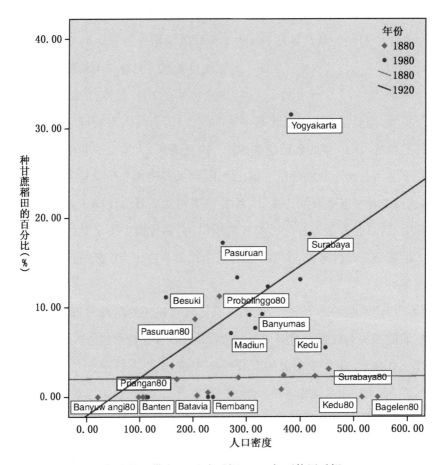

注：＊表示 1880 年驻扎区带有 80 这个后缀，1920 年不使用后缀。

图 2.2　1880 年和 1920 年种甘蔗稻田的百分比与人口密度之间的关联性

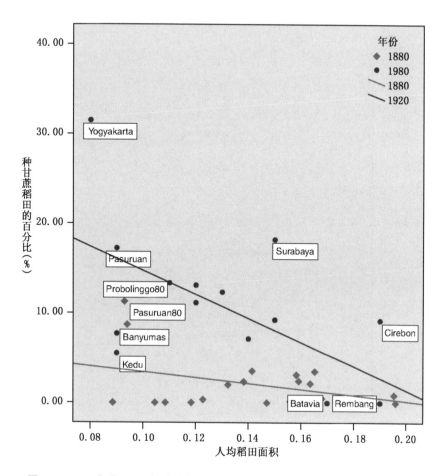

图2.3 1880年和1920年种甘蔗稻田的百分比与人均稻田面积之间的相关性

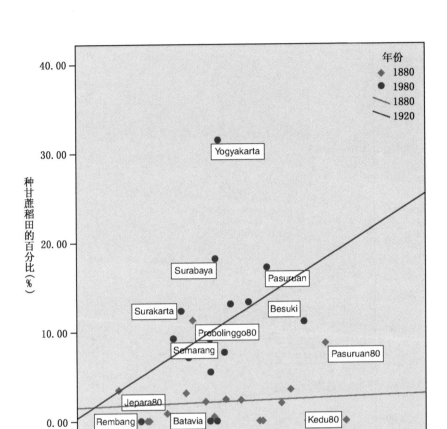

图 2.4　1880 年和 1920 年种甘蔗稻田的百分比与每单位稻田稻米产量之间的关联性

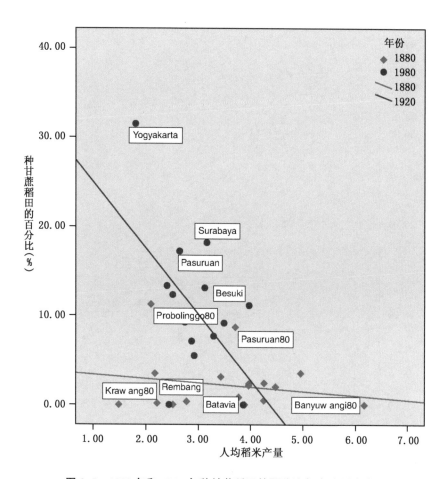

图 2.5　1880 年和 1920 年种甘蔗稻田的百分比与人均稻米产量

　　图 2.6 中描述的变量再次显示,1880 年的相关性可以忽略,1920 年有相当大的相关性,并得到了来自日惹的结果的增强(不含日惹 $R=-0.45$,含日惹 $R=-0.66$)。因此,人均耕地越多,种甘蔗稻田的百分比就越低。

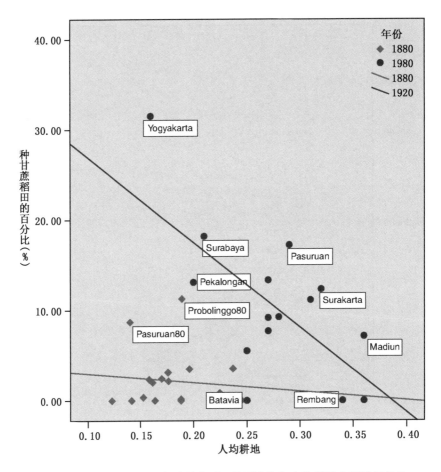

图 2.6　1880 年和 1920 年种甘蔗稻田的百分比与人均耕地之间的相关性

行政区层面的分析

　　行政区的数量远远大于驻扎区的数量,这使得更广泛的分析成为可能。在比较驻扎区层面与行政区层面的结果时,重要的是要认识到驻扎区并非农业上同质的区域。由于行政区小得多,它们通常更同质,产生更具对照性的数据(例如几乎没有甘蔗对高比例的甘蔗)。由于这个原因,你更有可能真实地衡量你想要衡量的东西。当很多信息只有在驻扎区层面可用时，我们不可能把自己局限于行政区层面，特别是对于1880年。此外，家畜的影响只能在驻扎区层面审视，因为行政区层面的家畜数据没有保存下来。

看一下图2.7，就能对各驻扎区关于种甘蔗稻田的百分比的异质性获得一个快速的印象，这张图显示了每个驻扎区的分布。如前，图中的小方块显示一个驻扎区中每个行政区的中间值50％，小方块两端的每根"须"代表行政区更低或更高的25％。在北加浪岸，编号131的行政区是个异常值，有一个对这个驻扎区来说高得异乎寻常的种甘蔗稻田百分比。百分比在一个驻扎区内的广泛分布说明这些区域内的农业差别。

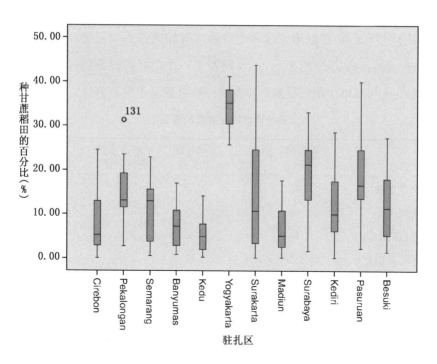

图2.7　1920年各驻扎区每个行政区中甘蔗稻田百分比的分布

这些数据的一个令人担忧的方面是，种甘蔗稻田的百分比在444个行政区当中只有167个行政区的数据可用。然而，由于没有一个百分比等于零，因此很有可能，缺少的数据表明相关行政区没有甘蔗稻田。但也不能排除这样的可能性:在(少数)很多情况下,"缺少的数据"仅仅代表缺少数据。

下面的分析基于那些不缺少种甘蔗稻田百分比的值的行政区,因此排除了另外 7 个城市行政区,还有巴达维亚、万丹、勃良安、南望和马都拉这几个驻扎区的所有行政区。在排除这些地区之后,我们最终得到 160 个行政区。总共有 152 个行政区对于我们所考量的全部 6 个变量都有有效的观察数据。

这里要讨论的最重要的问题是:哪些变量是这 152 个行政区中种甘蔗稻田百分比的最佳预测值? 为了这个目的,我们计算相关系数并进行回归分析。

从表 2.5 中可以明显看出,人口密度($R=0.45$)、每单位稻田水稻($R=0.39$)和耕地百分比($R=0.28$)是甘蔗稻田百分比最重要的预测值。然而,其中两个预测值高度相关($R=0.65$):当总面积的耕地比例很高时,人口密度也很高。对于分析而言,这意味着这两个变量带有相同的预测权重,或多或少是可互换的。我们的初步分析显示,人口密度是一个略好的预测值,因此我们将基于这个变量和每单位稻田稻米产量来预测种甘蔗稻田的百分比。

表 2.5 各行政区农业变量的相关性

	甘蔗稻田百分比	人口密度	每单位稻田水稻	耕地占总面积百分比	人均稻田	人均水稻
甘蔗稻田百分比	1.00	0.45	0.39	0.28	−0.14	0.02
人口密度	0.45	1.00	0.05	0.65	−0.23	−0.06
每单位稻田水稻	0.39	0.05	1.00	−0.11	−0.28	0.17
耕地占总面积百分比	0.28	0.65	−0.11	1.00	−0.13	0.15
人均稻田	−0.14	−0.23	−0.28	0.13	1.00	0.65
人均水稻	0.02	−0.06	0.37	0.15	0.65	1.00

回归分析显示,对这 152 个行政区而言,种甘蔗稻田的 32% 的比例差别可以根据该行政区的人口密度和每单位稻田水稻产量来预测。对预测的贡献,人口密度是 18%,每单位稻田水稻产量是 10%,而它们共同的贡献是 4%($R=0.67;R^2=0.32$)。

家畜的作用(驻扎区层面)

《爪哇和马都拉农业地图集》还提供了1920年各驻扎区家畜(水牛和家牛)的信息。还有1880年各驻扎区家畜的定量信息,但由于它们在这两个年份不是以相同的方式记录的,因此很难对具体地区评估家牛和水牛的数量发展了多少。但我们可以审视相关系数,因为它们是基于标准化的单位,因此在程度上与差别无关。

图2.8显示,除了1880年外南梦的每单位耕地家畜数量比其他任何驻扎区都高很多之外,这两年每单位耕地的家畜数量相对比较规则地分布。然而,应当注意的是,在外南梦,只有总表面积的5%是由耕地构成,人口密度极低。遗憾的是,这个驻扎区没有1920年的信息可用(它被并入了伯苏基)。

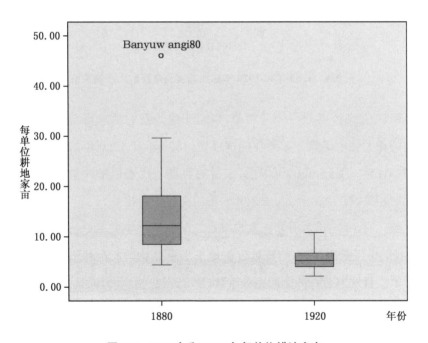

图2.8 1880年和1920年每单位耕地家畜

1880年和1920年每单位土地的家畜数量有很大的相关性($R=0.76$),即使这两年只有13个驻扎区的信息都可用。正如图2.9所示,各驻扎区在不同时间关于家畜的相对位置并没有太大的改变。

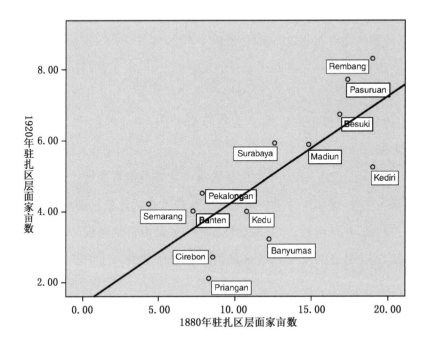

图 2.9　1880 年和 1920 年驻扎区层面家畜数之间的关系

　　外南梦在 1880 年是一个异常值，以至于应当把它从家畜与稻米这两个变量之间的相关性中排除。如果我们这样做，1880 年和 1920 年的数据便显示了总体的一致性。据此，我们可以说，家畜的数量与代表稻米产量和稻米土地的变量反向相关，在 1920 年，与玉米和木薯的产量正向相关。

　　在此只对 1920 年木薯和玉米与家畜之间的统计学关系进行了研究。从表 2.6 中我们可以看出，家畜与每单位耕地玉米百分比的相关系数（$R=0.61$）以及与每单位耕地木薯百分比的相关系数（$R=0.44$）相当大，而且是正的，包括那些有很多玉米和木薯也有大量家畜的驻扎区。

表 2. 6　　　　　　　　　　驻扎区层面每单位家畜与其他变量的相关性[*]

变　量	驻扎区		
	1880 年(N＝19)	1880 年(N＝18 不含外南梦)	1920 年(N＝17)
	R	R	R
人均水稻	0.24	−0.34	−0.70
人均稻田	0.02	−0.35	−0.38
每单位耕地稻田	−0.14	−0.32	−0.31
每单位耕地玉米(％)	—	—	0.61
每单位耕地木薯(％)	—	—	0.44

注:＊表示 1880 年和 1920 年的数据有 13 个驻扎区是共同的。

1920 年日惹的情况有点不同于其他驻扎区,因为它有相对较大数量的家畜,在木薯产量上得分也很高,但就玉米而言则是中低水平。日惹还生产很多甘蔗,大量家畜的存在可能对此做出了贡献,并反过来刺激了家畜饲养。

彼得・布姆加尔德

彼得・M. 克罗宁伯格

第三章

吃好的愿望：
18世纪中国的稻米和市场

　　1653 年，61 岁的杭州学者和历史学家谈迁完成了他的 108 卷明代编年史，实现了他探访北京城的梦想。1421 年帝国首都由明代的永乐皇帝建成，1644 年被清朝继承，这是一座历史记忆的宝库，也是一些著名珍本图书收藏家的大本营，谈迁想象探访这座城市已经四十二年，那时候他已经开始撰写他的明代历史。当他的同乡、朝廷官员朱之锡邀请谈迁担任他的秘书时，谈迁欣然接受了邀请。[1]

　　从华中到华北，两个月的行程并没有减弱他的热情；到达北京后，谈迁拜访了一些藏书家，访谈了前明朝的一些贵族、官员和太监，探索了北京城和周边地区，他常常徒步，为的是近距离地亲眼看看这个地方及其人民；每当他观察到有趣的事物，哪怕只是一段颓壁残垣，他都要记下来。[2] 他一直步行，直至双脚肿胀，满脚水疱，而且他经常迷路，但他在北京所表现出来的对历史的激情并没有被这些困难所扑灭。[3] 他有些想家，想念米饭。

　　谈迁不喜欢北京尘土弥漫的干燥气候。在一封写给朋友的信中，谈迁抱怨他的鼻子和嘴巴里总是塞满尘土。[4] 但他最麻烦的问题是食品。在杭州，米饭是主食，但华北的主要作物是小麦、粟米和高粱。谈迁看到零零星星的稻田分布在北京城市地区的周围，但稻米的价格两倍于南方。午餐和晚餐，北方人吃用磨碎的小麦、粟米、荞麦和大豆做成的炊饼。除非有客人来，他们平时不做

<hr>

[1]　Wu 1960,2—4.

[2]　Wu 1960,5.

[3]　几年后，他出版了一本名叫《北游录》的书，朱之锡为之作序，他注意到谈迁走路太多，脚都长水疱了。

[4]　Wu 1960,6.

米饭。[1] 由于价格昂贵,他们只购买少量的稻米。谈迁没有办法克服他的思乡病,1656 年获准返回杭州。

谈迁的故事证明,稻米在中国北方并非一直是主食。事实上,它只是在最近几十年里才成为主食,推测起来,大概是由于东北各省分布广泛的水稻种植,加上国家补贴的政策,特别是铁路运输上的补贴。但即使是在 20 世纪上半叶,稻米也只有在中国南方才是主食。1928 年至 1937 年间,卜凯(John Lossing Buck)和他在金陵大学的学生研究了 22 个省的 168 个地区的农地使用问题。基于他们的数据,卜凯把中国分为北方小麦区和南方稻米区。[2]

在稻米区,耕作模式由于气候、土壤及其他物理因素的不同而千差万别。例如,在长江下游的北方地区,农民种植一季小麦和一季稻米;而在南方地区,两季作物是稻米和茶叶。在更远的南方,农民一年可以种植两季稻米。[3]

很多学者把中国的人口增长与水稻种植联系起来。例如,何炳棣认为,早熟占城稻的引入引发了一场农业革命,导致 1000—1850 年间的人口增长。他指出,占城稻(60～100 天成熟,不像 150 天成熟的本地品种)让两季作物成为可能,因此增加了粮食供给,确保了人口增长。据何炳棣说,早熟稻和两季作物的传播必然是一个缓慢的过程。直至南宋(1127—1279)末年,早熟品种只在浙江、江苏南部、福建和江西增长到了颇为可观的程度。在元代(1279—1368)和明代(1368—1644),早熟稻的种植在东南各省以及湖北和湖南变得普遍,打那之后,后两个省份成了中国的稻米主产地。到了利玛窦(Matteo Ricci)的时期,两季稻,有时候是三季稻种植在广东很常见。[4]

但是,不断增长的水稻种植未必引发人口增长。何炳棣人口研究的弱处就在于,他忽视了市场在粮食供给和需求中的作用。即便在晚清时期,中国也不是一个单一的经济单位。有些地区典型地消费更多的稻米,超过它们的产出,

---

[1] Tan 1960,314.
[2] Buck 1956,25,39,41. 参见该书中图 1.3.1。
[3] Buck 1956,27.
[4] Ho 1974,169—195.

而市场是确保它们能够从其他地区获得粮食供给的制度。新的早熟稻品种的成功开发和传播为中国的自给自足提供了语境，但推动这一发展的是一个平衡供给和需求的市场。

　　如果仔细调查市场，有一点就会变得很清楚：稻米消费基于人们的食物偏好，基于他们买得起什么。在本章，我要提出的第一个问题是："人们为什么吃米？"有一点倒是真的：在卜凯的稻米区，华中和华南的气候很适合种植水稻，但稻米并不是这些地方生长得很好的唯一主粮作物。那么，人们为什么选择吃稻米而不是其他主粮呢？我的第二个问题是："他们吃的是哪些种类的稻米？"回答这两个问题，能使得我们理解晚清中国远程稻米贸易的性质。

　　我将审视通过两条主要远程贸易通道——华中地区的长江（图3.1中的区域A）和华南地区的西江（图3.1中的区域B）——销售的不同种类的稻米，着眼于它们在市场上进展如何。这两个区域合起来构成了传统中国最重要的稻米消费区域。

两个宏观地区的稻米市场

　　在18世纪的中国，围绕北部的苏州和南部的广州分别形成了两个大的宏观地区性整合市场。（在苏州与广州之间，福建的泉州构成了第三个相对较小的市场；泉州可以从两个大市场输入稻米，但主要是从台湾进口稻米。）

　　在公元第一个千年，苏州城主要是低洼平原和沼泽。随后，1127年，当外国对华北的征服迫使大宋朝廷南迁杭州时，淮河便成了它在东部最终的北部边界，长江成了第二北部边界。由于漕粮不足以喂饱驻守淮河的士兵，大宋政府不得不从市场上购买稻米。都城杭州开始从邻近辖区输入稻米，尤其是从苏州。[1] 因此，苏州的农业发展是紧随政治事件之后。

――――――――――

　　[1] Shiba 1968,154—167.

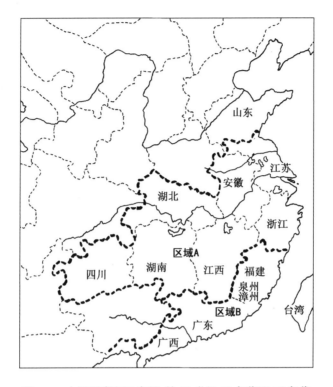

图 3.1　中国稻米区示意图,约 20 世纪 20 年代至 50 年代

　　出于同样的原因,在 13 世纪下半叶,当长江中下游盆地的小规模冲突使交通流中断时,长江流域的谷物贸易开始减少。1276 年,杭州落入蒙古侵略者之手,结果导致杭州城市人口下降,从而减少了它对远程谷物的需求。元代定都北京,离长江甚远;除了谷物贡赋之外,这两个地区之间的谷物贸易量极小。

　　16 世纪晚期,长江流域的谷物贸易得以复活,并且繁荣兴旺。由于商业的发展,长江三角洲本地谷物长期不足,需要从上游输入。这个远程谷物市场扩大到了包括来自江西、湖南和湖北的稻米。[1] 中心稻米市场至此成了苏州,它是一个商业中心,一个交易丝绸和茶叶的地方。苏州从长江上游输入谷物,从华北经由运河输入生棉,向四面八方——但主要是向北京及其他城市——输出制成品和奢侈品。来自邻近的徽州地区的商人得天独厚,有条件利用这一不断

──────────

〔1〕　Kawakatsu 1992,206—219.

增长的经济。他们大量客居苏州，沿着长江和大运河购买丝绸。他们还直接参与海外贸易。[1]

西江地区作为另一个大的整合稻米市场，有广东的广州市作为其分销中心。广东从福建、江西和湖南输入稻米，但大多数是经由西江从广西输入。像苏州一样，广州在 12 世纪是一个富饶多产的地区，它经由海路输出稻米到邻近各省，比如江苏、浙江和福建。但是，自 16 世纪以降，稻米供给量下降，广州城不得不从广西输入稻米。[2]

吃好的愿望

水稻种植需要大量的资本和劳动。稻谷生长在水中，农民不得不灌溉稻田以移栽稻谷，然后在收割稻谷之前排干稻田。降雨只能提供部分水；大多数农民只有辛苦劳作，才能让其稻田获得足够的产出。取水的最简单方法——用水桶从河里挑水——是缓慢而艰苦的工作。中式水车的发明把农民从这种艰苦劳作中解放了出来。[3] 灌溉甚至更有效率：农民们修筑水坝和水渠，引水入田，有时候打开沟渠或水坝的缺口，这样水就可以从一块稻田流向另一块稻田。但这些工具和工程项目涉及巨大的资本投入，即使农民负担得起成本，水稻种植也是劳动密集型的。特别是，把稻苗从苗床移栽到稻田里是一件十分吃力的脏活和累活。它意味着整天弯腰插秧，在灼热的太阳底下，把膝盖（还有肘部）浸泡在泥和水中。那么，面对这些困难，传统的中国人为什么还是选择栽种稻谷呢？

在 18 世纪，华中和华南广泛种植稻谷，并作为主粮被吃掉，但小麦、粟米、

[1] Marmé 2005, 38—39, 147, 197.

[2] Chen 1992, 18—19.

[3] Hammond 1961, 28, 41—43, 58. 龙尾是一个很长的水槽，有一连串的木板沿着一根转动的绳索或链子交叉安装。当它沿着水槽一块接一块地运转时，便把水带了上来。龙体是一个轮子，木板从轮子上翻过去，然后反方向折回。木板的移动是通过一个人踩踏固定在一侧的轮子。

燕麦、荞麦、山药和番薯也是如此。[1] 当代中国人把稻米归类为"主粮",而把其他主粮归类为"杂粮"。在华中地区,最常吃的杂粮是小麦、粟米、燕麦、荞麦和山药;在华南地区,番薯是最普遍的杂粮。

番薯,一种来自新大陆的作物,是穷人的活命作物。[2] 1749 年,署理江苏巡抚雅尔哈善写道:"闽省地瓜,贫民赖以接济者十之六七,每斛不过两三文。"(译者注:译文引自《清高宗实录》卷三三七。)两年后,福建巡抚潘思榘声称:"漳泉贫乏之户多以番薯为粮。故山地之种番薯者,居其六七。"(译者注:译文引自《潘思榘奏报地方情形折》。)1752 年,接任福州巡抚的陈弘谋在奏折中说:"正当番薯杂粮遍地丰熟,价贱耐饱,穷民乐于买食。"(译者注:译文引自《陈弘谋奏报办理赈灾情形折》。)[3] 在广东,情形是类似的。1752 年,广东巡抚的奏折强调在广东促进番薯种植的重要性:"广栽芋薯等杂粮,山海贫民大率俱籍以充食。"(译者注:译文引自《阿里衮奏报酌筹买补仓谷情形折》。)[4]

与此同时,清代中国人把番薯视为一种劣等食物,境况较好的家庭避免吃它。尽管食物偏好是一个复杂的主题,但邹簊生和比亚雷亚尔还是给出了这一嫌恶的某些理由。第一,吃番薯通常导致胃肠胀气。第二,番薯的高糖含量使血糖升高,使食欲降低,这对那些想同时吃其他食物的人来说是一个缺点。第三,番薯总是跟贫穷联系在一起。那些过去很穷后来不再穷的人很少吃番薯,因为番薯让他们想起过去的痛苦和艰难。[5] 厌恶番薯的第四个原因大概是社会地位的问题。贫穷与番薯之间的关联使番薯成为一种地位很低的食物,所

---

〔1〕 据 1729 年广东一位高官的报告,除了稻米、小麦和燕麦之外,广东农民还种植粟米、山药和荞麦。参见《雍正朝汉文朱批奏折汇编》第 15 卷第 119 页。

〔2〕 番薯起初是美洲的热带作物,在 16 世纪引入中国。据悉,一位福建商人在马尼拉购买美洲白银时发现了番薯,他认识到了种植热带抗旱植物的好处,而且它还是一种高产作物。一个福建官员在 1604 年写的一篇文章声称,早在十年前,本省的每个农民就种植番薯了。参见 Chen, Qianlong edition, vol. 4, 741—743。

〔3〕 《朱批奏折》卷五十六,第 1809—1815 页;台北故宫博物院编《宫中档乾隆朝奏折》卷一,第 743 页;卷四,第 182 页。还注意到福建省广泛的番薯消费的有 Wang 1986, 89。

〔4〕 《宫中档乾隆朝奏折》卷四,第 252 页。

〔5〕 Tsou and Villareal 1982, 37—42.

以,即使人们从未穷过,也不会考虑吃番薯,不管它的味道多么好。尽管"吃好"的观念意味着吃健康和美味的食物,但它还意味着吃地位高的食物。

在20世纪50年代"大跃进"时期,广东省政府鼓励栽种番薯,因为政府发现,生产350斤糙米的同样亩数的土地可以生产5 000斤番薯。这一政策推行的障碍在于对番薯的古老偏见。广东省南端雷州半岛的人甚至有一个说法:吃番薯让人变傻。他们用"大番薯"这个术语来指称一个无用之人。据署理广东巡抚说,这个"错误观念"在城里比在乡村更加根深蒂固,在乡下,番薯是一种主粮食物。[1]

在18世纪,稻米的价格比番薯高,凡是自然环境允许的地方,农民就种稻米。番薯种植在华南之所以成功,主要是因为它的栽种季节适合水稻种植的节奏:番薯在华南的亚热带寒冷季节生长得很好,在那里成了一种优良的冬季作物。[2]根块植物在华中温带地区不那么受欢迎,因为对这种作物来说冬天太冷;在温暖季节,大多数农民更愿意种稻米,而在冬天,他们则种植其他杂粮,像小麦和大麦,而不是番薯。[3]

珍贵的稻米

稻米在华中和华南是首选的主粮。1738年,当华中最富庶的地区江苏省南部作物歉收时,山东巡抚提出把山东的小麦和大豆以低价卖给江苏省政府。管辖江苏、江西和安徽的两江总督那苏图拒绝了这个建议,他说:"苏南人吃米,不吃杂粮。"[4]在一个月之后给皇帝的一份奏折中,那苏图补充道,山东的小麦和大豆只有在江苏省北部才能卖掉,那里的饮食习惯类似于山东。[5]尽管那苏

---

〔1〕 An 1958,10,13.
〔2〕 关于番薯的气温要求,参见 Cai and Yang 2004,22,24。
〔3〕 Buck 1956,69.
〔4〕《朱批奏折》卷五十四,第2351—2354页。
〔5〕《朱批奏折》卷五十四,第2423—2430页。

图的口吻显示了对苏南富裕生活方式一种势利的自豪——那里的人每天吃得起稻米,但也显示了他对在这一地区销售杂粮没有信心,即使在饥荒时期。

稻米品种主要有两个——粳米和籼米。根据煮熟米饭的黏性或淀粉含量来区分它们。粳稻需要年平均气温低于 16℃,主要生长在华北,现代日本稻以独一无二的黏性和质地为特征,是粳稻的后代。[1] 籼米需要年平均气温高于 17℃。它生长在华南和华中更温暖的气候中,由于所含的淀粉更少,因此黏性更低。

长江下游盆地太湖周围地区种植粳稻——来自华北地区的稻米。我们尚不清楚的是,这一地区(被称作江南)的人为什么开始种植并消费粳稻。例如,南京尽管是一座处在同一纬度的城市,却只种籼米。学者游修龄怀疑,江南直到南宋时期(1127—1279)才开始大规模种植粳稻,当时,北方贵族和富裕之家为逃离入侵的女真部落,纷纷移民江南。他们对粳米的渴望可以得到满足,因为华中地区的气候刚刚进入一个更冷的阶段,这是一个适合粳稻生长的阶段。[2] 由于这里的气候更冷,农民一年只能生产一季作物。

粳稻种植很少见,只见于长江三角洲。在 18 世纪,华中和华南都种植籼稻。籼稻有早稻和晚稻两个品种。[3] 在华中的长江盆地,种植季很短,所以农民只得选择种早稻或种晚稻,加上余下几个月里的非稻米作物。但在华南的广东和福建,农民大多在 3 月至 11 月间在水源充足的稻田里种植两季籼稻,加上冬天的一季番薯。[4]

华南和华中地区稻米消费的性质依据产出的不同而变化。稻米在华南一年种植两季。尽管"定居在山里和海边的穷人"依然依靠番薯作为生存食物,但很多家庭吃得起稻米,或稻米混合番薯。番薯在煮熟米饭中的分量取决于家庭的收入,取决于他们愿意每天在食物上花多少钱。相比之下,在长江流域像湖

---

[1] Ding 1983, 61; Ding 1957/1983, 29.

[2] You 1986, 80—82.

[3] Ding 1983, 78.

[4] Buck 1956, 69.

南和江西这样一些省份,农民每年只生产一季稻谷,米就更加珍贵了,因此,本地人可能消费更多的番薯或其他杂粮。

少量的粳稻产出——粳稻只在华中太湖周围地区种植——使得粳米更加珍贵,在江南导致一种特殊的储藏方法,称为"冬舂米"。在农历十二月,江南人收集他们收割的稻谷,去除谷壳,把稻米磨光至雪白,放入陶瓮中。然后加点水,密封并储藏在瓮中。两个多月之后,当水把稻米软化、稻米变成黄色时,就可以烹煮了。[1] 尽管现在再也没有人以这种方式储存稻米,但这种做法在晚清中国的江南十分常见,以确保人们一年到头有本地稻米可吃。它还使得老鼠和虫子吃不到储存的稻米。

18 世纪的学者沈赤然尽管是江南本地人,但批评他的邻居依赖粳米。据他说,尽管粳米的价格很高,供应有限,但是,像苏州、嘉兴和湖州这些地方的江南人认为籼米"不可食"。在他居住湖州府新市镇的十八年时间里,他发现,人们"相戒不食籼米"。尽管他竭力劝告他们改变吃米习惯,然而就像"在聋子面前击鼓"[2]。

在整个江南,粳米的价格一直很高。则松彰文(Akifumi Norimatsu)把它的价格归因于漫长的生长季和大量的水、肥料和劳动力的输入。[3] 除生产成本外,粳米的高价也是其有限供给的结果:农民通常只能一年种一季作物,而且由于要给北京运送贡米,因此甚至都不能让它们全都用于本地消费。[4] 对本地的粳米需求很大,但供给很小。

粳米的高价使得粳米消费在江南成为一个财富指标。1725 年农历七月,江苏巡抚在给雍正皇帝的奏折中指出:

――――――――――

〔1〕　Shen 1808/1986,3/15a。还可参见浙江嘉兴图书馆最近实施并通过互联网发布的一项题为"'家乡记忆'的口述史项目中关于'米饭'的访谈",http://www.jxlib.com/jiaxingzl/jxjy/wen/mf.htm[访问时间 2014 年 7 月 17 日]。

〔2〕　Shen 1808/1986,3/5a—b.

〔3〕　Norimatsu 1985,159.

〔4〕　北京朝廷为了支付城市地区官员和士兵的薪水,每年从江苏和浙江两省征收大约 240 万石粳米的赋税,经由大运河运到北京。参见 Cheung 2008,144 表 1.1 中的谷物贡赋的定额。

苏州城凡优裕之家皆食本地晚稻米。每石[本地粳米]价银一两
七钱至一两八钱不等。寻常之家皆食来自江西和湖广的客米,市价银
一两三钱二分至一两三钱八分不等。[1]

籼米是长江流域交易得最多的稻米。每年秋天,来自江西、湖南和湖北的
籼米用船装运到长江三角洲。从那里,舢板船经由大运河向南航行。在湖熟海
关缴纳贡赋之后,商人们在苏州城以西4公里处的枫桥镇卸下大量籼米。1743
年,江苏巡抚陈大受描述了岸上的场景:

苏州乃八方辐辏之地,其所费之米,大半依赖客商。是故枫桥两
岸,卸米下船,放入谷仓,每日皆有之。[2]

作为江南的籼米转运中心,枫桥镇极其繁荣,正是苏州及其他周边城市对
籼米的需求使得它如此繁荣。

就总和而言,籼米的种植和消费的背后,是18世纪华中地区长江流域远程
稻米贸易的繁荣发展。尽管粳米生长在长江三角洲或江南地区,但它价格昂
贵。那些吃得起稻米但吃不起本地粳米的人都吃从长江中游各省输入的籼米。
在下一节,我们将转向华南地区西江的稻米贸易,这个地区很少种植粳米。

西江上的籼米

广东省特别适合水稻种植,其海拔为500~1 000米,地形相对平坦。该省
最肥沃的地区是涵盖十个县的珠江三角洲。充足的水源是稻农的天赐之福,温
暖的气候也是如此。最冷的2月平均气温是14℃,最热的7月平均气温是
29℃。其湿度很高,降雨分布很均匀,年平均降雨量约为175厘米。[3]

---

[1] 中国第一历史档案馆,1989,vol. 5,496。也可参看 Norimatsu 1985,160。
[2] 《录副奏折》卷四十九,第2039页。
[3] Buck 1956. 82—83.

广东的大多数土地一年种三季作物——两季稻谷、一季杂粮。珠江三角洲的著名学者屈大均(1630—1696)在他的著作《广东新语》中指出,第一季作物(早稻)的收割在农历五六月,第二季作物(晚稻)在农历九十月。秋天稻谷收割之后,农民们在同一块田里种冬小麦。小麦在广东从未都不是日常食物;人们用小麦做成面条和馒头,但主要是作为待客的食物。而且,正如屈大均所指出的,广东种植的小麦远远劣于华中和华北的小麦,以至于有些农民冬天里让田地休耕,这让他们省去了给春天的稻谷施大量的粪肥。[1]

早稻和晚稻都是籼稻:早稻产量更高,但被认为性"热",而晚稻被认为性"凉",因此后者被认为更有益于健康,它应当被称为"嘉谷"。[2] 尽管传统中医的"凉""热"之说对于现代科学来说可能听上去有点古怪,但要点在于,广东人认为晚稻籼米比早稻籼米更有益健康,因此也更高级。(对不同季节稻米的消费偏好也出现在其他种植稻谷的社会。正如本书中劳伦·明斯基的研究所指出的,在旁遮普和孟加拉,秋季稻米比春季稻米更被看重,也更昂贵。)

即使种植两季稻米,广东还是要从相邻的广西输入大量的稻米,也是籼米,经由西江,先是到桂江和柳江交汇的梧州地区,然后到肇庆、佛山和广州等大城市。整个18世纪,西江上的稻米贸易在下半年很繁荣,这段时期涵盖了广西的早稻和晚稻的收割季。

尽管吃广西米,但广东人更喜欢本地籼米。广东巡抚鄂尔达在他1732年的奏折中提到了这一点:

> 每当广东[本地]米贵,来自广西的商人肯定能盈利。而当[本地]米价贱时,广东商民便憎恶广西米的微薄获利,广西米劣于广东的圆粒大米,[在这样的环境下],他们选择广东米,使得广西米滞销……因此,每当本地米在广东价贱时,广西商人就犹豫不前。[3]

---

〔1〕 Qu 1985,373—378.
〔2〕 Qu 1985,373. 屈大均声称,在广东,晚稻的产量只有早稻产量的2/3。参见 Qu 1985,374.
〔3〕 台北故宫博物院,1977—1979,vol.19,797。

换句话说,广西米在广东谷物市场上之所以占有一定的份额,并非由于它的高品质,而是由于它的低价格。当本地米的价格在广东暴跌时,正如1732年所发生的那样,来自广西的稻米贸易就立即停止了。

总之,西江远程稻米贸易的性质与长江远程贸易是一样的。长江三角洲和珠江三角洲都种植大量的稻米,它们产出的稻米适合本地人的口味。但由于本地米通常更昂贵,因此买不起的人就会吃从上游地区输入的稻米。最终促成了两条大河上繁荣兴旺的远程稻米贸易。

结语:前现代中国与世界的生产和消费

20世纪初,农业和经济被理解为两个分离的、互不关联的概念。农业被留在经济发展的讨论之外,即使没有一个人否认它的基本重要性。在中国,正如李丞浚在第三章所指出的,中华民国政府的政治家相信,国内粮食生产的不足,以及随之而来的自给自足的不足,对于处在敌对国际环境中的国家安全构成威胁。中国寻求农业改革,以喂饱它庞大的人口,并邀请像卜凯那样的外国专家来帮助他们开发高产量的稻米和小麦品种(参见本书第三章)。尽管民国政府,以及后来的共产党政府,都知道农业的重要性,但它们都把经济发展建立在工业,尤其是重工业发展的基础之上。农民似乎和现代化没有什么关系。

西奥多·舒尔茨(Theodore Schultz,1902—1998)做了大量的工作,试图把经济学引入农业研究。舒尔茨质疑这样一个指控——农民对市场活动一无所知:"无知意味着什么?人们无知并不意味着他们因此对边际成本和边际收益在分配由他们支配的生产要素上所设定的标准一点也不敏感。"他认为,在世界上的每个国家,即使是那些被西方认为落后的国家,农民也是根据市场来种植作物。在危地马拉的帕纳哈切尔,社会并不是作为一个孤立的生存经济体而运转,而是紧密地与更大的市场经济体整合在一起。人们明显苦干、节俭,在销售作物、出租土地和为了消费和生产而购买东西方面,都很精明。在美国,土著美

国人根据雇佣劳动来计算他们为销售或为家庭消费而生产作物所付出劳动的
价值。他们出租和抵押地块,着眼于回报来购买少量的生产资料。他们的所有
生意,很多是以现金经济为特征,被组织在作为消费单位和生产单位的家庭中,
有着已经得到有力发展的、往往是完全竞争性的市场。同样,在 20 世纪 20 年
代和 30 年代的旁遮普地区,为了适应市场的变化[1],棉农调整生产所花时间
与美国棉农大致一样多。

　　1932 年,理查德・亨利・陶尼(Richard Henry Tawney)把中国添加到农业
经济的讨论中,他认为,中国人的村庄也不是自给自足的单位。例如,在山东省
的一个地区,尽管农民吃他们自己种的高粱,但他们通常出口 50% 的小麦,而在
四川省的成都市,经济压力迫使农民收割之后立即卖掉他们的大部分作物。因
此,陶尼得出结论,中国的农业耕作不是为了生存,而是与市场相协调。不仅像
棉花、茶叶、烟草和蚕丝这样的商品作物,而且有粮食作物,在很大程度上都是
为了销售而生产的。利用卜凯关于 2 866 个农场的数据,陶尼进一步提出,超过
1/3 的稻米,大约一半的小麦、大豆和豌豆,2/3 的大麦,以及 3/4 的芝麻和蔬
菜,是为了市场而生产的。在卜凯的研究中,农民把农场 53% 的总产出给卖掉
了。[2]

　　罗友枝(Evelyn Rawski)指出,早在一千年前,市场条件甚至就影响了农民
决定种什么。早熟稻或占城稻在 11 世纪引入中国改变了水稻种植的性质,使
得像福建这样的南方省能够双作种植。占城稻还有抗旱的品质,这使得它能够
生长在更贫瘠的土壤里。尽管苏州农民继续专门种植更古老的粳稻——它被
认为优于占城稻,并且继续在附近的城市里销售,但他们在市场上购买占城稻,
向政府缴纳税米。结果,大宋朝廷也歧视占城稻。朝廷下令,长江三角洲必须
用粳米缴纳租税,如果改用占城稻缴纳,就加征 10% 的额外费用。[3]

　　自 1500 年以降,由于海上贸易的增长,中国的稻米生产增加了。16 世纪

　　[1]　Schultz 1964,34—35,42—44,49—50.
　　[2]　Tawney 1966,54—55.
　　[3]　Rawski 1972,40—41,52.

初,日本发现银矿从而吸引了贸易,装载丝绸和瓷器的舢板船从华中和华南沿海地区涌向长崎去交易银锭。紧跟着突然繁荣的白银贸易——伴随着日本和中国海盗对东南沿海地区的大量劫掠——之后,明朝政府把所有私营的外国海上贸易都作为海盗行为予以禁止。朝廷的禁令对终结白银贸易不起任何作用,只不过吸引了葡萄牙商人,他们在1511年殖民马六甲,来到澳门充当中国和日本之间的中间商。1565年,西班牙商人占领了马尼拉,并立即把这个港口用作商业基地,销售他们来自新大陆的白银。到18世纪,丝绸和瓷器的海上贸易减少了,但东南沿海各省的贸易依然有利可图,出口茶叶给英国东印度公司,以换取新大陆的白银。海上贸易的繁荣提高了东南沿海各省的生活水平,使得更多的人能够把他们的日常食物从杂粮改为稻米,因此增加了这些地区的稻米需求。

中国增加了的稻米需求与世界上其他地方稻米生产的发展相平行,正如本书中其他历史学家所指出的那样。在湄公河三角洲,越南人在17世纪头十年的后期从北往南,靠武力占领了高棉人社群继承了几百年的土地。自公元800年高棉帝国时代以来,高棉人就在湄公河三角洲种植水稻。他们在冲积平原上修筑堤坝以储存水,进行洪水减退种植,在洪水退去之后种植一季稻谷。越南人改进了灌溉体系,引入了更好的稻种,开垦了新的土地,修造了运河把水稻农场与集市连接起来。很多高棉人没有适应这些改变,他们撤退到与世隔绝的山坡上,在那里继续过一种游牧生活,吃野稻,捕鱼,收集像蜂蜜和蜂蜡这样的森林产品(参见本书第五章)。

在西非,海上贸易使稻米在上几内亚沿海一些新港口成了一种重要的销售商品。到17世纪末,水稻种植的双作体系已经在那里牢固确立(参见本书第七章)。大约在同一时期,紧接着非洲奴隶贸易之后,卡罗来纳及北美其他东南部地区发展出了水稻种植,埃达·菲尔兹-布莱克和彼得·科克拉尼斯将会深入讨论这个问题,审视知识转移的主题。

凡是水稻种植高度商品化的地方,农民就会进行多样化种植,以满足不同消费者的口味。例如,孟加拉农民种植夏稻(aus)或冬稻(boro)作为他们的春季作物，而种植秋稻（aman）作为秋季作物。不像珍贵而畅销的晚季秋稻，夏稻和冬稻都是低品质谷物，被佃农和无土地的劳工阶级所购买，他们买不起秋稻（参见本书第十一章）。正如本章所述，在中国，消费者则在五花八门的稻米品种中选择。长江三角洲的市场销售本地粳米，从长江上游流域进口籼米，而粳米是更受青睐、通常也更昂贵的稻米。即使在华南地区没有粳米可售的时候，市场也会提供至少 4 种不同类型的籼米：本地晚稻、本地早稻、广西晚稻和广西早稻。在这些品种中，广东晚稻籼米是广东本地人最喜爱的谷物，而且价格最昂贵；广西早稻籼米作为一种劣质谷物，价格最便宜。

在本章所讨论的前现代世界，稻米主要通过舢板船运输，它们沿着内陆河或在相邻的海岸城市之间航行。全球稻米贸易很少见。在中国，尽管东南沿海的福建省从其他东南亚国家进口稻米（主要是从暹罗进口，有时候高达每年100 000 石[1][2]），但这不是常规惯例。[3]

稻米贸易直至 19 世纪才真正成为全球性的贸易。例如，暹罗和越南种植的籼米在 19 世纪晚期主宰了珠江三角洲的广州市场，后来又在 20 世纪初主宰了长江三角洲的上海市场。蒸汽船的出现降低了国家之间运输稻米的成本，这肯定是稻米贸易全球化的一个主要原因，来自不同国家的稻米的国际市场价格的差别则是另一个原因。[4]

张瑞威

---

〔1〕 “石”是一种体积度量，等于 103.55 升。Chuan and Kraus 1975，79－98.

〔2〕 据清政府档案记载，从东南亚国家进口到福建省的稻米在 1752 年大约是 90 000 石，1754 年是 80 000 石，1755 年是 123 000 石，1756 年是 92 000 石。Wang 1986，92.

〔3〕 一位官员 1756 年的报告声称，东南亚稻米进口在 1754 年至 1758 年间特别多，每年从 90 000至 120,000 石不等；但 1758 年之后急剧减少，到 1765 年，这个数量已经微不足道。这份报告给出了减少的两个理由。首先，东南亚的稻米歉收导致价格更高。其次，福建商人为了获得功名（并提升他们的社会地位）而从国外进口谷物；一旦被授予功名，商人们就没有多少动力继续做贸易。台北故宫博物院，1982－1989，vol. 25，812－814.

〔4〕 Faure 1989，117－132.

第四章

稻米与航海现代性：
现代中国与南中国海的稻米贸易

在中国历史上，稻米有着双重的意义，既有农业意义，又有商业意义。从中国文明的开端起，水稻种植就代表了中国农业的基础，仅仅因为稻米是大多数中国人口的主粮。无论是帝国政府，还是个体农民，都非常关注水稻种植的技术改进，比如引入高产品种，开发种植工具，改进灌溉体系。帝国政府持续不断地努力编纂和出版农业教科书，就很好地说明了中国精英多么热衷于改进农业生产。[1] 与此同时，稻米及其他谷物贸易的商品化导致晚清中国前所未有的繁荣。早在明清过渡时期(1600 年代初)，农民就能在市场上购买稻米及其他谷物，而不只是为了自己消费而生产稻米。[2]

然而，在 20 世纪初，中国的精英相信，中国的粮食问题对国家向着现代国家地位进步是一个威胁，因为，不能确保国家粮食自足在敌对的国际环境下将会威胁到国家安全。20 世纪中国所面临的粮食问题不仅仅意味着稻米短缺，不如说该问题源自稻米消费的二分模式。在南方沿海城市，大量的进口外国稻米(东南亚稻米品种)被广泛消费，因为它们品质更好，价格更低，而乡村则饱受家庭作物贬值之苦。外国米商有各种营销的优势，包括把沿海港口城市与东南亚转口港连接起来的蛛网般的商业网络、先进的硬件设施，以及范围广泛的稻米品种。尤其是，这些商人有自己的实践知识，他们能够辨别各种稻米品种的品质，无论是本地米还是外国米。这一本地技术是外国米商生意成功的基础，仅仅因为消费者满意度深刻地决定了稻米的市场价格。

---

〔1〕 Bray 2008,319—344.
〔2〕 Chuan and Kraus 1975；Rawski 1972.

本章将探索围绕现代中国政府与在整个南中国海控制着传统稻米贸易的广州米商之间两种不同形式的知识所展开的政治竞争。把粮食安全视为政府的核心任务并非中国所独有。为了解决粮食问题，现代中国政府设计并实施了一系列新的经济政策，而这些政策很多国家通常是在20世纪初执行的，包括引入保护性关税，修建铁路，开发新的稻米育种技术，以及设计新的日常饮食建议。然而，国民党政权及其技术精英干脆无视米商们从其商业经验中得来的实践知识，而这些知识对于满足消费者对某些品质的稻米的需求是必不可少的。在国民党精英看来，他们的商业惯例所意味的不过是陈旧过时的东西，必须在国民党技术专家提供的、在科学上被证明了的指导下予以根除。中央农业实验所在中央政府的全力支持下领头开展育种实验。那些在国外的大学里学习新的植物遗传学并得到中央农业实验所支持的农业专家们把每一个稻米品种当作科学对象来处理。他们坚信，通过农业科学而实现的不断增长的农业生产力将是解决中国粮食问题的最好办法。相比之下，那些把每个稻米品种当作商品来对待的米商发展出了他们自己对稻米的理解，他们是通过日常的商业经验得来的。特别是，控制着南中国海稻米交易的广州米商有大量的机会熟悉不同的稻米品种及其五花八门的市场价值。他们有时候让自己习惯于某个给定的本地稻米市场上深受欢迎的稻米品种。而另一些时候，他们充分利用多个民族在整个中国和东南亚沿海地区最大化经济机会，最小化商业风险。[1]

最近的学术研究开始质疑西方科学技术不加批评地宣称的普遍品种。通过凸显稻米经济的"本土"维度，白馥兰宣称，水稻种植是一个"技能导向"的农业体系，以区别西方"机器导向"的农业体系。朱迪思·卡尼揭示了西非稻米文化对南北美洲水稻种植所做出的重要贡献。[2] 然而，很少有人超越水稻种植的生产方面。对整个农业体系的更好理解应当涵盖谷物流通从生产者到消费者的完整过程。商业方面很重要，因为它把乡村地区的农业生产者与城市里的

---

[1] Lin 2001,985—1009.
[2] Bray 1986；Carney 2001.

食品消费者关联起来。米商与中国农业专家满腔热情地从西方输入的现代农业科学的有效性毫无关系。然而，他们对自己的知识体系的多功能性却很敏锐——他们通过自己的商业经验使其实践知识更加精密。通过把米商所利用的"本土"技术的商业方面与中央农业实验所并列在一起，本章说明了两者在理解稻米品种的方式上存在一段不可估量的距离。

中华民国与对稻米的认知

众所周知，当国民党失去了农民的思维和精神时，也就为中国共产党在长达几十年的政治竞争中的最终胜利铺平了道路。然而，这并不是说，国民党党员忽视农业问题或者只保护地主的利益。事实上，民族主义者对改善农村问题所花费的精力不比共产主义者少。唯一的区别在于，国民党较少把重点放在"富人"与"穷人"之间的阶级关系上，而更多地放在总体农业生产力的问题上。民族主义者的理解是，他们对共产主义者的政治胜利将取决于他们是否能改进整体的中国农业。对农业问题的关切，特别是对科学更新耕作方法的强调，可以追溯到20世纪20年代，当时，国民党的奠基人孙中山起草了国民党的根本原则——"三民主义"。孙中山呼吁把科学改进计划作为改善乡村地区艰苦的农民生活的垫脚石。尽管孙中山把马克思主义的视角吸收到了他对乡村中国贫困的理解中，正如白吉尔（Marie-Claire Bergère）所指出的那样，但孙中山把更大的希望寄予通过"技术现代化"来增加产出，而不是在政治上"对耕者重新分配土地"。[1]

国民党在南京建立的新"民族主义政府"，以及接下来十年（1927—1937）相对比较太平的岁月，使得孙中山渴望科学农业重建的志向更加容易达成。国民

---

[1] 孙中山以他的"民生主义"最直接地致力于农村问题，这是他的一般论证中最"左倾"的，同时也是最有歧义的部分。Bergère 1994，388.

党在巩固了它对上海和长江下游地区关键经济区域的控制权之后,便着手加速推行其前瞻性的农业改良观念。例如,1931 年,政府发起成立了全国经济委员会,以监管"所有公共融资的经济发展项目"。农业处,以及灌溉处、运输处和卫生处,是处理那些需要巨大金融支持的迫切问题的最早的四个部门之一。[1]紧接着国际上承认蒋介石政权之后,相对友好的国际环境也有助于加速实施政府雄心勃勃的农业改革计划。国际联盟秘书处卫生部门主管路德维希·莱赫曼(Ludwig Rajchman)博士率领的联盟技术顾问团不遗余力地帮助他们在农业处里的中国同行。随着康奈尔大学-金陵大学计划(康奈尔最早的国际合作计划)的实施,金陵大学农林学院在中国农业教育和实验计划上取得了领导地位。[2]

稻米与国家安全

对于那些首要目的是不惜代价地执行孙中山遗嘱的国民党党员来说,推进中国农业比改善贫穷农民的生计更有意义。要想建设一个强大的国家,或者至少是要想在敌对国际环境下作为一个国家生存下来,最迫切的莫过于实现国家粮食供给自足。日本对满洲的入侵(1931 年)和次年满洲国的建立,以及东北地区持续不断的军事挑衅,激怒了中国公众。很多国民党党员开始认识到,与日本军队交锋是不可避免的,而且是在前所未有的程度上,尽管他们顺从地遵循蒋介石的绥靖政策。由于认识到了欧洲第一次世界大战期间(1914—1918)战时供应的重要性,国民党宣称中国需要新的科学计划来改进农业生产力。

党的统治精英对国家粮食安全的关切可以追溯到它的开端。正是国民党的奠基人孙中山本人第一个吸引人们关注国家粮食供给的问题,他宣称,保护

---

〔1〕 农业处牵头实施了很多农村复兴公共计划。在早年,农业处把它的努力集中在通过乡村合作改进农业金融以及养蚕和棉花工业的技术改进上。Zhao 1970,43;Kirby 2000,143-144.

〔2〕 Stross 1986,ch.6.

粮食供给是国家革命当中的典型任务。在他论述"民生原则"的第三次演讲中,孙中山宣称,"吃饭问题是关系国家之生死存亡的"。在第一次世界大战之前,像很多国家的政治家一样,孙中山也从未认真考量国家粮食供给的问题。然而,试着理解战争后果之后,孙中山认识到了粮食和国家安全的重要性。最紧迫的问题莫过于"尽管有着优势的军事力量,德国为什么还是输掉了这场战争"。孙中山得出结论,一旦协约国封锁德国的海港,"德国人就再也不能让他们的士兵和平民吃饱,因为德国在战前没有实现粮食供给的自足"[1]。不消说,孙中山的警告在 20 世纪 30 年代的国民党党员中产生了共鸣。如果日本像协约国在第一次世界大战期间所做的那样封锁中国的海港并切断粮食供给的通道,那会怎样?

　　让中国公众更感惊慌的是,像德国一样,全国人口的粮食供给的重要部分严重依赖对外贸易。[2]几乎所有统计研究结果都毫不含糊地表明,自 1911 年中华民国建立以来,除了一两年之外,中国进口了巨量的外国稻米。外国稻米进口是比小麦进口更加严重的问题。令人惊讶的是,外国稻米的进口量是如此巨大,以至于中国总的贸易不平衡在很大程度上是源于稻米贸易。[3]绝大多数进口稻米是在东南沿海城市被消费的。特别是,最南端的中心城市广州是最大的外国稻米进口城市。广东省受稻米短缺的影响最大。据《中国农业之改进》所述,"在净输入稻米中,广东所得超过 2/3"。国民党得出结论,"只要解决了广东的粮食供给问题,就意味着解决了全国问题的一半"[4]。国家稻米供给的问题不仅让政府官员深感担忧,而且在全国各地吸引了广泛的关注。从 1932 年至 1936 年大约 4 年的时间里,在杂志和学术期刊上发表了超过 250 篇讨论

　　〔1〕 这篇演说发表于 1924 年 8 月 17 日。Sun Wen 1957,vol. 1,216—227.

　　〔2〕 20 世纪 20 年代晚期,通过不同层面的地方政府的统计部门和非政府研究机构支持的统计学研究所得出的量化有明显的学术倾向。通过量化来实现的数字表示普遍被认为是理解中国所面对的社会问题最好的和最客观的方式。Lee 2011,126—127.

　　〔3〕 行政院农村复兴委员会,1934;Chang 1931,27.

　　〔4〕 例如,1919 年,在中国 180 万担净稻米进口中,广东得到了 160 万担。1921 年,仅广东就有 170 万担,而全国净进口是 220 万担。行政院农村复兴委员会,1934,53。

中国的粮食问题的文章。[1]

中央农业实验所

在政府关切与公众关注的交汇处,是中央农业实验所的建立。在民国政府就职的那一年,在农矿部举行的一次全国协商会上,出席会议的所有农业专家——他们大多在国外接受训练——一致同意中国需要一个全国性的研究机构,专门致力于农业各个领域的科学研究。不久之后,14个农业专家,包括领导康奈尔-金陵农业改进计划的卜凯和哈里斯·H.洛夫(Harris H. Love),应邀组织筹备委员会。如果说中央研究院是在一般人文学科和纯科学领域由政府提供充分支持的唯一学术机构的话,那么,中央农业实验所则是国家最关心满足国民迫切需要——农村复兴和国家粮食供给自足——的学术机构。迅速的制度发展引人注目。实验所邀请了诸如兽医学、土壤学、园艺学、养蚕和农业经济学等领域的技术专家。[2] 招募各种不同农业科学领域的才智之士并不困难。中国学生在国外攻读农学领域可以追溯到清朝的最后十年。例如,唐有恒于1904—1908年间在康奈尔大学的农林学院学习,后来负责广东农林试验场。[3]

尽管有政治上的紧迫要务,国民党当局还是确保了农业实验所的专业性。成立不久之后,雄心勃勃的新任实业部长陈公博自任实验所所长。他发誓要在他的任期结束之前解决国家粮食自足问题。[4] 然而,实质性的经营权交给了

---

〔1〕 《最近四年间食粮问题文献目录》,1936,267—278。

〔2〕 在研究所1932年的研究活动正式开始之前,国民党的著名党员戴季陶建议把该所的名字从"研究所"改为"实验所",以便更好地契合国民党的导向,这一导向强调"实践",而非"学术研究"。Shen 1984,part. 2,40—41。

〔3〕 广东省中山图书馆,1992,418。

〔4〕 Chen 1936,193.

农业专家。例如，新任副所长钱天鹤是中央研究院自然历史博物馆前馆长。[1] 对实验所及其实验计划的国际支持也十分有利。总技师负责监管分支部门的所有实际运转，这个新职位给了哈里斯·H. 洛夫，他是康奈尔-金陵农业科学合作计划的领军人物。卜凯（赛珍珠的丈夫）从一开始就是常设顾问委员会的委员。在他们的指导下，实验所还组织了各个部门专攻园艺学、土壤学、开发化肥和杀虫剂、林学、兽医学、养蚕和农业经济学。实验所的首要目标是开发高产稻米和小麦品种，以补充国家粮食供给的不足。为了改进稻米生产这项专门的任务，当局建立了水稻和小麦改良中心，作为实验所的分支机构。分配给改良中心的预算总额和分配给实验所其他任务的金额是一样的。[2]

　　然而，这并不意味着新的研究中心是为了满足政治需要而建立的。很多农业科学家同意，最高优先权应当放在植物育种计划上。从农学家的观点看，实验所是提供在中国科学实施最大胆实验项目的机会的唯一地方。当时蒋介石的民族主义政府被认为是务实的政府，它在 20 世纪 30 年代初把孙中山没有实现的目标付诸实践。很多中国科学家相信，科学和技术项目将得到国家的支持，反过来，其结果将帮助中国辛苦费力地过渡到现代国家。[3] 多亏了这种类型的学术环境以及当局近乎无条件的支持，实验所能够雇用农业领域的杰出学者。

水稻专家

　　没有比赵连芳和沈宗瀚更适合中心领导职位的候选人了，他们两个都是最著名的植物育种专家。赵连芳被称为水稻专家，因为他于 1926 年在威斯康星大学的学位论文论述的是水稻遗传工程，而康奈尔大学毕业的沈宗瀚专攻小麦

---

〔1〕　Shen 1984,part.2,41.
〔2〕　Shen 1984,part.2,41—42;Li 2006,113—114.
〔3〕　关于中国科学家对中华民国政府的态度，参见 Wang 2002,291—322。

育种。[1] 1935 年,赵连芳和沈宗瀚各自起草了"全国稻米自给计划"和"全国小麦自给计划"。[2] 甚至在加入改良中心之前,他们就因育种技术而闻名,特别是高产作物的育种。赵连芳从美国回来之后第一次实际应用他的知识是在广西省。当他在 1928 年应邀担任广西省农务局总技师时,他不得不面对之前从未驯化过的野稻品种。当地老百姓告诉他,广西野稻即使在去壳之后(每个米粒的)表面上也有红色斑点,使得本地消费者不吃这些野稻。用机器磨进行磨光可以消除斑点,尽管这个过程往往碾碎米粒的很大一部分。然而,它的成熟周期比常规白米短,因此可以用于双作。毫不犹豫,赵连芳立即忙于对这些稻米进行几次杂交育种。他最终创造了一个新的杂交水稻品种,维持了更高的产量,完全没有斑点。[3] 不久之后,由于省当局和中央政府之间持续的政治紧张没有提供有利的研究环境,他只得离开广西省的职位。然而,他毫不费力地找到了一个更好的学术位置。他应邀加入南京的国立中央大学农学院,在那里当了六年教授,直至 1934 年他再次应召担任全国经济委员会农业处处长。[4] 奠定赵连芳成功基础的是他的水稻育种。例如,一个名叫 258 号的水稻新品种是赵连芳和他的研究团队在中央大学培育出来的,被证明将产量提高了 15%～29%。[5]

提高生产力对沈宗瀚同样重要,他是植物遗传学的专家,特别是小麦育种。沈宗瀚是"康奈尔-金陵植物改良计划"的领军人物,这项计划得到了大学最大的财务支持,因为它从中国国际饥荒救济委员会获得了外部的经费来源。康奈尔大学对金陵大学的影响是明显的。例如,农林学院是按照康奈尔大学农林学院的模子打造的。从 1926 年起,金陵大学的育种方法仿照康奈尔大学农学家

---

[1] 赵连芳被任命为稻米改良团队的领导,沈宗瀚被任命为小麦改良团队的领导。Zhao 1970,21—25. Shen 1984,part. 1,81—83.

[2] Chen 1936,193.

[3] Zhao 1970,37.

[4] Zhao 1970,41.

[5] 在长江中下游六个不同地区进行三年实验栽培之后,进一步证实了这一生产力。

哈里·豪塞尔·洛夫所提倡的方法。[1] 康奈尔大学毕业的沈宗瀚是农林学院一个有声望的中国教员。例如，他发表文章的数量在《中国农业科学学会杂志》(*Journal of the Chinese Agricultural Science Society*)的历史上位列所有作者的前 20%。[2] 他还是植物育种的一个强有力的提倡者。有一段著名的插曲关乎沈宗瀚从根本上彻底修改燕京大学在华北的新农村改革计划。1930 年，燕京大学从中国国际饥荒救济委员会获得了 25 万美元的财务支持。当应邀审阅计划初稿时，沈宗瀚严厉批评它缺乏植物育种的详细计划。[3] 沈宗瀚强烈主张，只有科学植物育种才能改进农业生产，这是解决中国农业问题的最佳途径。赋予沈宗瀚权威的是他在小麦育种上的科学成就。例如，沈宗瀚在金陵大学培育的某些小麦品种在 1933 年提高了 32% 的产量。[4]

　　赵连芳和沈宗瀚都相信，来自中央权力部门实质性的财务支持将使得追求大胆的作物育种计划成为可能。例如，沈宗瀚后来回忆，1934 年夏天接受中央农业实验所的职位是他毕生最艰难的选择之一，因为这需要他离开金陵大学，他在那里可以和来自康奈尔大学的从前的同事和老师一起进行他的研究。沈宗瀚担心在政府资助的机构中他的学术生活会遭遇政治干涉。此外，他是农林学院薪水最高的教员，仅次于院长。[5] 然而，从长远来看，他坚信中央政府支持的公共研究机构将导致整体中国农业复兴。[6] 同样，赵连芳对稻米改进计划的热情非常强烈，以至于他经常在所长办公室里引发争论。例如，在实验所创立的那一年，赵连芳申请相当于 100 万元的研究经费，遭到所长谢家声和副所长钱天鹤的拒绝，赵连芳哀叹，他们没有"农业改进"的经验，太过胆小，理解不了他视野的宏大。尽管在预算上有这样的小麻烦，但赵连芳及其实验团队设

[1]　Shen 1984,part. 2,17,27.

[2]　Yang Jun 2008,23—29.

[3]　最初的计划建议改良畜牧业以及紧随其后的牛奶生产。它还呼吁用于商业价值更高的水果种植。Shen 1984,25—26。

[4]　这个品种被命名为"金大 2905 号"。Shen 1984,14—15。

[5]　据他的回忆录说，农林学院通常的加薪是每年 10 元，但沈宗瀚第一年（1927 年）的薪水是 170元，第五年是 270 元。Shen 1984,part. 2,28。

[6]　Shen 1984,part. 2,43。

计的水稻改进计划受到欢呼喝彩，被很多行省当局所采用。例如，在湖南省，省水稻改进委员会超过一半的成员是赵连芳从前在中央大学的学生。[1]

不久之后，实验所在水稻研究上取得了很大的成就。为了实现全国"农业改进"，收集和分类地方稻米品种比其他任何事情更重要。在 1933 年至 1936 年间的三年里，实验所收集了来自 6 个省的 70 000 个样本稻米品种，官方认可 2 031 个品种做进一步的研究。为此，正如赵连芳坚持认为的那样，在省级层面上机构与农业专家合作是典型的。特别是，实验所的支持集中在湖南、安徽和江西三省，这三省稻米充足，其稻米生产足够支持其他省份。实验所培训水稻专家，然后把他们派到各个省去收集和分类本地品种。作为回报，他们在省级层面上的努力给实验所所追求的稻米品种标准化和育种计划提供了很好的样板。[2] 在鼓励与各省合作的同时，实验所领导了主要的育种计划。仅 1936 年，赵连芳和他的同事们就培育出了六个新的高产稻米品种。特别是，像中农 4 号和中农 34 号这样的新种子被证明有最高的生产力。[3] 在赵连芳 20 世纪 50 年代的回忆录中，实验所在其创立后的二十年里，包括 1949 年后在中国台湾的那几年，培育了不下于 70 个新的高产稻米品种。赵连芳还估计，在国民党逃到台湾之前，农民家庭采用和种植这些新稻米品种的稻田达到了中国总耕地的大约 5%。[4]

战争与农业科学

事实上，正是中日战争（1937—1945）的爆发加速了实验所的"全国稻米自足计划"。一旦战争爆发，中央当局便把粮食供给看作国防的根本，因为给前线

---

[1] Zhao 1970,53.

[2] Zhao 1970,55.

[3] "中农"是中央农业实验所的缩写。Zhao 1970,410；Li 2006,114.

[4] Zhao 1954,136.

供应充足的粮食和给后方维持最低数量的粮食将深刻决定现代战争的结果。在战争的头几个月里,实验所的实验室和试验田被日本的空中轰炸所摧毁。国民党政府把首都从南京撤退到四川省,在重庆新建立了战时首都,实验所也跟着在 1938 年初迁到了四川省首府成都。然而,撤退到内陆地区成了机构发展的转折点。实验所能够使其成员多样化,它雇用了有着不同的教育背景和地区背景的新职员。大多数职员毕业于或来自 18 个不同省市的农学院。随着战争的爆发,他们成群结队来到四川,重建实验所。[1] 如果说机构的重点战前是放在稻米育种实验上,那么战时优先考量的就是培训田间指导者,他们将被派往农村,教授农民新的种植技术,以及农艺学、兽医学、养蚕等基本知识。通过实验所实施的一年期田间指导者培训计划,每年有三四百名新的田间指导者接受培训并被派往国民党控制的五十多个县去传播新的农业知识。为此,到 1942年,实验所雇用了超过 1 000 个教学人员和研究人员。实验所当时获得的财务支持总计 1 500 元,包括来自中央权力部门的预算分配和银行投资。这几乎两倍于赵连芳在 1938 年战时计划开始的那一年请求政府拨给的数额。[2]

　　战争结束之后,中央农业实验所的农业专家们的任务戏剧性地改变了。当国民党在接下来的中国内战(1945—1949 年)中输给了中国共产党时,实验所也循着国民党的撤退路线逃到中国台湾。然而,冷战对抗之下,不断改变的国际环境需要中国水稻专家扮演新的角色。1943 年 4 月,一些关键的农业专家,包括赵连芳和沈宗瀚,应邀前往华盛顿特区,作为中国代表出席战后世界粮农会议。战争结束之后,这个会议发展成了联合国的粮农组织(FAO)。[3] 1955年,赵连芳被任命为粮农组织的"农业主任兼稻米生产专家"。他飞往粮农组织的总部罗马接受了任命书。然而,罗马并不是赵连芳的最终目的地。不久之后,他飞到伊拉克,帮助培训大约 30 个伊拉克农业专家以及他们为期三年的新水稻育种计划。1963 年,他接受多米尼加共和国的邀请,担任为期一年的农业

---

〔1〕 Zhao 1970,59—63.

〔2〕 Zhao,1970,59.

〔3〕 Shen 1984,141.

顾问。[1]

沈宗瀚 1949 年之后的事业生涯不同于赵连芳。在领导中国台湾的农业改良计划的同时,沈宗瀚忙于帮助邻国实施新的农业改良计划。整个 20 世纪 50 年代和 60 年代,沈宗瀚是菲律宾大学农学院的首席顾问。他还参与了国际水稻研究所(IRRI)的创建,那是一个专门致力于水稻研究的国际性非营利组织。[2] 最需要沈宗瀚知识和经验的地方莫过于越南了,那里的战争已经变得十分激烈。1959 年,沈宗瀚飞到南越,领导其农业专家团队向越南农民介绍新的高产稻米品种。在五年时间里,沈宗瀚的农业专家团队发展成中国台湾驻越南农业技术团,其农业专家的数量从 30 人增加到了 85 人。[3]

简言之,中国水稻专家所发挥的作用并没有随着国民党政权在中国大陆的垮台而告终,相反,他们继续帮助传播关于稻米的新知识。

南中国海的稻米贸易

然而,尽管在改进数量上取得了引人注目的成就,但农业改进计划并不像人们预期的那样迅速地改进谷物品质。事实上,中国稻米的"劣等品质"是民国时期(1911—1949 年至新中国成立前)纠正粮食贸易不平衡的最大障碍。稻米是一种商品,需要比工业产品更精细的质量控制过程,因为前者更容易"腐败"。欠发达的运输基础设施耽搁了谷物从农村运到城市。与此同时,管理不善的仓储体系导致谷物长时间暴露在户外,甚至还没有到达城市的市场就开始腐烂或受到昆虫的侵害。让事情变得更糟的是,城里的谷物批发商并不信任他们的农村同行。反过来,农村与城市之间的很多中间商往往在稻米里掺沙子或掺水,

---

〔1〕 Zhao 1970,418—422.

〔2〕 福特基金和洛克菲勒基金提供 700 万美元用于国际水稻研究所的创建。Cullather 2010,162. 关于沈宗瀚在菲律宾的活动,更多的信息参见 Shen 1980,121,271—274。

〔3〕 Shen 1984,Part Ⅲ. 84—85.

以便在城里的谷物市场称重之前达到更大的重量。[1]

　　中央农业实验所的水稻专家们在 20 世纪 30 年代担心的是外国稻米贸易，特别是东南亚稻米贸易，这一贸易在中国沿海地区以更低廉的价格和更优良的品质而繁荣起来。因为 19 世纪下半叶殖民当局在东南亚鼓励出口导向的稻米经济，所以稻米成了世界市场上商品化程度最高的农产品。[2] 中国南方沿海地区成了跨国稻米贸易的主要市场。与东南亚交易稻米对中国来说并不是什么新鲜事。早在 18 世纪 20 年代，康熙皇帝便鼓励进口暹罗米，为的是解决福建、广东各省的稻米短缺问题。[3] 作为试图缓解 18 世纪本地稻米短缺压力的偶然努力而开始之后，中国与东南亚米商的贸易成了一宗迅速发展的生意，到 19 世纪中叶有了两三倍的盈利能力。[4]

　　在东南亚，稻米贸易繁荣的核心是海外中国人对新的商业环境的适应。例如，曼谷第一家蒸汽动力稻米碾磨公司是一些美国商人在 1858 年建立的。但生意并不成功，业主换了几次。然而，一旦中国商人熟悉了这样的稻米公司，生意就兴旺起来。到世纪之交，中国商人开始主宰整个东南亚地区主要的稻米工业。例如，1893 年有 23 家稻米碾磨公司在曼谷运转，其中中国人拥有 17 家公司。十五年后，稻米公司的数量翻了倍，总共 49 家。到那时，中国人在这个行当的支配地位变得更加明显：只有 3 家公司被欧洲人拥有，而中国人垄断了其余的公司。[5]"黉利行"的成功故事是值得仿效的。19 世纪 60 年代，公司的创始人陈慈黉（1841—1920）作为"一个身无分文的 20 岁的潮州小伙子"来到暹

---

　　[1]　Chen 1934,23.

　　[2]　苏伊士运河的开通（1859 年）和蒸汽动力碾磨机的引入加速了东南亚稻米贸易的发展。大约五十年的时间里，东南亚稻米贸易引人注目地繁荣。缅甸米和暹罗米的出口增长超过 120%，而交趾支那稻米出口在 19 世纪下半叶增长了 5 倍。Adas 1974,58；Ingram 1955,38；Taiwan Sotoku kanbo chosaka 1925,163.

　　[3]　偶尔，清朝当局鼓励进口暹罗米，以补充随后几十年的稻米短缺。例如，18 世纪 50 年代，一些中国商人和士绅从暹罗进口 2 000 担稻米，受到乾隆皇帝嘉奖。Feng 1934,225；Ingram 1955,23.

　　[4]　Sarasin 1977,109—112.

　　[5]　在另一项观察中，到 1919 年总数增加到了 66 家，其中中国人拥有 59 家。Stiven 1908,144—146；Ingram 1955,70—71.

罗。陈慈黉最初在中国和曼谷之间经营舢板船贸易和海外船运。但当与欧洲蒸汽船的竞争变得激烈时,他只得专门发展他的生意。到 20 世纪初,他牢牢拥有并经营了曼谷两家最大的稻米碾磨厂。1874 年,陈慈黉在曼谷开设了他的第一家米行——"陈黉利行"。[1] 法属印度支那的稻米生意和曼谷并无不同。在堤岸市,有 4 家碾磨厂来自西贡市中心——交趾支那超过一半的米行坐落在那里,中国人垄断了其余所有的大米行,每天生产超过 300 吨稻米。[2] 除了所有权之外,中国人还控制了稻米去壳和交易的过程,这在很大程度上是因为——正如有人所说的——在这个行当"没有谁比他们更灵巧"[3]。

中国香港和中国内地的米师傅

对东南亚的米行来说,中国香港是通向中国内地市场的入口。事实上,中国香港的主要生意是沟通东南亚和中国内地的贸易,被称作"南北行"。这一贸易最重要的商品是东南亚的稻米。[4] 米行麇集的文咸西街的绰号为"南北行街"。根据日本观察者 1917 年进行的一项调查,"南北行街"实际上是北方商人和南方商人的集会地。7 家米行专门交易来自越南、东京地区的稻米,6 家米行专门交易来自西贡的稻米,8 家米行专门交易暹罗米。如果说这些米行代表了卖家的利益,那么代表"北方"买家利益的米行并不比卖家少。同一项调查显示,6 家米行为广州工作,4 家米行为上海工作,9 家米行向日本出口稻米。甚至有两家米行专门与北美和南美交易。到 20 世纪 30 年代,建立了更多的米行,

［1］ Suehiro 1989,111; Wright and Breakspear 1908,169.

［2］ 到 20 世纪 30 年代初,中国人拥有的米厂为 45 家,而本地人拥有的米厂为 67 家,另有 5 家法国人的米厂。然而,中国人控制了大米行。参见 Tsao 1932,454—455。

［3］ 从本地农民手里购买稻米再卖给米行的中间商也是华人。1937 年,泰国的一位英国金融顾问估计,出口米价当中大约有 50% 被用来支付给碾磨商、出口商和中间商。Ingram 1955,70—71。

［4］ 到 1917 年,香港米市上交易数量最大的稻米是暹罗米;第二是法属印度支那米,然后才重新装船运到中国市场。*Shina no komeni kansuru chosa* 1917,258.

它们把东南亚稻米卖到像天津、青岛、威海和大连这样的北方城市。[1] 实际上,南北行的生意在香港的商业繁荣中占主导地位。在香港的中国商人共同体中,人们普遍说,"香港所有的钱汇聚在南北行街"。[2]

人们还说,南北行街不仅是一个"市场",而且是一个"战场",因为来自中国所有港口城市的"大量经验丰富的商人"在这里云集("高手林立"),争相获取有很高市场价值的稻米品种。[3] 当米船抵达时,批发卖主便打出一个牌子,上列所有细节,比如船名、稻米品种、批发竞价开市时间。一旦竞价开始,场面就变得紧张起来,出价者力图达成多方同意且有利可图的价格。在米商的世界里,有一个专门的工具用于他们的生意,叫"密底算盘"。每个出价者使用这个小到足以握在手里的专门算盘,用一块小板遮住一个人的出价,不让竞争对手们看到。[4] 激烈的竞争并没有淹没米商们的世界,互信建立起来了。作为东南亚稻米最大的买家,广州的买家尤其因批发竞价而出名,有些人在南北行赢得了个人的名声。当买卖双方没能达成交易时,这些享有盛名、经验最丰富的人物是有影响力的。他们充当仲裁人,迫使双方达成交易。很少有人挑战这样的仲裁。当然,只有少数几个杰出的买家被允许作出仲裁,他们当中最优秀的人物被赞为高手或猛手。这一惯例在南北市街作为不成文的法律而被人们接受。[5]

成为高手的资格不仅仅是有竞价技巧,还有辨别稻米品质的技术,因为稻米品质是稻米生意中最重要的因素。例如,1936 年,一位观察者注意到,"[稻米的]市值在很大程度上取决于外观,尤其是形状、颜色和不透明度",因为"跟小麦相比,稻米是整粒被吃掉的[6]"。为了在批发之前检查稻米的品质,广州米行在南北行设立了联络处并派出它们的采购员,即所谓的"驻港买手"。判断品

---

[1]　*Shina no komeni kansuru chosa* 1917,270—274; Huang 1998,6.

[2]　《港商日报》,5 and 6 November 1935。

[3]　Huang 1998,4.

[4]　Huang 1998,4.

[5]　广东省银行经济研究社,《广州之米业》,1938,38—39。

[6]　Robertson 1936,243.

质的基本尺度是测量一定数量的稻米中碎米的数量。[1] 然而,为了更好的市场价值,买手们必须熟悉市场上交易的稻米品种的特征,比如黏度、香味和颗粒的硬度。你必须看一眼就能确定任何给定稻米品种的品质。实际上,辨别稻米品质需要高水平的专业技能,这意味着通常要有多年的历练才能成为一个买手。因此,付给"驻港买手"的薪水是第二高的,仅次于总经理。[2] 这种类型的知识,大概可以称作"个人经验",无疑就是驻港买手在米商们的世界里被赞为"师傅"的原因。有一个成功的广东米商的故事就展现了在跨国稻米贸易中流通的实践知识极为重要。

米师傅和他的专业知识

陈祖沛,1916 年出生于广东省新会县的外海村,20 世纪 30 年代成了南北行最著名的米商。像很多广东人一样,陈祖沛的家庭深受商业世界的影响。他的家庭无论如何也算不上富裕,父亲陈韵楼乘船去了东京。在一家日本工厂学习制革技术之后,陈韵楼回老家开了一家制鞋店,但遗憾的是,他的生意失败了。14 岁的陈祖沛在完成初中二年级的学业之后,除了去香港南北行之外,别无选择。他给山东经理钟寿当跑差,在他的批发商行里干活。他熟悉了五花八门的经商技能——从记账和使用算盘,到给生意上的熟人递送样品和搜集市场信息。

有一天,陈祖沛得知法属印度支那的稻米到达了,而当时他的老板会晤一个重要顾客去了。根据他在店里的经验,陈祖沛知道,法属印度支那的稻米在北方消费者当中很受欢迎,而他所在的山东商行打交道的主要是北方顾客。陈祖沛还知道不同稻米品种的市场价值。他顶替经理去市场跟卖家讨价还价。

---

[1] Faure 1990,217.

[2] 《广州之米业》,1938,22。

不久之后，卖家——多半是个很老练的商人——被这个十几岁的孩子惊得目瞪口呆。灵巧地使用他经理的密底算盘，陈祖沛让他的出价最终被接受。他做成的这笔买卖涉及交易 300 包法属印度支那稻米。后来，陈祖沛又做成了一些成功的买卖，这让他在南北行的山东商人当中名声大噪。没有花太长的时间，陈祖沛便取代了南北行山东帮的两个最著名的经理钟锡和陈丽泉。[1]

到 1936 年，20 岁的陈祖沛成了总经理，给广州的山东商人打理整个稻米贸易。他是山东 4 家主要米行的代理买手：威海的日盛德、青岛的丰泰仁、大连的泰和兴、天津的德和永。为了这一新的事业，陈祖沛把他的总部迁到了广州——香港以北仅仅 83 英里。由于中国当局 1933 年首次对外国米征税，之后税率不断提高，因此在广州做生意可以节省成本。[2]然而，正是陈祖沛早年在南北行的经历促使他获得商业成功；特别是，他了解很多不同稻米品种的品质和不同消费者的偏好。陈祖沛认识到，广州本地品种"金风雪"因口味欠佳而被广东消费者视为二等米；这些消费者偏爱"丝苗"这个品种。然而，丝苗米的产量有限，价格昂贵。一些东南亚品种被看作替代选项：它们在质量上是次优的，但价格更便宜，在香港米市上很容易买到。特别是，"安南粳米"是金风雪的一个很好的替代品。相比之下，金风雪米在一些北方米市很受欢迎，比如北京和天津，还有山东的很多港口城市。很多文献显示陈祖沛对不同稻米品种五花八门的市场价值有透彻的理解。一些日本观察者注意到，"广东米与暹罗米之间差别不大"，但"有些品质更高的本地品种甚至比最好的暹罗米还要好很多"[3]。据一本本地的地方志说，"安南粳米的形状短而圆。但味道不佳"[4]。陈祖沛毫不迟疑地发展与山东消费者的金风雪米生意。尽管金风雪米在广州米市的市场价值没有在山东那么高，但它的产量很高。"因此，据那本地方志说，尽管其品质中下，但很多广东农民家庭往往种植金风雪，因为它能很好地承

---

[1] Huang 1998,4.

[2] 关于外国米税的更多信息，参见 Lee 2011,ch. 6。

[3] 丝苗米及诸如仰光米、东京米和暹罗米这样的东南亚品种通常有着瘦长的米粒。参见 Shina no kome 1917,8—9,284。

[4]《番禺县续志》，1911，卷十二，11b。

受任何气候条件。"[1]

识别稻米品质确实是陈祖沛商业成功的核心。陈祖沛很看重任何能够公平判断某些稻米品种的市场价值的稻米专家。1937年的一天,陈祖沛由西向东漫步于广州的六二三路(又名沙基路,本城批发米商麋集于此)。他发现一个老人站在一家米店的门口,正在仔细查看掌心里的稻米样品。毫无疑问,这是很多米师傅在出价之前辨别稻米品质的方式。老人姓严,他跟陈祖沛打了声招呼。陈祖沛客气地回礼之后,当他认识到那个稻米样本品质极佳时,便跑上前议价。他不可能知道老人向卖家报出的价格,但他估计最合适的价格是每百斤11元5角,相当于大约133英镑。后来,两个人都知道他们评估了相同的价格。出人意料的是,卖家的报价更便宜:11元2角。这笔买卖获利甚巨,因为卖家想要卖出的稻米总量为大约500包。没有提出更多的竞价,老人建议他们各得一半。老人辨别稻米的技能和公平交易的态度给陈祖沛留下了很深的印象。后来,这位严师傅成了陈祖沛终身不忘的三个人之一,正如他在回忆录中所回忆的那样,因为这样的人教会他应该怎样做生意。[2] 陈祖沛的故事告诉我们的是,米商从商业经历中收集的实践知识在外国稻米贸易的成功上是必不可少的。

结　论

20世纪给中国人对稻米的认知带来了深刻的改变。在对日战争爆发之前,中国精英关注最多的莫过于粮食问题。在20世纪30年代,很多国民党党员相信,引发中国粮食问题的,不仅是贫困的农村地区不安全和不可预测的稻米供给,而且有不健康的饮食习惯——要求越来越多地进口外国粮食,最显著的是

---

[1] Huang 1998,6;《番禺县续志》,1911,卷十二,14b。

[2] Huang 1998,9—10.

沿海城市的高抛光白米。对国民党精英来说，中国粮食问题的解决不只是意味着维持人民的基本生活水平，这曾经被晚清政府长期视为治国的首要目的。在欧洲第一次世界大战期间认识到粮食供给的重要性后，国民党开始把稻米当作国家安全的典型议程来对待；中国必须减少它的贸易赤字，最终在迫在眉睫的对日战争之前实现粮食自足。在这样的环境下，毫不奇怪，现代农业科学，尤其是植物育种，成了最需要的学科。农业专家们，尤其是那些在国外的大学里接受训练从而能够使用最新技术的专家，在学术机构和政府部门得到雇佣和提拔。中央农业实验所的创立代表了国民党精英科学解决粮食问题的雄心壮志。植物育种技术对于改进农业生产力无疑是有帮助的。

　　然而，农业专家和国民党的技术精英的理由陷入了技术决定论的陷阱。他们很少关注对稻米消费者极为重要的稻米品质问题。在对中国粮食问题的理解中，他们没有给考量稻米的商业维度留出多少空间。然而，从消费稻米的公众的观点看，稻米是独一无二的主粮谷物，与另一些如小麦和玉米这样的谷物可以区别开来，因为稻米是直接烹煮和消费的，没有任何加工过程。任何给定的地方性饮食偏好都是在本地语境中形成的。在消费外国稻米最普遍的广东，很少有人比广东米商更懂得广东人对稻米品种的烹饪偏好，他们仅次于消费公众，判断特定的消费需求并预先采取行动。正如上文所讲的，农业专家们如何在中央农业实验所实施科学稻米改进计划与广东米商如何加速发展稻米生意之间的不可通约正在于此。

李丞浚

第五章

杂交传播与被封装的知识：
研究湄公河三角洲现代稻米的物质符号方法

最近对不同地方和不同时代稻米史的研究激起了一场活跃的争论——关于生物(水稻,在某些情况下还有智人)流通以及与之相随的知识和技术的转移如何重塑地区史。这些争论在本书导论中已经凸显,其主要关切是关于作用者的问题——卡罗来纳低地地区殖民时代现金作物的创造、西非与爪哇截然不同的农业景观,或者中国精细的消费者品味,功劳都要归于这些作用者。我将把这些争论带到漫长的 20 世纪(自 1880 年至今)的湄公河三角洲,我反复要人们注意这样的观察:在这一地区同时存在的不同类型的稻米意味着随着时间推移而形成的这些材料、经济和基于知识的关系的不同组合。一类稻米相对另一类稻米的传播,不仅告诉我们关于生态学的信息,而且有关于世界市场转变的信息,涉及技术和劳动的改变、不断演化的国家政策,甚至还有战争的爆发。所以,本章讲述的稻米史,不是与劳动、技术或科学的变革相关的稻米生产总量,本章的目标是探索被封装在不同品种谷物中的湄公河三角洲稻米的现代史。

稻米远不止是一种主要商品;从遗传学、经济学和文化的角度来看,它还是一种引人注目的由相互关联的过程所组成的网络的产物。行动者网络理论的支持者可能把特定稻米品种的聚合体(assemblage)描述为由一些不断调整的、基础性的、构建网络关系的不断发展和演化的产物。社会学家约翰·劳(John Law)把行动者网络方法描述为把“社会世界和自然世界的一切事物都当作其所处关系网络的连续生成效应”来处理的方法,“它假设,在这些关系展现之外,任何东西都没有真实性或形式”[1]。稻米的地方品种和栽培品种作为一些聚

---

[1] Law 2009,141.

合体的挑衅性实例给我留下了深刻的印象,正是这些聚合体放弃它们的遗传属性来进行杂交,或者成为"野草"并因此毫无用处,相关的科学、贸易或农业网络中所涉及的人不会给予它们持续的关注。水稻以某些高度栽培的形式得以幸存,则是依赖这些网络以及一些依然持续的关键环境因素。作为一种世界性谷类作物,它的增殖同样依赖更大的商品交易者网络、跨大洋运输模式以及一些更新的发明,比如过磷酸钙或机动小水泵,它们使得持久的高产成为可能。稻米中所包含的遗传信息,即它封装起来的知识,也变得更紧密地关联科学家、国际实验室和跨国种子公司的全球网络,甚至还有专利法的神秘世界。与此同时,拥有水稻种植知识的稻农们也越来越紧密地与农业推广部门关联,共享杀虫、增产的最新方法,使用新技术。所以,稻米,尤其是 20 世纪的稻米品种,提供了一个透镜,通过这个透镜,可以更深层地窥探科学或技术发明、战争实例和政策改变对社会产生重大社会影响和环境影响的方式。

本章从四个不同的稻米子群的群内视角来探索 20 世纪湄公河三角洲稻米的历史,这四个稻米子群是:高秆地方品种与矮秆地方品种、高价值栽培品种与高产栽培品种。(我使用地方品种这个术语指的是自然过程——通常持续多年——发展出来并适应了本地环境条件的传统品种或祖传品种。地方品种在以下意义上不同于栽培品种:栽培品种是通过劳动更加密集的方法选择出来的,并且常常是在实验场景下。)在其中每个子群——地方品种、高价值栽培品种和高产栽培品种——之内,又有几十个乃至几百个不同品种,如果更仔细地审视,可以更精细地描述它们在稻米育种、稻米贸易和生态系统方面的差别。本章将从更高层面的视角来说明更一般的与这四种类型的栽培稻米相关联的行动者网络。这四种类型稻米不断改变的种群反映了生态系统(矮秆对高秆)、政策(地方品种对栽培品种)和技术(地方品种对高产品种)上的重大差别。正如大多数江河三角洲一样,湄公河三角洲也是由很多不同的水景观拼合起来的:冲积堤岸,微咸的贮水沼泽,巨大的漫滩季节性地淹没在水下一两米。每块水地对稻农都提出了不同的挑战。当越来越多的人定居于此时——1860 年大约是 100 万人,而今天则超过 1 900 万人,不同的稻米品种也跟着他们来到这里。数百个地方品种灭绝了,与此同时,如今有几十个高产品种覆盖三角洲超过 90%的田地。然而,这幅人口高速增长和数百个地方品种大规模灭绝的图景可能是误导性的。植物品种的减少使得一些关键商业品种比从前更容易受到不断演化的害虫的侵害。而且,在很多地块的边缘,生长着野稻和杂草亲缘植物,如果不仔细选择,就可能与商品植物杂交,产生低产的后代。因此,每一粒稻谷不仅是人类劳动的产物,而且是人类和自然事件所产生的封装知识的种子。稻谷也是高度乱交的,甚至有能力与其他稻米品种再生产,因此,如果不仔细注意的话,有可能在连续几代之内变得不那么适应,不那么有用。

管理稻田的持续生产是一场斗争!它需要持续不断地应用(和更新)传统技能和科学知识。稻米的颜色、口味和营养属性,以及它的材料属性,常常确保它在本地和全球的商业中幸存下来。我们不妨想象为农民、科学家和碾磨商圈都被锁定在一场与稻谷自然乱交的斗争中。这些不同的人类活动——科学研究、除草、分级——在拉图尔的行动者网络观念中可能被解释为确保他所说的一个特定社会自然聚合体——在本例中就是高价值的稻米品种——的持久性的行为。[1] 例如,被人高度渴求的高秆稻,比如印度香米或卡罗来纳金米,与味道不那么香、色泽不那么好的、最终成为工业淀粉和动物饲料的碎米之间存在着巨大的价格差距。

采用这一材料符号学的视角来观察湄公河三角洲稻米,结果所导致的历史叙事是一篇最佳地重新集中于特定稻米类型及支持它们的环境的叙事。就像对其他物种一样,20 世纪对稻米来说是一个加速运动、全球延伸、快速杂交的世纪,在很多情况下也是灭绝的世纪。正如其他物种一样,诸如野生稻这样一些野生亲缘植物的快速灭绝,可能意味着失去潜在有用的基因。[2] 在过去的一个世纪里,稻米的大多数——即便不是所有——方面经历了重大而迅速的改变。随着新机器的出现和不断改变的土地使用实践,劳动经历了巨大的改变。

---

〔1〕 Latour 2005,67.
〔2〕 Vaughan et al. 2005,113.

随着 20 世纪 60 年代高产稻种的出现,以及更晚近的稻米基因组绘图和转基因稻米的发展,稻米的遗传构成也经历了快速改变。最后,在 20 世纪 60 年代,湄公河三角洲肆虐的战争在稻米的历史中也扮演了一个重要角色。现代高产稻米在政府控制的地区深受欢迎,而本地品种和野生品种在自由开火地带和"被解放"地区茁壮生长。随着越南在 1975 年后的重新统一,尤其是 1986 年的市场导向改革,只有四十多个现代稻米品种涵盖了大多数种植水稻的土地。数百个地方品种消失不见了。在这个动荡不宁的 20 世纪的各个方面,稻米的改变深刻反映在政治经济和农业经济的变革中。

文化碰撞:高秆与矮秆

近至 1980 年,湄公河三角洲的大片面积常年被洪水淹没,变成了巨大的内陆湖,点缀着少量树林排列在堤坝上,一丛丛芦苇、野稻和深水稻使得水面绿意盎然。在印度与中国的战争中争夺非常激烈的土地季节性地位于一片略带褐色的含沙水之下。战争岁月里,在洪水季节,野生鱼群,连同鸟、蚊子和蛇一起,从柬埔寨向下游迁徙。在绿色革命势头渐弱的日子里,这一看上去野性而古老的地表景观的持续存在当然是一种反常。越南 1986 年市场导向的"革新"改革以及随后的经济繁荣,使得销售杀虫剂、化肥和机械设备的公司迟来的繁荣得以可能。因战争而变得荒芜的漫滩和沼泽迅速让位于 20 世纪晚期工业化农业中人们所熟悉的地表景观。大片的荷兰式圩田如今大多数依然被季节性的洪水所淹没。到处都是稻田、吊脚楼,以及宣传化学制品公司和农业合作公司的产品的公路广告牌。

姗姗来迟的工业化浪潮最终模糊了在任何江河三角洲上都算是最重要的分界线之一——海拔。海拔分隔社会群体,区分生态系统,在稻米的历史中扮演了一个重要角色。千百年来,在湄公河三角洲,它在居民点以及与之相随的稻米类型的空间分配上扮演了一个核心角色。三角洲上有两种主要类型的高海拔土地：上三角洲上像岛一样的山体突出部，以及下三角洲上的冲积堤岸。山体突出部横跨今天的越南和柬埔寨之间的边境，包含大多数古代的定居地点。这一古老的定居和稻米的历史（早至公元前 500 年）在 1930 年之前通常不被世界所知。一个法国殖民行政官皮埃尔·帕里斯（Pierre Paris）使用航空摄影，发现了一个把这些山体突出部连接起来的古代运河体系。[1] 一位在日占西贡为印度支那研究学会工作的图书馆长路易·马勒雷（Louis Malleret）追踪了帕里斯的发现；1943 年，他在最显著的运河枢纽喔呋开始进行考古学发掘，这项工作成了他 1949 年的博士论文的基础，并促成了一部四卷本的著作《湄公河三角洲考古》（l'Archéologie du Delta du Mékong，出版于 1959—1963 年），这本书，连同一些更近期的考古发掘，证实了这些高海拔地点是一个地区性的前吴哥文化或喔呋文化的组成部分，从大约公元前 500 年持续至公元 500 年。[2] 即使在今天湄公河三角洲的越南部分，位于这些古老地点附近的大多数村庄，村民在人种上依然是高棉人。最近在诸如吴哥波雷这样的上游地点进行的考古发掘暗示，这些小山一带的农民在高海拔地区进行堤岸灌溉，而在季节性洪泛坡地上进行退水灌溉。这些地区的稻米品种倾向于矮秆地方品种。农民在低洼盆地里播撒高秆抗洪品种。但大多数农场劳工——直到晚近都很少见——集中在退水地带栽种稻米。[3]

其他高海拔地区、冲积堤岸或越南本地人所说的"花园带"（miet vuon），从空中看就像一张由紧挨着的河流、旱谷和运河组成的淤积堤岸网络。正是在这个升高的网络中，三角洲的大多数人口在现代时期（自 1700 年至今）迅速扩张。这一地区所有的主要城镇，有些城市现在接近 100 万人，也坐落在花园带。

自 17 世纪初起，现代花园带的定居过程远远谈不上和平。1698 年，越南将军阮有镜领导了一场抗击占族部队和高棉人部队的战役。他最终为越南国王占领了西贡，并沿着湄公河上游分支前江到了接近今天柬埔寨边境的地方。他

---

〔1〕 Paris 1931,223.

〔2〕 Malleret 1959,27—33.

〔3〕 Fox and Ledgerwood 1999,48.

后来在今天的龙川市附近死于传染病。[1] 他的远征之后,紧接着是 18 世纪初连续几波越南士兵移民潮。越南人的定居还因 1683 年几波中国明代遗民逃离明朝反清战役的浪潮而得到增强。来自诸如广东和福建这些沿海省份的中国人,成千上万地沿着东南亚的江河定居。他们在顺化(大越)、金边(柬埔寨)和阿瑜陀耶(暹罗)寻求国王朝廷的保护;随后在几十年的时间里,他们利用在南中国海贸易中所获得的经验,建立了新的兴旺港口,有些甚至是有城墙的城市,像西贡、美萩和河仙等地一样。即使在今天,沿着湄公河三角洲的公路和水路来一趟跑马观花的旅行,也会看出,在花园带,高棉人、越南人和中国人的社群如何密集地混杂在一起。像朔庄这样的城镇保留了它们最初的高棉名称、上座部佛教寺庙和招牌上的高棉文字,而越南人和中国人的地区则在它们周围发展。

尽管这些地势高的地方对于定居和水稻种植的历史至关重要,但三角洲巨大的洼地作为相反的空间也很有意义。一些大的、纵横交错的漫灌沼泽、红树林沼泽、潮沼和洼地覆盖了三角洲 2/3 以上的表面积。到 19 世纪晚期这些低洼地区在很大程度上依然是荒野。在旱季,大象与鹿群和大型食肉动物一起在草地里漫游。农民经常遇到眼镜蛇及其他毒性很高的蛇。洼地和沼泽的转化在很大程度上是为了回应花园带的事件而发生的。当越南的官员和军队巩固对花园带的权力时,越来越多的高棉人家庭搬迁到漫滩去寻求庇护。三角洲最南端的 1/3 被称作金瓯半岛 19 世纪初作为王国蜂蜡和蜂蜜的顶级产地而著名。高棉的收获季节工划着独木舟穿过黑暗的红树林沼泽,用烟熏的方法把蜜蜂赶出蜂箱,然后收集漂浮在水面上的蜂蜡。[2]

然而,迁入洼地的人大可不必放弃他们的稻米。他们把品种换成高秆地方品种,要么是深水稻,要么是浮稻。深水稻长到 50～100 厘米,洪水期间具有适度的伸长能力;而浮稻生长到 100 厘米以上,有很强的伸长能力,仅仅在一周内

---

〔1〕 Nguyên 1997,12.
〔2〕 Cooke 2004,143.

就长到 1 米以上!〔1〕高秆稻每公顷的产量低于矮秆稻;然而,对于生活在遥远的季节性社群里,有时候还要仓皇奔逃的人来说,浮稻是一种至关重要的主粮。

在湄公河三角洲,当我问(越南)农民传统上种植深水稻的人是谁时,得到的回答几乎总是"高棉人"。2002 年在探访芹苴市附近一个农业研究站的旅途中,一个农民把一个专门适合"高棉人"的工具拿给我看,它有一个更长的弧形镰刀,他解释道,它适合收割更长的稻秆。他还解释,在 20 世纪 60 年代民族解放阵线那几年里,他和他的越南同事们使用同样的工具在低洼地区收割深藏在红树林沼泽中的稻谷。随后,他把更短的"越南"镰刀和刀片拿给我看,这种通常用来收割矮秆稻。"浮稻是高棉稻吗?"我问。"当然是,"他答道。〔2〕这个故事说明越南-高棉的敏感问题自 20 世纪 80 年代越南占领柬埔寨以来败坏了对湄公河三角洲的高棉遗产的历史处理。与此同时,它还传达了越南革命者在被迫进入低洼地区时欣然采用了那里的种子和工具,因此暗示高秆地方品种和相关工具很容易从一种文化转到另一种文化。今天,少数依然种植浮稻的社群大部分是高棉人;但对高秆稻的接纳似乎在更大程度上与阶级偏好而不是文化偏好有关。更富有的社群生活在更高的地面上,并且往往种植矮秆稻。

然而,有强有力的证据表明,现代深水稻是三角洲古代的优选谷物。在喔呋一些遗址进行的考古发掘暗示,一些古代城镇(约公元 300 年)的集市上销售浮稻。尽管像吴哥波雷这样一些上游地点可能倾向于在堤岸地区和退水地区种植矮秆稻,但那些在下游港口(喔呋遗址)生活和工作的人种植浮稻。这个港口城市支撑在木墩上,周围的盆地一年内可能有很多时间被洪水淹没。〔3〕木材供应的枯竭与地下水位的改变有关联,疟疾的传播和海盗行为可能导致了这个港口和浮稻的消亡。〔4〕

深水稻对于那些奔逃的人是优选地方品种,那些想要避免被更大范围地整

---

〔1〕 Catling et al. 1988,11.

〔2〕 Biggs 2002a.

〔3〕 Malleret 1962,419.

〔4〕 Nguyen 1994,1—17.

合到国家中的人迁入漫滩。不管这些人是试图避免征兵的高棉农民,还是在 20 世纪 30 年代准备造反的越南激进分子,他们一般都选择种植浮稻甚至野生稻。浮稻不仅很适合在水淹田里生长,而且适合在牛轭形沼泽和洼地里生长,这些地方在除草或播种时需要的照料有限。对那些奔逃中的人来说,这样的稻米构成了牛马饲料的基本主粮。一个法国中尉于 1871 年率领一个调查团穿越了一个这样的洼地,他描述了一次通过这样一个非国家空间的旅行。到达一个冲积地带的边缘之后,他的团队在一个高棉人的村庄组织了 15 艘大艇,在沼泽地区干活的村民划着这些大艇。在他们启程穿越以这个村庄命名的渭水区时,他注意到"独木舟变得有点像很宽的鞋子,在割倒的或弯曲的草上快速滑动,常常形成足够宽的一包包不驯服的草,导致穿行中断,需要用手把船拉过他们所说的坑"。调查团注意到大片大片很高的草,显示它们很可能是主动种植的。调查团还记录了当地人给这种稻谷取名为"鬼稻",这个名字通常与野生稻相关联。[1] 栽培稻与野生稻以及水田和沼泽之间的模糊边界与花园带稻田的长方形边界形成了鲜明对照。

因此,与矮秆和高秆地方品种相关联的文化更多地不是被种族所定义,而是被它们面对国家的(垂直)位置所定义。毫不奇怪的是,自 19 世纪 80 年代以降,殖民工程师便瞄准了这些巨大的、非国家的区域,打算开垦它们,并提出把特许权出让给法国的公司。人口更密集的花园带出现了太多的政治抵抗。因此,湄公河三角洲的洼地成了殖民时代的种植园。到 1930 年,超过 9 000 公里的运河把老洼地里 200 万公顷以上的土地开辟成了庄园,那里居住着几百万移民和佃农,他们种植矮秆品种。那些缺乏土地所有权的更古老的种植者,包括很多高棉人,从这些被侵占的庄园撤了出来,迁往更遥远的沼泽。毫不奇怪的是,同样是这些坐落于在水文学上很脆弱的地带的庄园,成了 1945 年后革命斗争的主战场。债台高筑的越南佃农全体参加了八月革命,抵抗法国人统治的复辟。这场战争从"法国战争"逐步转变为"美国战争"。很多同样的地区成了自

---

〔1〕 Brière 1879,44.

由开火地带，在战争期间的大多数年头里，由于运河与圩田的被毁或疏于管理，它们依然季节性地被洪水淹没。

　　由于战争，浮稻（还有矮秆地方品种）的种植甚至作为高产稻而坚持了下来，绿色革命迅速改变了东南亚的其他三角洲。1974年，朱笃市和龙川市周围500 000公顷土地依然种植浮稻。[1] 1970年和1975年之后的土地改革在很大程度上从三角洲清除了深水稻和浮稻。第一次改革叫作"耕者有其田"，始于1970年3月。它分割了大的土地资产，还把土地资产的最大规模限定为3公顷。水淹地带的农民通常耕种10公顷土地，因为单季作物的产出只有大约每公顷1吨（相比之下，矮秆田的产量是每公顷两三吨，而高产品种则是6吨。）[2]1975年之前的越南共和国与1975年之后的越南社会主义共和国都启动了支持小土地资产进一步扩大和把高产稻米从花园带扩大到漫滩的政策。1985年启动的改革在那之后将近三十年的时间里导致了将40亿以上的美元投资于堤岸和抽水站，为的是把水淹地带调整成矮秆圩田。与此同时，整个三角洲地区的稻米生产从1973年的大约每公顷1.5吨增加到了今天的每公顷7吨以上。然而，最近这次水稻种植的繁荣也付出了一定的代价。今天三角洲种植的所有稻米当中，估计有94％是高产稻。这意味着不仅浮稻和高秆稻的地方品种消失了，而且有很多矮秆品种也消失了。[3]

栽培品种的稻米

　　这一从地方品种到栽培品种——因为某些特性而被选择性地繁殖的植物——的全球转变只有最近才引发了对稻米品种当中生物多样性损失的关切。直至20世纪90年代晚期，研究者一直聚焦水稻种植运作中令人难以置信的增

---

〔1〕　Vo 1975,93.

〔2〕　Callison 1974,89.

〔3〕　Nguyen 2011,48.

殖。从单一栽培品种的视角出发，比如 19 世纪 70 年代从爪哇输入的"卡罗来纳米"（长粒水稻）或 1966—1967 年从菲律宾输入的国际水稻研究所的"IR8 号"，你可以向外追踪到与它们的采用紧密相关的政治力量和现代主义的弦外之音。法国稻米研究者从 19 世纪 80 年代至 20 世纪 40 年代一直哀叹源于地方品种的出口稻米相对较低的品质，他们反复尝试，试图让另一些更可欲的"品种"适应三角洲的土壤。20 世纪 60 年代，美国农业顾问同样试图改进稻米生产，为的是在南越"赢得人心和头脑"，并点燃现代化的火花。更密切地聚焦现代栽培品种还揭示了很多关于政治和意识形态的东西——从殖民地水稻研究站的工作，到关于品种、退化和适应水土的讨论，以及更晚近的全球研究网络和跨国种子公司日益增长的影响力。

第一个有趣的栽培品种，即法国稻米研究者所说的"卡罗来纳米"，即使是在爪哇培育的，大家也都认为是一次彻底的失败。试图让商业稻米的黄金标准适应湄公河三角洲水土的反复努力失败了。然而，失败可能是有教益的。它们指向了与农业相关的殖民社会的更广泛的弱点。经济史家彼得·科克拉尼斯对东南亚稻米于 19 世纪 60 年代在重塑全球贸易上所起的作用提出了一个令人信服的理由。[1] 在交趾支那，像农业和工业委员会这样的专业组织反复发表报告，记述试图（从爪哇）引入孟加拉米或卡罗来纳米以"改进"地方品种的努力。关于传统稻米存在的问题，委员会的法国科学家和商人当中有一次旷日持久的讨论。有一次这样的会议讨论的是交趾支那米在欧洲市场上的劣势，在这次会议上，委员会的商人们指出了很多因素。首先，越南农民种植了很多不同的稻米品种。有一个人指出，这些品种中，"有些品种必定像来自其他来源的最受欢迎的稻米一样有价值"[2]。几十年后，法国人重申，问题源自田间选择谷物和加工中的分离稻米缺乏控制。

法国人在这样的会场上对稻米的运输、选择、去壳和干燥等问题的讨论最

---

[1] Coclanis 1993a，251.

[2] Comité agricole et industriel de la Cochinchine 1872，8.

终几乎总是回到中国公司和中间商所发挥的强有力的作用。中国家庭在稻米船运和抛光上所起的作用比法国人在西贡提早了一百多年。从殖民征服的一个很早时间起,法国人就认识到他们在稻米上不可能胜过本土农民和中国商人。正如著名殖民地探险家奥占斯特·帕维(Auguste Pavie)在法国军队陪伴他突袭湄公河时所注意到的,大多数法国人根本不可能为了稻米而放弃他们的长面包。尽管越南脚夫和帕维本人几乎每一餐都享用热气腾腾的米饭,但从法国新来的人都"津津有味地吃着他们的面包",即使它在热带高温中已经发霉。[1]

就连大多数法国种植园主也不跟稻米打交道。他们依靠佃农种植这种作物,中国企业用船把它运到米厂,堤岸(今胡志明市)的中国企业给稻谷去壳,并把大多数稻米出口到亚洲市场。这一亚洲少数民族在法国殖民时代的特权位置在很多东南亚地区延续始于19世纪初的一个古老安排。逃离清朝的中国移民跟着商船和军舰船队在越南中部海岸外旅行。他们向越南南半部的统治者要求庇护地,他很快把他们指向王国与柬埔寨交界的遥远的南部边境。在那里,他们在今天的胡志明市(西贡)和美萩市建立了商业港口。这些人并不是穷困农民的乌合之众,而是富商家庭和军官的组织良好的群体。[2]

稻米船运和抛光的人种分工持续了整个殖民时代及之后。玛格丽特·杜拉斯(Marguerite Duras)的自传体小说《情人》(L'Amant)探索了殖民地社会的跨社会和跨种族分隔的问题,她还是一个十几岁的法国小姑娘时,就和她的寡母生活在高棉人的城市沙沥,成了一个富有的中国年轻人的情人,他让她搭车从她母亲的普通乡下房子去了他家在堤岸的公馆。[3] 1992年的一部同名电影在对电影风景的美丽扫视中显示了种族界线之间的过渡,伴随着从田野和运河向西贡滨水区的城市工厂和仓库移动。即使在1955年越南共和国创立之后,中国人的家族也继续支付大笔的金钱来购买碾磨稻米和批发销售的垄断权。

---

[1] Pavie and Tips 1999,69.
[2] *Dai Nam Thuc Luc* 1963,91.
[3] Duras and Bray 2008.

20 世纪 60 年代,在美国商品进口计划的支持下,从日本和中国台湾带来了便携式柴油动力米磨。这些便携式机器给持续了三百年的古老米厂和人种分隔带来了最早的重要威胁。在政府控制的土地上,更古老的米厂经营者一度极力游说,试图阻止这一技术落入农民之手;因此,这些小型机器迂回进入了反叛者控制的土地。民族解放阵线开始从事稻米碾磨,一些民族解放阵线的支持者为了筹集现金,甚至把它卖到政府控制的市场。[1]

而与此同时,大自然也不利于法国人试图控制商业的努力。从 19 世纪 60 年代至 20 世纪 60 年代,稻米从独木舟走向了更大水路。从那里转到平底驳船上,再驶过三角洲更大的旱谷和运河,至堤岸。经营此类船队的法国企业简直没法和本地米船商竞争。一位调查者在 1880 年评论道:

> 从纯经济的观点看,在这个江河航行出类拔萃的国家,[三角洲的]每个中心都会提供足够的货物"喂饱"大型内河船的服务……把稻米装在配备 10~15 名桨手的大艇上运送 100 英里的距离,水流逆向时靠岸停泊,在每个旱谷被迫等待高潮穿过沙洲,这是胡说八道……在这个借口下,我们的贸易依然掌握在中国人的手里,因此我们是按照他们的条款在经营我们的贸易。[2]

殖民统治的整个几十年间,从 19 世纪 60 年代到 20 世纪 30 年代,殖民地的商人和科学家一直在为阻止他们为其稻米获得——尤其是在欧洲获得——更高价格的诸多因素而哀叹。中国企业控制了稻米贸易,越南稻农更愿意在他们的稻田里种植地方品种的野生稻。尽管其他的东南亚殖民地,比如荷属印度群岛和英属印度,把它们的很多稻米出口到欧洲市场,但湄公河三角洲 3/4 的稻米出口大部分去了中国。日本米商甚至进口"劣质"湄公河三角洲稻米养活他们自己的人口,同时把更高等级的日本米出口欧洲。[3]

---

〔1〕 NARA—CP 1970.
〔2〕 Rénaud 1880,317.
〔3〕 Capus 1918,30.

　　稻米的乱交属性和没有能力控制稻米生长的田间条件也不利于法国人。法国改进稻米出口的推动者反复提到像著名的南卡罗来纳的乔治敦的"金种子"和爪哇的"丹格朗"。然而,当企业家们试图种植这些进口品种时,在几代之内,它们的后代就异型杂交了它们几乎所有的优良特性。在田野试验中,它们在数量上被不断杂交的越南品种所超越。法国稻米勘探者不可能让稻田摆脱这些本土地方品种。法国殖民地所固有的另一个问题是缺少政治和财政的支持来建设水稻研究站。荷兰政府、英国政府和美国政府到 1910 年都在为活跃的水稻研究站提供经费,而法国在印度支那的支持大多是口惠而实不至。经费的缺乏反过来意味着缺少有技能的技术人员或推广代理人的骨干,他们可能有能力引入更有利可图的品种。一个批评者这样写道:"我们知道,来自某些单位的纯种后代和世系保持了稳定性和同质性,所选择的主要特性正是通过这些单位在遗传上得以传播。"那么,问题不是缺少知识,而更多的是缺少意愿来保持有价值种子的遗传稳定性。[1] 1906 年,几家有钱的法国企业甚至输入爪哇工人,试图用输入的爪哇知识技能来改善种植园产出的品质。然而,正如爪哇稻米一样,移民的越南佃农很快在数量上超过了爪哇劳工。第一次世界大战后,荷兰人对爪哇劳工运动的限制最终让这项计划走向了终结。[2]

　　殖民政府"改良"稻米品种的总体失败很适合从爪哇和卡罗来纳输入的神奇稻种从未扎下根的视角讲述一个关于无持久性行动者网络的故事。当然,如果让那些对自己偏爱的品种更感兴趣的本土越南人和高棉人来讲述,那传统栽培品种的持久性就可能意味着一种农业-文化的抵抗。并没有一个充足的由法国大米技术人员和越南推广代理人组成的网络来分发种子并确保恰当的控制来保持其特性。相反,商业网络却被中国人的企业所控制;这些公司专门致力于把深受欢迎的品种作为基本粮食出口到中国及其他亚洲国家,而不是出口在欧洲交易中受到偏爱的品种。所以,稻米的口味,特别是越南人、中国人和亚洲

〔1〕　Capus 1918,36.
〔2〕　Brocheux 1995,27.

人的口味,是"卡罗来纳米"或"丹格朗"缺少持久性的另一个重要因素。法国人没能让这些特殊的稻米基因组在本地落户,哪怕是在大型种植园作为工厂城镇而建立起来的漫滩,这本质上反映了在试图控制早在炮艇来到很久之前就从事稻米贸易的数百万越南人、高棉人和中国人时所面对的更深刻的冲突。

在20世纪最初的几十年里,尤其是在1930年,没能"改良"水稻种植使得有些法国农学家变成了激进分子,他们越来越反对庄园经营的农业。1931年,刚毕业的农学家勒内·杜蒙(René Dumont)被派到河内附近的一个水稻研究站,1935年,他出版了其关于越南稻米最早的现代人类学和地理学研究一书。其中,他仔细研究了传统工具、稻米类型、提水技术和栽培技术;他惊奇于维护洪河三角洲古代巨大的洪水堤坝网络所用的传统环境知识。[1] 杜蒙的研究成果是一系列最早论述越南稻米的错综复杂的百科全书式作品之一,这些作品后来成了农村人类学的典范。考虑到这些农学家在整个殖民帝国的流动,从印度支那到南太平洋,再到西非,这样的作品也对日益全球化的热带农业领域做出了贡献。它甚至开启了一些人的政治生涯。20世纪50年代,杜蒙回到法国,鼓吹更科学主义的农业观;60年代,他经常出现在法国的电视上,激烈批评绿色革命杀虫剂和化肥带来的环境危害。1974年,他作为法国第一个环保主义候选人竞选总统(但输掉了)。另外有一些著名的、有影响力的农学家和地理学家也出自这个时代,尤其是热带地理学家皮埃尔·古鲁(Pierre Gourou)和越南人类学家阮文暄(1945年后他担任胡志明的教育部长)。

在与稻米有关的法国殖民地科学家中,有一个叫伊夫·亨利(Yves Henry)的特别突出,他在激发20世纪30年代稻米农业研究上发挥了关键作用。亨利从前在西非和法属印度支那担任殖民地公务人员,他在本土研究团队以及一些像杜蒙和古鲁这样的法国大学毕业生的帮助下,出版了三十多部作品。亨利在1931年的巴黎殖民展览会之后晋升为殖民地农业部督察长。在那之前,他研究

---

[1] Dumont and Nanta 1935.

了塞内加尔河与冈比亚河流域的棉花种植,发表了大量论述印度支那稻米的作品。[1] 所以,法国农学家的网络继续扩大,但他们在越南的稻米景观的发展中再也没有扮演什么重要角色。

　　转眼到了 20 世纪 60 年代中期,大不相同的现代稻米故事出现了。刚组建的国际水稻研究所(IRRI)发布了"IR8 号",农民们——至少是在政府控制地区——听说了令人难以置信的作物生产力结果。有了机动水泵灌溉农田及化肥和杀虫剂的使用,农民很快对这样的主张产生了兴趣:IR8 号的产量将会翻两倍甚至三倍。紧接着,在 70 年代另一系列种子出现了。到 1994 年,大约 42 个IRRI 品种涵盖了越南所有水稻面积的 60%。自 1971 年之后,越南一些水稻科学家,比如湄公河三角洲最著名的武松春博士,与国际水稻研究所密切合作,回国之后在越南各地的水稻研究机构和大学里担任最高职位。[2] 自 1994 年之后,投入种植 IRRI 品种的土地如今增长到了 94% 以上! 因此,越南科学家、种子商及其他人所组成的新网络让相对较小的基因型"家族"重新落户于湄公河三角洲,与此同时,数百个曾经在 1930 年很常见的很多地方品种——即便不是全部——消失了,也仅限于 6% 的水稻种植区。[3]

　　如果我们把 IRRI 品种看作现代栽培品种相对比较同质的种群,那么,最令人吃惊的恰恰是这个聚合体在行动者网络的场景中多么持久。IRRI 品种在导致整个大面积种植区近乎单一栽培条件的同时,极大地提高了作物的产量。众所周知,在很大程度上由 IRRI 品种引发了对绿色革命的批评,以及对生态多样性的负面影响。然而,对于行动者网络方法,令人印象深刻的是 IR8 号及其同代亲缘品种怎么迅速地变得如此高产。

　　与上述殖民地实例相反的是,在越南国内推广 IRRI 稻米方面,美国人并没有扮演领导角色。美国的行动者,甚至是美国军队,从 1967 年开始把它引入越南,但他们在战胜栽培品种上只是最低限度地获得了成功。然而,说到湄公河

---

[1]　Henry 1906; de Vismes and Henry, 1928; Henry 1932.

[2]　Brian Lee and the IRRI 1994, 49.

[3]　IRRI 2012.

三角洲的高产稻米,他们却扮演了重要的支持角色。以菲律宾为基地的生产 IR8 号的研究网络得到了两个美国基金会的支持,并由美国科学家领导。洛克菲勒基金和福特基金在 1960 年给国际水稻研究所提供了最初的经费;而菲律宾——从前的美国殖民地和冷战时期的盟友——通过前殖民政府在内湖省洛斯巴尼奥斯创办的一所前农学院提供后勤支持。国际水稻研究所早年的历史暗示了高度集中的以美国为焦点的运作,一些资深的美国科学家和官员在那里接受洛克菲勒基金会用美元支付的薪水,跟那些在海外岗位为美国政府机构和公司工作的美国人是一样的路子。正如在其他岗位一样,美国人与他们的亚洲同事在薪水上也有很大的差别。[1]

第一个商业上可行的 IR8 号的发展,反映了这个后殖民时代机构的作用:美国人管理育种计划,来自日本、中国台湾、泰国和东巴基斯坦(孟加拉国)的科学家参与把新品种传播到各自的国家和地区。IR8 号是最早广泛分布的 IRRI 品种之一。1962 年,水稻育种专家彼得·詹宁斯(Peter Jennings)和一些本地研究助手一起,在被称作低脚乌尖或台中在来 1 号的台湾矮秆品种与高秆热带印度品种之间进行了 38 次杂交。第 8 次杂交(因此被命名为 IR8 号)涉及与一种在菲律宾深受欢迎的被称作"皮泰"(peta)的印度品种之间的杂交。从这次杂交中产生了 130 粒种子。来自第一代(F1)的种子产生了大约 10 000 个后代。第二代(F2)中更高的晚熟植物被分离开来,来自更矮植物的种子重新种植在一个稻热病菌苗圃里。在第三代植物(F3)中,那些对抗稻热病菌最强的植物被分离出来。来自 F3 的种子被种成 298 行,以产生第四代植物。在这块 F4 稻田里,在第 288 行,第 3 株植物被选择出来,成为祖先,因此被专门贴上 IR8-288-3 的标签。1965 年下半年,装着 IR8-288-3 的后代的种子袋被亚洲科学家们带回了他们国内的研究站。在菲律宾、中国香港、中国台湾和马来西亚的所有研究站,被测试的所有 IRRI 品种中,IR8-288-3 反复实现了高产,通常在每公顷

---

〔1〕 Chandler 1992,100—102.

6 000 公斤左右。[1] 因此,1966 年,绿色革命诞生了。

尽管美国科学家在菲律宾指导高产稻米基因组的发展上扮演了关键角色,但南越和湄公河三角洲的美国人在确定高产稻米上扮演了更边缘的角色,这在很大程度上是因为农村地区美国军队的大规模存在和激烈的战斗。尽管把 IR8 号转移到水稻研究站在泰国发生得颇为平静,但在越南,转运常常需要更加小心。例如,美军用直升机把几吨种子空投到西贡北边一个遭受洪灾的河谷。中国台湾农业顾问帮助农民照料 IR8 号种子,1月的收成报告显示有很好的结果。然而,就在稻谷收割之后,新春攻势开始,民族解放阵线占领了那个河谷。[2] 横跨湄公河三角洲,美国人在农村地区的存在非常稀少,以至于种植一季作物所需要的持久照料常常是不可能的。美国国际开发署的一位美国农业顾问描述了另一次失败的 IRRI 稻米试验,当时,包括 IR8 号在内的 47 个品种被种植在湄公河三角洲相对比较安全的城市——龙川附近的一个苗圃里。然而,实验农场的领导者并非来自这个地区,他没有充分认识到这个地区对深水泛滥的敏感性。洪水一来,整批种子作物化为乌有。[3]

1967—1968 年间,不是美国人,而是越南的企业家及其他的亚洲顾问,尤其是中国台湾的农业顾问,在种植高产稻上取得了最早的持久突破。在某些方面,越南农民与中国水稻专家的这种联合反映了更古老的越南农民与中国米商几百年前建立起来的那种联合。简单地说,这些人都懂稻米。他们缺少的唯一一部分知识是实验室景观,而这对于搜寻一个像 IR8-288-3 那样的品种来说是必不可少的。然而,有了种子包、机动水泵的使用以及理想地坐落于排水良好的花园带的稻田,这个由越南和中国逃亡农民、技术专家和商人组成的新网络便为 IR8 号的早期分发提供了一个强有力的基地。

尽管龙川市附近美国资助的水稻研究站没能产生新的种子,但有一个农民就在公路边上因为收获了他自己种的 IR8 号并让产量翻了 4 倍而在地方上出

---

[1] Chandler 1992,108.
[2] LBJ Library 1967.
[3] NARA-CP 1968.

了名。采访透露,他在内河港口美萩市从一个中国种子商人那里购买了几公斤种子。他把这些种子种在公路旁边一个建在自然冲积岸上的升高苗床里。他使用通过美国援助计划供应的化肥,用一个小机动水泵灌溉那块稻田。到 1968 年底,这个农民把连续两季收割的种子卖给本地稻农,从而挣了一小笔财富。越南一家地方电视台的摄制组像数以百计的农民一样探访了这个农场。前来参观这种"奇迹米"的人很多,以至于他屡次三番地抱怨有些农民夜里从他的稻田里偷种子。[1] 因此,1967—1968 年间,中国台湾农业顾问扮演了一个在某种程度上比美国人更加突出的角色,因为他们能够更自由地来往于三角洲的城镇。他们长时间在稻田里与越南农民密切合作,开发简单的技术改进。这项工作在很大程度上没有被美国人注意到。罗德奖学金学者罗伯特·桑塞姆(Robert Sansom)在给美国国际开发署的官员的一份报告中指出,仅在 1967 年底,美萩市周围的农民就购买了大约 80 000 台"虾尾"小艇发动机,把它们装配成燃气动力水泵。[2]

从 1968 年至 1975 年,与战争相关的中断屡次限制了 IRRI 品种的成功。一个前往被解放地带接受采访的农民描述了把诸如化肥这样的物资从政府控制的城镇穿过自由开火地带运输到被解放地区时所遇到的困难。高产稻大部分被限制在关键公路沿线和忠实反共地区的稻田。[3] 湄公河三角洲最著名的水稻研究者武松春博士指出,1974 年,超过 500 000 公顷或三角洲 25％的土地种植 IRRI 品种;然而,从 1968 年最早的重要栽种起,湄公河三角洲依然是稻米的净进口地区。高产品种没能投入生产,因为"开发计划者只想到一个新的实践包的分离成分,却从未想到当地人是否愿意充分利用这样的发明"[4]。换句话说,对于让 IR8 获得成功来说必不可少的行动者网络需要农民的充分支持,一个切实可行的运输体系,以及一个切实履行职能的政府。一些深受欢迎的除

---

[1] NARA-CP 1968.

[2] Sansom 1967.

[3] Biggs 2002b.

[4] Vo 1975,88.

草剂,比如 2,4-D 供应短缺,这很可能是由于对美国军队在落叶剂中所使用的那种化学制品有太高的需求。在种植的高峰季,化肥商人也经常参与价格欺诈;有一些商人给化肥掺砖粉或沙子,因此降低了肥力。最后,武松春认为,西贡政府可能夸大了种植土地的面积;其中很多土地很可能由于战争难民涌入城市而已经抛荒。[1]

仔细研究武松春博士与国际水稻研究所的合作和湄公河三角洲的高产稻米,尤其是在 20 世纪 70 年代和 80 年代,就会发现维护 IRRI 稻米的持久性和维持更高的产量是一场斗争。事实上,IR8 号从未成为启动越南绿色革命的高产基因组。它的生长季是几周,太长了,它很容易受到三角洲最凶猛的稻谷捕食者褐飞虱的侵害。如果不加控制,这种昆虫就会导致作物损失大约 60%。1971 年,美国国际开发署与国际水稻研究所签订合同,在湄公河三角洲美萩市附近建立植物育种作业。国际水稻研究所的科学家从总部引入了超过 1 000 个稻米品种。武松春博士与这个新的美国科学家和越南科学家组成的团队一起工作,其中包括国际水稻研究所的首席植物育种专家德怀特·W. 坎特(Dwight W. Kanter)。1973 年,他们发布了新农 73 号(TN73)。武松春博士随后在他所任的芹苴大学的办公室里利用一个在湄公河三角洲广播的电台节目,培训农民通过栽种 TN73 和另外两个 IRRI 新品种(IR26 和 IR30)来控制褐飞虱的技术。[2]

战争结束于 1975 年,但稻米生产依然没有改进。褐飞虱演化成了一个新的同型小种,很快就祸害了 TN73、IR26 和 IR30。1976—1977 年间,这个新的同型小种蹂躏了 700 000 公顷高产稻田——再一次威胁到这个品种的生存。在美萩市附近国际水稻研究所从前的试验田里,只有一个越南研究者留下来继续筛选不同的品种,希望找到新品种。1975 年,战争结束之后,美国的同事们都回了洛斯巴诺斯,被切断联系的武松春博士写信向同事们寻求帮助。他们给他寄

---

〔1〕　Vo 1975,102—107.

〔2〕　Vo 1995,23.

去了一个包裹,里面有 4 个小包,各装着 5 克高产品种。在繁殖一个抗虫品种
IR36 之后,一年半后从 5 克增加到了 2 000 公斤。武松春博士说服了芹苴大学
的校长,把学校关闭两个月,并派出所有学生,每个学生携带 1 公斤种子。每个
学生都上了准备苗圃和移栽的速成班。随后这个品种的成功赢得了大多数农
民,尤其是越南各级政府官员的支持。[1]

　　武松春博士的两次遭遇褐飞虱,以及他用 IR36 所取得的成功,让我们想
到,即使对于绿色革命品种来说,基因的乱交传播和抵抗不仅发生在稻米中,而
且发生在捕食者中。因此,在这里,一个单一高产稻米基因组充当了广泛经济
和生态改变的基础的观念是误导性的。在这个基因组的生存中,最重要的行动
者是那些在 1978 年被武松春博士和芹苴大学组织起来的人,后来被越南各地
的水稻研究站和农业扩展计划的专业团队所取代。国际水稻研究所在洛斯巴
诺斯的研究机构在供应新的基因组以抗击不断进化的褐飞虱上也发挥了关键
作用;但在湄公河三角洲取得的成功依赖大约 2 000 名学生的协调行动,他们把
5 克种子变成几百万吨,覆盖了 700 000 公顷土地! 几年后,随着市场导向改革
的启动,越南从净稻米进口国蜕变为世界上最大的稻米出口国之一。越南继续
扮演稻米出口领头者的角色依赖这个行动者网络的持续,而该网络构建在农
民、政治家和稻米研究机构密切合作的基础之上。武松春博士写道:

　　　　这项工作对于地区、行省和国家层面上越南领导者的影响是非常
　　明显的。当越南领导人——他们大多数是政治家——谈论发展时,他
　　们是在谈论稻米。当他们谈论稻米时,他们是在谈论来自国际水稻研
　　究所的新品种。即便是现在,如果我们不是每年都有新的品种发布,
　　那么科学家们首先会受到农民的批评,然后会受到国家领导和行省领
　　导的批评。结果,每个越南农业科学家都在千方百计地开发适合各地
　　情况的新稻米品种。此外,越南的农民,尤其是越南南方的农民,是非
　　常有市场导向的,他们始终想要新的东西。大多数越南农民想要取代

––––––––––––––––––––

[1] Vo 1995,25.

已经种植了两三个稻米季的品种,以跟上稻田里昆虫、害虫和疾病的演化。[1]

这段出自武松春博士的引文是富有洞察力的,因为它暗示了两件事情。首先,政治家、农民和水稻科学家的集中组织是继续生产能持续适应不断改变的生态条件的 IRRI 稻米新品种的必要条件。然而,当你考量这些强大的压力迫使这些水稻研究者要正确行动否则就会冒一场经济灾难的风险时,稻米是不是有可能把我们组织起来呢?换句话说,稻米基因组具有引人注目的异型杂交的能力和一些不那么受欢迎的特性。当科学家们越来越深入地研究稻米 DNA 中所包含的稻米知识时,要跟上栽培品种的演化,就需要在育种专家、植物科学家、政治家、私人企业和农民中进行越来越多的训练。因此,像 IR36 这样一个特定的基因变种可以被视为一个聚合体,这个聚合体是通过反复试验杂交品种、筛选后代,然后分离特定植物而形成的。相反,这样一个聚合体带来了一组定义非常紧密的程序,为的是维持它作为一个高产品种。一旦这些网络有任何严重的瓦解,这个品种就会退化为一个杂草亲缘植物的基因沼泽。

进入乱交的荒野

在今天的湄公河三角洲,你常常会有这样一种感觉:生活在一个繁荣的经济体中,却脆弱地栖息在灾难的剃刀边缘。稻米生产继续增长,与此同时,古老的内河小镇发展成了城市,有些城市如今有 100 万以上的居民。三角洲最大的大学芹苴大学资助 1 000 名学生在诸如稻米科学、机械工程学、水文学和信息科学这样的领域攻读博士学位,他们来自国际上受到赞誉的学校。很多像武松春那样的博士来到这里,在 1978 年致力于把三角洲从褐飞虱的危害中拯救出来,如今有数以百计受过专业训练的稻米科学家。对三角洲 2 000 万人中的很多人

---

〔1〕 Vo 1995,27.

来说，未来看上去比过去任何时候都更加光明、更加和平，但依然有一些严重的关切，主要是环境方面的。湄公河三角洲是世界上最平坦的三角洲之一——高出海平面的距离每一百公里只上升 1 米左右，而且海平面也在上升。在湄公河上游，各个不同的国家和私人公司争相计划在湄公河主流上修建水力发电的大坝。谁也不能完全肯定，这种受到控制的江河流动将会对下三角洲产生什么样的影响，但很多人担心泥沙减少、盐度增加和沉陷。最后，化肥和杀虫剂对稻田的持续改变，以及对水的普遍拦蓄，意味着野生鱼类种群严重减少。曾经无处不在的鲇鱼如今在洪水淹没的稻田里很难找到。鱼苗必须要么从上游的柬埔寨进口，要么在高技术的孵化场里从鱼卵中孵化。稻米的地方品种依然可以在一些本地市场上找到；尤其是在稻米期货价格很低的那些年里，稻农们喜欢种植地方品种，它们需要的昂贵花费的输入更少。然而，向机械化农业和高产收获体系的转变使得大多数年轻人进城找工作。关于传统育种技术、传统工具的名称和古老地方品种的知识随着老一代的离去而枯竭。三角洲的社会变得更多地而不是更少地依赖由国际水稻研究所、国家水稻研究机构、跨国粮食公司和全球贸易网络构建起来的行动者网络。

然而，如果过去的农民观察今天的稻米，他们可能会斥责我们，说种植水稻一直就是一场斗争。这倒是真的，更多的土地在 1900 年之前是荒野；然而，研究稻米基因组所取得的进步至少在遗传层面上开拓了一个荒野的新世界。尽管地方品种可能显示出越来越多的人类干扰的迹象，但稻米及其他很多诸如褐飞虱这样的生物都显示了令人难以置信的进化和繁殖能力。只要 5 克种子就足以在一两年内产生几千公斤的种子。那么，在稻米的乱交中，至少有一种持续的野生潜能。对湄公河三角洲及其他地方的稻米遗传生态多样性的关切促使国际水稻研究所和越南的新一代研究者成为各种各样的生物勘探者，搜集幸存的古老地方品种、野生稻（鬼稻和药用稻），尤其是高秆地方品种。不断上升的海平面、不断进化的害虫生态，以及不断改变的洪水模式，像过去一样挑战着今天的稻米育种专家。你甚至可以说，栽培品种的种子封装了与维持其行动者网络相关的知识，而野生品种和杂草品种的种子则封装了野生的潜能。因此，一种集中于谷物的稻米观,不仅指向维护它所需要的大规模网络,而且让我们想到稻米的历史是一部活的历史。在稻种、稻田和稻米经济之内,有一种持续的生态紧张。

戴维·比格斯

第六章

塞拉利昂地区的红稻和白稻：
关联了奴隶制、解放和择种的历史

　　本章记述的是卡罗来纳米自 18 世纪末引入塞拉利昂废奴主义定居点周围的社群。废奴主义者试图鼓励栽培白皮稻米，因为这种稻米被认为在出口市场上更受欢迎。卡罗来纳米是白色的。这种作物大多数种植在弗里敦以北地区的奴隶庄园里，在那里，它取代了更早为大西洋奴隶船生产的非洲红米。随后卡罗来纳米似乎传播得更加广泛，大概是奴隶叛逃的结果。自由的农民为了本地使用而重新选择之后，它变成了红色的，这是一种在塞拉利昂周围地区更受青睐的颜色。[1] 因此，我们的记述描述的是塞拉利昂周围地区大约 150 年内在商品化的压力下种植的稻种类型的改变。首先，我们将概述 18 世纪晚期和 19 世纪初从非洲稻米到亚洲稻米的转变，当时，奴隶贸易走向终结，合法商业取而代之。然后，我们将勾勒 19 世纪晚期和 20 世纪初卡罗来纳米在农民的选择之下被改变的梗概。这个第二次改变代表了稻米作为国际贸易中的一种商品被重新加工为更适合本地需要的产品。在其他地方，这种产品被称为反商品。[2] 在这一章我们将努力针对稻米说明这个过程。

　　由于论证的跨学科复杂性，因此，我们先给读者提供某个初始化语境。首先，有必要解释"红"米和"白"米这两个术语的使用。西非有两个截然不同的稻米品种——非洲稻(Oryza glaberrima)和亚洲稻(O. sativa)。[3] 非洲米通常有

---

〔1〕　这一偏好特别适合塞拉利昂的周边地区。在西非的其他地方，例如几内亚比绍，白米是首选。

〔2〕　Maat，本书第十五章。

〔3〕　据一位权威人士说，大约三千年前，非洲稻在尼日尔的内陆三角洲被驯化(Porteres 1962)。这一推测得到了最近的一些遗传学证据的支持(Li et al. 2011)。据报告，乍得湖盆地早年有野稻的消费(Klee et al. 2000)。驯化的选择压力可能已经发生在西非的广阔地区(Harlan 1971)。

一层红皮(或者更准确地说是非白色的皮)。[1] 亚洲米的品种有白皮和红皮两种类型。国际贸易中的亚洲米往往是白色的,因为这是厂主和商人青睐的颜色。[2] 本地消费的很多亚洲米品种是红色的。因此,红皮既可以在非洲米中找到,也可以在亚洲米的印度变种和日本变种中找到。表皮的颜色一直是一个理想的指标,因为白色是基于单一的基因突变体。[3] 实际上,颜色并不是种或亚种的判断性特征,我们需要结合其他不那么突出的指标来判断。这些其他指标(在上西非)包括谷粒尺寸(非洲稻在本章所涵盖的地区往往有更小的谷粒)、农场位置(亚洲稻被种植在——至少是最初——低地,非洲稻种在山上),以及营养特性(非洲米被认为更优,今天的稻农依然持有这一观点)。

第二个语境要点是要解释我们对日本稻米的兴趣。在对西非沿海地带稻米品种的更多研究过程中,我们对稻农所选择类型的坚实性和黏度进行了评估。[4] 具体地说,提出了西非稻农的品种是不是被广泛采用的问题。一个支持现代品种的论证是,这些品种是为了广泛使用而被选择的。有时候稻农的品种被认为只有在本地生态龛才表现良好。我们想要检验这个假说。典型的稻农品种是从塞内加尔和多哥收集来的,并对基因型 x 环境(GxE)相互作用进行了评估。很多稻农品种显示出很低的 GxE,这意味着它们在范围广泛的环境中生长得很好。有一组品种在一个地区作为一个例外而表现突出。这就是来自塞拉利昂的日本稻米组。这些稻米显示了很高的 GxE 反应,这意味着它们局限于特定的生态龛,大概是因为在我们的样本中它们的引入比其他亚洲稻米更晚近。因此,关于这组稻米在塞拉利昂废奴主义定居点附近的沿海地区的历史,我们想知道得更多。本章提供了我们在这个主题上的发现。

在此提出一个进一步的要点很合适。卡罗来纳米引入塞拉利昂在 18 世纪

---

[1] Gross et al. (2010)报告了非洲米的一个白皮变种(rc-gl 等位基因),并提出,这可能发生在白皮亚洲米引入西非不久之前,因此抑制了变种的广泛传播。

[2] 据 Grist (1975,409)说,"稻米的现代品味……首先要求外观,这样一来,味道和健康为了洁白的外观而被牺牲掉了"。

[3] Sweeney et al. 2007.

[4] Mokuwa et al. 2013.

晚期和 19 世纪初的文献材料中得到了很好的证明。我们对后来阶段——适应本地使用——的记述更具猜测性。这部分程度上源自关于褐色（逃亡奴隶）社群及其从 19 世纪下半叶起转变为自给自足的农民，只有有限的文献信息可用。我们并不试图隐藏这个故事后半部分的缺口。这里提供的是一个貌似有理的梗概，被来自历史学、人类学和作物科学的数据所检验。特别是，关于塞拉利昂农村当前日本稻米的分子生物学信息给了我们一条端线，凭借这条端线，关于稻米作为一种商品的历史发展和地区发展的信息可以得到进一步的评估。

稻米在西非

西非的稻米可以在两个主要地点找到。它与热带稀树大草原的大河谷相关联，从毛里塔尼亚到乍得湖，在那里，它如今常常是女人的作物。[1] 它也是上西非沿海地带（从科特迪瓦到塞内加尔）的主粮，今天主要由农民家庭种植。

在沿海地带实践两种主要而不同的水稻种植：一是种在沿海红树林沼泽土壤里，二是种在内陆高地里。在上西非的稀树大草原部分，海岸稻米尤其与红树林湿地相关联。卡萨芒斯的朱拉人是这种形式种植的开拓者。[2] 另外一些群体，比如几内亚的巴加人，早年可能也在红树林沼泽地带栽种一些稻米。[3] 然而，霍索恩已证明，在几内亚比绍的巴兰特人中间，大规模红树林沼泽水稻种植只是在大西洋奴隶贸易期间才发展起来的。清理红树林和修建堤坝以排出咸水使本地农场劳工变得更有价值，因此让人们更有动力不把巴兰特族年轻人卖为奴隶。[4]

红树林沼泽地带种植的稻米类型千变万化。巴兰特族水稻种植者是输入

---

〔1〕　Carney 1993a，Nuijten 2010.

〔2〕　Linares 1992，2002.

〔3〕　Fields-Black 2008.

〔4〕　"这个雄性化劳动体系［为了给圩田修筑堤坝］出现在农业革命期间，其催化剂是大西洋奴隶贸易。"（Hawthorne 2003，152）

的亚洲稻米类型的早期使用者，"大西洋商人在16世纪把这些品种引入西非"，而迪奥拉族（朱拉人）只种植"普通稻米，很小"，但有暗色表皮和"很好的味道"。[1] 后两个特征表明其是非洲品种。

上西非沿海地区的红树林湿地稻米导致了一大批令人印象深刻的学术研究文献。[2] 然而，红树林湿地稻米作物在地方上可能不如干旱地带的非洲稻米产出那么重要。[3] 旱地水稻种植体系涉及在不同的高度和日期根据从山顶到河谷沼泽的连续展宽，种植特定的品种。[4] 这是大西洋贸易鼎盛时期供给奴隶船的一个主要稻米来源。[5] 贸易额更高的奴隶船有时候把小艇派到塞拉利昂或大角山去购买红米。

尽管这一贸易是野蛮的，但奴隶船的船长们都知道，有必要把俘虏们喂得饱饱的，因为这影响他们到达时的身体状况，因此也影响利润。买非洲红米是因为它在上西非各地都是一种重要的主粮，而且很容易得到。十分错误的是，它被认为比白米更不可能导致"血痢"（痢疾），这是奴隶船航行最大的危险之一。[6] 非洲红米还被认为（貌似更有理）在营养上优于亚洲米，有时候被带到船上既给奴隶吃，也给船员吃。[7] 废奴主义者托马斯·克拉克森（Thomas Clarkson）写道："非常奇怪的是，这种米应该比任何其他国家的米在味道上更好、更实在、更受欢迎，而且能够储藏。"[8]

---

〔1〕 Hawthorne 2003,159.

〔2〕 例如，Fields-Black 2008,Hawthorne 2003,Linares 1992,Littlefield 1981,Sarró 2009。

〔3〕 Grist (1975,179)指出，"旱地稻的种植占全世界稻米产区将近1/4的面积，尽管它很重要……但从种植者和调查者那里得到的关注远远少于它应得的"。

〔4〕 Richards 1986,28—44.

〔5〕 奴隶船"桑当"号的船主塞缪尔·冈贝尔（Samuel Gamble）在1793年11月12日的航海日志中记录，他"在船上接收了一吨半红米"（Mouser and Gamble 2002,86）。

〔6〕 Rediker 2007,271—272,274. Richards 1996a,217.

〔7〕 1796年从塞拉利昂（邦斯岛）驶往查尔斯顿的奴隶船的船员"整个航程……靠红米和腌牛肉为生"（Mouser 1978,260）。

〔8〕 转引自 Winterbottom 1803,55. 托马斯·杰斐逊在蒙蒂塞洛为了试验而进口非洲稻种，并把它们分发给种植园主，以改善奴隶的生活（Richards 1996a,216—220）。

白米与废奴

一群以格兰维尔·夏普(Granville Sharp)和威廉·威尔伯福斯(William Wilberforce)为中心的福音派基督徒带头努力,试图说服英国议会废除大西洋奴隶贸易。重要的一步是 1787 年为了养活奴隶而在塞拉利昂建立一个定居点,就在 18 世纪晚期一个重要的奴隶输出地区的中心。夏普计划的第一个塞拉利昂定居点(格兰维尔镇)失败了,并被一家胆敢打算为奴隶解放提供经济基础的公司所取代。第二个定居点(弗里敦)的总督(在 1794—1799 年间的不同时期)是苏格兰废奴主义者扎卡里·麦考利(Zachary Macaulay)。麦考利在格拉斯哥接受贸易训练,在西印度公司学习种植园管理,把他的商业才能和会计技能应用于这个婴儿期殖民地的经济生存问题。1808 年,在宣布大西洋奴隶贸易为非法的议会法案获得通过之后,弗里敦定居点成了一个英国皇家殖民地。麦考利通过担任继任总督托马斯·拉德勒姆(Thomas Ludlum)的顾问,并通过他在伦敦的贸易商行麦考利与巴宾顿公司,维持了他与塞拉利昂的联系。[1]

麦考利的建议的一个焦点是,必须发展出口导向的农业。塞拉利昂不是一个农业殖民地,其地形不利于农业。劳动力供给也是一个问题,因为奴隶制被取缔了。麦考利提议建立契约劳工体系来取代奴隶制,但被批评为换个名字重新引入奴隶制。无论如何,那些通过定居弗里敦来获得自由的人宁愿要贸易。总之,这个婴儿期的殖民地产生农业出口的潜力很小。然而,它可以成为一个农业贸易的中心,并刺激周边地区的农业出口。麦考利考虑了咖啡、靛蓝和棉花。稻米也有吸引力,因为弗里敦仍然是周边地区船运粮食的一个相当大的市场,其中有些粮食还可以再出口。麦考利明显希望这样的出口从奴隶船转到粮

---

〔1〕 托马斯·巴宾顿(Thomas Babington)是麦考利的姻兄,也是他与克拉珀姆教派联系的最初一环,那是一个致力于废奴主义事业的福音派基督徒团体。

食供给上。然而,他和拉德勒姆都很清楚,伦敦的商品市场不会接受红米。这个计划要想成功,弗里敦就必须代理白米的出口:

> 看来重要的是要向[非洲酋长们]指出他们从普遍种植白米而不是红米中将会得到的好处,因为那样一来,可以很容易地为他们生产的多余白米获得一个出口,要么在英国,要么在西印度群岛;白米品种是一种可销售商品,而红米尽管作为粮食同样有用,但在非洲之外不会找到销路。[1]

麦考利提供了"概念证据",正当废奴法案被提交到议会的时候,进口了100吨来自塞拉利昂周边地区的白米,为此,他申请了一笔由非洲研究所提供的奖金。[2] 这次船运总量相当于议会对每年供给奴隶船的红米商品出口所估计的总量的10%～15%。[3]

种子从哪里来? 作为伦敦的一个商人,麦考利会跟白米出口地区签订合同,但我们没有找到证据表明他把白米引荐给西非的种植园主。一个更有可能的来源看来是南卡罗来纳。有几个常住奴隶商人是美国人,他们与南卡罗来纳的水稻种植园主有直接联系。从1806年至1812年定居彭戈河畔的德国传教士利奥波德·布彻神父(Leopold Butscher)报告,卡罗来纳米大约在他到达这里十年之前就被引入该地区,他还补充道,它被分离地种植在天竺草地上经烧垦出来的田地里,而且"当地人认为它并不像他们自己的稻米那样有营养"[4]。

---

〔1〕 麦考利1807年5月8日致卡斯尔雷子爵阁下(Macaulay 1815, Appendix p. 35)。麦考利于1807年2月26日致拉德勒姆(塞拉利昂总督):"看来十分重要的是,应该为非洲人可能种植的稻米提供一个便利的市场,但我担心红米在非洲之外找不到销路。是不是有可能劝导本地人完全种植白米呢? 因为这种稻米如果适当清洁的话,有可能在西印度群岛,甚至在英国获得市场。"(Macaulay 1815, Appendix, p. 19)。

〔2〕 非洲研究所(1807—1827)是一个鼓吹奴隶解放和非洲发展的重要团体,与王室成员、国会议员和最重要的废奴主义者有关联。奖品是一个价值50几尼的银盘,当废除奴隶制法案被提交到议会面前时颁发(1807年)。

〔3〕 "每年为船只和工厂的消费而购买的数量可能为700～1 000吨"(18世纪下院会议文件,第69卷,乔治三世:*The Report of the Lords of Trade on the Slave Trade* 1789, Part I, 66, 71[Sheila Lambert编])。

〔4〕 Mouser 2000.

有两种主要类型的卡罗来纳米：卡罗来纳白米和卡罗来纳金米。[1] 金米的命名是因为谷壳的颜色，而不是表皮的颜色。卡罗来纳米被认为起源于印度尼西亚（因此大概是热带日本米）。卡罗来纳金米很难种植，因为它的秆很高，容易倒伏。卡罗来纳白米看来应该是种植更广泛的品种。19世纪20年代中期定居在彭戈河畔的奴隶商人西奥菲勒斯·科诺（Theophilus Conneau）很熟悉本地的卡罗来纳米，他报告，该米粒比非洲米更白，尽管坚实度和味道要差一些。

卡罗来纳米的谷粒形态不同于通常被认为是日本米特有的那种形状。一位权威人士区分了三种主要的米粒形状："又长又瘦的圆柱粒，被称作巴特那"（印度米）；"短而粗的米粒，被称作西班牙-日本粒"（典型的日本米）；"相对较长较粗的米粒"。[2] 这种较长的米粒形态在今天塞拉利昂种植的日本米当中依然尤其常见，并被解释为源自18世纪卡罗来纳米的证据。

关于这些现代长粒日本米的一个不解之谜是，今天它们大多有红色的表皮。我们的论证是，卡罗来纳米在逃出19世纪初的奴隶种植园并被农民所接纳时成了红色的。在本章稍后部分，在分子生物学证据的支持下，我们将为这样一条轨迹提供一个概要。在这里，只要指出下面这一点就足够了：在18世纪90年代，白米和红米被种在截然不同的地方。布彻神父区分了种植卡罗来纳米的天竺草地区域和"灌木丛生的地方……[本地农民]把这些地方用来种植他们自己的[稻米]品种"，由此他给我们提供了一个证据证明异型杂交屏障强大到足以保持卡罗来纳米是白色的，至少在一段时间里是白色的。天竺草地不适合农民的种植方法。被有根茎的天竺草占据的土壤肥力很低，很难耕作。今天，在塞拉利昂中部和西北部的种植通常需要租用拖拉机。[3] 在机器时代之前，只有拥有众多奴隶的地主才有可能尝试这项任务。在弗里敦废奴主义者的鼓励下，白米成为一种与新近出现的奴隶种植园相关联的商品。

―――――――――

〔1〕　Tibbetts 2006.

〔2〕　Grist (1975 [1953],95) cites C. E. Douglas, *Journal of the Royal Society of Arts*, July 18, 1930.

〔3〕　Stobbs 1963.

作为一种非洲奴隶种植园作物的稻米

18 世纪晚期欧洲访客在塞拉利昂周边地区最早观察到的水稻种植的基本模式是社区性的和生存导向的。约翰·马修斯(John Matthews)是塞拉利昂河上的一位旅行者,他评论道:"塞拉利昂及周边地区的本地人……种植水稻几乎完全是为了满足他们自己的消费需要。"他还补充道:"山坡通常是他们种植水稻的首选地。"[1]据 18 世纪 90 年代定居弗里敦的托马斯·温特伯顿(Thomas Winterbottom)说,每个村庄种植一块大稻田,共享收成,把稻谷倾倒至本村酋长的身高,作为他的份额。然而,温特伯顿还注意到,奴隶干活的私人农场开始在这一地区出现,尤其是在富塔贾隆的富拉人当中。[2]

以奴隶为基础的种植园似乎也在弗里敦以北的沿海平原上迅速而大规模地发展起来。在 1720 年建立的曼丁哥人的莫里亚国,奴隶被分为两类(正如在别的地方一样)。家庭奴隶常常出生于本地,生来就是奴隶身份,而且部分程度上被同化了。农场奴隶来自莫里亚之外,是战俘或新近买来的。他们被分派到偏远的种植村庄,在那里受到严密的管教和监视。他们很少有权利,时刻有被卖给大西洋贸易商的危险。

马修斯估计,这一地区大约 3/4 的人口被迫成了奴隶,他评论道:"曼丁哥人当中一些重要人物拥有 700～1 000 个[奴隶]。"[3]但他也注意到,"在彭戈河周边地区,他们一年收获三季稻米;一季种在山上,两季种在被河水淹没的平原"[4]。山(红)稻将被直接运到奴隶船上,但每年"来自平原的两季[作物]"给

---

[1] Matthews 1787,23,55.

[2] "尽管每个村镇都有自己的种植园,但允许个人为他们自己个人使用而种植其他的地方,他们经常这样做,为了这个目的,有时候使用他们自己的劳动,但通常是使用奴隶。这个惯例在弗拉人当中非常盛行,结果,那里的土地开始被认为是……私有财产……再分成种植园……"(Winterbottom 1803)

[3] Matthews 1788,149.

[4] Matthews 1788,56. 布彻提到了每年种植三季卡罗来纳稻米的可能性(Mouser 2000,5 [no pagination])。

剩余提供了出口,通过这个出口向弗里敦供应卡罗来纳白米,麦考利希望把它出口到国外。

奴隶种植水稻是作为一宗临时事务开始的。预定供给大西洋贸易的奴隶被临时投入种植粮食的工作。马修斯注意到,"战斗中抓获的每个俘虏要么被处死,要么作为奴隶留下来……那些在稻米季开始之前被俘的人……被留下来去耕种稻田;收割之后再把他们卖给……海边的部落……"[1]自 18 世纪 60 年代的高峰时期(在这十年里,从塞拉利昂周边地区输出了超过 100 000 名俘虏)之后,出口下降了,在 18 世纪 80 年代这十年里下降至不到原先的一半,这部分程度上是因为美国革命期间进口减少了。[2] 搜捕奴隶的军阀如今得为他们没有卖掉的俘虏想出新的工作形式。到 18 世纪 90 年代,奴隶拥有者都在扩大经营范围,为塞拉利昂的废奴主义定居点供应白米。

正如温特伯顿在富塔贾隆观察到的,一个更正式化的奴隶种植园体系如今开始出现在沿海平原上。沿海地区的农场奴隶越来越多地主张自己有权利不被卖到海外。在这些权利受到侵犯的地方,正如在有些情况下,捏造巫术或用其他犯罪指控一个作为借口,奴隶拥有者把奴隶卖给大西洋贸易商,逃亡或当场造反的风险就会随之增加。[3] 1785 年,莫里亚的布隆族、巴加族和泰姆奈族奴隶有过一次大起义。[4] 反叛者得到了邻近的苏苏人的松布亚国的暗中支持。一个逃亡奴隶社群在扬格科里扎下了根,那是内陆丘陵山脚下的一个营地。最后,松布亚国和莫里亚国苏苏族及曼丁哥族的奴隶拥有者联合起来,在

---

〔1〕　Matthews 1788,147.

〔2〕　34. Rashid 2000,663.

〔3〕　例如,关于塞内冈比亚的奴隶叛乱,参见 Richardson (2001)。理查森认为,把已经获得权利的奴隶卖给大西洋贸易商是引发反叛的触发器。关于社会去阶层化的过程,参见 Lockwood (1990),关于它应用于塞拉利昂最近的叛乱,参见 Richards (1996b)。

〔4〕　在对扬格科里叛乱的记述中,关于其社会构成有一点变化。Nowak (1986)和 Rashid (2000)强调农场奴隶的作用。Mouser(2007)强调家庭奴隶也参与了。如果去阶层化论证有效的话,我们就应当寻找侵蚀这两个奴隶阶层的权利的因素。

1796 年摧毁了那个营地。[1] 贸易竞争对手之间这次意料之外的结盟本身暗示了以奴隶为基础的农业生产对整个地区日益增长的重要性。

更古老的贸易模式——来自内陆的商队用船把牲畜、毛皮、稻米、奴隶和黄金运往下游,再换回食盐、棉布以及进口的武器及其他欧洲商品——远非一夜之间就改变了。莫里亚和松布亚的统治者继续把奴隶和红米卖给沿海地区的欧洲商人和美洲商人。西奥菲勒斯·科诺发现这一贸易在 19 世纪 20 年代依然活跃。[2] 但是,从 1808 年起,英国皇家海军的一个反奴巡逻队驻扎在弗里敦。来自周边地区的奴隶船不断减少,与此同时,弗里敦的发展要求新的粮食供应来源。马修斯所说的莫里亚种植园主能够从耕种其杂草平原中得到的每年两季的额外收成对于合法贸易似乎是(正如麦考利所希望的)一个恩惠。

莫里亚(以福雷卡里亚为首都)是最直接地与弗里敦殖民地有贸易接触的政体。地主阶级在主要家族提供的候选人中进行选择,从而选举出一个最高统治者。1803 年,莫里亚接受了阿尔马米·阿马拉(Almamy Amara)的统治,尽管对他的合法性和能力并非没有争论。在接下来的二十年里,阿马拉成了莫里亚的政治强人,以及英国人政策的一个坚定反对者。1807 年之后,他依然因为奴隶而顽固地与美洲市场保持联系,同时念念不忘他所认为的英国人试图取代他对莫里亚的控制。实际上,阿马拉陷入了几组互相矛盾的市场信号中。他的部分财富来自继续参与奴隶贸易。但越来越大的部分来自向穿过莫里亚领土前往弗里敦商业中心的贸易商队征税。其中很多商队运送的是新的卡罗来纳白米。

分享贸易利益把阿马拉和弗里敦当局带入了围绕奴隶解放而产生的冲突

---

[1] Mouser 1979,80. 松布亚的芬丹·莫都(Fendan Modu)于 1802 年告诉理查德·布赖特(Richard Bright):“他通常生产 100 吨盐,种植 100 吨稻米,还不包括他自己的消费。”这必定要花很多的劳动力,并暗示,到那个时期,奴隶生产已经得到很好的保护。

[2] Conneau 1976. 科诺为一个非欧贸易商芒戈·约翰(Mongo John)工作。1826 年 11 月 30 日,一个富拉人的商队抵达,带来了黄金、40 个奴隶、象牙、蜜蜡、3 500 张阉牛皮和 15 吨稻米。“我们以每磅一分钱的价格购买了这些稻米。”[每吨 22 美元,占所携带商品的大约 4%]兽皮和稻米首先被接受,“因为这些商品通常被用来换盐”,富拉人为了他们的牲畜需要这些盐。

之中。在 1814 年的一次冲突中，一个来自莫里亚的大商队带着稻米和牲畜抵达弗里敦，随后，很多莫里亚搬运工逃离他们的主人，向［总督］麦克斯韦尔（Maxwell）请求保护。阿马拉试图解决这个僵局，他给麦克斯韦尔寄了一封措辞激烈的信，他在信中坚决捍卫他在奴隶贸易中的利益。[1] 他自己的偏好是继续给奴隶船供应红米，但弗里敦殖民地的白米需求对莫里亚的很多地主来说越来越有利可图，而正是这些地主推选他为酋长。跟这些利益作对，就要冒动员反叛者夺取权力的风险。

到 1821 年，英国殖民地收到的白米超过 2/3 来自莫里亚和松布亚的种植园。其中大多数来自忠诚于阿马拉的地区，但在抵达弗里敦之前必须穿过有争议的土地。当科伦泰河（大斯卡西斯河）畔一个反叛的苏苏人的附庸城镇库库纳继续船运白米到下游的弗里敦时，这些争议地区的贸易紧张就爆发为公开的冲突。阿马拉决心让库库纳叛乱者乖乖听话，于是和坎比亚下面一个既有布隆人也有泰姆奈人的马格比提城镇的曼丁哥族酋长结成同盟，封锁了科伦泰河。他还威胁洛科港——对弗里敦来说是一个关键的贸易节点——的莫里巴人，如果不停止销售白米的话就发动战争。

担心威胁到它的粮食供应，弗里敦觉得有必要采取行动。格兰特总督派亨利·里基茨（Henry Ricketts）少校和奥斯丁（Austin）中尉去福雷卡里亚，要求阿马拉重新开通公路，并允许种植白米。阿马拉提出的借口是，所有商品的贸易在内陆都停止了，因为莫里亚人担心贸易竞争对手达拉·莫杜的伏击。但他也承认，要求改变的压力正变得越来越难以抵抗。大西洋奴隶贸易正处在最终的缩减中，红米的吸引力正在减弱。阿马拉向英国人举起了白旗。具体地说，他如今声称要积极地推荐种植白米。

---

〔1〕　Mouser 1973.

19 世纪晚期的农场奴隶制和自我解放

在协调奴隶制与新商品贸易上面对困境的不只是阿马拉。废奴主义在商业上的成功还取决于一个矛盾——内陆奴隶生产的战略粮食供应。官员们并不清楚如何解决这个问题。麦考利想到了给酋长们提供赏金让他们解放奴隶，但他认识到，为了赏金而猎捕可能扩大奴隶搜捕并且让殖民地破产。拉德勒姆担心贸易，如果以奴隶为基础的种植园经济崩溃的话："他们会织自己的衣服，种植自己的烟草，熔炼自己的铁，重新拿起他们的弓箭。"[1]在拉德勒姆看来，回归生存经济预示着野蛮。

这样的反转并没有发生，但奴隶制也没有消亡。莫里亚的种植园体系比拉德勒姆和麦考利所预想的更适应粮食经济。直至 19 世纪中叶，为弗里敦生产白米和为富塔贾隆生产红米依然是组织良好的内陆经济的基础。

1842—1843 年间，威廉·库珀·汤姆森（William Cooper Thomson）神父作为弗里敦派出的特使，穿过莫里亚去富塔贾隆，他注意到，"农场占据了很多空间……由奴隶种植"，而且，"对殖民地的稻米出口"弥补了奴隶贸易的下降。库昆纳以北，由于三年蝗灾，贝纳人的地区稻米供应短缺。但据说有很多人在囤积供应，"希望从［科伦泰］河对岸的邻近地区购买奴隶，那里的人比他们自己过得更艰难"[2]。一些精明的奴隶主已经在行动，抱着这样的预期：一旦蝗虫离开，种植园经济很快就会反弹。

然而，大约就在这一时期发生了奴隶叛乱的新插曲，并且产生了长期持续的后果。以赛玛利·拉希德（Ishmael Rashid）描述了库昆纳如何陷入了长期持续的比拉利（Bilali）叛乱（1838—1872）。[3] 库昆纳的统治者阿尔马米·纳米

---

〔1〕 Ludlum to Macaulay,1807,in Macaulay 1815,50—51.

〔2〕 Thomson 1846,113,110,123.

〔3〕 Rashid 2000,673—677.

纳·舍卡·敦布亚（Alimamy Namina Sheka Dumbuya）的儿子和一个科兰科女奴隶生下了一个家庭奴隶比拉利，比拉利的父亲去世之后，统治者却拒绝给他之前答应过的自由。他逃离了库昆纳，在拉米纳亚的通科·林巴人的地区建立了一个逃亡奴隶的庇护地。[1] 林巴人是一个自由的农民群体，很少使用奴隶制。有了林巴人的支持，比拉利能够在三十多年的时间里抵挡多次坚定的进攻。

这场冲突吸引了来自其他地区，甚至远至曼德人地区的参与者，给这一地区的贸易（尤其是它的粮食出口）造成严重损害，以至于弗里敦的英国人屡次三番试图从中调停，促成和平。总督约翰·波普·轩尼诗（John Pope Hennessey）根据爱德华·威尔莫特·布莱登（Edward Wilmot Blyden）的建议采取行动，最终在1872—1873年间以中间人的身份做了一次妥协安排，重新开通往弗里敦的贸易通道。比拉利的敌人们承认他为自由而战的权利，只要他不把拉米纳亚作为逃亡奴隶的庇护地（一个"新的弗里敦"）来经营。但是，到19世纪70年代晚期，"莫里亚陷入了又一轮内部冲突"[2]。随着莫里亚拥有奴隶的精英阶层被内斗所削弱，自由农民和自我解放的奴隶的空间扩大了。作为地区稻米贸易的枢纽，在人种上由苏苏族种植园主和林巴族农场主组成的混合地区库昆纳成了一个焦点，不仅是争取政治自由的斗争的焦点，而且是本地人试图重新定义种子技术的焦点。

自由农民和自我解放的奴隶群体提供了一个管道，让种子从弗里敦以北的种植园走廊运出来，进入杂草覆盖的、有时候不可到达的杂草地（boliland，译者注：boli是一个泰姆奈语单词，指的是这样的土地——它们在雨季被洪水淹没而在旱季则又干又硬，只能生长杂草），一直向东南延伸。这个地区就取名博利（boli），是季节性地被洪水淹没的杂草洼地，在弗里敦后面辽阔的沿海平原上与一套古老的泻湖体系相关联。然而，这片杂草地带不只是包含博利。它事实上是一个有着范围广泛的生态龛地区，既有湿地也有旱地，适合决心坚定的种植

---

　　[1]　拉米纳亚大约在小斯卡西斯河（卡巴河）畔库昆纳的东南东（ESE）大约40公里处（Garrett 1892）。

　　[2]　Rashid 2000，676．

者去那里殖民。[1] 它的一些更孤立的幽深处在 20 世纪 90 年代塞拉利昂内战期间为一些反叛团体提供了庇护所。[2] 几内亚草原和森林小岛中一片人口稀少的马赛克地区似乎特别适合卡罗来纳稻米,布彻最早把这种稻米与彭戈河沿岸的草地联系起来。拉米纳亚及周边地区自我解放的农民着手让种植园经济的种子适应今日塞拉利昂很多低地发现的小规模生产体系的要求。

弗里敦基于奴隶的粮食供应的一个新来源

在审视这些"从低到高"的种子更改的证据之前,我们先把基于奴隶的粮食供给体系追溯至家庭奴隶和农场奴隶总体解放的那个时间点。从 1882 年起,英国人和法国人确定了一条贯穿种植园地带的国际分界线。这次定界是在法国人试图让内陆商队改变路线从而远离弗里敦并转向新港口科纳克里的努力下完成的。新边界塞拉利昂一侧的泰姆奈族和苏苏族的奴隶拥有者感觉到了关税壁垒和内陆奴隶进一步反叛的威胁,开始转移他们的资产,使之更靠近弗里敦的稻米市场及其提供的英国人的保护。在这之前,他们发现了一个简单却巧妙的技术,可以利用小斯卡西斯河与大斯卡西斯河下游河段迄今为止被忽视的硫黄含量很高的红树林湿地。[3] 这项技术涉及在旱季通过每天抽吸潮水的方式保持土壤潮湿,并延迟栽种,直至最早的雨季期间河里上涨的淡水洗去多余的盐分。高秆稻米品种(在邻近的淡水沼泽与江河梯田里培育)被移栽到河边泥沼中,并随着洪水的不断下降而成熟。

红树林湿地土壤的最初开发所需要的资本和劳动超乎像林巴人那样的自

---

[1] Stobbs 1963.

[2] 例如,叛乱基地在罗索斯(桑达·腾达伦酋长领地)和耶利马(卡马耶酋长领地)。

[3] 微咸的红树林湿地土壤不可能用沿海更北的地方发现的盐排除(筑坝)技术来管理。这些土壤包被细菌(氧化硫硫杆菌)氧化的硫黄,一旦土壤湿气水平减少到大约 50%～60%时就马上被氧化(Grist 1975,22)。圩田化导致干燥土壤严重变酸。

由农民群体所拥有的。只有那些拥有大量奴隶以及在这些土地能够生产出之前养活奴隶的资源的地主，才能承担这样的任务。[1] 红树林湿地从最初的清理到腐烂再发展到足以开始种植，这一过程需要三年的时间。在第一次世界大战开始之前的二三十年里，这个地区的大部分土地已被开垦成有利可图的水稻种植园，并通过江河与沿海的船运路线与弗里敦市场联系起来。英国当局向种植园主们敞开了帝国白米的粮仓。1911—1912 年间，在小斯卡西斯河畔的曼博洛，对来自英属几内亚、印度和锡兰的稻米品种及本地品种组织了一次对比试验。[2] 殖民当局还通过转移奴隶解放的压力帮助了种植园主。从前用奴隶劳动来养活废奴主义定居点的妥协在 20 世纪前三十年里成了新近成立的塞拉利昂殖民地和受保护国的首都粮食供应的基础。

1905 年，法国人在他们的西非殖民地废除了奴隶制。1898 年，殖民政府受到一次酋长起义的威胁，一些官员认为，触发这次麻烦的是威胁要在新近宣告成立的受保护国强制推行殖民法律（及其反奴隶制法律）。买卖奴隶停止了，但那些生而为奴的人被告知只有下一代才会生而自由。有一个关切是要避免一举解放所有奴隶可能导致的索赔主张。但红树林湿地对弗里敦的稻米供应变得越来越至关重要，在第一次世界大战的头两年翻了一倍。[3] 弗里敦是大西洋船运的重要一站，战时这座城市的稻米需求增加了。奴隶的数量在这个国家的西北部最多，尤其是在红树林湿地地区及邻近杂草地带的沿河地区涉及稻米生产的诸如苏苏人和曼丁哥人这样一些群体中。英国当局认为，奴隶制度会自然消亡，但实际上，它们一直在保护首都的粮食供应。

这一现状在第一次世界大战结束之后很快就受到挑战。新近组建的国际联盟成立了一个反奴隶制委员会，它开始对塞拉利昂产生兴趣。有一点变得很清楚，农场奴隶制不只是一个古老的制度，还在衰退为一个身份和荣誉的符码。

―――――――――――

〔1〕 一位报告人告诉保罗·理查兹，他父亲——大斯卡西斯河畔的一个酋长——在奴隶解放之前有多达 800 个奴隶在种植红树林湿地稻米。

〔2〕 Moore-Sieray 1988,66.

〔3〕 Moore-Sieray 1988,65.

奴隶劳动是粮食生产的基石,尤其是它的一部分已经在一个足够大的规模上被组织起来养活不断发展的中心城市。国际联盟要求朝着奴隶解放迈进,但政府依然在拖它的后腿。

随着 1926 年马博勒河谷曼丁哥族奴隶的一次造反,事情发展到危急关头,那是在杂草地带边缘的一个地方。[1] 这场叛乱让英国的政治家和报纸都知道,在一个由被解放的奴隶建立起来的国家里,奴隶制居然还存在。政府被迫采取行动。1928 年 1 月 1 日,所有奴隶被宣布自由。[2]

奴隶解放有效地终结了红树林湿地水稻种植半个世纪的扩张,以及废奴与奴隶制之间将近 150 年的共生。一次城市粮食安全危机眼看着就要发生,科学试图弥补这个缺口。1934 年,大斯卡西斯河建立了罗库普尔水稻研究站,奉命通过应用现代种植改良方法和灌溉管理来改进红树林湿地水稻种植体系的生产力。

在最初的那段时期间,实现的成果甚少。第二次世界大战结束时的一些考虑不周的洪水排除工程威胁要毁掉红树林湿地的土壤。[3] 20 世纪 50 年代尽管取得了一些适度的改进,但城市粮食需求超过了来自红树林湿地的供给。在杂草地所做的机械化水稻种植实验也被证明是不可持续的。越来越迫切需要稻米的弗里敦在战后转向了进口供应。在 1961 年独立之前的十年间,白米越来越多地来自海外。[4]

在独立时期,对确保城市粮食供应的探索依然在继续。如今则把希望聚焦技术转移(用世界银行的经费为稻农输入亚洲湿地的种子和水管理包)。这场未遂的绿色革命绊倒在尚未解决的劳动力供给的问题上。[5] 绿色革命包是劳动密集型的。塞拉利昂稻农受限于劳动力短缺,工资率很高,结果是本地稻米

---

〔1〕 Arkley 1965.

〔2〕 有两个奴隶拥有者提出的归还几个在 1926 年叛乱期间逃亡的奴隶的要求被阻止了,但裁决被高等法院推翻了。这在英国促成了一次公众的强烈抗议(Arkley 1965,132)。

〔3〕 Richards 1986,12—14.

〔4〕 1935 年塞拉利昂还是一个稻米出口国,但在 1956 年冲积矿钻石繁荣的高峰时期进口了 1956 年全国稻米消费的 1/5。

〔5〕 Richards 1986,22—25.

价格往往也很高。这威胁到了城市穷人的粮食安全。面对城市政治煽动集中于粮食的前景，连续几届政府用进口的津贴白米插手干预，因此削弱了农村地区的工资增长，而这对实现绿色革命所追求的技术变革是必不可少的。农村社群试图通过惯例操作，把年轻的劳动力束缚在土地上。[1] 这驱使很多被解放的农场劳工完全脱离农业。有些人去了城市。有些人选择去冲积层钻石矿坑里干活，在那里，采矿冒险的资助者靠进口稻米养活工人。

在塞拉利昂，大多数试图让农业现代化的努力实际上仍然是要求回归某种廉价劳工体制的伪装，以取代受束缚的农场劳工。唯一实际的选项是 1945 年后的机械化方案。[2] 事实证明很难找到适用的机器，而且维护问题和移植进一步削弱了政府津贴的计划。这个选项依然有它的支持者。农业企业机械化计划可能会成功，尤其是在那些人口稀少的杂草地带，但今天塞拉利昂的国际投资者更感兴趣的是那些种植生物燃料的地区，而不是种植水稻的地区。

在塞拉利昂，养活城市地区的问题在 1928 年奴隶解放后成了一个地方性的问题。而前奴隶的代理机构在应对农村地区的饥饿问题上是重要的。[3] 我们可能很奇怪，这一适应在后奴隶制时代是如何实现的。有人认为，一个重要贡献来自被解放农民的稻种选择活动。这种选择重塑了很多曾经跟种植园经济联系在一起的稻米，导致很多有效适应新社会经济条件的品种产生。

本章后面的部分我们将关注两类水稻种植材料，特别是适应生态龛的（红皮）日本米，以及稻农选择的种间杂交品种。这些本地种子不同于因全球技术而使用化肥或机器所提供的那些种子。它们很好地回应了数量有限的劳动力和肥料，并且仍然是今天小规模稻米农业的基础，尽管有一些考虑欠周的努力试图用"改良"品种取代它们。

---

〔1〕　Mokuwa et al.，2011.

〔2〕　Jedrej 1983.

〔3〕　Richards 1986，133—144.

奴隶制和奴隶解放下稻米选择的遗传后果

本地稻米种子成功的关键是它们在千变万化的条件下的健壮性。这一健壮性的适应是如何实现的呢？故事可以从关系到稻种选择动态的证据来推断，其中有些证据源自分子生物学的分析。

红米与白米最初的分离需要对稻种选择的强有力的控制。在 18 世纪晚期弗里敦的内陆地区，这一控制是由少量的庄园地主掌握的，以回应一个截然不同的市场强大的颜色偏好。奴隶解放发出了选择强度急剧上升的信号，如今有成千上万的农民开始对种子做出他们自己的选择。

这次选择强度上升的底线和端线可以粗略地固定如下。当汤姆森于 1843 年经过莫里亚时，他鼓励永久性庄园由多达 150 个奴隶干活。这些人是参与粮食供给冒险的永久性农场奴隶，而不是等待跨大西洋船运的临时工人。他们每周在自己生存性的地块上工作两三天，因此有一定的余地做出他们自己的稻种选择，但没有多少空间从村庄到村庄选择新的品种，正如今天一些有试验精神的稻农当中所发生的那样。[1] 在为了种植而储备种子的方式上，也不会有太多的积累。一周只有两天在自己的地块上工作，很多农场奴隶肯定会把他们所有的收成全都消费掉，下一年的种子要仰赖地主的资助。在今天的塞拉利昂，这种事情依然是贫穷阶层水稻种植的一个显著特征。[2] 汤姆森的报告提出，在 19 世纪 40 年代的莫里亚，不超过 100 个人——大概是 1/50——控制着稻种选择的决策权。

最终的图景大不相同。今天，在塞拉利昂一个由大约 50～100 个不同家庭组成的中等规模的水稻种植村庄，每个家庭有 2～4 个成年人参与稻种决

---

〔1〕 Richards 1989，Jusu 1999，Okry 2011.
〔2〕 Richards 1986，1990.

策。[1] 每个家庭农场会种植平均 2～4 个截然不同的品种。在五年期内，每个家庭会丢弃 2～3 个品种，采用（或重新采用）相同数量的新品种。[2] 总共，一个这种规模的村庄任何时候都可能有 30～50 个不同品种在使用，尽管顶级的 5 个品种大概会占到每年种植面积的 3/4。[3] 实际上，每个积极参与耕种的人都对家庭农场或相关个人地块上栽种的至少一个稻米品种有决策权。简言之，现代品种选择的强度在数量级上高于 19 世纪中叶。

这个转变大概始于 19 世纪晚期，当时，像林巴人这样的自由农民群体在落后地区的生态龛中耕种，远离贸易路线和种植园，并且本地人口因不断增长的逃亡奴隶加入而扩大，比如拉米纳亚的定居点。独立自主的被解放的农民有很好的理由密切关注适合的稻种选择，因为他们有时候由于耕种资源严格受限而不得不迁徙到不熟悉的地带。通过原处的稻种选择所提供的适应潜力是一笔几乎没有成本的投资，因为它只靠独创性和观察意识。

凯瑟琳·朗利（Catherine Longley）提供了一些有意义的人种学证据，证明涉及稻种的敏锐观察力今天在自由农民出身的群体中特别显著。[4] 她指出，来自库坤纳地区（在前莫里亚国的边境）的苏苏族和林巴族报告人看见从他们自己的农场里搜集来的样本。"甚至没有仔细检查样本……苏苏族农民通常会宣称它们是纯种。"相比之下，大多数林巴族农民"知道来自他们自己农场的样本包含异类品种，并解释他们在挑选时如何发生了这种混合"。

进一步的"本土"种子革命的证据来自对稻米本身进行分子生物学的和形态学的检查。首先有这样一个发现：日本米（包括卡罗来纳米）已经适应塞拉利昂沿海平原和杂草地地区范围广泛的生态龛，并且越过了前莫里亚国南部边缘地带。其次有证据表明，农民的选择压力促生了一组由非洲米与亚洲米异型杂

---

〔1〕　Richards 1986,1995.

〔2〕　Richards 1997.

〔3〕　Richards 1986.

〔4〕　Longley 2000,168－169. 她的研究设计涉及库昆纳本身的研究，以及邻近的一个林把人定居点的研究。

交而形成的种间杂交稻米品种。这些种间杂交稻米尤其与更多山的内陆地区相关联,在那里,生态龛适应的日本米大概不那么适合。

2008 年,在西非沿海地带收集了一组 315 个农民品种的样本,并从形态学上对其进行了分类。[1] 随后用 AFLP(扩增片段长度多态性)基因标记对这些稻米进行了分析。[2] 材料被分离为 4 个簇——非洲米、日本米、印度米,以及农民选择的杂交米(图 6.1)。

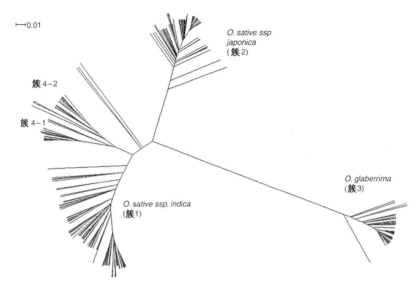

图 6.1　使用基于 AFLP 基因标记的 UPGMA 簇分析所得的 313 个西非稻米
样本之间的种系发生学关系。簇 4 - 1 和簇 4 - 2 是农民选择的杂交品种

对日本簇(图 6.2)的仔细观察显示了下列模式。塞拉利昂的很多稻米,包括 nduliwa、jɛtɛ 和 jɛbɛ-komei,被发现在这一簇的下半部分,它们坐落于簇干上,而不是在子簇中,因此在遗传上是没有关系的,这暗示塞拉利昂从热带世界的很多地区接受了日本米。遗传上紧密相关的两种塞拉利昂日本米——nduli-wa 和 jɛtɛ——据农民报告,1983 年来自莫格布阿马,属于比 gbɛngbɛn 这类的日

---

〔1〕Nuijten et al. 2009.

〔2〕扩增片段长度多态性—— 一种用于基因作图和基因分型的分子生物学技术。

本品种更古老的曼德族稻米品种层。[1]

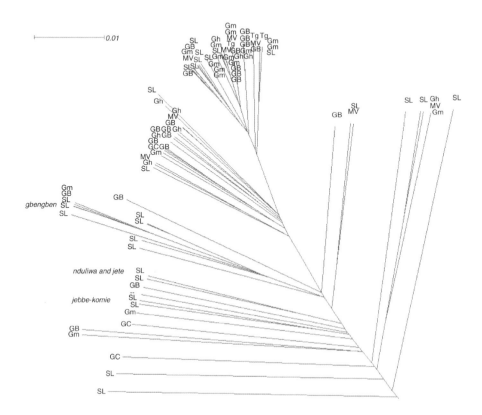

图 6.2　日本簇及其子簇的种系发生学关系的特写。基于使用 AFLP 基因标记

对 315 个西非稻米样本进行的 UPGMA 簇分析，方法参见 Nuijten et al. 2009

　　Gbengben 坐落于主要是塞拉利昂材料中一个有点小的更相关的群组，有资格算作 18 世纪晚期引入弗里曼邻近沿海平原上几内亚杂草低地的卡罗来纳米的后代之一。它是一种有红皮的日本米和相对较长的米粒类型，今天在杂草地地带的东南边缘特别受稻农的欢迎。

　　沿着簇干进一步向上，有一个材料扇，大多来自加纳和几内亚比绍，有一定程度的内部集聚，簇干更下部分的塞拉利昂材料与大多坐落于它上面的加纳-

---

〔1〕　Richards 1986,134.

几内亚比绍材料之间的分离可以根据不同的引入过程来解释,而相关的几内亚比绍和加纳的材料是来自卡谢乌(几内亚比绍)和埃尔米纳(在黄金海岸)建立已久的贸易定居点的葡萄牙影响辐射的产物。可以理解的是,这个混合子簇包含大西洋贸易早期沿海地区葡萄牙商人和佛得角商人引入的日本米的后代,大概还包括多内尔哈(Donelha,一个来自佛得角的商人)1575 年前后在塞拉利昂半岛奥罗古河谷报告的白米,它被描述为像巴伦西亚种植的稻米一样白。[1]有些几内亚比绍和加纳的日本米材料在形态上惊人地类似,例如水晶蓝(加纳)和塞法芬果(Sefa Fingo,几内亚比绍)。这两个品种在开花期和成熟期有着与众不同的颜色。

这两个组的分离可以进一步根据不同的选种过程来解释。在塞拉利昂,农民在斜坡的上上下下种植日本稻,以让它们既适应低地条件又适应高地条件的方式。[2]但在几内亚比绍和加纳,农民往往只在高地条件下种植日本稻,印度稻用于低地条件,以那种选择不同类型日本稻的方式。

正如前面已经指出的,我们从对黏性的实验工作[3]中知道,塞拉利昂的日本稻具有强大的生态龛适应能力。换句话说,它们在本地生态中旺盛生长,但如果把它们迁移到其生态龛之外就生长得不那么好了。这与适应性更广泛的非洲稻形成鲜明对照,如一组几内亚比绍和加纳的日本稻与一组来自几内亚的印度稻。塞拉利昂日本稻的生态龛适应似乎与我们的历史脚本相一致,在这个脚本中,自我解放的农民在基于奴隶的白米种植的历史地带附近的内陆草地上开拓了新耕作场地的多样性。

关于把这些今天的日本稻与更早引入的品种联系起来的链环,进一步的证据可以在关于今天种植在杂草地带稻米的形态学数据中找到。2008 年在塞拉利昂杂草地和内陆高地汇合处的一个村庄莫格布阿马收集的 13 个稻米类型,根据米粒形态和分子生物学基因标记被分派给日本稻米组(表 6.1、图 6.1 和图

---

[1] Donelha 1625.

[2] 参见 Richards 1986。

[3] Mokuwa et al. 2013.

6.2）。这一组的平均米粒尺寸是 8.5×3.3 毫米。这比很多亚洲日本米长，但符合卡罗来纳米很宽并相对较长的信息。[1] 2008 年在莫格布阿马收集的所有稻米都有红色表皮，唯一的例外是新近引入的稻米 nerigayei。

1983 年对莫格布阿马种植的稻米进行的一次广泛收集包括 41 种亚洲米。[2] 使用 2008 年日本米样本的平均米粒尺寸，更早收集的 12 种稻米回顾性地被分派给日本稻米组（表 6.1）。这一组包括 1983 年种植最广泛的品种 gbengben（98 个农场家庭中有 48 个家庭种植），而且在更早的标本中仅仅根据米粒尺寸而被标识为日本米，但在 2008 年的标本中根据分子生物学证据被确认为日本米（图 6.2）。1983 年更早的组里两个日本米品种有白色表皮（banyalojɛ pɛ ihun 和 fɛlɛgbakoi）。

第二个貌似有理地与奴隶解放条件下多样性的脚本相关联的生态效应是农民选择的全部品种中都出现了源于种间杂交的稻米。[3] 西非是这两个栽培稻米品种共存于农民稻田里的唯一地区，因此为自然杂交和农民进一步选择后代提供了机会。

分子生物学数据（图 6.1）显示，西非农民选择并稳定了很多具有种间杂交背景的稻米（簇 4.1 和簇 4.2）。农民杂交品种在塞拉利昂和几内亚比绍特别常见，它们起源于这两个国家。在塞拉利昂收集的所有农民杂交品种都有红色表皮，而来自几内亚比绍的所有农民杂交品种，除了据推测源于塞拉利昂的农民杂交品种 disi（及亲缘品种）之外，都有从白色到浅褐色的表皮。这些农民杂交品种截然不同于最近发布的（基于科学的）非洲新稻（Nerica）系列种间杂交品种，后者是植物育种专家通过把非洲稻与日本稻杂交而培育出来的。农民杂交品种是非洲稻与印度稻杂交的结果。它们明显早于最早发布的非洲新稻。来自簇 4.1 中的一种稻米（pa disi）被证明来自 20 世纪 40 年代的几内亚比绍和 20

---

[1]　Grist 1975,95.

[2]　Richards 1986,131—133.

[3]　Barry et al. 2007,Nuijten and Van Treuren 2007,Nuijten et al. 2009.

年代的塞拉利昂西北部。[1]

有人暗示,农民种间杂交稻米品种出现的过程涉及田内异型杂交,然后是自发回交,对健壮的新种植材料感兴趣的农民能够从中选择高产的候选品种做进一步的测试。[2] 在库昆纳周围地区,19 世纪中叶蓄奴稻米生产者与自我解放的农民之间的斗争特别显著,有些农民故意把非洲稻与亚洲稻混种在同一块田里,积极地留神诱发其种子储备的改变。[3]

在横跨塞拉利昂中部和北部的杂草地带的另一端,亚洲稻与杂草非洲稻之间的偶然杂交被曼德族农民称作 sanganyaa,是稻米杂交品种第二个可能的来源。对于莫格布阿马的农民来说,sanganyaa 在一组稻种中的存在表明稻米在收割时没有去除劣种,因此主人可能打算在种植时期把它出借给稻种短缺的更穷的农民。[4] 其中有些借种人会把 sanganyaa 清除掉,而有些人则在田里保护它,把它看作上帝的礼物,不愿意损失哪怕是一簇。田内的基因流动随后很可能在杂草稻与种植稻之间进行。像库昆纳的农民一样,莫格布阿马的农民也有动力去照料和测试不同寻常的异型品种。在这两个地方,它都是劣级品种,看来提供了农民选择的杂交稻背后的很多选择活力,符合我们上文所提出的奴隶解放假说。[5]

---

〔1〕 Migeod (1926,26) 遇到过"一种名叫 Pa deecee 的稻米",这个名字是为了纪念某个地区专员。事实上,"Pa"是一个表示稻米的泰姆奈语名词。我们样本中的"disi"稻米是一种与非洲米后代杂交的红皮农民杂交品种,清晰地显示在它的圆粒形态中。

〔2〕 F1 杂交会开花,因此可以往回跟父辈杂交。从回交品种中选择更有可能是高产的。一个假设的不育障碍是育种专家们犹豫不前,直至 20 世纪 90 年代才敢探索非洲稻 x 亚洲稻杂交的一个理由。

〔3〕 Longley and Richards 1993,Jusu 1999.

〔4〕 Richards 1986,139—140.

〔5〕 寡妇们的小型稻米农场可能是研究田内杂交机制的好地方。这些地块就品种而言常常是非常混杂的,业主喜欢这样,因为对选择和试验异型品种有好处。寡妇们拥有很弱的土地权利,没有多少机会获得男性劳动力来清理地块,所以经常"恳求"重新种植一个老的稻米农场,在那里,杂草异型品种旺盛生长。

今天"北河"地区的种子体系[1]

在 20 世纪下半叶，西非的稻米生产国几乎没有注意到被解放的农民究竟以何种方式塑造并重塑了本地的稻米基因资源，它们都回到了自上而下的稻种选择体系，但这一回不是被麦考利这样的商人幻想家所塑造，而是被绿色革命的科学幻想家所塑造。粮食安全被认为来自种子，它们是科学家们设计的并被同行审查所验证，而在农民耕作条件下则通过有效性测试来验证。在几内亚和塞拉利昂，异国高产稻种先是得到了公共种子供应的促进，后来又得到了公私合伙公司的促进，但这些冒险没有一次被证明是可持续的。与此同时，农民继续创新。随着农民需求的多样化，本地种子市场出现了。

在曾经被莫里亚及其附庸国占据的地带，两个截然不同的本地（农民驱动的）种子供应体系今天在这个地带共存。一条分界线遵循那条古老的分水岭，分水岭的一边是供应沿海地区的稻米，另一边则供应富塔贾隆山区的稻米。面向内陆的本纳体系由得到公认的男性农民经营，他们每年把自己的土地留一块来生产高品质的种子以备销售。提供的契约范围广泛，包括祖传的物偿租借合约。这些经销商很清楚本地的需求。他们选择只生产少量的品种。这些品种是农民集中选择出来的，最适合本地的条件。最近的研究证实，这些都是健壮的种子类型，有能力在一系列不利的条件下可靠地生产粮食。[2]非洲稻被包括在内，异国新奇品种不在其中。

接下来，我们转向沿海平原的种子体系。在这里，农业是围绕城市的，被笼罩在两个沿海大城市的阴影下：弗里敦和科纳克里。它还是一个有很多尚待开发的湿地微观生态龛的地带。很多耕作者是女人，她们被越来越不利的经济条

---

[1]　这一节基于 Okry，2011。
[2]　Mokuwa et al. 2013.

表 6.1 1983年和2007年莫格布阿马（塞拉利昂）的日本稻米

稻米名称，1983年的样本	色泽（Innes 1969）	登记号	皮色	谷粒长度（毫米）	谷粒宽度（毫米）
banyalojo pɔ ihun		1983/1	白色	8.2	3.3
felegbakoi		1983/13	白色	8.4	3.4
gbengben	LL	1983/15	非白色	7.6	3.7
gbengben gole		1983/16	非白色	7.4	3.5
gbengben tee		1983/17	非白色	8.3	3.7
gbolokondo		1983/18	非白色	7.6	3.9
gbondobai	LLHL	1983/12	非白色	8.2	3.5
gete I*	HH	1983/20	非白色	7.6	4.4
helekpo	HHH	1983/21	非白色	7.6	3.6
jumukui		1983/22	非白色	7.6	4.1
puusawe		1983/30	非白色	8.4	3.4
kavunji	LHH	1983/36	非白色	8	4.1

稻米名称，2007年的样本	色泽（Innes 1969）	登记号	皮色	谷粒长度（毫米）	谷粒宽度（毫米）
bologuti		2007/174	非白色	8.6	2.9
gbengben (1)		2007/175	非白色	8	3.4
gbengben (2)		2007/176	非白色	7.8	3.4
jebekomi		2007/177	非白色	6.8	3.8
jewule	HHH	2007/178	非白色	9.4	3.1
kondela		2007/179	非白色	8.7	3.6
konowanjei		2007/180	非白色	8.7	3.8
kotu gbongoe	LH LH	2007/181	非白色	7.8	3.4
mabaji		2007/182	非白色	8.5	3.1
musugomei		2007/183	非白色	6.9	3.6
nerigeye		2007/184	白色	10.8	2.9
giligoti		2007/185	非白色	8.7	3.2
yabasi		2007/186	非白色	9.8	3
yoni		2007/187	非白色	8.5	2.9

注：* 一种短稻米(Innes 1969)。

件赶出了城市。种子商人也主要是女人。除了他们自己生产的种子之外，种子商人还往返旅行，寻找他们认为顾客会购买的种子。这些旅行商人的网络所捕获的有些种子是异国品种。本纳山脚下的种子商人对于如何种植古老的本地种子几乎不需要提供任何建议，而沿海平原的女性种子商人则满肚子关于她们的新种子的建议。建议是她们所提供的东西的组成部分，因为她们的很多商品来自遥远的地方，客户对它们一无所知，其中有些人正在开辟新的湿地种植生态龛，或者第一次耕种这些湿地生态龛。

　　这两组本地种子经销商既提供红米也提供白米给那些需要的人，不是根据教条，而是根据需求。这种地方性别实用主义帮助消解了一些与更古老的、基于奴隶强迫劳动的、似是而非的废奴主义粮食安全相关联的分割。正是这些信息灵通的种子商人（男女都有）成了大概最好的渠道，提议中的非洲新绿色革命将通过这个渠道把它的新奇商品付诸应用，因为他们有很好的装备，可以推销各种类型的种子，包括自我解放一个多世纪里健壮的本地产品。在一个环境迅速改变的时期，任何有适应能力的来源都不应该被忽视。

结　　论

　　卡罗来纳米在美国作为一种奴隶生产的出口商品，在 18 世纪晚期被引入西非，它在那里由奴隶劳工种植，作为弗里敦废奴主义定居点的一种主粮。塞拉利昂的白米似乎逆转了那个鼓舞人心的故事：黑米是新世界水稻种植中一个有利于奴隶解放的成分。[1] 相反，它看来支持这样一个观念：美国稻种的转移在西非促进了最严酷的奴役制度的出现。但这会凿实技术决定论者的错误假设：技术主宰行动者。我们希望强调的结论有所不同。通过追踪稻种在这一地区的历史，我们已经吸引人们关注到这样一个过程：紧接着奴隶解放之后，层面

---

　　〔1〕　Littlefield 1981，Carney 2001.

日益提高的选择活动把白米作为一种商品抽离出来,并把它重建为对本地目的更有用的东西。本地采用的日本米,其中一些品种可能源自卡罗来纳米,今天在塞拉利昂很多地区的农业生产中非常重要,尤其是在那些临近沿海平原杂草地带的降雨量更高的地区,它们在那里对诸如博城、马克尼和凯内马这一些行省城市的粮食供给做出了重要贡献。这些日本米不再是白皮,它们在那些本地消费者常常把红色视为品质保证的市场上大获成功。因此,这并不是在缺乏奴隶制的情况下回到生存经济,像拉德勒姆总督曾经担心的那样。它是一种反商品脱颖而出的故事,被奴隶解放所释放出来的农民的选择活力所塑造。[1] 同样是这种"自下而上"的选择活力,还产生了高度健壮的种间杂交稻米,明显很符合土壤贫瘠、劳动力有限的小土地拥有者的需要,并再次受到本地消费者的欢迎。在一个外部科学只看到不可逾越的贫瘠屏障或乱交混合的时期,被解放的农民却能够以一种受控的方式开发非洲红米和亚洲米这两个亚种的基因潜力。此外,正是围绕这一农民选择活动的产品,一些本地簇的种子贸易出现在外部解决方案失败的地方。那些认为非洲粮食安全需要外部干预的人必须考虑在塞拉利昂地区被解放的农民的种子企业文化的教训。

布鲁斯·L. 穆泽

埃德温·努伊滕

弗洛伦·欧克里

保罗·理查兹[2]

---

[1] Maat,本书第十五章。

[2] 四个撰稿人全都被视为共同第一作者。

第二部分

环境问题

导言

在稻米整个漫长的历史上,这种作物一直生长在旱作和灌溉生态龛的多样
性中,范围从旱作高地到山坡梯田、低地、沿海湿地、深水环境以及微咸的红树
林沼泽。在种植周期的关键阶段控制和引导淡水来喂养稻米植物,无论是对稻
农让作物适应不同生态龛的能力,还是对水稻种植社会内部社会的、人口的,甚
至流行病的变化的推动力,都是关键。环境的连续波动,包括淡水可用性、水稻
种植者与环境的相互影响,以及环境对这两者的影响,实际上都造就了丰富的
稻米的社会史。简言之,环境很重要。尽管稻农并不拥有稻米操作的垄断权,
但环境是一个重要的棱镜,透过这个棱镜,历史学家可以审视社会史中的一些
关键问题,比如人与环境的相互影响、环境对人类行动者及其社会的影响,反之
亦然。

审视西非、上几内亚海岸及塞内加尔、大西洋和印度洋地带、美国南方以及
南亚的孟加拉和旁遮普地区的水稻种植社会,将会揭示环境很重要,不仅在地
方范围如此,而且在全球范围都是如此。不管稻米种在哪里,环境都很重要。
全球方法还揭示,在水稻种植社会让作物适应环境与让环境适应作物的方式上
存在显著的相似性。生长在沿海平原上的旱作稻和灌溉稻都需要大量增加的
劳动输入,来建造控制和引导淡水的基础设施。很多水稻种植社会普遍使用强
制手段来征召和维护必需的劳动力。不同水稻种植社会如何让稻米和水稻种
植适应环境,其重要差别就潜藏在强制机制的性质中——国家、奴隶拥有者或
拥有财产的男性长者。

在调查水稻种植体系,特别是低地生产对水稻种植社会的影响上,环境也
很重要。在不同地点和不同时间向稻田稻米生产转型说明了本地与全球之间

的紧张。在 18 世纪中叶的南卡罗来纳,内陆稻田和潮汐稻田的扩大伴随着直接输入殖民地的非洲奴隶数量的急剧增加和商品稻米工业的出现。水稻种植园主让他们的家宅坐落于靠近内陆稻田的地方,让奴隶的住处紧挨着潮汐稻田。受奴役的劳工付出艰辛的劳动来清理地表、建立稻田。低洼稻田制造出了蚊虫滋生的死水,给种植园主和奴隶一视同仁地带来疾病和死亡。在 19 世纪中叶的旁遮普和孟加拉建造了一个巨大的水渠网络,促进在旁遮普西部干旱高地上"水渠殖民地"的建立,并扩大到了数百万英亩未种植面积。稻米、甘蔗、棉花和小麦都是"热"作物,其灌溉导致大规模的季节性洪水,以及疟蚊从低地河流地带向干旱高地地区蔓延。结果,到 19 世纪晚期和 20 世纪初,疟疾成了旁遮普地区成人体弱和死亡的首要原因。孟加拉和旁遮普的现金作物种植者还利用人畜粪便作为绿色肥料。这些粪便储存在人类定居点附近,在雨水季产生污染,导致胃肠感染及人畜之间的交叉感染。在这两个社会,即殖民时期的南卡罗来纳和南亚,当稻米成为一种重要的商品作物时,体弱和死亡便盛行起来。在提到患病率增加是不是集约耕作——红树林湿地水稻种植——的结果时,西非的研究文献中有一种意味深长的沉默。一方面,文献中的这种沉默可能是因为很多西非人对疟原虫恶性疟疾有生物免疫力;很多西非人和中西非人有镰状细胞等位基因,提供了独一无二的保护来抵抗恶性疟疾,还有两种消极形式的达菲等位基因,提供了抵抗疟原虫疟疾的完全保护。在上几内亚海岸,稻农们也可能已经获得对抗疟原虫恶性疟疾的免疫力。西非水稻种植者群体可能由于一直生活在疟蚊繁殖的环境里,从而已经获得更高水平的免疫力,正如孟加拉的稻农一样,但旁遮普则并非如此,在那里,蚊虫的繁殖和感染更多的是季节性的。

另一方面,文献中的沉默还可能是描述传统水稻种植技术的历史材料的更大真空的反映。根据旅行者的记述,18 世纪晚期之前的西非有一种"旱季偏见"。由于沿海地区的致死性,很少有欧洲观察者在雨季到沿海村庄旅行,那时沿海农民在准备稻田并栽种水稻。农业日历中的这个关键阶段刚好与疟蚊在相同的沼泽地里繁殖的季节同时。上几内亚沿海农民当中疟疾感染的死亡率已经很高。早在跨大西洋贸易的时代之前,上几内亚海岸就是"黑人的医院",

那时它就获得了"白人的坟墓"的名声,因为欧洲人死于疟疾和黄热病的死亡率很高。不像在殖民时代的南卡罗来纳种植商品稻米的农民,上几内亚海岸并不让稻田坐落于村庄附近,这可能由于缺乏证据表明死于疟疾的更高死亡率是因为这一地区的集约耕作。看来,上几内亚农民海岸的农民所做的事刚好与南卡罗来纳的稻农相反——把村庄建在高地上而稻田则在低洼的边缘地带。孟加拉江河淹没地区的居民,经历过很高水位的洪水,坐落于漫滩或附近的村庄也建在更高的地面上。在殖民时期和后殖民时期,哺乳期的母亲都是在远离婴儿的时光中度过的,她们来回奔波,在稻田里干活,在雨季给婴儿造成负面的营养影响。直到 20 世纪晚期,上几内亚海岸的农民仍然种植水稻,既是为了生存,也是作为现金作物。因此,在前殖民、殖民和后殖民时期的西非,都没有发展出商品稻米工业,也没有推动这一地区向集约化农业生产转型。在西非,正是跨大西洋贸易而不是集约化农业生产,让这一地区转型为一个资本主义经济体。因此,稻米作为一种有价值的现金作物,在南卡罗来纳商品稻米工业中的作用可能影响稻田在物理上靠近人类定居点,并影响水稻种植社群的健康。集约化农业在不同本地环境和不同时刻的不同影响说明了地方以什么样的方式既照亮全球,又挑战全球。

严肃对待环境需要小心谨慎的历史解释。历史学家关于环境及社会与环境的相互影响所提出的问题的性质存在关于这个主题的历史材料的局限。环境史的领域被"遭遇"的主题所主宰,即欧洲帝国主义者、殖民者和/或奴隶拥有者与本土居民及本土土地使用体系的相互作用。就新世界的情况而言,欧洲和美洲的种植园主与被奴役劳工相互影响,后者占有西非和中西非的土地使用体系。典型情况是,社会史学家所依赖的材料来源大多数是政府官员(常常是殖民地官员)、传教士和商人记录的,而他们关于本土土地使用体系、与土著人和被奴役的人之间复杂而竞争的权力关系的知识,或者对这些东西的耐心,都十分有限,而且其目标与目的也大大不同于社会史学家。土著人或被奴役的人记录他们自己的经历、留下众所周知的"纸上痕迹"供历史学家解释的实例非常罕见。为了严肃地对待环境,社会史学家必定"不由自主地"使用可用的历史材料,"格格不入地"解读,以便识别本土土地使用体系、土著人及被奴役的人与欧洲/美洲殖民者和奴隶拥有者之间复杂的权力关系,以及上述两者以何种方式与时俱变。

严肃对待土著社会和被奴役社群与环境的相互作用所扮演的角色以及环境对这些人口的影响,需要社会史学家多样化的证据基础。论述非洲、亚洲和美国南方的稻米和水稻种植者的文献一直处在利用跨学科材料来源的最前沿,比如对土地使用改变和口头传统的生物学和植物学研究,以及方法论、考古学、历史语言学的比较方法和植物遗传学。更广泛的环境史文献提供了额外的工具,比如植物学、GIS/GPS绘图、古水文学和孢粉学,对它们的使用可以进一步加深研究。考虑到环境所提出的问题的性质,科学学科对社会史学家特别有吸引力。

然而,对社会史学家来说,跨学科的方法和材料并不是一剂万灵药。像商人、传教士和政府官员撰写的历史材料一样,跨学科的材料和方法也存在限制并面临挑战。例如,这些研究是为了其他目的而生产的,比如贝冢、红树林湿地、语言和作物品种如何与时俱变。特别是,比较语言学家分析语言学证据,以研究语言如何与时俱变。社会史学家使用历史语言学的比较方法,添加另一层研究和推理,使用语言学的和其他跨学科的数据来理解说这些语言的社会如何与时俱变。不像成文文献,跨学科的材料或方法并不使用日历年代,其变化记录器缓慢得多,而且测量改变的方法也大不相同。在几个学科的内部,比如历史语言学的比较方法,关于确定年代的好处和不利也有一些活跃而积极的争论。

这一部分的几章说明了严肃对待环境如何让社会史学家有机会历史地看待殖民社会/种植园主社会、土著社会和被奴役社会如何与环境互动并影响环境。他们面临的挑战是:根据历史材料提出新的问题,同时使用跨学科的材料和方法。最后,他们通过更多地理解不同社会与自然之间的关系,以及它们相互之间的关系,来推动这一领域进一步向前。

埃达·L.菲尔兹-布莱克

第七章

上几内亚海岸的稻米和稻农及其环境史

"来自非洲海岸这一地区的黑人非常熟悉水稻种植，而且天生勤劳。"[1]

1789 年，威廉·利特尔顿(William Lyttleton)船长在英国议会的全院委员会进一步考量奴隶贸易环境时的作证，涉及他在冈比亚河地区的两次奴隶贸易航行。根据他自己的说法，利特尔顿自 1762 年担任大副以来就从河口沿冈比亚河上溯 300 里格，经营贸易。他后来作为一个商人在这一地区工作了十一年以上，担任过两艘奴隶船(尤利西斯号和曼托尔号)的船长。曼托尔号 1784 年源自英国，在冈比亚河畔购买了它的奴隶定额，1785 年在南卡罗来纳州的查尔斯顿上岸。利特尔顿把 1784—1785 年间的航行描述为有着"非常巨大而不同寻常的死亡率"，因为——据他回忆——在中间通道，140 个俘虏当中就有 13 个死掉。[2]

利特尔顿向委员会作证说，冈比亚河地区的自然产出，"本地玉米、[……]印度玉米和稻米"，是为了生存，而不是为了出口。俘虏们被囚禁在禁闭营里，等待登上奴隶船，他们吃的是小米，很少吃稻米。利特尔顿宣称，"他们从未尝过稻米，除非通过偷窃得到稻米"[3]。这一地区很容易发生干旱和作物歉收，必需品常常供应短缺，满足不了居民生存的需要。

曼托尔号船上的非洲俘虏都是 1784 年冈比亚河口西南地区突然爆发的一

---

〔1〕　Donnan 1935,477,n. 5.
〔2〕　尽管利特尔顿作证说，这次航行发生在 1786 年，但它 1785 年就出现在《南卡罗来纳公报》上。同前引书。
〔3〕　Lambert 1975,291,285,289,292.

次饥荒的受害者。[1] 在降雨不足、作物歉收和蝗虫成灾的那些年里,利特尔顿注意到这一地区会有更多的俘虏,为的是卖给曼丁哥人,然后再卖给欧洲商人。当这三个不幸的自然现象在 1784 年有所增加时,绝望的情形随之而来:这一地区的居民"靠可食用的树根维持了几个月,不管乡下生产什么,在这里都是食物"。当同一世系的群体耗光了食物、穷尽了其他所有选项时,他们便被驱向这样一个"可怕的需要——互相卖掉对方以获取生计",为的是增加本世系中某些成员存活下来的可能性。[2] 曼丁哥族商人从朱拉人那里购买俘虏,换取"本地玉米"(即本地产的小米)和欧洲商品。

一旦奴隶们通过了沙利文岛上的检疫隔离区,他们就会在南卡罗来纳州的查尔斯顿被拍卖给出价最高的买家。1785 年 5 月 30 日,在《南卡罗来纳公报》(*South Carolina Gazette*)上刊登的曼托尔号抵达的广告中,船主们通过把冈比亚河地区与稻米生产关联起来,向本地区的买家推销这批奴隶"货物",广告声称:"来自非洲海岸这一地区的黑人非常熟悉水稻种植,而且天生勤劳。"查尔斯顿的中间商把这些奴隶描述为"非常熟悉水稻种植",似乎与利特尔顿的描述形成鲜明对照,根据他的描述,在这些奴隶被俘获并卖给欧洲商人之前,冈比亚河地区的居民是饥荒受害者和小米种植者。冈比亚河地区的居民到 1785 年真的"非常熟悉"稻米吗? 易于发生饥荒的塞内冈比亚地区或上几内亚海岸的其余部分,特别是冈比亚河更南的亚区,到 18 世纪晚期真的"一直致力于"水稻种植吗?

在 2007 年《美国历史评论》(*American Historical Review*)刊登的一篇文章中,戴维·埃尔蒂斯、菲利普·摩根(Philip Morgan)和戴维·理查森(David Richardson)提出,西非的上几内亚海岸"从未一致致力于稻米生产"[3]。上几内亚海岸由很多的微观环境组成,各有其自己与谷类作物的关系,最重要的是

---

[1] 在约 1620 年至约 1860 年,干旱、蝗灾、热带病和连续歉收导致塞内冈比亚长期的饥荒。Curtin 1975, app. 1:4; Becker 1985, 14, 169.

[2] Lambert 2002, 285.

[3] Eltis et al. 2007, 1345.

它很难"一致"。奴隶船曼托尔号是一个棱镜，透过它可以观察到上几内亚海岸稻米生产复杂而参差不齐的性质和历史，以及对于历史学家理解这一地区的早期史和前殖民时期的历史的可用材料的局限。本章将试图理解源自上几内亚海岸不同亚区的奴隶与稻米及水稻种植之间可能存在的复杂关系。通过使用跨学科材料，如历史语言学和考古学的材料及欧洲旅行者的记述，本章将研究稻米在一个复杂的耕作体系中所扮演的角色，以其最早形式设计出来的体系，是为了减少干旱的影响，而几个世纪后则转变为同时利用新的商业机会和缓和内在暴力，这两者都是在跨大西洋贸易时所产生的。

上几内亚海岸及其居民

沃尔特·罗德尼（Walter Rodney）在他的经典著作《上几内亚海岸的历史：1545—1800》（*History of the Upper Guinea Coast*, 1545 to 1800）中，把上几内亚海岸定义为一个不规则三角形区域，通过二十多条朝西南方向流动的河流联系在一起。这一地区在北边沿着冈比亚河（在今天的塞内加尔）向海岸延伸，在南北延伸至大角山（在今天的利比里亚），在东边以冈比亚河源头的富塔贾隆山脉的平原为界。罗德尼对上几内亚海岸的定位反映了他对这个地理上、政治上、社会上和经济上截然不同于西边或南边的一些区域所做的考察，以及他聚焦于地区居民与欧洲人（主要是葡萄牙人）的互动及商业关系。[1]

上几内亚海岸是大西洋语和曼丁哥语这两个毫不相干的语言群的家乡，其语言共同体并肩一起生活了几千年。人口密集的说曼丁哥语的人压倒性地控制着内陆地区，并涵盖了西撒哈拉，从北边今天的毛里塔尼亚边境，到西边的大西洋海岸，以及东边的尼日利亚。曼丁哥语言群包括多达 72 种文献相对完备的语言，被描述为"掠夺性的"，因为当两个语言共同体密切接触时，说得更普遍

---

[1] Rodney 1970, 2.

的语言,比如曼迪卡语,便威胁到更小的大西洋语。更小的语种有时候脱离说大西洋语者的群体,零零星星地分布于大西洋沿岸,从塞内加尔到利比里亚。大西洋语言群包含大约 50 种语言,有很多说大西洋语言的人不到 5 000 人。少数几种大西洋语言,比如科巴语/卡卢姆语、班塔语/班达语、莫彭语和曼尼语,已经"死掉了";另外 7 种语言,比如布隆语和博特尼语,处在一两代人之内语言死亡的迫近危险中。有些更小的大西洋语面临语言死亡的威胁,是由于一些说得更广泛的大西洋语,比如沃洛夫语、富拉语和泰姆奈语,此外还有曼德语。[1]

使用跨学科的方法,对曼德语的最新分类[2]分析了来自词汇统计学数据和"改进的语言年代学"的独立证据[3],还有来自古气候学和考古学的证据。这一分类把原始曼德人的家乡地定位在撒哈拉沙漠南部,在毛里塔尼亚边境附近今天马里的西南地区,公元前第三个千年的下半叶坐落于那里。那时,撒哈拉密集地居住着狩猎者、牲畜饲养者和耕作者。在接下来的两千五百年里,说曼德语的社群居住在撒哈拉沙漠的边缘,那里的干旱时期时不时地打断雨量相对较高且稳定的时期,曼德语开始向不同方向发展。大约公元前 1000 年之前,大规模远程迁徙并不是曼德语分化的一个重要因素。约公元前 1000 年的一场干旱危机之后,紧接着是几百年降雨量的急剧波动,导致大规模人口离开撒哈拉,向南转移。这个模式与原始曼德语的后代语言进一步分化刚好同时。最后,约公元 500 年另一个干旱加剧时期与曼德语言群分化为单个语系刚好同时。[4]今天,曼德语言群 4 个分支中的 3 个,东部-南部、西北部和中南部坐落于上几内亚海岸地区之内。[5]

迄今为止,大西洋语的文献记录和延伸范围依然比曼德语小。像曼德语一样,大西洋语言群是尼日尔-刚果语系的一员。不像曼德语,大西洋语给语言学

〔1〕 Childs 2008,1,14.

〔2〕 Dwyer 1989,46—65;Grégoire and de Halleux 1994,142,53—71;Kastenholz 1991,12—13,107—158.

〔3〕 Starostin 2000.

〔4〕 Vydrin 2009,107—116.

〔5〕 Vydrin et al. 2010. 马修・本杰明(Matthew Benjamin)绘制的这个地点的地图也很有帮助。

家提出了一个不解之谜,他们争论了几十年,讨论这些语言在渊源上究竟是不是相关,并构成一个统一的语言群。语言学家似乎同意大西洋"语群"有两个分支,即北大西洋语和南大西洋语,以及一种孤立的语言——比约戈语,而且子群内部的语言在渊源上是相关的。然而,关于北大西洋语和南大西洋语及比约戈语在渊源上是不是彼此相关并享有渊源的统一,语言学家则莫衷一是。这些语言有一样的语法特征、名词类别和辅音变换,语言学家用这些来证实早年基于词汇统计学的分类。[1] 最新的研究暗示,在曼德语言群从原始尼日尔-刚果语中分离出来不久之前,北大西洋语和南大西洋语在大致相同的时期从原始尼日尔-刚果语中分离了出来。比约戈语从原始尼日尔-刚果语中分离出来则要晚很多。[2] 如果事实上原始北大西洋语、原始南大西洋语和原始曼德语自这些语言脱离原始尼日尔-刚果语以来几千年一直保持接触,那么,未来的研究就必须确定,这些祖传的语言拥有哪些相同的文化词汇,这些共有的文化词汇对于这些语言共同体如何适应撒哈拉沙漠边缘不断改变的环境告诉了历史学家什么。

在西非内陆,说曼德语的人组成了政治集中的社会,从 13 世纪中叶起,有时候上升到了庞大的等级制帝国的水平。马里帝国对塞内冈比亚的征服有效地把这一地区整合为它的跨撒哈拉贸易网络,这个网络的东边延伸到了尼日尔河对岸,南边沿着海岸森林穿过生产盐和稻米的红树林湿地地区。它获得了比雷和班布克金矿田的控制权,拒绝让穆斯林商人直接获取黄金资源。西非黄金贸易跨过撒哈拉,进入了地中海世界。马里帝国与萨赫勒的柏柏尔商人的接触导致其统治者和商人在 10 世纪晚期至 11 世纪皈依伊斯兰教,尽管大量的平民百姓继续信奉本土宗教长达几百年。因此,马里帝国还代表了西非穆斯林与伊斯兰世界之间最早的联系点。

与政治上集中的和伊斯兰化的曼德人形成鲜明对照,说大西洋语的人,比

---

[1] Doneux 1975,41—129; Pozdniakov 1993; Sapir 1971,45—112.

[2] Blench 2006,118; Childs 2001; Childs 2003; Segrer 2000,183—191.

如朱拉人、比法达人、巴贝尔人、巴兰特人、拜努克人、纳鲁人、布隆人、西特姆人、曼多里人和兰杜马人,绝大多数在政治上是分散的、没有国家的,散落在这一地区的沿海地带。就大部分而言,这些以亲属关系为基础的社会定居在森林茂密的沿海漫滩和红树林沼泽里,跨越今天塞内加尔的卡萨芒斯河下游,直到今天几内亚的彭戈河。在这里,他们生产食盐,并发明了在红树林沼泽和沿海漫滩上种植水稻的技术。这一通则当然有一些例外,例如,卓洛夫同盟从前是马里帝国的一个附庸国,16 世纪宣布独立,填补了塞内加尔河与冈比亚河之间海岸的政治真空。16 世纪,随着马里帝国的衰落——这也和环境改变同时,说曼德语的人,比如苏苏人,向西和向南扩张,与一些没有国家的社会比邻而居,推行一些"曼德人的"政治制度和社会制度,建立了卡阿布王国及另外几个小国。

尽管上几内亚海岸就其语言群和政治构成而言大不相同,但在前殖民时期,低地和高地的水稻种植一视同仁地统一了说大西洋语的人与说曼德语的人、政治上分散的与政治上集中的社会的经济。但问题是:上几内亚海岸的居民真的"一致"致力于水稻种植吗?如果是这样,那么是从何时起?刺探这个历史之谜需要跨学科的材料和方法。我们这篇分析现在转向这些历史学工具。

跨学科的材料和方法:历史语言学的比较方法

上几内亚海岸内陆/塞内冈比亚地区最早的稻米来自今天马里的杰内-杰诺(位于内尼日尔三角洲)的考古学发掘,这一地区居住着一些说曼德语的社群。被驯化的光稃稻(Oryza glaberrima,西非土生的稻米品种)最古老的样本出自公元前 300 年至公元前 200 年。它是在杰内-杰诺最早的占领阶段被发现的,年代可以追溯到公元前 250 年至公元 50 年。这个城市中最早的居民制作铁质器具和用沙回火的陶器,靠鱼和牛为生,包括已经驯化的牛。到公元 500—400 年,他们给自己的日常食物添加了已驯化的非洲稻米。到公元 1000 年,杰内-杰诺参与了繁荣兴旺的跨撒哈拉贸易,用包括稻米在内的农产品交换铜和盐。[1] 目前,考古学材料的可用性充其量是良莠不齐的,没有另外的考古学证据证明上几内亚海岸存在光稃稻。

在尼日尔三角洲北部多样化的中心,居民们使用浮稻栽培品种,在洪水里种植光稃稻。非浮稻栽培品种随后传播到上几内亚海岸即今天冈比亚与几内亚比绍之间沿海地区的微咸水地,以及今天塞拉利昂与象牙海岸之间森林地区的旱作高地。[2] 另外,杰克·哈兰(Jack Harlan)提出这样一个假说:古代的猎人-采集者在森林和无树平原地区内部的多样化中心从野生稻(Oryza barthii)品种中选择了光稃稻。[3] 所有这些地区都将居住说曼德语的社群和说大西洋语的社群。

鉴于考古学和植物学的材料良莠不齐,语言学材料和历史语言学方法论对上几内亚海岸的稻米史做出了重要贡献。历史语言学的比较方法为上几内亚海岸内部的亚区及其居民提供了最早的证据。理解渊源相关的语言如何随着时间的推移而改变并重构语言的历史是比较方法的目标。它通过确定其渊源相关的成员语言之间的关系以及这些语言随着时间推移而经历的改变来重构一个语言群的历史。接下来,它重构这些语言的祖先形式或"原始"形式。

有少数非洲主义历史学家,他们当中的很多人——但绝非所有人——致力于西非东部、中部和南部的班图语言群研究[4],他们为了语言学家从未想过的目的,以其从未设想过的方式,使用历史语言学的比较方法。首先,非洲的这些"语言历史学家"利用历史语言学来重构那些文献材料匮乏的语言。比较方法最初是为了研究拥有漫长的书面文献历史的印欧语言而发展起来的。印欧语言的一些版本,比如古英语,年代可以追溯至一千多年前。然而,西非上几内亚海岸所说的语言中,最早的记录也只能追溯至几百年前,特别是上文提到的一

---

〔1〕 McIntosh 1995;McIntosh and McIntosh 1981,15—16,20.

〔2〕 Portères 1970,43—58.

〔3〕 Harlan 1971,468—474.

〔4〕 Ehret 1967,1—17;Ehret 1968,213—221;Ehret 1979,161—177;Klieman 2003;Nurse 1997,359—391;Schoenbrun 1998;Schoenbrun 1993;Vansina 1995,173—195;Vansina 1990.

些文献甚少、研究不多、行将死亡的大西洋语言。在材料可用的地方,词典和词汇表都是探险家、传教士和殖民官员编写的,而他们都不是说大西洋语言的土著人。对于很多语言或同一种语言的不同方言,常常只有很少甚至没有词典或词汇表可用,因此对于历史比较没有多少基础。语言历史学家与语言材料的稀缺做斗争,进行田野工作,从说这些语言的人那里收集他们自己的词汇表。因此,尽管历史语言学的比较方法并不是为了文献稀少的语言而设计的,但非洲的语言历史学家修改了这个方法,使之适合非洲语言的特定挑战。

其次,尽管历史语言学的比较方法的目标是重构渊源相关语言的历史,但语言历史学家把语言史作为最初的一步来重构,然后应用这些数据来重构那些在遥远的过去说这些语言的人群的历史。[1] 就非洲的情形而言,语言历史学家使用语言学工具,通常是包含考古学、人种学、植物学和生态学证据的跨学科材料“武器库”中的一个颤音,来重构前殖民时期非洲大陆部分地区的早期历史。很多地方,包括在上几内亚海岸和口头传说涵盖相对较近的一个历史时期的其他地区,考古学研究十分罕见,阿拉伯商人(或者更有可能是葡萄牙商人)没有来到这一地区,或者没有在那里逗留足够长的时间,以记录很多有历史价值的材料,在这种情况下,语言证据就是最早的可用材料。如果没有语言材料和语言学方法,历史学家对于非洲大陆大片区域的前殖民时代的早期历史知道得就会少很多。

对于使用历史语言学的“词与物”的方法的语言历史学家来说,词就是语言共同体因之而命名的社会各个方面的历史材料来源。一个语言共同体是这样一个群体:他们彼此交流,或者通过一些彼此交流的说话者的链条联系起来。[2] 过去和现在说这些词语的语言共同体是任何基于语言学材料的历史的

---

[1] 克里曼(Oliver et al. 2001,48)认为,语言历史学家并没有有效地向历史语言学家清楚地表明:这两个群体并没有相同的目标。她提出,语言历史学家还需要更好地向历史学家同行表明,他们用来重构人类历史的额外的研究模式使用了语言材料和语言学的方法。科恩·波斯特恩(Koen Bosteon)批评语言历史学家,他认为他们对语言数据的分析没有遵循最好的惯例,涵盖的语言学数据常常超出了他们能够透彻分析的,没有产生撰写包罗万象的历史所凭借的足够的细节。还可参看 Oliver et al. 2007 and 2006,223—224。

[2] Durie and Ross 1996,16.

核心行动者。一组组口头词语给历史学家提供了各种各样的关于说这些口头词语的语言共同体的线索,比如:谁是祖先语言共同体？他们来源于哪里？他们使用什么工具？他们价值几何？他们如何适应不断改变的环境？他们和谁互动？通过使用比较方法来分析当今语言共同体所说的词语,并出版词典/词汇表、民族志和旅行者的记述,历史学家能够重构在遥远的过去说这些词语的语言共同体的历史,在上几内亚海岸,这个遥远的过去就是当下,否则,使用传统的历史材料就是不可复原的。

一切语言都由语音构成。人的发音器官结构使人们能发出一定数量的元音和辅音。围绕词汇研究语言的语言学家发现,一切人类语言都由相同有限集的语音组成。在其存在的某个时间点上,一个语言共同体的成员下意识地选择用一组元音和辅音互相交流,这组元音和辅音就来自这一组固定的语音以及把它们组合起来的独一无二的规则体系。这些是每一种语言的基本构件。任何两种语言都不可能拥有完全一样的语音体系或语音组合规则。

语言随着时间的推移而改变,这是说这种语言的人不断做出的一连串下意识选择的结果,这样的改变尽管通常很小,但对他们的方言可能有着深远的意义,最终导致新语言的产生。大多数下意识的改变来自这样一些人:他们说同样的方言或语言,但他们相互之间接触较少、交流机会较少,并且/或者与说其他方言或语言的人接触更多、交流机会更多。这一事态的出现可能是由于各种各样的内部和外部因素,例如:语言共同体的个体成员搬迁或移民;他们开始接触说其他语言的人;有时候,个人试图通过改变语言的使用来提高其社会地位。语言改变绝不总是人体移动的结果。当一些说某种语言的人在其语言的发音、语音的组合或他们所使用的词语和意义上做出下意识的改变,使得在语言共同体内部交流更加困难并且/或者与说其他方言/语言的人交流更便利时,方言便开始向不同方向发展。只要两个群体——如今说不同的方言——依然能听懂彼此说的话,他们就依然是说同一种语言,并且依然是同一个语言共同体的成员。然而,如果这两种方言在一段时间继续分别演化,直至他们相互再也听不懂的程度,那么两种不同的后代语言便诞生了。历史语言学家的工作可以开始了。

比较方法被应用于与渊源相关的语言,这些语言来自一个共同的语言学祖先。与渊源相关的语言有它们共同的基本构件,它们共享一个语音体系和语音组合规则。这使得语言成为历史重构的一个特别有力的工具。来自世界范围的很多语言证据揭示,与渊源相关的语言当中的语音改变存在规律性。当发出一组固定的语音时,人的语音器官往往下意识地在这些语音的产生上变得更有效。随着时间的推移,说某种语言的人下意识地把那些需要更大努力才能产生的语音改变为需要更少努力便能产生的语音。当个别方言偏离共同的语言学祖先时,规则对应将会存在于它们所经历的语音改变中。规则语音对应提供了后代语言如何改变的系谱,历史语言学家分析这个系谱,以重构共同的语言学祖先。有一些基本假设构成比较方法的基础。本章余下的部分并不打算描述这个方法所有的技术操作,而是聚焦这个方法的某些方面,非洲的语言历史学家正是使用这些方面来重构努涅斯河地区(上几内亚海岸的一角)及其居民的历史,以及他们的水稻种植技术的发展。

语言历史学家通常从分析一个小样本——通常是100～200个——核心词汇开始。通用语法词、数词、基本亲属术语、身体部位、自然中的元素和通用动词构成了核心词汇表。语言学家发现,核心词汇在全世界任何给定语言中都是一些最稳定的词汇。当语言共同体开始彼此接触时,他们不大可能交换这些基本词汇,比如"一""二""三""父亲""母亲""石头""树""吃"和"睡",因为每种语言都有它自己的专门术语来描述人类经验的这些基本方面。很多跨文化的数据显示,典型地,在语音改变开始影响其核心词汇之前,语言共同体必定有一段很长的时间与另外的语言共同体接触。核心词汇比其他种类的词汇更不可能经历语音改变。语言历史学家分析核心词汇为的是识别"同源词",即具有类似的意义和规则语音对应的词语对。识别同源词为语言学家提供了一份清单,包含预期的规则语音对应、语音体系、语音组合规则,以及语言群的语音随着时间推移而发生改变的方式。这些预期的语音改变必须在对这种语言的非核心词汇的分析中找到并得以证实。一旦使用核心词汇识别,除了同源词和规则语音对应外,语言学家便计算这个语言群中所有成员语言所共享的同源词汇的百分比,并创造一个基于同源词百分比和相关度的语言等级体系。

下一步,确定语言子群需要使用历史语言学的比较方法来识别那些共享较高比例同源词汇的渊源相关语言之间共有的词汇、语音和形态的创新。语言子群在其同源词汇、规则语音对应及其他语法特征中保留了共同语言学祖先的残余,比如上几内亚海岸所说的很多大西洋语言当中的名词分类。对语言历史学家来说,语言子群有着内在的历史真实性和深远的历史意义。在某个特定时刻,一个语言子群内部的语言共同体既有共同的语言,也有共同的惯例、技术、价值和制度,语言历史学家可以开始使用语言学工具来重构这些东西。

除了"核心"词汇外,第二个词汇类别是"文化"词汇,对于重构一个说共同祖先语言的语言子群中一个语言共同体的社会史,它是一个重要的材料来源。表示社会、政治、文化和宗教制度的词语构成了文化词汇。在全世界的语言中,语言学家断定:当语言共同体彼此接触时,它们更有可能交换文化词汇,而不是核心词汇;当语言共同体发现它们自己所描述的信息不再相关时,文化词汇更容易改变。例如,如果一个语言共同体迁徙到一个不同的生态龛中,说这种语言的人就更有可能借用表示耕种技术和工具的词语,为了在一个新的地方生存下来,它们需要向它们在新地方遇到的语言共同体学习这些技术和工具,而更不可能借用其自己的语言中已经有的亲属术语或其他核心词汇。

在一个语言子群的内部,有三个类别的文化词汇,即继承的词汇、新创的词汇,以及借用的词汇,可以根据它们是不是具有规则语音对应来加以区分。语言学家在对全世界所说的语言的分析中发现,继承的词汇更可能具有规则语音对应。当语言共同体把文化词汇代代相传时,他们便继承了文化词汇,因为这些词汇所描述的信息依然是相关的。然而,有些外来词汇是很久之前借用的,以至于它们也显示出规则语音对应。为了避免这些异乎寻常的情况,比较语言学家必须在他们的分析中包含那些关系更遥远的语系分支,以及来自那些坐落于这个语言子群邻近地区但其语言并无渊源关系的语言共同体的语言数据。

除了继承的词汇之外,语言共同体还创造和获得新的词汇。由于发明的词汇具有规则语音对应,因此语言历史学家们必须调查相邻语言中是不是存在这些词汇。如果它们确实是一个特定语言子群所特有的,那它们就可以归类为新创词汇。例如,当一个语言子群中的语言共同体需要新的词汇来描述技术、社会和政治制度时,它就会杜撰词汇。对语言历史学家来说,新创词汇是改变、创新,有时候还是与过去继承的模式决裂的证据。

语言共同体还从邻居那里借用外来词。如果这个词可以追踪到一种在渊源上与该语言子群无关的语言,那这个词就被归类为借用词。对语言历史学家来说,借用词是两个语言共同体彼此接触的历史证据。一组组借用词给历史学家提供了重要线索,涉及接触的性质,甚至可能有这两个群体之间的权力动态。文化词汇的每个类别都是非常宝贵的历史材料,因为它提供了证据证明一个语言共同体的惯例、价值、制度、技术及其与相邻群体之间的关系是如何随着时间的推移而改变的。

语言历史学家使用"语言年代学"——比较方法的一个子集——系谱,赋予一个语言系谱内部的语言子群绝对的年代。语言年代学使用数学常量来衡量累积效应,这样的累积效应来自一种原始语言词汇表中所发生的个别随机改变。根据这个数字,语言历史学家推断语言子群偏离之后近似的时间长度。语言年代学度量"相似属性的量子中个别随机改变的模式累积"[1]。像比较方法本身一样,语言年代学也是在印欧语言的基础上发展起来的,对于印欧语言,比较语言学家有一些可以追溯大约一千年的成文样本。

在语言学家和历史学家中,也有对语言年代学提出批评的。有些比较语言学家批评其主张的普遍性:在全世界的语言中,以及在它们的整个历史上,词汇的替代率可能是一样的吗?词语的遗失和语法的改变真的可以度量吗?另一些人则提出,语言分离的时间深度是可以估量的,但如果碰巧相似的词和借用词被算作同源词,那就少算和低估了规则语音对应和同源词。在批评者们推理的核心,是对历史语言学家更广泛方面的批评,特别是词汇统计学、同源词百分

---

〔1〕 Ehret 2000,373.

比和语系树。[1]

有些非洲主义历史学家利用历史语言学的比较方法来重构前殖民时代的早期历史,主要是东部非洲和中部非洲说巴图语的社群的早期历史,他们附和了前文提到的批评,并添加了他们自己的观点。扬·范西纳(Jan Vansina)反对这样一个前提——所有语言中的词汇都是以一个稳定的比率被替代,他提倡使用一个语言群的系谱所产生的相对年代学——这是应用历史语言学家的方法论所产生的。同源词百分比更低的语言群关系更遥远,在过去的一个更早时期偏离它们共同的语言学祖先;反之,同源词百分比更高的语言群关系更密切,在过去一个更晚近的时期偏离它们共同的语言学祖先。范西纳还提倡评估一个语言系谱中一个层面与另一个层面之间流逝的五百年,但这些评估依然没有得到证实。[2]

然而,第二组非洲主义历史语言学家,包括克里斯托弗·埃雷特(Christopher Ehret)和戴维·斯科恩布伦(David Schoenbrun)继续使用语言年代学,并把它精细化了。埃雷特根据整个非洲语言中的语言学证据和陶器传统证明了相关的年代学,并且检查了非洲 4 种语言和 4 个不同地区的来自语言学和考古学的经验数据以检验语言年代学和考古学所产生的数据之间的相关性。在一万年的时间里,埃雷特得出结论,这两个方法独立地产生了大致类似的数据。在个别随机改变的一千年里,非洲的各语系共享了其 74% 的记忆。然而,语言年代学的批评者继续质疑埃雷特的发现的基本假设,因为埃雷特并没有根据第三个独立产生的年代学来检验他的发现。[3]

在努涅斯河地区(上几内亚海岸的一个亚区),包括语言年代学在内的历史语言学——在缺少考古学和植物学研究的情况下——提供了这一地区最早的历史证据,早于欧洲旅行者的记述。大西洋语系中有两个在渊源上相关(尽管很遥远)的语言子群,我称之为沿海语和高地语,位于努涅斯河地区。说原始沿

---

[1] Embleton 2000.
[2] Vansina 2004,4—5,8.
[3] Ehret 2000.

海语的人是住在沿海地区的最早居民,自古以来居住在今天的几内亚科纳克里海岸。沿着海岸自北向南的迁徙可能在纳鲁语的分离中起到了重要作用,原始沿海语的其他后代语言——布隆语和博特尼语——是在沿海地区分离的,特别是在原地。雨季里刮"龙卷风"[1]和下暴雨的那几个月,在一年的相当一部分时间里切断了村庄之间的独木舟运输和交流,在沿海语言的偏离上是比从内陆向沿海迁徙更重要的因素。今天,在这个地区的沿海漫滩上和红树林沼泽地里,有一些人口稀少的小村庄,居住着说纳鲁语、布隆语和博特尼语的社群。

说原始沿海语的人自大约公元前 3000—2000 年就居住在今天的几内亚科纳克里和几内亚比绍的沿海边缘。他们在那里从他们的语言学祖先那里继承了盐(* -mer)的知识,塞内加尔和几内亚比绍的努涅斯河地区以北说他们的语言,像沿海语言一样,他们的语言也构成了大西洋语系北部分支的组成部分。此外,古代说原始沿海语的人拥有白红树林(* -yop)的知识,对红树林湿地的生物学和植物学研究发现,这种红树林占据着紧挨着旱地的地带。白红树林的根,所谓"呼吸根",不适合生长在盐度很高的水淹土壤。在大约公元 1000 年原始沿海语分离之后,它的后代语言社群,即纳鲁人、布隆人和博特尼人,获得了红树林(-mak)类水生动物的知识,这让红树林的根部成了蟹属(-nep)和蟹类(-laŋ)的家园。红树林有着长长的、在空中交错纠缠的、含盐的根部,它生长在地面之上,为红树提供主要的物理支撑。这些树根有特殊的装备,能够从水下的和水淹的土壤中获取氧气。不像"盐"和"白红树林"这样的单词,表示"红树林"和"蟹"的单词不可能追溯到原始沿海语。根据语言学证据,沿海语言共同体最早建立了一套沿海土地使用体系,包括盐和白红树林,位置紧挨着他们的定居点。后来,他们冒险进入红树林地带,位置紧挨着海洋,包含贝类水生动物。早在他们把水稻种植整合到其生存策略中之前,他们就成了利用沿海环境的专家。在努涅斯河地区最早的居民当中,沿海土地使用体系的发展远比水稻种植古老得多。

---

[1]　Conneau 1976,272; Mouser 2000,5 n. 19.

　　不像沿海语社群，原始高地语社群相对而言是努涅斯河地区的新来者。高地语是大西洋语群南部分支的组成部分，其语言与沿海语北方分支其他语言的关系很遥远。原始高地语的老家坐落于森林-无树平原，就在今天几内亚以南沿海地区的那边，靠近孔库雷河。也不像沿海语社群，自东向西的迁徙可能在原始高地语分离为其后代语言上发挥了重要作用，其今天的语言社群居住在一大片区域，从沿海地带直至今天的几内亚科纳克里、塞拉利昂和利比里亚内陆。重构的原始高地语词汇表证明，说原始高地语的人大约在公元 500—1000 年间就已经非常适应森林-无树平原地区：从他们的语言学祖先那里，他们继承了关于＊-sɛm（动物、四足动物、野生动物、肉鹿或肉牛）、＊-cir（血）、＊-na（母牛）、＊-ir（山羊）、＊-bamp（鸟）、＊-wul（圈，捕获鹿和鸟的索套）、＊-kom（油棕榈树）、＊-lop（鱼）和＊-buk（蛇）的知识。说原始高地语的人杜撰了一些独一无二的与铁器生产有关的术语：＊-fac（铁，铁锅）、＊-unt（煤）和＊-ima（烟）。最后，说原始高地语的人从富拉语那里借用了一些与牲畜和放牧有关的外来词，那是一种与北部分支关系遥远的大西洋语：-col（家畜饲养，作为家畜来饲养，对牲畜或人的伺候、关注、照料和关心，牧羊人，一个人照料牲畜）。在大约公元 1000 年高地语分离之后，一个继承来的单词＊-cap（伤，砍，倒下）经历了语义学的改变，包含了一个新的意义："齐根砍倒树木，然后用努涅斯河地区稻农使用的那种木承锹翻土。"这个语义学的改变可能是语言社群从森林-无树平原地带向沿海迁徙的一个证据。高地语言共同体可能给老词添加了新的意义，使之反映其新环境。沿海语言共同体是努涅斯河地区持续性的作用者，建立了沿海土地使用体系；说高地语的人是该地区内部改变的作用者，把一组不同的策略，包括铁、土地清理和诱捕动物，从森林-无树平原带到了沿海地区。沿海语共同体和高地语共同体在沿海稻米技术的发展中都扮演了至关重要却完全不同的角色。

　　对文化词汇所作的分析揭示，沿海语社群和高地语社群所使用的物质文化和耕作技术都是为了修筑水坝和堤岸，以便在沿海地区拦蓄淡水，然后用水渠引导淡水来减少大西洋语言社群所固有的潮汐漫滩和红树林沼泽的盐分。这无论是对说沿海语或高地语的社群，还是对他们的语言学祖先，都是不可能重

构的。实际上,它是在高地语社群迁徙到努涅斯河地区并在大约公元 1000 年
与原始高地语分离之后杜撰出来的;它区域性地、局部地蔓延到纳鲁、布隆、博
特尼和西特姆等努涅斯河地区的语言共同体中。例如,在努涅斯河地区,纳鲁
人、布隆人、博特尼人和西特姆人创造了水控制技术(堤和垄,"-nɛk")和移栽技
术的词汇。最有意义的是,上几内亚海岸的农民用来从沿海土壤里切筑堤坝的
木承锹(ma-kumbal)也是土生土长的。地区词汇表暗示,最早的木承锹完全是
用木头组装的,没有金属刃。在努涅斯河地区,沿海水稻种植技术的诞生是沿
海语言社群与高地语言社群协力合作的结果。在葡萄牙人——最早的欧洲
人——到达这一地区大约五百年前,它就产生了一套精密复杂的耕作体系,独
一无二地适应上几内亚海岸这一角的漫滩和白红木林沼泽。

最后,对来自苏苏语的词汇所作的分析揭示了大约公元前 1500—1800 年
间说沿海语和高地语的大西洋语言社群与苏苏语社群之间的语言接触。苏苏
语是曼德语系的组成部分,它在渊源上与大西洋语系的沿海语和高地语都没有
关系。苏苏语是沿海努涅斯河地区一些重要创新的来源。说苏苏语的人从他
们说原始苏苏-雅伦卡语的语言学祖先那里继承了一些表示无树平原-林地的
农业的词汇,例如稻米、福尼奥米、高粱、土堤(为了种植)和锄头。纳鲁语、博特
尼语、布隆语、西特姆语、卡卢姆语和兰杜马语随后从苏苏语中借用了这些词汇
和意义。说苏苏语的人杜撰了第二组对原始苏苏-雅伦卡语不可能重构的词
汇,包括铁器制作的词汇,固定在承锹末端的铁脚以及木承锹的一般术语。布
隆语和博特尼语的语义学改变导致苏苏语表示铁的单词(-fɛnc)的意义改变为
表示承锹底端的金属刃。努涅斯河地区说大西洋语的人还借用了苏苏语的术
语,并添加到他们表示沿海稻米土地使用体系的专门术语表中。

努涅斯河地区是历史语言学被用来确定年代并被用来调查水稻种植技术发
展的唯一亚区。因此,在上几内亚海岸的其余亚区并没有足够的证据来证实这些
发现也适用于其他地区。另外的跨学科研究有正当的理由。但与此同时,上几内
亚海岸文化、语言、社会、政治和环境的绝对多样化不利于产生和解释跨学科的数
据。本章将做最后一次努力,试图用欧洲旅行者的记述来回答这个问题。

历史材料：旅行者的记述

上几内亚海岸最早的历史材料是葡萄牙和葡裔非洲旅行者记录的,他们在今天的塞内加尔与塞拉利昂之间沿江河上下旅行,旱季期间在不同的港口度过很短的时间。由于蚊子、疟疾和黄热病创造出来的致命的疾病环境,很少有欧洲的和欧裔非洲的旅行者到上游旅行,或者在港口度过致命的雨季。对于居住在海岸地区的每个群体,他们既没有商业联系,也没有第一手的知识。关于上几内亚海岸的最早文字材料描写了葡萄牙商人和葡裔非洲商人与跟其有商业关系的本地居民进行的稻米生产、贸易和消费。

安德烈·阿尔瓦雷斯·德·阿尔马达(André Alvares de Álmada)于 16 世纪 60 年代至 80 年代在冈比亚和塞拉利昂之间旅行和贸易,他描述了冈比亚河以南圣玛丽角的农业周期。在那里,"冬天"或雨季开始于 4 月末或 5 月初,那时"黑人在他们的稻田里干活"。据阿尔马达说,这个亚区的居民先把稻种种在被洪水淹没的稻苗圃里:"稻田一直在水下,长达三个多月,因为在 6 月至 11 月,河水上涨淹没了所有稻田。"一旦稻苗发芽,他们就把稻苗从苗圃移栽到稻田:"黑人们从水淹田里收回他们的稻苗,移栽到更干的田里,他们很快在那里收获他们的庄稼。"[1]在今天冈比亚和塞拉利昂之间各个不同的地点,比如沃洛夫人、冈比亚人和伯拉莫人的王国,比亚法达人和班努人的领地,圣玛丽角以南的圣安妮沙洲,以及海龟群岛,阿尔马达亲眼见证了小规模的却不断发展的谷物贸易,特别是稻米、小麦、高粱和福尼奥米,还有其他粮食。[2]只有在位于韦尔加角的巴加西特姆人当中,阿尔马达观察到了净米或去壳的稻米,以及作

---

〔1〕阿尔马达(1984,57)在描写把稻种种在水淹苗圃里然后移栽到更干旱的稻田里时可能有点被搞糊涂了。典型情况是,至少在努涅斯河地区今天的红树林湿地水稻种植中,农民按相反的方向移栽,从土壤中盐分较低的更干旱的苗圃移栽到土壤盐分更高、更潮湿的稻田里。

〔2〕Álmada 1984,18,43,61,78,82−83,116,139−140.

为可用粮食的带壳稻米。[1] 对于上几内亚海岸,阿尔马达于 16 世纪中晚期的记述提供了沿海地区为了生存和商品生产而种植水稻的最早描述。

阿尔马达的记述出版将近一个世纪之后,弗朗西斯科·德·勒莫斯·科埃略(Francisco de Lemos Coelho)在上几内亚海岸旅行和贸易,他的商业活动集中在今天的几内亚比绍,在阿尔马达的冈比亚河中枢的更南边。到 17 世纪晚期,欧洲商人和欧裔非洲商人与上几内亚居民的商业联系增加了。在一个世纪之前,葡萄牙商人和葡裔非洲商人尚不知道和不可抵达的江河流域还很多。他们把沿海港口与陆路商队通道连接起来,把商品从内陆带到了沿海。最后,葡萄牙商人和葡裔非洲商人对商业活动的垄断并不那么牢固。勒莫斯·科埃略鼓励多个国家的欧洲商人,如英国人、荷兰人和法国人,与沿海地区统治者竞争商品和关系。

像阿尔马达一样,科埃略也描述了贾梅王国朱拉人当中充足的稻米生产。在今天几内亚努涅斯河地区的巴加西特姆人当中,科埃略目睹了活跃的食盐贸易,食盐被带到努涅斯河上"没有食盐"的港口,还有稻米贸易,稻米被带到南边彭戈河上的港口,"被带到这个港口的是同一种商品,在那里装船"[2]。到 17 世纪末,欧裔非洲人的供应品贸易已经在上几内亚海岸南部打开市场。有一些群体也被吸引到了这一贸易中,比如巴加西特姆人,他们有着漫长的稻米生产历史,而之前与欧裔非洲人的商业关系却十分有限。在今天的塞拉利昂,科埃略描述了内陆河谷的水稻种植,大概位于杂草地带,用淡水灌溉。据科埃略说,这些微观环境中的水稻种植体系,远没有红树林湿地的水稻种植的劳动密集度高,缺少像移栽这样的环节,通常每年生产两季收成:"当地居民为它付出的劳动并不多,而作为回报,它给他们贡献了每年两季稻米作物。"[3]最后,科埃略描述了今天几内亚比绍的巴兰塔人的粮食贸易,但不是稻米贸易。他们把一种

---

[1] Álmada 1984,139.

[2] Coelho and Hair 1985,127.

[3] Coelho and Hair 1985,138.

"他们称之为 yam（木薯）的、像芜菁一样生长在地下的植物"带到沿海来交易。[1] 这一观察材料代表了 17 世纪头十年末期在上几内亚海岸沿海地区日益成为通则——葡裔非洲商人描述了三个分离的微观环境中使用不同灌溉体系的水稻种植——的一个例外。

17 世纪末还迎来了供应品贸易及其所交易商品的特征的改变。作为一种重要商品出现在很多港口的净米或去壳稻米，正在几个沿海欧裔非洲人的市场上取代未去壳的稻米，供应着数量越来越多的奴隶，并养活不断发展的欧裔非洲人贸易社群。例如，雅格拉港南侧的曼丁哥商人和曼雅加王国的居民售卖去壳稻米和俘虏。在曼雅加港，曼丁哥商人还销售蜡和象牙。可可港的居民把很多食品拿出来卖，其中有母鸡、去壳稻米、牛奶和油脂。[2] 在本地商人大篷车队去的巴拉昆达港有很多去壳稻米，以至于"可以用它装船"。[3] 今天几内亚比绍海岸外的奥拉考岛被一些无人居住的小岛所环绕，村民在那些小岛上种植水稻，生产大量的粮食，尤其是去壳稻米。[4] 最后，对于来自塞拉利昂的船只，有"大量去壳稻米"可用。[5] 尽管供本地消费和跨大西洋贸易的稻米生产到 17 世纪末迅速增加，但整个上几内亚海岸依然并不"一致"。

到 17 世纪末，欧裔非洲商人进入上几内亚海岸那些他们之前没有商业联系的地区，包括像雅格拉港和本纳港这样的地区，那里的水路布满泥滩和沙岸。科埃略的进入让历史学家们瞥见了农业的技术和生产，还有更多大西洋群体的商业活动。在北段，小麦和福尼奥米取代稻米成为科埃略所描述的供应品贸易中的主要粮食。[6] 他的记述揭示，尽管稻米特别是去壳稻米的生产和贸易变得更为常见，但在整个上几内亚海岸尚不是"一致的"。然而，到 17 世纪末，上几内亚海岸的大多数地区为了消费而且越来越多地为了销售而生产稻米。

---

　　[1]　Coelho and Hair 1985,81; Hawthorne 2003.

　　[2]　Coelho and Hair 1985,27,31.

　　[3]　Coelho and Hair 1985,45.

　　[4]　Coelho and Hair 1985,101.

　　[5]　Coelho and Hair 1985,136.

　　[6]　关于 1700 年至 1860 年间供应品贸易的完整分析，参见 Searing 1993。

　　上几内亚海岸是不是"一致地致力于稻米生产"呢？答案是：可用的证据暗示，在17世纪中叶，种植园综合体在美国南方诞生，上几内亚海岸压倒性多数的大西洋语群体，大概还有曼德语群体，为了生存而且越来越多地为了贸易而生产稻米。上几内亚海岸的居民并没有"一致地"致力于稻米生产。塞内冈比亚的居民依然种植小麦，特别是在降雨太少的年份。更南边，今天几内亚和塞拉利昂的居民种植福尼奥米。这些谷物都是复杂种植体系的组成部分，其脆弱的平衡就是为了缓和降雨波动的影响，提高粮食安全。不幸的是，在19世纪的塞内冈比亚，这一平衡周期性地被打破，导致数万人被俘，被卖到奴隶船比如曼托尔号上，成为奴隶。[1]

　　尽管可用的跨学科证据依然十分良莠不齐，但它凸显了上几内亚海岸及其居民的多样性，以及对于重构其前殖民时代历史可用的跨学科材料的局限。历史材料让历史学家们很好地理解了那个欧裔非洲人贸易的时期，在那个时期，稻米已经在大多数上几内亚海岸社群扎下了根。要让历史学家们能够理解稻米作为居住在上几内亚海岸的多样化社会的一项主要经济活动是如何及何时得以确立的，还需要更多的跨学科证据。

结论：西非稻农的历史及环境史

　　前殖民时代上几内亚海岸的稻农是不是"一致地致力于稻米"的问题是一个更大现象的征兆：下列研究文献之间的对话太少——西非稻农的历史、环境史和土著民与环境相互作用的历史，最后这项研究出于各种不同的理由而没有被认为是环境史的组成部分。乍一看，论述全球稻米和稻农史的文献，包括但不限于非洲主义者的历史，以及不断发展的环境史领域，两者似乎可以比作两条平行线，在同一个方向上延伸，却从不相交。下面这个感觉有几个理由：不包

---

〔1〕 Carney 2001，44.

括少数几个显著的例外[1]，全球稻米史，尤其是非洲稻米史，一直与环境史文献平行却并不相交。

环境史的根主要探索欧洲帝国主义者驯服大自然和土著民，特别是美洲的印第安人。[2] 一方面，更少的却不断增长的关于非洲环境史的历史编纂的焦点主要记述非洲人在面对欧洲人殖民和资本主义剥削时的主动性。从年代上讲，这批研究文献严重偏向殖民/帝国时期。从主题上讲，它强调欧洲人，特别是东非和南非的欧洲传教士和殖民者，与非洲农民和牧场主之间的相遇，以及生存性的/可持续的与商业的/资本主义的生产体系之间的冲突。

另一方面，论述非洲稻米和稻农的文献压倒性地聚焦西非地区，在那里，非洲土生土长的稻米品种光稃稻被驯化了，庞大的人口直至后殖民时期继续为了生存而种植水稻作为他们的主粮作物。[3] 尽管在 19 世纪越来越多地使用奎宁来防止疟疾感染，但西非并没有吸引到一个欧洲移民群落，这是由于它的疾病环境以及相对于北非、东非和南非来说很高的欧洲人死亡率。因此，它受到殖民土地转让政策的影响最小。不仅土地依然留在西非农民的手里，而且西非的企业家而不是欧洲的殖民者围绕棕榈油、花生、可可以及更小程度上的大米这样的现金作物，发展出了商品农业产业。结果，西非的农民，包括但不限于稻农，能够发展创新形式的本土农业，其中有些是集约化的。[4] 如果说欧洲与本土知识体系的相遇和碰撞是环境史文献中的通则，那西非稻农就是例外。[5]

尽管有这些差别，但论述全球稻米史和环境史的文献之间还是有很多有意义的关联点。这两类著作在使用跨学科材料和方法上都处于最前沿，尽管环境史文献向殖民和后殖民时期倾斜，这通常被解释为档案材料的支配地位。非洲主义的环境史文献有效地利用了口头传说和口述史，更广泛的非洲史领域从一

---

〔1〕　Stewart 2002a and 2002b.

〔2〕　Crosby 1986；Cronon and Demos 2003.

〔3〕　Richards 1985；Linares 1992；Carney 2001；Hawthorne 2003；Fields-Black 2008.

〔4〕　Richards 1985.

〔5〕　Carney 2001 和 Hawthorne 2010a 是显著的例外，因为他们处理的是来自西非上几内亚海岸的俘虏，他们在南卡罗来纳和巴西成为奴隶，被强迫在这些地区的水稻种植园里劳动。

开始就使用这个方法来重构非洲很多群体——特别是那些居住在阿拉伯商人或者欧洲的传教士或商人没有描述过的地区的群体——的前殖民时期的历史。[1] 在使用历史语言学来理解土著民为了确保粮食安全而发展复杂多样的土地使用策略上,环境史和稻米与稻农研究领域的非洲主义者在前面带路。[2] 本章展示了历史语言学的比较方法对于重构早期的和前殖民时期的历史——包括环境史和全球稻米史——所具有的潜力和局限。

在历史分析中使用科学,包括孢粉学、古水文学、古花粉、对湖底沉积物的生物医学分析、江河体积追踪,是这两类研究文献不可或缺的组成部分。[3] 不像跨学科原材料的这次"繁花盛开",埃里克·吉尔伯特面对的是西非研究文献在亚洲稻引入这个问题上的沉默,而旅行者的记述暗示亚洲稻在 19 世纪被引入东非。吉尔伯特(本书第九章)使用植物遗传学来区分引入西非和美洲的亚洲稻品种与引入东南亚、东亚及其他地方的亚洲稻品种。研究全球稻米和环境的历史学家在很大程度上把科学材料整合到了他们的分析中,这是由于关于人类、动物与环境的互动所提出问题的性质,以及在此类问题上传统历史材料的不完备。像往常一样,在非洲,传统历史材料的缺乏,特别是关于前殖民时期的,一直存在。

环境史学家,特别是那些重构前殖民时期土地使用模式的史学家,有效地利用了对于农业在人类定居和复杂社会的演化上所扮演角色的考古学研究,甚至上溯几千年,一直延伸到遥远的古代。[4] 对于居住在农民种植无种子作物的湿地、森林和热带地区的大范围全球人口的环境史,考古学证据更加有限。在全球稻米研究文献之内,非洲与亚洲的考古学记录存在一个显著的差别,因为不像亚洲,非洲很少有可见的古代田地,那里的田地很少变成化石。[5] 在太湖以东长江沿线工作的考古学家们发现了古代稻田的证据,面积在 1～15 平方

---

〔1〕 Shetler 2007；Giles-Vernick 2000,2.

〔2〕 Schoenbrun 1998；Fields-Black 2008.

〔3〕 Schoenbrun 1998.

〔4〕 Mitchell 2002；Giles-Vernick 2000；Shetler 2007.

〔5〕 Sutton 1984,25-26,28.

米的小块稻田被水渠和水库连接起来,其布局反映了本地的地形。[1] 迄今为止,这种研究在非洲(西非或东非)尚未进行,在那里,考古学家主要聚焦人类定居、国家形成和贸易这类问题。在研究非洲稻米和稻农的文献中,关于农业技术和稻田体系的问题是第二位的,即便不是第三位的。

在非洲主义环境文献中,最近一些"质地丰富"的研究工作使用考古学、历史语言学和口头传说,是一声战斗号令。它挑战了专攻世界其他地区的全球稻米专家和环境史学家,他们尚未充分利用这些跨学科材料和方法的潜力。正如论述环境史、稻米和稻农的非洲主义文献所证明的那样,对于世界上的这样一些地区和时期,那里的土著民没有留下他们自己亲手写下的丰富文献,而跨学科的材料和方法特别有启发性。

能不能让平行线改变方向汇于一个交叉点呢? 让西非稻农的历史与环境史文献进行对话,阐明上几内亚海岸的居民在前殖民时期是不是"一致地致力于稻米生产"。在上几内亚海岸,在各种不同的偏远地点,比如纳米比亚中北部林地、肯尼亚南部和坦桑尼亚北部半干旱的和干旱的地区、纳米比亚和南非的喀拉哈里沙漠,土著社群并没有把他们的生存建立在单一的作物或土地使用策略的基础之上。[2] 多样化降低了容易受降雨量波动影响的脆弱性,增强了粮食安全。然而,对于容易干旱的塞内冈比亚,就连多样化也不足以抵挡 17 世纪和 19 世纪之间几十年干旱和蝗灾的影响。从 17 世纪初开始,这互为关联的一波波灾害导致大约 35 万个俘虏被出售[3],他们登上了诸如曼托尔号这样的奴隶船,从人口稀少的塞内冈比亚被大西洋贸易商卖到海外做奴隶。

埃达·L. 菲尔兹-布莱克

---

〔1〕　Fuller and Ling Qin 2009,1,94—98.
〔2〕　Kreike 2004;Spear et al. 1993;Wilmsen 1989;Gordon 1992.
〔3〕　参见 David Eltis and Martin Halbert,www. slavevoyages. org〔访问日期:2014-07-24〕。

第八章

储水：
与南卡罗来纳内陆水稻种植的环境和技术的关系

　　水库灌溉的水稻种植是南卡罗来纳发展出来的种植园农业最早的成功类型，它充当了南卡罗来纳殖民经济的基础。然而，尽管它很重要，但低地内陆的水稻种植有一部令人困惑的历史。不像那些依然耸立在南卡罗来纳潮汐河流沿岸的、看得见的潮汐稻田堤坝，残余的内陆稻田更难找到，很多稻田现在位于杂草丛生的林地分水岭中。曾经精心管理的稻田由于缺少耕作而变成了第二代或第三代生长的森林和湿地，其中有些今天作为保护地而受到保护，其方式模糊了这些土地过去被人类使用的历史。第一手文字记录稀少也使得历史学家无法充分审视这个早期种植园复合体对低地地区历史的影响，殖民时期幸存下来的少量种植园日志和分类账簿透露了内陆稻米文化。当潮汐稻米灌溉在18世纪中叶开始发挥作用时，由于灌溉效率和更高产量，大多数种植园主开始让他们的奴隶劳动和文献记录聚焦新技术。然而，内陆种植在内战前时期继续存在，正如来自19世纪的规划和日记中的证据清楚地表明的那样。远非水稻种植的原始早期方法，内陆耕作的历史与潮汐耕作的历史彼此平行，互相交织。[1]

　　本章将填补历史编纂中的这个缺口，探索种植园主们在殖民时期的南卡罗来纳内陆沼泽如何种植水稻，从而既适应又改变他们的环境。它将展示，对环

---

　　〔1〕 更早的历史著作指出，内陆种植是最早在经济上成功的水稻种植园。这些解释还描述了一个单一的内陆水稻种植方法。参见 Gray 1933，1：280—4；Heyward 1937，11—6；Clowse and South Carolina Tricentennial Commission 1971，122—133；Clifton 1978，ix—xi；Hilliard 1978，98—100；Coclanis 1989，44—45，61—63，96—98。关于内陆水稻种植园在前内战时期的持续，参见 Smith 2012。小规模内陆水稻种植一直在延续，在后独木舟时期超出了低地地区传统的稻米地带，文献记载参见：Vernon 1993，Coclanis and Marlow 1998。

境的关注如何导致对低地耕种者与土地的密切关系的历史分析。内陆种植是作为一个简单的过程而开始的,通过利用合适场地的优势种植水稻。当对这种作物的需求和土地的价值增加时,种植园主们需要更大的收成,因而要花更多的精力来扩大老的内陆田地并精心改良内陆稻米的环境。需要适应南卡罗来纳沿海平原多种多样的地表景观,这让每一块土地都变得独一无二,为的是最大化可以种植水稻的土地。耕种者自己在这一环境的局限之内工作,管理水的流动,减少风暴、洪水和干旱的影响,但随着时间的推移,他们也以越来越老练的方式改变这些环境。[1]

内陆水稻种植也提供了一个很有意义的关于美洲奴隶劳动体系的故事。最初进行水稻种植试验时,殖民者们使用非洲奴隶把种子栽种在各种不同的微观环境中。为了回应全球经济的机会,内陆种植园主们不断使用奴役劳动,清理更多的土地,扩大作物的产出,正如切萨皮克的烟草种植园主让那里的奴隶清理新的土地一样。这个做法助长了南卡罗来纳不断扩大的奴隶贸易,并且使非洲人流散到新世界的各个地方。按照任务而不是按照班组来动员劳动的方式也在内陆水稻种植园形成了。低地地区发展起来的任务体系在美洲史上的其他地方并没有找到。内陆水稻种植园的生态基础是理解高度复杂的劳动和环境管理体系在密集的南卡罗来纳林地分水岭出现的关键。[2]

大约在1670年最早的英国居民建立查尔斯顿之后的十年里,稻米在低地地区生根发芽(图8.1)。起初,欧洲殖民者试验种植水稻,作为很多生存作物之一,他们把这种植物种在定期灌水的高旱地上。由于管理不善,高地种植方法产量不是很高。直至18世纪初期,非洲和欧洲的知识混合起来,维持始终如一的灌溉方法,使用低洼湿地作为稻田,这种作物才生产出高于维持生计的剩余。

---

〔1〕 水控制和土壤管理是整个环境史文献中都能找到的两个主题。在讨论佐治亚低地地区的人们试图控制土地和劳动的努力时,斯图尔特(Stewart 1996)解释了潮汐稻田如何代表了一个把动力、自然和人整合起来的混杂景观。还可参看 Porcher 1987。对理解水控制做出贡献的文献可以在 Fiege 1999 和 White 1995 中找到。Steinberg 1991 和 Kirby 1995 提出的进一步的解释揭示了围绕水所产生的紧张,即使是在潮湿地区。讨论微观环境对农业实践的影响的作品,参见 Donahue 2004。关于记载南方土地使用的作品,参见:Stoll 2002;Nelson 2007;Steinberg 1991,99—165;Sutter 2010。

〔2〕 Morgan 1982;Coclanis 2000.

这些种植园起初存在于柏树林里和林地溪流中，距离查尔斯顿大约 5～30 英里。当未来的种植园主还有沦为奴隶的非洲人开始向殖民地南卡罗来纳迁徙时——部分原因是被 18 世纪 20 年代短暂的稻米繁荣所驱动，内陆种植园很快就从萨凡纳河向上延伸至温约湾。

图片改编自 Donald J. Colquhoun，"Cyclic Surfical Stratigraphic Units of the Middle and Lower Coastal Plains，Central South Carolina，"收录于 Robert Q. Oaks and Jules R. DuBar，eds.，*Post-Miocene Stratigraphy Central and Southern Atlantic Coastal Plain*，Logan，UT：Utah State University Press，1974，181.

图 8.1　南卡罗来纳中部下沿海平原的陡坡和台地示意图

到 1730 年，欧洲和美洲的谷物需求都呈爆炸之势，从而引发了对水稻种植园更多的资本投入。一个关键的拉动因素导致对南卡罗来纳稻米的需求——英国议会放松了航运法案对稻米的管制。这一政策改变使得英国船只装运稻米直接出口至南欧成为可能,到 18 世纪 30 年代,南欧消费了 20% 的殖民地稻米出口。1699 年,查尔斯顿商人出口 291 桶稻米;到 1715 年,总量增长到了 5 262 桶。然而,十五年后,南卡罗来纳商人出口 44 385 桶,到 1745 年,总量增长到 63 433 桶。尽管稻米出口不断增长,但从 1739 年开始的二十一年里,价格却急剧波动。英国和查尔斯顿一连串的经济萧条——源于乔治国王战争(1739—1748 年)、史陶诺动乱(1739 年)以及黄热病(1739 年,1745 年,1748 年,1758 年)和天花(1738 年,1758 年,1760 年)大流行——导致稻米价格大跌。然而,1748 年乔治国王战争结束之后,欧洲与北美之间的船运增加了,更低的运输成本、更快的船运速度和更高的体积所带来的结果使得利润增加了。17 世纪末,英国商人能够从印度或非洲购买价格更便宜的稻米,然而,到 18 世纪中叶,他们以更低的价格从南卡罗来纳获得了品质更高的谷物。[1]

南卡罗来纳稻米市场在 1760 年开始了另一轮向上的经济和生产周期。一些国际事件在 18 世纪下半叶推动了稻米价格上涨,从而不断刺激低地稻米生产的增长。18 世纪 60 年代晚期和 70 年代早期英国和欧洲一连串的作物歉收之后,欧洲的稻米需求急剧增长。这推动英国议会撤销关税壁垒,进口更多的南卡罗来纳现金作物。1767—1771 年间的气候波动造成了夏天和秋天异常高的降雨量,而寒冷漫长的冬天长时间地被大雪覆盖。累积的潮湿季节给欧洲的谷物生产造成了损害性的影响,潮湿的秋天减少了欧洲低地的小麦生产,而漫长的冬天严重减少了高地的牧草。欧洲谷物生产者所遭受的这些环境困难,以及英国贸易限制的放松,导致卡罗来纳大米的进口在约 1760 年至约 1775 年间增长了 50%。[2]

现金作物的这一大幅度增长波及了整个南卡罗来纳社会,导致富有农场主数量增长和来自奴隶输入的混合。混合(creolization)是一个人类学的概念,指的是这样一种发展:由两个或两个以上相异的社会形成的一种新文化。在一个

---

[1] Dethloff 1982,236;Hardy 2001,116;McCusker 2006,5—763,5—764.

[2] Coclanis 1982,539—543;Nash 1992,679,684,686—689,692;Hardy 2001,116。关于 18 世纪的气候变动和欧洲农业,参见 Pfister 1978,233—234,239—240。

特定环境里，比如水稻种植中，不同民族之间的"回应和互动"涉及观念、信仰和目标的交换。[1] 在种植园的整个混合交织中，白人和黑人都参与对方的文化实践，不管是意识形态上的还是身体上的，并为了他们自己的利益而适应它们。尽管一种文化可能通过劳动控制来主宰另一种文化，但文化的转移在捕获者与奴隶之间自由地流动。正如彼得·伍德（Peter Wood）在《黑人多数派》（*Black Majority*）中所解释的，在 1700 年至 1775 年间到达英国大陆殖民地的被奴役的非洲人当中，40％以上去了南卡罗来纳种稻米。这一迁徙带来了欧洲移民与非洲移民之间一次引人注目的互动。[2] 依靠非洲人和欧洲人在美洲土地上的直接互动，各自的文化都适应了对方的语言、饮食方式、物质文化以及在新的土地上履行功能的工作模式。水稻种植是一种独一无二的混合模式，因为孤立的场景提供了种植园主与奴隶之间直接的观念转移。与此同时，这一观念转移反映了人们如何改变他们工作的环境。[3]

　　到 18 世纪的第一个十年，稻米已经成了南卡罗来纳种植最成功的产品。非常适合这一种植的淡水湿地位于距离南卡罗来纳海岸几英里的支流和沼泽中。地理学家朱迪思·卡尼把这些湿地描述为"一连串微观环境，包括谷底、低洼地和保水黏土的区域"。内陆地形对种植园主是个考验，使他们认识到什么样的特征能让稻米种植成功。一旦他们识别了这些特征，种植园主们就会使用受奴役的非洲人更新这些可用于现金作物生产的自然特征。从阔叶林洼地到柏树林河岸，低地地区内部各种不同的生态系统都为内陆沼泽种植园而进行了改动。广泛种植的关键要求是流经这些地形的活水流。[4]

　　内陆水稻种植依赖这样一个简单原理：水往低处流。当然，来自暴风雨和山泉的水流向山下，而分水岭把这一资源引入溪流中。内陆种植园主在低地地区找到水平面刚好足以种植水稻的土地。内陆稻田很快在南卡罗来纳沿海平

〔1〕　Joyner 1984,xxi；Brathwaite 1971,296.

〔2〕　Wood 1974,xiv；Joyner 1984；Ferguson 1992,xli—xlv.

〔3〕　Joyner 1984,xviii；quote,xx.

〔4〕　Carney 2001,58；Hilliard 1978,97；Edelson 2007,390—393.

原的整个内部和外部形成,主要在天然适合它们的区域。地文学的沿海平原通常从北美构造板块的边缘即"瀑布线"向下溢出到大西洋海岸线。低地地区的地形为内陆水稻种植提供了理想的位置。由于大西洋海岸线在更新世期间(两百万年前至一万年前)交替地被侵蚀和后退,千百年来形成的屏障岛链和相应的潮汐平地创造出台地和陡坡。与现代屏障岛链系统相类似,史前时期的台地由沙子和贝壳构成,而这些崤线的背面由黏土壤土构成,它们来自从前的潮汐沼泽和泻湖。陡坡充当了台地之间的物理分界线,要么是由于不断后退的海岸线的侵蚀而形成,要么是在从前屏障岛的沉积阶段形成。[1] 水通过这些沉积层的运动塑造了陆地,不断形成海拔在 4~40 英尺的小山、山脊和沟槽,而它们的地理特征对水稻种植和靠稻米为生的人至关重要。位于种植园内及周围的"高松树地"小岛为建筑物和牧场提供了场地,而绕着这些地形流淌的小溪提供了种植水稻所需要的水源和漫滩。当种植园主们让他们的经济活动适应其财产坐落其中的不同微观环境时,早期的农业实践必定是多种多样的。早期的内陆水稻种植园主不是大规模地改变他们的环境,而是利用他们所找到的环境(图 8.1 和图 8.2)。[2]

欧洲殖民者一旦认识到蓄水对稻米作物灌溉并同时清除竞争性杂草的重要性,对地表景观的感知和农业活动中的一次巨大改变便发生了。水稻种植从高地和无树草原生态系统向下迁移至柏树-阔叶林溪流体系。殖民者在"荒原"的那边看到了无限的潜力,可以把低洼的小溪漫滩——位于"小溪与江河的源头"——转变成秩序井然的农业地带。穿过湿地的水流喂养了茂密的植被,创造了南卡罗来纳低地地区看上去"用之不竭的肥力"。[3] 当植被死亡并腐烂时,营养物质便积累起来,增加内陆水稻种植园所需要的土壤肥力。殖民时期的博物学家马克·卡特斯比(Mark Catesby)指出,内陆沼泽"被来自高地的冲

---

〔1〕 Colquhoun and South Carolina State Development Board Division of Geology 1969,23,6;Soller and Mills 1991,290—291.

〔2〕 Kovacik and Winberry 1987,20—21.

〔3〕 Reclamation of Southern Swamps 1854,525;Catesby quoted in Merrins 1977,93.

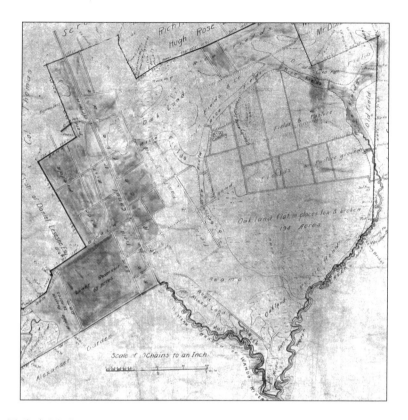

图片来源:"A Plan of Charleywood Plantation,"McCrady Plat Collection,954,
Charleston County Register of Mesne Conveyance,Charleston,SC。

图 8.2 查利伍德种植园,新稻田在左,老稻田在右

刷所灌注,在连续许多年里变得极其肥沃,深厚的土壤由暗褐色的含沙壤土构
成"[1]。一位水稻种植园主把内陆沼泽描述为有着"比其他任何土地都更好的
基础和土壤","天生更耐于"耕作,因为它们"极好地提供了腐烂的植被,水在经
过沙地时把它们沉积了下来"[2]。

---

〔1〕 卡特斯比引自 Merrins 1977,92;卡特斯比注意到了把这一环境转变为农田需要巨量的体力劳
动,他评论道,"这种土壤由乌黑的含沙壤土组成,提供了很好的种稻土地,但是挖掘和清理树木及林下灌
木丛的麻烦让人们对耕种它感到气馁"。参见 Merrins 1977,93; Wood 1974,59-62; Carney 1996,14-
16。

〔2〕 Observations on the Winter Flowing of Rice Lands 1828,531.

　　种植园主的成功始于选择有正确土壤成分的地点。蓄水稻田在低洼湿地渗透性较低的壤土和黏土中保水效果最好。种植园主和奴隶们关于土壤成分的知识对于水库和稻田的建造至关重要。尽管内陆稻田坐落于截然不同的分水岭，但内陆水稻种植所使用的微观环境包含相同的土壤特征。后来人们所说的梅格特壤土是经常与蓄水内陆稻米地带相关联的土壤类型。这种土壤有着沙、黏土、淤泥和有机物质的混合物或壤土。这些分水岭，或次级溪流漫滩，注入库珀河-阿什利河-温都河（CAW）盆地、阿谢普河-卡姆比河-埃迪斯托河（ACE）盆地及萨凡纳河，蜿蜒流过整个南卡罗来纳沿海平原。[1]

　　缓慢的渗水性和很强的保水力是内陆稻田中发现的两个典型特征。缓慢的渗水性意味着土壤成分有效地阻止水通过地面排出。这一特征使得水稻种植者能够把水保持在水库和稻田里。由于渗水性很弱，这些地带的土壤还被用于建造堤坝。通过用黏土加固拦水墙，奴隶们创造了一个盆地，把水保持在自然地形中。南卡罗来纳总督詹姆斯·格伦（James Glenn）写道，"对稻米来说，最好的土地是潮湿、深厚、泥泞的土壤；这样的土壤通常是在柏树林沼泽中找到的；或者是有黏土基础的黑色而滑腻的腐殖土；但最好的土地可能要在合适的季节位于水下时加以改良。"然而，为保水创造可欲条件的被夯实的土壤也给奴隶劳工塑造土地景观制造了困难。温都河畔一个种植园监工抱怨，他的锄头"太宽、太软，挖不开黏土地"。锄头对"翻挖轻黏土地"一点用处也没有，因为"它们还没等干到一半，就像一块铅片一样折卷起来，变得毫无用处"。内陆种植园的黏土壤土尽管在挖掘上带来了一些困难，但这种土壤通过制作彩陶——

---

　　[1] 关于土壤成分的信息源自现代土壤调查、第一手材料和考古发掘。美国农业部水土保持局根据当前的物理构成对一些具体的土壤进行了分类、定义并绘制地图。令人惊讶的是，内陆和潮汐地区的稻田的物理残余依然存在。针对每个单位的航拍照片有助于确定土壤地图或边界，这些照片揭示了内陆的稻田和水库。土壤成分呈现了这片土地上发生过什么样的冲击。结果，土壤科学家知道哪些土壤有助于水稻种植。例如，1916年的一次土壤调查解释，这种土壤类型"没有用于了农业，而是废弃的运河、沟渠和堤坝，这表明有相当可观面积的土壤一度被用于稻米生产"。土壤科学家们注意到某些时期没有发生农业活动，土地被收回，"生长着柏树和树胶，海拔略高的区域则生长着长叶松、黑松、山毛榉和桃金娘"。United States Department of Agriculture 1980a；United States Department of Agriculture 1971；United States Department of Agriculture 1980b；引自 Latimer 1916,515。

一种土陶器——和黏土墙房子及户外烟囱揭示的那些建筑特征，为非洲人和非裔美国人表达其文化身份提供了一种可用的媒介。[1]

种植园主把数量稳定的水引到自家稻田里的能力是成功种植内陆稻米所需要的第二个典型特征。在这些耕作地带，始终如一的用水权使得种植园主和奴隶在这些内陆场景中种植水稻成为可能。不像潮汐地带的水稻种植，种植园主和奴隶们可以利用江河潮涨潮落的"河口水力"，而内陆种植园主则依靠水简单地从高处往下流到他们的稻田里。这些耕作者不得不控制来自可靠的地表水和地下水的自然资源——以排水盆地、沼泽、海湾和山泉为代表。那些由梅格特壤土组成的分水岭相对处在同一水平线上，所以水是作为一股缓慢移动的水流从这些地带流过。[2]

内陆稻田的大小和形状与地形相适应。基本的内陆稻田由两条土坝构成，把一片以山脊为界的低洼区域围起来。奴隶们用相邻排水沟里的可用填充物建造"坚固的堤坝"。堤坝的海拔更高，包含注入水的溪流或山泉，从而形成水库或"储水区"，它将为更低的稻田提供水。一旦耕作者从水库里放水，第二道堤坝就会留住这一水源来滋养稻田。在这两个土建筑之间有一系列更小的堤坝和沟渠，在耕作过程期间可有效地储水和排水。[3]

内陆水稻种植的水控制不仅需要准确建造土坝，而且需要理解周围的地形。内陆耕作者必须选择把水库和稻田放在什么地方，这些都跟水源和地形有关。要想把水留在水库中和稻田里，土壤就需要坚实的黏土基础来防止被拦蓄的水渗出。微妙的海拔改变，在某些情况下从含沙高地到冲积沼泽只有三四英尺，使得不同类型的植被能够扎下根来。植物群落的千变万化让耕作者能够洞察土壤的构成。例如，长叶松和橡树群落生长在排水很好的含沙土壤里，而柏树和水紫树群落则生长在渗透性较低的土壤中。对那些颇有抱负的水稻种植

---

〔1〕　Glen (1761) in Milling 1951,14；Rash 1773；Singleton 2010,157—170；Ferguson 1992,18—22,68—92.

〔2〕　Hilliard 1975,97.

〔3〕　Hilliard 1978,97；Hewatt et al. 1779,303；Stewart 1996,168.

者来说——他们直至19世纪中叶才有机会接触这些土壤科学的洞见——树木及其他植物的分布把他们领向合适的内陆场地。殖民史学家亚历山大·海瓦特(Alexander Hewatt)注意到,"大自然[向种植园主]透露出他的劳动应当从何处开始;就土壤而言——不管多么五花八门,就是那些很容易借助那里生长的不同种类的树木来区分的地方"[1]。在讨论如何定位"优良土壤"时,让-弗朗索瓦·吉格尼利亚特(Jean-Francois Gegnilliat)解释道,"一个人通过树木的差别来认识[土壤]"。种植园主在为水稻种植选择场地时需要"仔细观察地形和水流"。有了相当可观的种植水稻的启动成本,种植园主还必须懂得水文学和地形学,以便在开始昂贵的尝试之前避免商业失败。[2]

地形学决定水库和稻田的自然边界,正如高地围起地块并保水。从小山到洼地的海拔改变帮助把水库和稻田围起来,从而排除了修筑额外堤坝的需要。由于种植园主们依靠地理特征来控制水淹田,这些农业体系的边界起初类似于支流的流动轮廓。穿越南卡罗来纳沿海地区的卡特斯比观察到这些内陆景观如何成形:"这些沼泽地距离大海更远的部分受限于更高的土地,被树林所覆盖,穿过这些树林,每隔一段距离,沼泽地在高出这一地区的狭窄地块中延伸,随着地面的上升而逐渐收缩。"高地与稻田之间的海拔差别大小不等,从温都河畔查利伍德种植园的4英尺,到位于阿什利河上游的纽因顿种植园的40英尺。与潮汐稻田相比,内陆稻田更小,并被包含在湿地地形的内部。另外,潮汐稻田杂乱地漫过河岸。如果稻田被建造在江河潮涨潮落的范围内,漫滩就能使种植园主把更多的土地投入潮汐地种植。[3]

---

〔1〕 Hewatt 1779,305. 南卡罗来纳总督詹姆斯·格伦1761年写道:"种植水稻最好的土地是湿的、深的泥泞土壤;这样的土壤通常可以在柏树沼泽或者有着黏土基础的腐殖土中找到;但最好的土地可以通过在恰当的季节让它们位于水下来加以改良。"引自Milling 1951,14。乔伊斯·卓别林(Joyce Chaplin)注意到,尽管土壤科学直至19世纪头十年的中期才逐步发展起来,但人们形成了对于哪些土壤肥沃、哪些土壤不允许恰当的排水的基本理解[Chaplin and Institute of Early American History and Culture (Williamsburg) 1993,144—145];Porcher and Rayner 2001,89—96;Edelson 2007,386—90。

〔2〕 Cohen and Yardeni 1988,8.

〔3〕 Catesby quoted in Merrens 1977,92;海拔的确定根据引自United States Gological Survey 2012。

　　"沼泽地必须修筑堤坝，以便把土地和水分离开来，"历史学家西奥多·罗森加滕（Theodore Rosengarten）指出，这项工作由奴隶们来干，他们"用锄头清理和凿挖［漫滩］，直至它像台球桌一样平"。茂密的阔叶林，比如落羽松、紫树和香枫，用斧头和锯来清除。1712 年，约翰·诺里斯（John Norris）注意到，树桩和树根要花 12～15 年才能在稻田里完全腐烂，只好让奴隶们在残余植被的周围种植水稻。清理茂密的森林要付出数量无法想象的劳动。砍劈和焚烧田地加速了这个腐烂过程，因为火"软化"了地表景观。环境史家斯蒂芬·派恩（Stephen Pyne）指出，"有了火，就有可能重塑一块块的地表景观，并把它们重新排列成新的图景"。奴隶耕作者焚烧灌木丛，然后用锄头挖出草根，以防止竞争性植被再次生长。田间劳动者把 1 月和 2 月这两个农业周期中的"下行"月份花在焚烧现有稻田里的作物残茎或清理新土地上。一旦南卡罗来纳内陆地块上的植被被清除，奴隶们便平整田地，以便水稻种植和排水。在为了排干死水而开发出稻田之后，奴隶们便挖掘准确的 1/4 沟渠，以便更有效地清除洪水。到 18 世纪 30 年代，这种几何形状的稻田已经取代流动的地表景观，重新定义溪流、堤岸和小山这些非人类的地形。[1]

　　用来让水流进和流出稻田的机械装置成了一个对内陆稻米农业来说至关重要的技术。水稻种植者用水闸来控制水从水库流入稻田。起初，水闸用掏空的树做成，是传统的非洲装置，通过堵塞扇叶树头榈的末端来调控水流过一根水管。低地地区被奴役的非洲人用国内的萨巴尔棕榈树和柏树替代这个装置。欧洲殖民者在建造内陆稻田时引入了"水阀"的使用，从而对水控制过程做出了贡献。水阀是长方形的盒子，一端敞开，另一端有个垂直滑门来控制水流。这些水阀被用来排干沼泽，在南卡罗来纳的潮汐种植园可以发挥类似作用；水闸

----

　　〔1〕 Rosengarten 1998,40；Carney 2001,86；Merrens 1977,93；Littlefield 1981,89；Clifton 1978, x. 研究这一时期的历史学家亚历山大·海瓦特（Alexander Hewatt）推测水稻种植是"如此费力的任务，要种稻、打稻和清理，以至于尽管砍伐茂密的森林并清理地面是有可能的，但在这项艰巨的努力中必定有成千上万的人死亡"（Hewatt et al. 1779,120）；Gibbs,2 January 1845,28－31 January 1845,1－10 February 1845；Norris in Merrens 1977,45；Pyne 1997,466,468。卡特斯比相信，6～8 年的时间里，树桩就会在地里烂掉。

和水阀都被用来管理水的向下流动,同时防止正在上涨的潮水流入稻田。[1]

稻田工程师把水闸放进水塘或溪流河床里,这样水就能有效地从堤坝的最低点流出蓄水池。水塘对于排干湿地来说是一个重要的自然部件,因为它们充当了一个"排水沟",或者细微海拔改变中的一个洼地。[2] 在这些洪水养育土壤和稻米作物并杀死竞争性的杂草之后,稻田便通过坐落于第二条堤坝上的水闸来排水。从这些田里放出的水向下流入附近的潮汐河里。[3]

就借助单一下行方向的水流来实现洪水控制而言,内陆水稻种植园主是受限制的。具有讽刺意味的是,通过在水库里蓄水,种植园主们实际上创造了一个很不安全的位置——如果发生洪水或干旱的话。当暴雨或飓风提供的雨水超过土壤所能吸收的及溪流所能疏导的量,洪水便会发生,当洪水从山上向下流淌时,便导致"突然而凶猛"的"湍流"。[4] 这急速的水流将注满水库,导致洪水外溢,冲毁堤坝。[5] 干旱给内陆水稻种植园主提出了另一个难题,当水库没有接受足够多的水时,最终就会干涸。没有大量的"储水"淹没稻田,竞争性的杂草就会侵袭秩序井然的农业景观。[6]

通过聚焦库珀河与温都河分水岭的一些具体实例,本章将讨论地形学如何帮助定义灌溉模式、稻田设计和定居模式。这一空间场景由库珀河的东部分支和西部分支组成,与温都河汇合,形成查尔斯顿港的东半部分。这两条河都发源于下沿海平原,跟相邻的桑蒂河相比,流淌的距离相对较短,那条河的上游源头距离海岸大约440英里。包括被一个20世纪的水力发电大坝项目所涵盖的

---

[1] 1981,97;Carney 2001,95—96;Doar 1936,12;Groening 1998,158—159. 在漂浮低洼地,英国农民也使用"水阀"来控制水。尽管水阀与英国的技术向卡罗来纳稻田转移有关联,但这些装置在设计上并不类似于稻田水槽。参见 Kerridge 1967,chapter 6;Martins and Williamson 1994,21—30. 关于英国水阀的样子,参见 Boswell 1779,计划♯5。

[2] Merrens 1977,92.

[3] Hilliard 1978,97;Carney 1996,25.

[4] Catesby quotes in Merrens 1977,96.

[5] Hilliard 1978,79;Hilliard 1975,58;Matthew 1992,64.

[6] Stewart 1996,93;Chaplin and Institute of Early American History and Culture(Williamsburg)1993,229—230;Clowse and South Carolina Tricentennial Commission 1971,127.

土地,库珀河流淌大约 60 英里,穿过下沿海平原 5 个台地中的 4 个。温都河流淌大约 20 英里,只穿过一个台地。在宾霍洛韦、塔尔博特、帕姆利科和安妮公主这 4 个台地建立了内陆水稻种植体系,种植园主和他们的奴隶劳工便在这些地表景观的边界内工作,创造农业生产模式。与此同时,这些地形学边界影响了定居模式,为居民构建独一无二的文化身份提供了一个平台。[1]

内陆稻米体系的早期形式采取了过于简单的形态:在 4 个台地复合体的每一个复合体中追寻可用的溪流群落。18 世纪早期的种植园主依靠一些小支流的可定义漫滩来试验一些灌溉控制模式,比如水坝、堤岸、沟渠和排水。在法国胡格诺派教徒围绕库珀河源头的比金沼泽而建成的飞地里,相邻的种植园主们利用了盆地溪流。普什种植园是 30 个依靠比金沼泽支流来实现水稻灌溉的种植园之一。1704 年,贵族领主授予一个维特雷胡格诺派教徒彼得·圣朱利安(Peter St. Julian)1 000 英亩土地,成了普什种植园。1711 年,圣朱利安把这个种植园卖给了他的姻兄弟亨利·勒诺波(Henry LeNoble)。三年后,亨利把普什种植园送给了他的女儿苏珊娜(Susanne)和她的新婚丈夫勒内·刘易斯·拉文内尔(René Lewis Ravenel)。[2]

拉文内尔使用从佛罗里达地下蓄水层体系中的一次"下沉"而形成的石灰岩泉水来灌溉他的普什种植园稻田。这些自流井泉水或者当地居民所说的"喷泉"更频繁地出现在宾霍洛韦台地,为整个比金沼泽社群的水稻种植园提供水流。普什泉是 6 个与盆地接界的著名喷泉之一,这些喷泉使得这一地区被确立为殖民地时期南卡罗来纳中心稻米地带之一。正如马克斯·埃德尔森所指出的,普什种植园的奴隶劳工"利用其现有的地形学等高线,对土地做了比较简单的改变"。奴隶们挖掘普什种植园至"灰色的黏性含沙黏土"壤土,并在更高的细腻含沙壤土之间"建起了一条水坝",形成一个水库。拉文内尔的奴隶劳工随

〔1〕 Colquhoun 1974,181; Cantrell and Turner 2002,2.

〔2〕 History of Transfer of Pooshee to 1756 (n. d.); Van Ruymbeke 2006,59,86.

后修筑了第二条水坝来拦蓄泉水,灌溉并维护中等规模的 12 英亩稻田。[1]

朝向海岸,安妮公主台地的含盐潮汐河流对早期的水稻种植提出了一些新的挑战。由于这个台地复合体紧挨着海洋,安妮公主台地在海平面上从一个"略微倾斜的斜坡"开始,向上 20 英尺。大海的涨潮把一个"盐水楔"推进向下流淌的河流。尽管淡水水文对库珀河上的潮汐灌溉至关重要,但温都河有限的分水岭并没有产生足够的水流来启动这个"水力机器"。千百年来,温都河潮涨潮落穿过近海漫滩,创造了一条互相交织的小溪和支流链。这些支流"源自较低的泉水地或沼泽地,而且,当它们流得更远更宽时,数不清的可航行溪流便形成了这整个地区的水道"。为了利用这一环境,种植园主们不得不修筑土垒,阻止含盐的潮水流入这些低洼的水道。[2]

理查德·贝雷斯福德(Richard Beresford)对潮汐溪流的使用反映了种植园主们除了小溪漫滩之外,如何利用其他的环境来种植内陆稻米。贝雷斯福德于 1683 年从巴巴多斯移民查尔斯顿,开始他作为一个商人的事业生涯,拥有"卡罗来纳的玛丽"号 1/4 的股份。他在政治上变得活跃起来,在大议会效力。他在第五届州议会里代表伯克利县和克雷文县,是第一届皇家会议的成员。贝雷斯福德的政治野心与他的土地获取不相上下。1690—1714 年间,他接受了 9 次地产授予,总计 5 040 英亩。查利伍德种植园的名字取自赫特福德郡的一位领主,源自 1711 年的 7 次土地授予,总计 4 350 英亩。[3]

贝雷斯福德从商业贸易、牲畜牧场和海军补给品中积累资本,为水稻种植积累了相当可观的劳动力。正如桑蒂河流域一个胡格诺派移民所解释的,种稻米"只能以很大的花费来做,只有富人才能承担"。到 1715 年,贝雷斯福德已经获得 50 个奴隶。七年后,贝雷斯福德的奴隶人口翻了一倍,到 18 世纪 20 年

---

〔1〕 Aucott and Speiran 1985,738;Siple 1960,2;Cooke 1936,75;Aucott 1988,9;Ravenel 1860, 28—31;Holms 1849,187;Map of Pooshee 1920;quotes:Edelson 2006,104,and United States Department of Agriculture 1980b,516,506;Miscellaneous Inventories and Wills 1750,77B:578.

〔2〕 Willis 2006,5—12;McCartan et al. 1984;Willoughby and Doar 2006.

〔3〕 Baldwin 1985,22;Bailey and Edgar 1977,77—78;Society for the Propagation of the Gospel in Foreign Parts 39:102—103,311,315.

代，他已经进入卡罗来纳有 30 人以上的奴隶拥有者的前 29% 之内。贝雷斯福德让他这支数量相当可观的劳动大军穿梭往返于 7 个种植园之间，他们在那里饲养牲畜，提炼柏油和沥青，种植桑树、玉米和稻米。贝雷斯福德的劳动力还没有大到足以改变超过 75 英亩以上的查利伍德稻田。更多的劳动可以构建更大的稻田体系。与周期性的水稻种植园相比，建造把咸水和淡水地带分离的土垒并恰当地维护人造环境以对抗自然的潮汐泛滥需要更多的劳工。[1]

查利伍德稻田的基础结构像普什种植园一样，然而，温都河漫滩上细微的海拔改变创造了不同的审美。普什沼泽由来自泉水的相对较直的水道组成，而查利伍德的潮汐溪流来自多个不同的方向，把一些略高的高地小山围了起来，汇合于格里林溪。普什种植园的稻田由一个单一的两坝围水稻的体系组成。然而，查利伍德依靠堤坝把 75 英亩分成 7 个稻田区域，与淹没一个单一单位相比，这种分割使得蓄水灌溉控制成为可能。因为早期的内陆稻田受限于狭窄的水道，比不上后来的在宽阔的漫滩上蔓延的潮汐体系。贝雷斯福德不得不围绕稻田建造拦水堤坝，以便在作物长大时留住更多的洪水。早期的内陆耕作者不得不关注土地的细微差别，要了解一块蓄水田何时大到无法有效地把水抽进和排出稻田。通过细分稻田，即使在水从一块稻田直接流入下一块稻田的情况下，耕种者也可以管理个别地块上水的总量，与一块有着更大海拔改变的加长稻田相比，能够在海拔变动很小的更短距离内更一致地浇灌整批作物。查利伍德稻田的 5 个分区是平均 5 英亩，但剩下的两个分区则扩大到了平均 25 英亩。即使有种植园主更改他们的稻田，问题依然来自不得不按照从最低海拔到最高海拔的顺序浇灌每个分区。[2]

到 1740 年，种植园主和他们的奴隶劳工开始定居于新的环境中，不断扩大

---

〔1〕 McClain and Ellefson 2007,392; Society for the Propagation of the Gospel, 16:120; Coclanis 1989,98.

〔2〕 Plan of Charleywood Plantation 1788;朱迪思·卡尼解释，类似于查利伍德的内陆稻田让人想起西非的红树林湿地体系(Carney 2001,86—88)。关于努涅斯河地区的种植者对红树林稻米体系的专门化，埃达·菲尔兹-布莱克提供了更详细的讨论(Fields-Black 2008,36—46,57—106);关于种植园的海拔，参见 United States Geological Survey 2012。

先前没有改变的地带。不断发展的灌溉方法强调水稻种植者取得"水的控制权",以确保稻田系统的进水和排水。内陆种植园主还寻求解决办法来缓解由于洪水冲垮水库堤坝所造成的压力。侧翼水渠——它们是疏浚的水道,紧挨着外田坝——是解决这个问题的一个办法。种植园主们把侧翼水渠称作"废水路"或"洗道"排水沟。这些水渠延伸了稻田体系的长度。正如博物学家威廉·巴特拉姆(William Bartram)所指出的,这些水库有时候连到"水闸,让你可以把多余的水排出去"。还有一个类似的概念,说的也是引导水流并缓解来自水闸的压力。磨坊主们安装水渠,让水改变方向从水库中顺流而下,以防止洪水冲垮水库的堤坝。尽管磨坊主们并不使用被放入废水路排水沟中的水,但低地地区的种植园主们把废水路从水坝引入稻田。水稻种植者通过在侧翼水渠与每个稻田分区的上部和下部之间插入水槽,实现了这种水的重定向。水会通过上部水槽进入稻田,通过下部水槽从稻田里排出。这个适应性改变使得水槽看管者可以灌溉稻田,而无须让水同时流入每个分区。侧翼水渠还充当了排水沟,捕获任何从更高地面垂直向下流向稻田的水。[1]

当稻田处在不同的耕作日程安排时,水控制的灵活性是必不可少的。水槽看管者可以在他们认为合适的时候增加或排出水,而无须扰乱相邻稻田里的水位。当泉水和溪流能够在下一个洪水周期之前重新给水库注水时,错开灌水日程避免了蓄水的可能耗尽。18 世纪的律师蒂莫西·福特(Timothy Ford)说:"每个种植园主都有他的水库或水池,附有排水装置和沟渠,他随时可以让他的种植园漂浮在水面上,"他指出,"[种植园主]从他自己的判断和观察中必定比从其他任何地方知道得更多:他的稻田必须什么时候、以怎样的时间频率以及多长时间处在水下"[2]。

洪水期间,水槽看管者可以通过侧翼水渠放出多余的水,绕过稻田,并缓解后坝的压力。侧翼水渠让那些在冬天和早春有太多水的内陆种植园主有一定

---

〔1〕 Edelson 2006,103－109;Heyward 1937,13;Moore 1994,292－296;Bartram quote:Groening 1998,79;Commissioners of Fortified Estates 1786.

〔2〕 Barnwell 1912,183.

程度的放松。圣史蒂芬教区的一位内陆水稻种植园主马蒂兰·吉布斯
(Mathurin Gibbs)在他 19 世纪的耕作日志中透露了这种挫败感。在试图让水
保持在稻田之外时，他努力把自然水源控制在他的水库里，他写道，"季节一直
滞后，大雨带来的洪水淹没了两块稻田里播种的大部分水稻，让我到现在也不
能在其他稻田里播种。"10 天后，吉布斯解释，"人类的劳动是白费力气，因为他
勤奋而坚持不懈地刚刚把水从一块田里排出，大雨马上就把它注满了，付出的
劳动[……]再次让人失望"。控制水、在需要时利用这一自然资源的能力成了
内陆种植园主的主要关切。反复无常的水流最终会阻止内陆种植，但 18 世纪
侧翼水渠的使用为试图控制自然条件的水稻种植者提供了新的灵活性。[1]

　　与那些沿着宽阔的潮汐漫滩种植的内陆种植园主相比，在狭窄的漫滩内种
植水稻的种植园主不得不做出不同的决策。这些分离的微观环境导致种植园
主们使用新的方法把水抽进和排出稻田。例如，位于库珀河东部分支源头的温
莎种植园显示了侧翼水渠是如何形成的。温莎种植园的稻田正好在尼科尔森
溪漫滩的紧凑边界之内。松林地群落与柏树阔叶林之间的海拔差在 30 至 40
英尺(图 8.3)。比起库珀河漫滩上位于 5 英里之外的地方 5 至 10 英尺的海拔
落差，这个分水岭在海拔变动上是巨大的。整个 18 世纪，罗希家族在西北边的
陡坡与东南边的塔尔博特平原高地的限制之内乐观地勘测了 4 个分区。罗希
家族依靠那个形成尼科尔森溪的南部边界的显著山丘来包含内陆稻田。尼科
尔森溪围绕一个 40 英尺的峭壁形成了一个新月形，与土耳其溪相连而形成胡
格尔溪并充当了库珀河东部分支的源头。这个峭壁给温莎庄园、奴隶定居点和
外围建筑充当了一个最佳场地。[2]

　　种植园主们根据与低洼地形的关系来安排他们的稻田，这决定了奴隶们对
侧翼水渠的位置安排。在温莎种植园，到 1725 年，帕特里克·罗希(Patrick
Roche)命令 12 名奴隶劳工从尼科尔森溪的柏树滩地里挖掘稻田。菲什布鲁克

〔1〕　Gibbs，1 June 1846，11 June 1846.

〔2〕　Irving 1840—1888；Weems et al. 1989；Colquhoun and Atlantic Coastal Plain Geological As-
sociation 1965，29—31，quote：29；Miscellaneous Inventories and Wills 1784，A：378；City Gazette 1784.

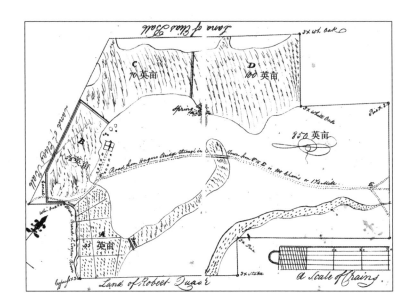

图片来源："Plan of Windsor Plantation, March 1790," Book D7:199,Charleston County Register of Mesne Conveyance,Charleston,SC。

图8.3 温莎种植园,"A"分区的稻田和包围"B"分区的侧翼水渠

稻田(以邻近的种植园命名)是砍树、清理柏树桩和打造45英亩土地的成果。尼科尔森溪蜿蜒延伸的河床在经过菲什布鲁克稻田的西部边界时被一条土垒分开;罗希的奴隶们筑堤围起了一个55英亩的稻田分区,并把水引向一条侧翼水渠,从而改变了自然水道。一个上游稻田分区用一条土坝阻碍了自然水道,然后让这条溪流改变方向,围绕西部边缘。这一体系的一个变种由两条水渠组成,位于稻田的各侧。双水渠提高了洪水期间水围绕稻田流动的效率,还在灌注和排干个别稻田分区上提供了额外的灵活性。侧翼水渠的长度和宽度千变万化,与种植园分水岭和稻田的大小有关。例如,约翰·康明·博尔(John Coming Ball)的后河种植园利用50英尺宽的北侧翼水渠作为它的水库,而用南侧翼水渠把蓄水排出稻田。[1]

当世纪中叶的低地种植园企业在大西洋市场内的地位牢固确立时,内陆种

---

〔1〕 Deed Book D7:199; United States Geological Survey 2012; Hateley 1792.

植园主们便开始着手更有闯劲的种植实践。内陆地表景观的扩大源于增加了的奴隶劳动、获得了的农业知识、改进了的水渠网络和适于种植的土地。根据新的审美而不断发展的内陆稻田体系,不断离开自然边界内的小面积土地,并走向更大的稻田分区,有着在几何上很严格的堤坝。

在温都河畔,小理查德·贝雷斯福德迫使 253 个奴隶劳工往上游去扩大他父亲的内陆稻田。1722 年在他父亲被一根倒下的大树枝砸死之后,小贝雷斯福德便继承了查利伍德种植园及其他面积很大的地产。然而,那时理查德只有两岁。贝雷斯福德庄园的遗嘱执行人托马斯·布劳顿(Thomas Broughton)副总督管理种植园事务,报酬是年利润的 10%,直至小贝雷斯福德 21 岁。理查德在英国接受教育,并作为一个伦敦商人一直工作到了 27 岁,才在 1747 年回到查尔斯顿,管理他的庄园企业。像他父亲一样,贝雷斯福德保持了一种积极的生活,在三届皇家会议中代表圣托马斯教区和圣丹尼斯教区。[1]

查利伍德的稻田包含了将近 600 英亩的温都河漫滩。尽管河岸类似于那些深受欢迎的潮汐稻米景观宽广而辽阔的漫滩,但温都河的半咸水使得这片漫滩对于潮汐种植园主来说毫无用处。内陆种植园主把高地淡水向下引到含盐漫滩上种植水稻。比起尼科尔森溪的狭窄水道,查利伍德的地形为贝雷斯福德的奴隶劳工大军挖筑一个像网格一般的由水渠、沟渠、堤坝和围堰组成的复杂构造提供了一个庞大的基础。扩大了的新稻田体系建造在更新世的黏土和贝壳的沉积层上,与老贝雷斯福德的早期含沙壤土稻田体系相比,这个体系提供了更有效的水保持和更高的营养产出。为了灌溉查利伍德更大的稻田,奴隶耕作者依靠位于凯因霍伊陡坡上的两个水库。这两个水库储存的水超过 40 英亩,来自那些蜿蜒流淌的在下沿海平原陡坡上很常见的溪流与河湾,而水渠则引导水以线性向下运动流淌。[2]

---

〔1〕 Society for the Propagation of the Gospel 16:115; Bailey and Edgar 1977,78—79.

〔2〕 Miscellaneous Inventories and Wills 1773,94B:423; Porcher and Rayner 2001,40—41; Plan of Charleywood Plantation 1788; McCartan et al. 1984;马特·斯图尔特(Mart Stewart)讨论了潮汐地区水稻种植园的社会构成与环境构成之间的相互关联(Stewart 1996,第三章)。

查利伍德的定居模式依据与种植园水稻种植的关系而改变。查利伍德早期居民生活在略微升高的土地上,位于最初稻田以西大约 1/10 英里的地方。但这个定居点到 1772 年被放弃了,居民搬到了高地松林地带的生活区。地理学家 H. 罗伊·梅林斯(H. Roy Merrins)和历史学家乔治·D. 特里(George D. Terry)描述内陆水稻种植园定居点紧挨着稻田代表了殖民地早期对土地使用的认知。"据一位[18 世纪]居民说,"两位作者引述道,"种植园主们把自己的家建在'沼泽地的边缘,在一个潮湿的位置',因为他们想要'从自己的房间里看到黑人们在稻田里干活'。"通过凝视已经发展的农业空间,种植园主们看到了反映启蒙运动的进步、秩序和劳动管理。他们把这理解为一个非人类的世界,从"野蛮"向"文明"过渡。然而,18 世纪早期的殖民者并不懂得携带疟疾病毒的按蚊与低洼地带居民之间的关联。就这种疾病而言,这种定居模式被证明是考虑不周的,并且导致高死亡率。

圣约翰教区在 1721 年至 1760 年间出生并幸存至成年的人当中,将近 37% 的白人男性和 45% 的白人女性死于 50 岁之前。查利伍德的基督教会教区提供了更可怕的统计数据,在那里,1721 年至 1760 年间出生并幸存到成年的所有白人男性中有 85% 的人死于 50 岁之前。[1] 疟疾并非是所有这些实例的全都原因,但梅林斯和特里认为,基督教会教区 43% 的有记录死亡发生在 8 月至 11 月这 4 个月的时间里,这暗示了传染病的原因。[2]

到 18 世纪 70 年代,贝雷斯福德安排了两个新的定居点,定位于战略位置。上查利伍德定居点建在奥因多陡坡上的含沙松林低洼地群落里,这很可能是为了更健康的生活条件而重新定位的。因为贝雷斯福德是一个外居种植园主,上查利伍德定居点住着种植园的监工和一些经过选择的奴隶。然而,查利伍德的另一部分奴隶人口则不得不在第二定居点承受暴露的和不健康的条件,它位于新稻田的中间。中心位于海湾山的定居点由四幢房子、一间谷仓、一间"牲口

---

〔1〕 *South Carolina Gazette* 1772;Rash 1773;Merrens and Terry 1984,543—545,quote:547. 要理解启蒙运动认知非人类地表景观的知识框架,参见 Cronon 1995 and Merchant 1995。

〔2〕 South Carolina Gazette 1772;Rash 1773;Merrens and Terry 1984,543—5,quote:547.

棚”和一间病人屋组成。海湾山居民生活在费尔劳恩水渠与周边稻田之间一段孤立的高地上，宽约 100 英尺，长约 460 英尺。[1] 海湾山反映了人类学家约翰·迈克尔·弗拉齐（John Michael Vlach）所定义的"分离的居住地带"，这被构想为把种植园主家庭与他们不断增加的稻米劳工奴隶分开。据弗拉齐说，这些地带"经常设在离种植园主的住处数英里远的地方；这些住处都是规模可观的村庄，奴隶们在那里形成他们自己的社会惯例"。中间保留地和稻田把海湾山与查利伍德定居点分隔开来。这使得奴隶的住处更靠近工作场所，更远离高地住处。把奴隶的定居点搬迁到远离大房子、更靠近工作场所的地方，使得奴隶劳工能够在更短的时间内从住处走到工作场所。[2]

内陆种植园主控制水的努力超出了其种植园的边界，扩大为更大的计划，涉及邻近的种植园或种植园群落。倡议修建公共运河和私人运河的运动发生在整个 18 世纪，为的是确保有水用于商品的高效运输，同时被用来排干湿地和灌溉稻田。由于大多数内陆稻米环境坐落于不可航行的水道旁，因此土地拥有者们便请求领主的和国王的政府为贸易而修建公共运河。内陆种植园主们还认识到这些水路干道对于从宽阔的低洼湿地把水排出的重要性。随着内陆沼泽转变为农业景观，那些分散在查尔斯顿外边的种植园主社群便开始在温都河与比金沼泽上修造运河。1719—1768 年间在库珀河源头、后河、阿什利河源头、可可沼泽和斯托诺河的北部分支实施了内部改良计划，有些人要求立法机关帮助该计划筹集资金。[3]

丹尼尔·拉文内尔（Daniel Ravenel）的运河代表了私人项目的广度和范围。萨默顿种植园的拉文内尔在比金沼泽修造了一条 1.25 英里长的运河。这条运河宽 50 英尺，在他的萨默顿种植园和万图特种植园之间，给他的磨坊提供

---

　〔1〕　Rash 1773；Plan of Charleywood Plantation 1788.

　〔2〕　Plan of Charleywood Plantation 1788；Vlach 1993,155,187；Chaplin and Institute of Early A-merican History and Culture（Williamsburg）1993,262—271.

　〔3〕　Terry 1981,176—80；Petitions to the General Assembly 1782—1866；Journal of the Commons House of Assembly of South Carolina,1695—1775；Cooper and McCord 1836—1841,Acts:417,442,506,508,509,519,526,533,537,540.

动力,并给内陆稻田提供可管理的水流。这条运河还把4个沼泽地连成了一条单一的水道并流入比金沼泽运河——那是3条运河的汇合处,它穿过周围的湿地,延伸了13英里。拉文内尔的奴隶们在地产之间修造了一条干道,"被一些堤坝和支流运河所横贯和分隔",挖穿了比金柏树沼泽"茂密的生长物"。通过运河工程、清理树木、把土运走,以及与稻田水槽和稻田的相互作用,黑橡树农业协会的会长塞缪尔·杜博斯(Dubose)认为拉文内尔的运河"迄至它修建为止是这个国家的个体公民所承担的最大工程"[1]。回想上一代的创造发明,杜博斯在写到拉文内尔的种植园时说,"审视这一地区在[内陆稻]田中所展示的劳动和技能的总量,着实让人诧异和惊叹"。杜博斯相信,比金盆地内陆水稻种植园主们对水管理的强化,最复杂的莫过于"把这些[运河]统一和集中为一条运河,水过多的时候把它运出,还要把它分配给不同种植园的稻田,这需要判断力、坚持不懈,以及并不容易理解的相当数量的劳动"[2]。

私人运河项目涉及具体的内陆水稻种植园以及直接从这些改进中受益的少量人口。不像整个18世纪发生的溪流与江河上航行的公共改良,这些新的私人运河并没有让大量人口受益。与紧邻水道的少数种植园相隔离,私人运河为所涉及的种植园主们的邻近种植园改良了航行和灌溉。而且所需奴隶劳动数量由相关各方协调。内陆运河宽到足以让运米的平底船把一桶桶稻米运往查尔斯顿,此外,运河还灌注或排干个别稻田分区。不像潮汐地区的耕种者——他们可以利用江河的潮涨潮落以同一条运河给稻田灌水和排水,内陆种植园主们受限于水往低处流。种植园主们只能使用这些运河给低于运河的稻田灌水,或者给高于运河的稻田排水。例如,一条1.25英里长的排水运河把查利伍德种植园一分为二,在上部和下部的定居点和稻田之间创造了一个分区。费尔劳恩运河源于相邻的费尔劳恩种植园,宽到足以让驳船把稻米和商品运到格里林溪。此外,这条运河的中央位置为查利伍德地势更低的稻田提供了灌

---

[1] Ravenel 1898,44—45.

[2] DuBose and Black Oak Agricultural Society Charleston SC. 1858,9—10.

溉,同时排出费尔劳恩内陆稻田的水。[1]

结 论

把不断增加的控水项目和不断扩大的奴隶劳动人口与一个已经确立的低地地区稻米市场经济和正在出现的潮汐灌溉技术结合起来,内陆稻田的实践到独立革命战争前夕已经发生巨大的改变。在处于这些环境中的种植园主们受到稻田内外水控制限制的地方,不断增加的运河与排水渠网络让更经济地扩大稻田分区变得可行。被奴役的非裔美国人被迫为了蓄水而给更多的溪流修筑堤坝,为修筑土垒而挖土,并种植更大面积的稻米。研究像普什和查利伍德这样的地方,揭示了这些种植园体系的生态复杂性。这种形式的水稻种植不仅需要种植者对如何种植水稻保持至关重要的理解,而且要懂得如何最大限度地充分利用周围的地表景观。种植园主们不得不控制水流过漫滩,同时防止其自己沦为自然灾害的受害者,比如洪水或干旱。观察这些种植园主如何处理水控制,为具体的耕种方法提供了一个更清晰的理解。这个故事不仅告诉人们如何种植作物,还有他们如何在地理限制之内改造土地,以便为水稻提供有效的灌溉。而且具体的微观环境在支持现金作物上发挥了至关重要的作用。有营养的水稻土壤由腐烂的有机物质和土壤成分形成并聚集在这些内陆分水岭。种植园主们通过森林美学和地形构成来识别这些场地。土地和水如何在这些微观环境中走到一起,其重要性为环境如何支持一个可持续的农业中心提供了一个解释。

构建在环境理解的顶端的是地形在决定定居模式上所发挥的作用。这篇对内陆稻米的调查呈现了一部关于人们如何识别适合生活和工作的土地的微观史,解释了高渗透性的土壤为居住提供了理想的空间,而低渗透性的土壤则

---

[1] Plan of Charleywood Plantation 1788; Plan of Fairlawn Plantation 1794.

适合水稻种植。进一步的调查必须追踪这些微观环境之外的居民。那些受奴役的人如何看待这些种植园之外的环境？进入其他种植园的通道——比如小路和可航行河流——对于奴隶们来说是不是存在？在什么样的环境中存在运输网络，让自由的和受奴役的居民能够与他们孤立的内陆种植园之外的更大社会互动？通过把更大的环境与这些具体的农业中心关联起来，你就可以理解低地地区的地形在塑造作为整体的文化和社会上如何发挥重要作用。

海登·R. 史密斯

第九章

亚洲米在非洲：
植物遗传学和作物史

非洲大陆是两个驯化稻品种的发源地。一种是光稃稻(Oryza glaberri-ma),它几乎肯定是在西非被驯化的,而且在世界上其他地方没有被种植过。另一种是水稻(Oryza sativa),它最初是在亚洲被驯化的,后来被传播到欧亚大陆、非洲和南北美洲。水稻,或称亚洲稻,是第二重要的全球谷类作物,其年产量仅次于玉米,但不像玉米,稻米主要是人消费的,而全世界生产的很多玉米被用来喂养牲畜,更晚近又被用作生物燃料。亚洲稻成了非洲大陆上一种重要的粮食作物。在一些非洲光稃稻曾经占主导地位的地区,亚洲稻如今是首选作物。在非洲大陆其他很多地区,本土稻从未被驯化,水稻种植相对较新,在这些地方,亚洲稻是唯一种植的稻谷。本章使用一批新的遗传学数据,以审视亚洲稻来到非洲大陆的过程。我认为,亚洲稻有三次或四次单独被引入非洲大陆。这几波稻米扩散导致三个截然不同的水稻种群在非洲大陆存在,连同第四个可能的但区别不太明显的水稻种群。在非洲三个主要的水稻种群当中,没有一个局限于非洲大陆,相反,它们是国际性的,包括南北美洲、南欧和东南亚,留下了不同大陆之间人类接触的植物学痕迹。尽管不可能有把握地确定其中任何一个稻米种群到达的确切年代,但我会对这些现代稻米种群的祖先的引入提出一些可能的历史解释。

光稃稻:非洲稻

很多关于稻米在非洲的学术研究关注光稃稻以及与其相关联的复杂的、劳动密集的耕作体系。[1] 光秆稻大概是公元前第一个千年在尼罗河三角洲被驯化的。它与野生品种野生稻（Oryza barthii）有关，很可能是由野生稻驯化而来的。光秆稻遗传多样性的主要中心在尼日尔的内陆三角洲，但在上几内亚地区有第二个多样性中心，在那里，光秆稻既作为高地作物种植，也生长在复杂的潮汐体系中，对非洲稻米生产的学术兴趣大多被这些体系所吸引。[2] 这些潮汐耕作体系涉及清理红树林沼泽，然后仔细而勤奋地管理潮水的流动，不让咸水进入稻田，把淡水保持在田里。[3] 种植红树林水稻的农民选择耐盐作物，结果是有些光秆稻比亚洲稻更耐盐。光秆稻对其他类型的压力也有抵抗力，譬如干旱和虫害。[4] 目前，尽管某些光秆稻在西非依然种植，而且有时候和亚洲稻混播，但它在很大程度上已经被亚洲稻取代，因为后者产量更高，更容易加工，无须破碎谷粒。

不像其他在西非被驯化的谷类植物，光秆稻一直被限制在它的西非老家。这有点令人吃惊，因为在最近稻米向西非东段和中非扩张的过程中，并不存在限制光秆稻扩张的环境障碍。相比之下，也是在西非荒漠草原地区被驯化的珍珠粟和高粱却在非洲大陆内被广泛传播。这两种谷物还被传播到了非洲大陆之外；事实上，关于它们的最古老的考古学证据来自印度，年代是公元前第二个千年。[5] 因此，没有明显的理由来解释光秆稻为什么不应该在非洲大陆内传播得更广泛，甚至像其他非洲驯化植物被传播到大陆之外。

最近，认为光秆稻是一个本地驯化品种甚至是一个截然不同的品种的观念遭到了纳亚尔（Nayar）的质疑，他认为，光秆稻只是在西非经受了强烈本地选择的亚洲稻。[6] 他提出这样一个假设：亚洲稻在西非历史上的很早时期就来到了这里，大概是从北非穿过撒哈拉，或者从东非穿过大陆。非洲农民从这种引

〔1〕 Carney 2001；Fields-Black 2008；Linares 2002；Portères 1962.

〔2〕 Sweeney and McCouch 2007.

〔3〕 Carney 2001，55—68.

〔4〕 Fields-Black 2008，29.

〔5〕 Fuller and Boivin 2009，16.

〔6〕 Nayar 2011.

入的稻米中培育出了如今被认为是光秆稻的品种。他指出，从外观上区分光秆稻与亚洲稻非常困难。[1] 而且光秆稻直至 19 世纪晚期才被识别为一个单独的品种，偶尔，一些有着像光秆稻一样的物理特征的稻米出现在印度，这暗示光秆稻的很多特征可能潜藏在亚洲稻的基因组里。然而，亚洲稻与光秆稻之间强大的不育屏障和最近对光秆稻的分子生物学研究暗示，它们是截然不同的品种。[2] 我的工作表明，亚洲稻很早引入西非——要么经由撒哈拉，要么经由东非——是不大可能的。所以，眼下，光秆稻作为一种非洲驯化植物的身份似乎是安全的，尽管下面这个问题依然存在：它为什么没有传播到那些看上去似乎同样合适的环境？

亚洲稻：植物学入门

　　亚洲稻的驯化比光秆稻更早。一致的立场是：亚洲稻最早在中国南方由鬼稻（Oryza rufipogon，一个野生稻品种）驯化而来，年代是公元前第五个千年的中期。在中国南方的驯化过程导致两个主要亚群之一的创造：日本稻。第二个主要亚群印度稻源自一个不同的野生祖先，叫作尼伐拉稻（Oryza nivara）。正如这个名字所暗示的，印度稻最早在印度北部被种植和收集，后来通过与日本稻杂交而被驯化。印度稻依然不成比例地在印度次大陆被发现。日本稻与东亚有关联，并进一步被细分为热带日本稻和温带日本稻。热带日本稻在地理上与东南亚有关联。这一关联非常强大，以至于它们从前都被称作爪哇稻，名字取自爪哇岛。温带日本稻在历史上与中国和日本有关联。另外两个种群是夏稻（aus）和香稻。夏稻尤其适合南亚的季风地区，并主要集中在那里。夏稻在遗传上与印度稻有关联。香稻（包括印度香米）与日本稻的关系更密切——这

---

[1] 情况肯定如此。作为基因测试过程中的实例（本章正是基于这样的测试），我们测试了 USDA 种质数据库描述为光秆稻的 4 个稻米品种。其中 3 个品种实际上是亚洲稻。

[2] Nayar 2011；Semon et al. 2005.

点很有意思,因为它们常常生长在南亚,有着很长的谷粒,以至于人们经常——尽管不是一致地——把它们与印度稻相关联。[1]

这些种群在遗传上截然不同。它们彼此之间的关系非常遥远,以至于印度稻与日本稻杂交的时候始终产生不了高产的后代。所以,如果温带日本稻种群被引入一个新的地区,当农民从植物中选择自己渴望的品质的种子时,这个种群就可能要经受巨大的选择压力。这会有着产生温带日本稻新品种的效应。它不会产生日本稻、夏稻或印度稻。

亚洲稻来到非洲

对于把亚洲稻带到非洲大陆的历史过程,人们的兴趣少得令人吃惊。在西非,对本地驯化的光稃稻的兴趣遮蔽了亚洲稻在这一地区的起源问题。因为没有古植物学证据使得测定西非亚洲稻的年代成为可能,我们完全不清楚它何时来到非洲。有古植物学的证据表明,尼罗河内陆三角洲早在公元前 300 年就有光稃稻,但我们并不清楚这些品种是不是被充分驯化了。[2] 由于门外汉很难确定一个稻米植物或种子究竟是亚洲稻还是光稃稻,因此阿拉伯旅行者关于西非稻米的早期报告可能要么提到本地光稃稻,要么提到被引入的亚洲稻。要确定最早的亚洲稻何时到达非洲,唯一可靠的办法是在一个能确定年代的考古学语境中恢复亚洲稻(更可取的是在遗传上予以识别),但此事尚未发生。

已经有人提出亚洲稻引入非洲的几条路径。几位作者认为,它可能是经跨撒哈拉贸易引入西非的。[3] 稻米自 7 世纪或 8 世纪以来就存在于北非和地中海地区。它似乎是一场更大运动的组成部分:南亚的作物和农业技术进入地中

---

[1] Sweeney and McCouch 2007.

[2] Sweeney and McCouch 2007.

[3] Fields-Black 2008,31;Nayar 2011.

海地区,这场运动与伊斯兰的崛起有关。[1] 看来完全有可能稻米是在 9 世纪跨撒哈拉贸易通道开通之后的某个时间被故意引入西非。稻米还可能充当了贸易商队的供应品,尽管商队似乎不大可能带上没有去壳的稻米(只有这种稻米才是能发芽的种子)或者带上足够的水在途中烹米做饭。

有些学者暗示,稻米可能经由陆路,通过中非更潮湿的地区,从东非运到西非。在某些层面上,这似乎也是貌似有理的。另外一些亚洲作物,像香蕉和芋头,就有过这样的跨大陆旅行。西非是本土大蕉(香蕉科的一个三倍体成员)遗传多样性的全球中心,这暗示了尽管它们是一种被引入的作物,但它们已经存在很长时间。植物化石证据把香蕉在喀麦隆的年代确定为公元前 600 年,尽管有些考古学家质疑这一主张的有效性,但香蕉在西非的早期存在未必可能。[2] 香蕉和芋头(都是东南亚起源)的旅行是一个证据,表明稻米在被引入东非之后再从东到西跨越大陆至少是有可能的。事实上,富勒(Fuller)和博伊文(Boivin)就提出有一条走廊经由埃塞俄比亚南部把非洲之角与西非连接起来,非洲的作物可能通过这条走廊被带到亚洲。[3] 两种早期的西非驯化植物珍珠粟和高粱在公元前第一个千年之前到达南亚,如今在亚洲分布广泛。富勒和博伊文提出,它们可能是通过这条北方走廊一路来到西非。尽管路线不可能绝对清楚,但西非的谷类作物(粟米和高粱)跨越大陆来到亚洲,而亚洲的蔬菜作物(香蕉、芋头和参薯)则沿相反方向跨大陆旅行。因此,并非不可想象的是,一种亚洲谷类作物——稻米——可能遵循类似的路线跨越大陆,把东非的稻米文化与西非的稻米文化连接起来。当然,还有一点也是可以想象的:光稃稻可能跨越大陆,通过这条北方走廊到达亚洲,就像粟米和高粱一样,尽管出于某种原因此事并未发生。

还有可能,正如我在下文所证明的,欧洲扩张之前亚洲米在西非尚不为人知,它是葡萄牙人或其他群体的欧洲人在他们打开围绕大陆南端的海上通道之

---

[1] Watson 1974.

[2] Fuller and Boivin 2009; De Langhe and De Maret 1999; Blench 1996.

[3] Fuller and Boivin 2009.

后引入的。

对于东非,我们很幸运地至少有一些可靠的数据可以使用。莎拉·沃尔肖(Sarah Walshaw)在研究东非奔巴岛的开拓性古植物学著作时发现,到公元 800年,稻米就已经存在于东非海岸,到公元 1000 年它已经成为首选主粮(至少在奔巴岛上她发掘的那些地点)。[1]考古学家还发现,科摩罗群岛到公元 800 年已经有稻米,在红海一些港口略早一些,尽管据推测这是进口货物,而非本地生产的稻米。[2]对于水稻种植传播到东非,传统的解释是:它与一个来自东南亚的民族定居马达加斯加岛有关,如今他们被称作马达加斯加人。[3]考古学和语言学的证据把马达加斯加人定居马达加斯加岛的年代确定为公元 750 年,这与稻米到达斯瓦希里海岸和科摩罗群岛的年代非常吻合。据推测,马达加斯加人也是香蕉、芋头和参薯以及各种乐器的传播中介,但是一些新近确定的关于香蕉及其亲缘植物在西非的更早年代让这幅图景稍稍蒙上了一点阴云,有些学者开始暗示非洲与东南亚之间在马达加斯加人之前可能有更早的接触,但所有相关人都不知该如何描述这是怎么发生的。[4]马达加斯加人作为作物传播者的版本中的另外一个困惑是:我们完全不清楚他们是不是与东非大陆有过重要的互动。其历史上的早期尤其如此,当时马达加斯加人似乎以很少的数量存在。[5]尽管没有多少证据表明马达加斯加人对斯瓦希里人的影响,但有大量证据显示南亚人和阿拉伯人对斯瓦希里海岸的影响,所以,看来很有可能是到访的印度商人把稻米引入了东非大陆。

总结一下当前的知识状况,可以有把握地确定亚洲稻在公元 8 世纪存在于地中海地区。伊斯兰的扩张几乎肯定是稻米引入地中海地区的原因。[6]在东非,稻米到公元 800 年已经存在,但我们依然不清楚它究竟是经由南亚穿越印

---

[1] Walshaw 2005,247,250.

[2] Walshaw 2005,72.

[3] Nayar 2011.

[4] Blench 1996.

[5] Randrianja and Ellis 2009,23—24.

[6] Watson 1974; Nayar 2011.

度洋北段到达东非，还是穿越更靠南的路线从东南亚越洋而来。在西非，非洲稻到公元前 300 年就已被采用，尽管这究竟是不是被驯化的稻米并不清楚。可以肯定的是，尼日尔内陆三角洲和上几内亚海岸的非洲稻稍晚一点。依然不清楚的是，亚洲稻何时及如何来到西非。目前，西非生产的亚洲稻比东非多得多，即使看来几乎可以肯定亚洲稻在西非变得可用之前就已经存在于东非。

遗传学证据

直到现在，试图确定非洲亚洲稻的起源的努力都是依靠语言学证据、少量考古学发现，以及有历史根据的推测。遗传学证据提供了潜在的可能，可以看出非洲大陆内稻米种群之间的关联，以及与世界其他地区稻米种群的关联。由于遗传学证据通常并不被历史学家所采用，因此我将稍微详细地解释一下我对遗传学证据的使用，描述一下我所认为的对于历史学家来说这种类型的证据的长处和潜在问题。

我涉足稻米遗传学是始于这样一次努力：我想看看稻米被引入东非大陆，究竟是作为把稻米带到马达加斯加的相同过程的组成部分，还是通过独立的历史过程来到这两地。对粮食作物之间的遗传学关联可能使用的推理，其方式在很大程度上和考古学家使用壶罐碎片及其他物质文化的材料来追踪文化的连续或中断及贸易联系的方式是一样的，我争取到了阿肯色州斯图加特市国家水稻研究中心的美国农业部农业研究局专家戴尔·布伯斯（Dale Bumpers）的帮助。在该中心的研究主管安娜·麦克朗（Anna McClung）的协力合作下，我起初安排了对 100 个来自印度洋周边地区的稻米品种做基因定型，以检验我的假说：东非大陆的稻米来自南亚，而马达加斯加的稻米来自东南亚。由于我对东非与西非/大西洋稻米之间的可能关联也很好奇，因此我把几个来自刚果、加纳和巴西的品种也包括在内。我们从美国农业部（USDA）的少量谷物收藏中获得了我们的样本，它是一个大得多的作物品种种质库的组成部分。农业部对它们的储藏维护了一个在线数据库,并提供种子样本免费使用。寻找样本时我们选择了一些被标为地方品种的品种,并且尽可能选择很久之前收集的材料。"地方品种"是一个有点含糊的术语,指的是传统农民种植的作物品种,他们自己留种并栽种,而不是购买商品种子。我的假设是,现代地方品种稻米来自一些古老得多的品种,它们是很久之前被引入的,因此提供了某种遗传窗口,透过这扇窗口,可以看到过去以及稻米被引入非洲的过程。尤其是,我试着避开新近引入的改良品种,它们是绿色革命的结果。由于绿色革命植物育种专家们使用来自整个水稻种植世界的品种,因此这些更新的栽培品种就会遮蔽我所寻找的更早的关联。

选择了样本之后,我从 USDA 订购了种子,把它们交给麦克朗博士。她和她的同事们用每个品种的大约 10 粒脱壳种子进行了 DNA 的化学提取,然后放大样本中的 DNA(使用一种叫作聚合酶链反应或称 PCR 的技术),测试了 60 个微卫星标记。数千个这样的标记出现在 12 个不同的稻米染色体中。这些标记被称作 DNA 序列,在不同的品种中由于 DNA 序列内部的基对突变、插入或删除而导致的等位基因大小而千变万化。你可以根据它们共有的标记等位基因的数量来确定这些品种的关系远近。下一步是要让标记之间的距离的数据接受统计学分析。这是生物信息学专家所做的那个过程中特别费解的部分。关于这个过程如何进行有一些既定的规程(为了这个项目,我们使用了 JMP Genomics 软件和 GenAIEx 软件中的主坐标分析、STRUCTURE 软件中的结构分析,并用 PowerMarker 软件和视觉化的 MEGA4 分析 Nei 氏遗传多样性指数),但让我震惊的是,这是一项非常专业化的任务。[1] 对通常缺乏统计学训练的历史学家来说,这一切都相当晦涩。在该过程的这一部分,我完全依靠其他人的经验。

最初的努力结果充其量是模棱两可的。我们看不出东非稻米或马达加斯

---

[1] 根据 Google 学术搜索,根井正利(Masatoshi Nei)1973 年发表在 PNAS 上的文章被引用 6 367 次,这让人感觉到他设计的规程在一定程度上成了这一领域的标准。令人惊讶的是这篇文章只有 2.5 页。

加稻米与印度洋其他地区之间有任何明显的关系。我们把这归因于样本规模过低。尽管 USDA 种子库里有大量来自亚洲的地方稻米品种，但来自东非的很少。事实上，对于坦桑尼亚——它是排在马达加斯加之后的东非最大的稻米生产国，只有两个地方品种可用。相比之下，有几百个来自亚洲的地方品种可用。然而，在这项试验性的研究中，我们注意到两件有趣的事。第一件是西非稻与东非稻之间似乎存在清楚的分离。来自肯尼亚和坦桑尼亚的稻米与西非稻米毫无关系。刚果河盆地的稻米落入西非种群里，刚果与中东非大湖地区之间看来存在一条遗传边界。这暗示存在一个稻米种群结构，平行于把大陆上流入大西洋的部分与流入印度洋的部分分隔开来的地理分水岭。第二件让人对这次试验性研究感兴趣的事是，我们审视的大多数西非稻米，包括来自刚果的稻米，与在巴西发现的品种关系密切。我预期看到的那种把来自西非稻米与印度洋彼岸种群关联起来的密切关系在大西洋地区比在印度洋地区明显得多。

紧接着这次试验性研究之后，我们决定试着对印度洋的情况绘制一幅更清晰的图画，试着审视跨大西洋稻米种群的可能性。对印度洋来说，这意味着扩大我们的样本规模。跨越国家边境，运输能发芽的种子是困难的。这反映了对植物病原体的关切，以及对遗传物质的使用和专利保护的关切。因此，不是立即试着利用位于菲律宾的国际水稻研究所拥有的大得多的水稻种子库，或者收集更多的非洲地方品种，我决定使用 USDA 描述为"栽培物质"的品种。我是在和 USDA 小种子库的主管进行一次电邮通信之后做出这个决定的。他建议，只要我仔细选择相对比较古老的物质，它就很可能接近地方品种的身份。"地方品种"这个术语相当随意，USDA 拥有数量可观的从其他种子库接收的材料，后者使用的描述符不同于 USDA 的。因此，当来自其他体系的材料在 USDA 体系中分类编目时，经常有一些对术语的主观判断。采取这个更宽广的视角来看待究竟是什么构成了可以接受的种子储备，导致我们把我们的东非样本从 9 个扩大到 14 个。新品种中只有一个品种是在 20 世纪 70 年代之前收集的，所以其中有些品种有可能是改良品种。为了追踪大西洋种群，我把大西洋稻米样本从 11 个扩大到了 41 个。这一组包括来自巴西、苏里南、圭亚那、中美洲、北美洲、加勒比海地区、上几内亚海岸、下几内亚海岸、中西非的品种,以及来自被陆地包围的法索和马里的品种。在西非样本组内,有 4 个品种在 USDA 被标为光稃稻,尽管作为这一分析的结果,我现在认为它们被贴上了错误的标签。(这些标签对于反映收藏或捐赠者关于他们捐赠给 USDA 的东西以及 USDA 决定接受什么的观念毫无价值。)我们还对下面这个可能性感到好奇:来自地中海地区的稻米可能与大西洋地区或西非的稻米有关系,因此我们增加了 17 个来自地中海地区的品种。这些品种既包括南欧稻米,也包括北非和土耳其的稻米。

用 167 个品种组成的更大样本所产生的结果对于厘清有关东非的困惑作用不大,但对于大西洋和地中海地区产生了一些令人感兴趣的结果。第二次更大的研究产生了 6 个种群簇,有通常的印度稻、夏稻、香稻和温带日本稻。令人吃惊的是,在我们的样本中,热带日本稻被分为两个亚群,我们称之为热带日本稻 1(TRJ1)和热带日本稻 2(TRJ2)。除 6 个种群族外,还有很多并不适合任何种群的混合品种。还有一点也很有趣:在 4 个被认为是光稃稻的品种中,有 3 个品种恰好被分在 TRJ1。我的合作者们确信这正是这些品种在种子库中误标的情况。第四个品种似乎是香稻,很可能是真正的光稃稻。

我随后把这些品种标在一张图(图 9.1a)上,用不同的图示标示亚种群。亚洲稻所有这些亚种群的代表都是在非洲大陆上找到的。然而,有些种群只有象征性的代表——只有 3 个夏稻样本,它们全都来自这项研究的栽培物质而不是地方品种部分,所以可能是最近改良非洲稻的努力结果。西非有 6 种印度稻,东非有 4 种。

亚洲稻在非洲占数量优势的是一种或另一种日本稻。北非少数几种温带日本稻,在西非和东非分别有 1 种和 4 种。但最大的单一种群由热带日本稻组成。大陆内的热带日本稻落入了两个亚种群:TRJ1 和 TRJ2。TRJ1 几乎完全是在西非和中西非找到的。TRJ2 则几乎完全是在东非找到的。

正如我在导言中所提到的,非洲大陆上的主要亚洲种群当中,没有一个品种是非洲特有的。相反,主要的日本稻种群是更大的跨大陆种群的组成部分,包括南北美、地中海地区和印度洋地区。TRJ2 既在西非和中西非找到了,也在

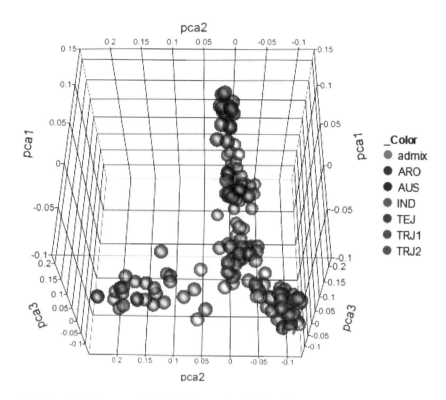

图 9.1a　JMP Genomics 软件中通过 **PCA** 识别的种群簇。光秆稻（在结构上被归类为香稻）没有包含在这张图中。**USDA-ARS** 的阿隆·杰克逊（**Aaron Jackson**）使用 **PowerMarker** 软件制作了这张图以及图 **9.1b、9.1c** 和 **9.1d** 中的树形图，用 **MEGA4** 制作的分叉树

南北美找到了。TRJ2 从刚果-坦桑尼亚边境延伸到了爪哇的热带日本稻核心地带。北非的温带日本稻明显是更大的在整个地中海地区找到的温带日本稻种群的组成部分。毫不奇怪的是，非洲亚洲稻的种群结构反映了非洲大陆与世界上其他地区之间人类互动的主要地带。

　　除了把稻米分为不同的种群，然后绘制这些种群之间的地理关系的图表外，我们还按照地区对品种进行了分类，然后寻找不同地区种群之间的差异程度。我们对所有遗传种群做这些比较，并在遗传种群内部进行比较。这些工作证实了从绘制种群地图中得出的某些发现。大西洋非洲的稻米确实与南北美的稻米有关，而东非的稻米与东南亚的稻米有关（参见图 9.1b、图 9.1c 和图 9.1d）。

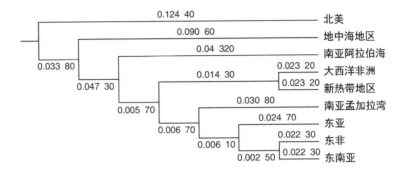

图 9.1b　按地区对所有种群($n=168$)的簇分析(Nei 73)

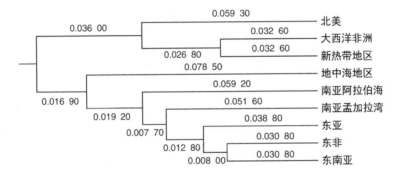

图 9.1c　按地区对日本稻($n=78$)的簇分析(Nei 73)

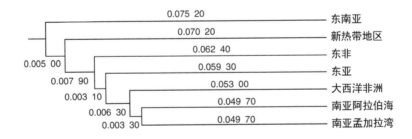

图 9.1d　按地区对印度稻和夏稻($n=54$)的簇分析(Nei 73)

遗传学数据的潜在问题

尽管我确信一般意义上的遗传学证据对于历史学家们潜在地有用，而且本研究中的遗传学数据对非洲稻米的历史提供了一些有用的洞见，但遗传学数据也有一些严重的缺点。其中最重要的是取样的主观性。[1] 由于遗传学分析产生了一些看上去十分具体的数量结果，因此它很容易忽视样本选择的主观性在何种程度上影响结果。例如，在我们这项研究中，我一直在寻找我认为能反映过去的基因遗产的稻米品种。我的假设是，实现这个目标的最佳方式是使用地方品种。但地方品种是一个含糊的概念，不能科学地定义。它有点像民间传说中的"传统"观念，在这里，有些想法是一段过去，其特征是有限改变和幸存下来的传统包，例如那些与世隔绝的阿巴拉契亚山提琴手，被认为提供了观察过去的一个窗口。种植地方品种的非洲农民存在于历史上，无疑在绿色革命很久之前就交易稻米和稻种。有证据表明，来自印度的稻米品种 20 世纪初就被引入东非，它们很受欢迎。[2] 由于我们不得不依靠 USDA 种质数据库中的描述符信息，因此我们不知道收集这种稻米并把它归类为地方品种的人是不是能够把最近引入的品种与真正的地方品种区别开来。此外，USDA 的收藏是一批能发芽种子的工作收藏，是在 19 世纪建立的，其目的是尽可能多地保存种质多样性。它是打算给植物育种专家使用的，更广泛地涉及长期粮食安全。因此，在设计它的时候并没有考虑历史研究，而我却试图用它来实现它并没有打算实现的目的。

这些关切超出了任何遗传学研究的应用，不管是涉及植物还是动物，但还有一些问题是本研究所特有的。由于我依靠来自美国现有来源的基因物质，我

---

〔1〕　Pakendorf et al. 2011.
〔2〕　Monson 1991, 64.

的分析局限于 USDA 的品种,其获取是通过多年的捐赠、收集旅行和国际交换协议。说来也怪,USDA 的收藏并不包括来自两个国家的被归类为地方品种的稻种,而这两个国家是非洲大陆主要的稻米生产国——尼日利亚和埃及。与种植全世界大多数稻米的亚洲相比,非洲总的来说在 USDA 的稻米种子收藏中代表很少。所以,始终存在这样一种可能性:我拥有的少量样本使结果发生了偏离,我认为我已经查明的某些模式在更大的品种样本——如果它们可用的话——中可能并不那么明显。

解释结果:西非与大西洋地区

我收集的遗传学数据使得我们能够清除关于亚洲稻在非洲传播的现有观念中的"杂草"。首先,遗传学证据不支持稻米从东非海岸直接向西非扩散的观点。在西非、中西非和南北美发现的 TRJ1 种群完全不同于在东非发现的 TRJ2 种群。有可能,东非 TRJ2 种群的一个成员溜过大陆进入西非,随后在所谓的建立者效应中多样化为很多关系接近的 TRJ1s。然而,有充分的理由怀疑这种可能性。总体一致的观点是,稻米直至 19 世纪才离开东非海岸进入内陆地区。克里斯托弗·埃雷特(Christopher Ehret)坚持认为,语言学证据暗示稻米在内陆地区是全新的,我所使用的来自 19 世纪的旅行者记述暗示稻米是 19世纪中期由沿海商人走贸易商队路线引入的。[1] 所以,就算发生过这样一次引入,它也没有留下其通道的任何踪迹。我们假设的那些携带稻米的移民有能力栽种稻米,将会走过几千英里陆地,然后才决定停下脚步并种植他们的稻米。就那些已知已经跨大陆传播的作物而言,像粟米、高粱和香蕉,在适宜的环境中有这些作物的种群标示它们跨越大陆的通道。大多数 TRJ1 种群是在沿海地区或者在那些有江河关联的地方被发现的,这也暗示了某种不同于陆路传播路线

---

〔1〕 Ehret 2011,229.

的东西。似乎更有可能亚洲稻先到达东非海岸,然后进一步向前,在 19 世纪之前进入内陆地区。还有一点也很清楚,亚洲稻不是由地中海地区引入西非的。在我们的研究中,地中海稻米一律是温带日本稻,我们在西非只发现一种日本稻,而在马里的南部沙漠边缘则没有发现。所以,如果亚洲稻不是经由陆路从东非或地中海地区引入西非的,那么,唯一剩下的解释是:它是经由海路引入的。这就解释了大陆内地明显的跳跃。

遗憾的是,我们的工作并不允许我们确定 TRJ1 种群和 TRJ2 种群之间缺口的年代。然而,极有可能的情景是,TRJ1 种群的祖先是在葡萄牙人打开环绕非洲大陆的海上通道之后的某个时期,即 1500 年之后的某个时期,被一艘从亚洲返航的商船引入的。到 16 世纪中叶,南亚和东南亚都出现了葡萄牙人。葡萄牙人卷入了印度洋地区的稻米贸易,稻米几乎肯定登上了从印度返航的商船。在安哥拉、埃尔米纳、圣多美和佛得角群岛都有葡萄牙人正式的定居点,还有一些很小的葡萄牙人的非正式社区,它们全都沿着西非海岸。这些葡萄牙人的前哨可能种植稻米供他们自己用,多半带来了他们从印度获得的种子。卡尼暗示,佛得角群岛是非洲粮食作物进入大西洋地区的一块垫脚石。有些从亚洲返航的葡萄牙船只造访佛得角,而佛得角的水稻生产为驶往美洲的船只提供了供应品。[1] 你可能认为,它们更有可能是从葡萄牙获得的植物种子,但是来自南亚或东南亚的种子几乎肯定比来自葡萄牙或其他地中海地区的种子更适合西非的热带气候。已经熟悉非洲光稃稻种植的非洲农民可能试种过从这些葡萄牙人定居点获得的亚洲稻。在那些之前没有水稻种植经验的地区,人们可能开始采用来自葡萄牙人的亚洲稻,其方式在很大程度上和他们种植玉米是一样的。有趣的是,在先前种植过非洲稻的地区,亚洲稻这一名称的词根都是表示光稃稻的单词。相比之下,在那些稻米是新奇事物的地区,表示稻米的单词往往源自欧洲的语言,经常是葡萄牙语的"arroz"。[2] 我认为这强化了下面这个

---

〔1〕　Carney 1998,553.

〔2〕　Blench 2006,218;Carney 2001,36. "Arroz"本身源自阿拉伯语表示稻米的单词,所以只是有可能,其中某些术语直接来自阿拉伯语,而不是间接通过葡萄牙语。

论点：亚洲稻是欧洲人新近引入的。

朱迪思·卡尼的《黑米》(Carney 2001)以及她与理查德·罗索莫夫(Richard Rosomoff)合著的《在奴隶制的阴影里》(*In the Shadow of Slavery*,2009)认为，南北美洲的稻米及农业知识与它在大西洋对岸用非洲奴隶种植有关。据卡尼说，来自西非地区，特别是上几内亚水稻种植地区的非洲人在这种作物转移上是主要的历史行动者。卡尼的批评者认为，她的书中没有讨论今天在南北美洲水稻种植地区的非洲人具体的地区起源。[1] 他们常常并非来自非洲的水稻种植地区。例如，当水稻种植被引入南卡罗来纳时，那里的大多数奴隶来自并非水稻种植地区的安哥拉。后来，来自上几内亚地区的非洲奴隶开始占主导地位，并在那里的潮汐稻米体系的发展中几乎肯定扮演了重要角色。[2]

遗传学证据对卡尼的理论提供了部分支持。它毫无疑问地暗示了大西洋地区的亚洲稻与奴隶贸易之间的强关联。有一点很清楚，稻米在那个把非洲人带到南北美洲的同样的联系网络中移动，而且非洲奴隶和稻米的世界紧密交织在一起。不太清楚的是这些移动的方向及其背后的作用者。貌似十分有理的是，TRJ1 种群最早被引入美洲，随后被引入西非，或者是先被引入大西洋诸岛，随后被引入大西洋内陆和美洲。此外，TRJ1 在西非的上几内亚地区并不是很典型。尽管这可能是本研究的小样本规模所导致的偏差，但印度稻和夏稻在上几内亚稻米地区似乎比 TRJ1 更常见。尽管这并没有排除上几内亚人作为美洲稻米工业发展核心要素的可能性，但它暗示，如果确实是这种情况，他们最终把他们的水稻种植知识应用于并非他们自己的品种。如果亚洲稻是在 1500 年之后引入大西洋世界，那么推测起来，那些被采用的非洲水稻种植体系在水稻种植被引入美洲的同时自身也经历了改变。似乎很有可能，大西洋两岸的水稻种植在 1500 年之后的几个世纪里是动态的和不断改变的。很清楚的是，这其中有更复杂的东西，而不仅仅是稻种和耕作知识简单而直接地从上几内亚转移到

---

〔1〕 Eltis et al. 2007；Hawthorne 2010b,139—140.
〔2〕 Hawthorne 2011.

美洲。相反，这看上去像一个跨洋过海的过程，有很多作用者和创新者在新的环境中在采用新的稻米品种时也在调适他们的知识。

解释证据：东非

没有一个种群在东非稻米中占主导地位，就像 TRJ1 在大西洋地区或者温带日本稻在地中海地区那样。相反，两个主要种群是热带日本稻的 TRJ1 种群和印度稻。稻米的多样性在东非似乎比在西非更大，这大概是因为印度洋稻米贸易的历史悠久，以及很多波移民和贸易，这无疑给这幅图景蒙上了阴云。[1]然而，有少数几件事情我们可以从数据中辨明。首先，数量可观的 TRJ2 在马达加斯加和非洲大陆都存在这一事实增加了下面这个观念的可信度：马达加斯加至少对一次稻米引入东非负有责任。图 9.1b、图 9.1c 和图 9.1d 中的树形图显示了东非日本稻与东南亚日本稻之间的强关联，所以，下面这个人们普遍接受的观点大概有一定的正当性：马达加斯加人把稻米引入了东非。但东非还有印度稻、夏稻和温带日本稻。在我们相对较大的东南亚样本中只出现了两个印度稻品种，只有一个在东南亚岛上，那里被认为是马达加斯加人的故乡。相比之下，印度稻和夏稻在南亚是规范。我怀疑这意味着有第二层从南亚引入的稻米。此事的发生可能晚于马达加斯加人引入 TRJ2，实际上可能反映了相当晚近即最近两个世纪内的人员移动——从南亚向东非移动。

在这里，语言学证据提供了一个有趣的视角。斯瓦希里语有几个表示稻米的单词，但表示米饭的单词是"wali"。这类似于、大概也同源于马达加斯加语表示稻米的单词"vary"。然而，"vary"不是奥斯特罗尼西亚语系（马达加斯加语和大多数东南亚语言属于这个语系）的根词，相反，它源自原始达罗毗荼语的"va-

---

〔1〕 Alpers 2009.

ri",这个词本身是梵语单词"vribi"的来源。[1] 所以,这里有两种可能。一是"vary"这个单词在马达加斯加语中的存在是因为在印度文化的虚饰外表传播到东南亚之后马达加斯加人就离开他们的东南亚老家前往马达加斯加,二是印度人在稻米传播到东非上扮演了一个相当重要的角色,以至于斯瓦希里语和马达加斯加语都采用达罗毗荼语表示稻米的术语。如果有什么不同的话,稻米引入东非比大西洋地区的情况就更加复杂和多层,遗传学证据的歧义反映了这一引入中的多股分流。

结　　论

亚洲稻被引入非洲并不是一个简单的点源事件。相反,有多次引入产生很多不相关联的地区种群。看来有两次稻米引入东非,第一次从东南亚引入TRJ2,而且几乎肯定是单独引入印度夏稻。在地中海地区(温带环境)有一个温带日本稻种群,但没有证据表明它传播到了撒哈拉以南非洲(热带环境),或传播到了更大的大西洋世界。在西非,TRJ1种群和印度稻种群簇在塞内冈比亚的存在暗示了那里至少有两次稻米引入。TRJ1在奴隶贸易路线上的存在让我们看到了大西洋非洲与南北美洲的联系非常紧密。有趣的是,在稻米遗传学中清晰可见的密集的海上联系网络与稻米在大陆内有限的陆路传播形成了鲜明对照。TRJ1看上去像是迅速扩大到了大西洋彼岸,但显示与内陆水稻种植地区的联系更少。稻米陆路旅行似乎很费力。光稃稻并没有逃出西非。东非的亚洲稻在沿海地区存在了将近一千年才开始它的内陆旅行。即便到那时,东非的TRJ2s一到达刚果东部就逐渐消失了。

看来,稻米需要特殊的条件才会传播。这些条件包括气候、地形和可用的技术,还有社会和经济条件。地中海地区的典型品种即温带日本稻循着贸易路

---

[1]　与皮埃尔・沙加尔(Pierre Sagart)之间的交流。

线跨越撒哈拉来到西非,大概可以归因于环境因素。然而,对于解释亚洲稻在东非的缓慢传播或者光稃稻没能传播到中非或东非,环境因素帮不了什么忙。亚洲稻如今在坦桑尼亚中部和东部广泛种植,但环境之外的什么东西妨碍了它在 19 世纪之前扩张到内陆地区。类似地,摩根注意到,尽管泰米尔纳德邦和坦桑尼亚东部有着类似的环境,但水稻种植和灌溉实践却完全不同。[1] 稻米需要一定数量的水分和温度,但它在非洲扩张所受到的限制似乎并不主要是环境上的。

富勒和秦岭最近撰写的一篇论文证明,稻米在亚洲的早期传播仅仅发生在那些正在向等级制度迈进的社会里。[2] 尽管他们的工作所关注的时期比我所关注的早很多,但我认为这个观念可能适用于稻米在非洲的传播。如果你考察亚洲稻在非洲的传播,它似乎是追循贸易路线的。这可能只是充当了运送植物种子的一个媒介,但我怀疑,作为贸易副产品的社会变革也往往使得社会对稻米生产更感兴趣。稻米之所以追循海上贸易路线,可能不只是因为它们提供了运输,也可能还反映了与远程贸易并肩出现的等级制度。[3]

埃里克·吉尔伯特

---

　〔1〕　Morgan 1988.

　〔2〕　Fuller and Qin 2009.

　〔3〕　很多人对本章做出了关键性的贡献。安娜·麦克朗组织了对稻米的基因分析,并在植物遗传学及如何获得和选择稻米样本上提供了至关重要的指导。USDA-ARS 的另外几位贡献者是阿隆·杰克逊(Aaron Jackson)、格鲁吉亚·艾泽加(Georgia Eizenga)、埃里克·克里斯蒂安森(Eric Christiansen)、希沙姆·阿格拉马(Hesham Agrama)和鲍勃·弗杰斯特朗(Bob Fjellstrom)。这个项目的研究经费来自阿肯色州立大学阿肯色生物科学研究所提供的一笔津贴。承蒙莎拉·沃肖的好意,让我利用她关于东非稻米的研究成果,并分享一份她与我之间的讨论。当然,本章可能包含的任何解释、事实或方法的失败,责任都归我。

第十章

当朱拉人谷仓满的时候

对全世界小农当中作物生产所遵循的不规则轨道负有责任的因素构成了所有"稻米史"研究的一个重要维度。在世界上的不同地区,不过也在相邻的亚区之内,乡村农民年产稻米的数量可能有显著的波动。这种产量的起落,不管是短期还是长期,都遵循许许多多的原因,对于千百万依靠稻米为生的人的粮食安全有着严重的后果。本章将探索生活在塞内加尔南部下卡萨芒斯地区的一些——即便并非所有——曾经是谷物剩余生产者的朱拉人子群如今却成了稻米及其他粮食净购买者的原因。审视那些导致他们减少维持生计的生产、参与生态毁灭性的商品农业并大量移民城市地区的力量是富有教益的。这其中有一个不利气候条件,特别是干旱,影响生产的故事。围绕单一事件的结构性改变,在朱拉人的不同地区和社群内部以不同的方式和多变的强度被觉察到,使我们能探索考虑欠周的经济政策、不足的基础设施、不利的贸易条款和永远存在的城市偏见如何影响了农业产出。

干旱与粮食短缺

直至 20 世纪 60 年代中期,也就是说,直至 50 年前,下卡萨芒斯遭受了一个长达 5 个月的雨季,这个地区的中心城市济金绍尔地区的年平均降雨量超过 1 500 毫米。降雨丰沛而可靠,让人们产生了这样一种预期:下卡萨芒斯将成为塞内加尔未来的谷仓。不幸的是,这些条件突然极大地改变了。

从 1968 年开始,当年长势良好的作物收割之后,塞内加尔,实际上包括所有西非及之外的国家,便进入了一个绝望的、饱受干旱折磨的时期——持续 17 年以上。干旱以不同的方式被定义和区分。[1] 格兰茨(Glanz)区分了各种不同的干旱。气象学的干旱指的是干旱的程度和持续时间(被表述为从长期平均值下降的百分比),当流量下降到一个规定水平之下便导致水文学的干旱,而正当作物生长和成熟却得不到足够的水分时,便导致农业的干旱。在这里,我们先从讨论气象学干旱开始,正如下卡萨芒斯之内 4 个分离的地点测量到的年降雨总量所反映的。其中 3 个位置在我们正在讨论的社群附近。第四个位置在济金绍尔,由于处在其他位置的半中间,而且有着最长的可用记录,因此济金绍尔将被用作一个参照点和控制器。

下卡萨芒斯及其他地方降雨量的可变性可以从年度波动、涵盖几年的周期性波动或长期趋势的角度来表述。关于年度波动,20 世纪 60 年代的下半叶发生了气候条件的一次显著恶化,在长度或量级上都是前所未有的。这十年的开头足够风调雨顺,平均年降雨量在 1 200 毫米以上。接下来,1968 年,降雨量陡降,比上一年下降了 1 124 毫米,达到了 883 毫米的低点。这标志着一次长期气象学干旱的开始。在卡萨芒斯的首府济金绍尔,1972 年、1976 年、1982—1983年、1986 年和 1992 年,累计降雨总量少于 1 000 毫米。这些数值比代表 40 年均值(1920—1980)的 1 498 毫米水平低几百毫米。在同一地区的降雨记录追溯到 20 世纪 60 年代的另外两个位置,可以发现相同的总体模式。在一二十年相当"正常"的波动之后,降雨量陡然下降。在位于萨姆布贾特(Sambujat)社群附近的小城乌苏伊,其降雨量从上一年的 1 844 毫米下降到了 1968 年的 898 毫米,而在吉帕洛姆(Jipalom)社群和法蒂亚(Fatiya)社群附近的比尼奥纳,其降雨量从上一年的 1 795 毫米下降到了 1968 年的 826 毫米,两个地区下降了将近 1 米。从那以后,降雨不足的年份一年接一年,尽管未必是直接相连。

使用滚动平均值——基于几年的统计学平均数——缓和了年降雨量的变动,更清晰地显露了长期趋势。图 10.1 描绘了我们选择的 4 个位置 5 年滚动

---

[1]　Glantz 1987.

平均降雨量的情况。它揭示了每个地方毋庸置疑的降雨量持续的总体下降。济金绍尔和乌苏伊在1930—1960年间的几十年里接受了超过1 400毫米的降雨,有很多年份超过1 600毫米,而从1960年开始,则出现了稳定的下降趋势,首先从1 400毫米线开始,然后下降到1 200毫米线,直至最后达到20世纪80年代,吉帕洛姆社群附近的比尼奥纳和辛姜降雨量在1 000毫米水平地位徘徊,或者低于这个关口。

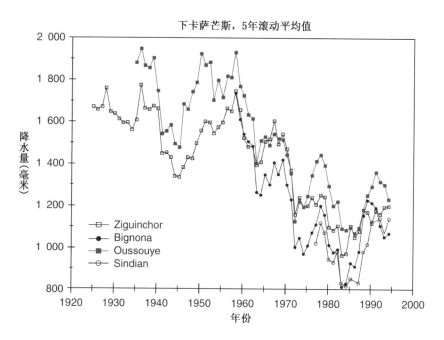

图10.1　位于我们研究的社群附近的4个下卡萨芒斯观测站,即吉帕洛姆附近的Sindi-an、法蒂亚附近的Bignona、埃苏达都附近的Oussouye的5年滚动平均值图示。而Ziguin-chor观测站被用作控制点

波斯纳(Posner)等人提出,其中每个分区的最低降雨量——它是一个基准点,低于这个值,种植体系就处在迫在眉睫的歉收危机中——对济金绍尔来说是1 000毫米,对乌苏伊来说是1 100毫米,对比尼奥纳来说是900毫米。[1]

---

〔1〕　Posner et al. 1985,4,图1。

把这些基准点记在心里,济金绍尔和乌苏伊在同一时期经历了 4 个亏空之年,而另外 3 年只是略高于 900 毫米的最低值。

雨量下降导致卡萨芒斯地区的朱拉人社群粮食短缺,但没有饥荒。然而,这样的短缺必须放到文化偏好的语境中加以评估。对朱拉人来说,稻米与粮食是一样的意思,所以,这种谷物可用量的减少被看作对全体人口整体福祉的威胁。尽管在这些不稳定时期有粟米和树薯,但大多数朱拉人拒绝把它们作为一种日常的基本食物,除了那些在法蒂亚及周边村庄的人之外,在那里粟米是一种主粮。因此,对大多数朱拉人来说,粮食短缺不折不扣地意味着稻米短缺。

简短介绍三个朱拉人村庄的稻米生产

在下卡萨芒斯地区,农业条件由特定的环境条件、具体的社会技能以及殖民地和后来的国家对资源和商业的控制之间的相互作用而决定。要理解朱拉人所实现的引人注目的技艺,就需要讨论农业和生态改变的文化方法。在生产稻米以确保其未来的社会再生产的过程中,朱拉人深刻地改变了他们所居住的沼泽景观。他们创造了一个被彻底改变的人类活动环境。

下文讨论的几个社群是在直线距离半径不超过 100 公里、走公路只有几百公里的范围之内找到的,但它们在水稻种植技术上、在生产的社会组织上,都显著不同。这些因素在很大程度上解释了整个这些年里稻米生产所经历的成功与失败。它们发生在其中的每个地缘文化地区,即卡贾穆台(Kajamutay)、卡伦耐(Kalunay)和埃苏达都(Esudadu)都具有类似的生态特征和社会文化特征(如图 10.2 所示)。[1]

说到农业生产,性别劳动分工在决定田间活动的方式上是一个至关重要的文化建构。然而,一种特定的劳动分工如何出现,不是一项容易决定的任务。

---

[1] Linares 1992.

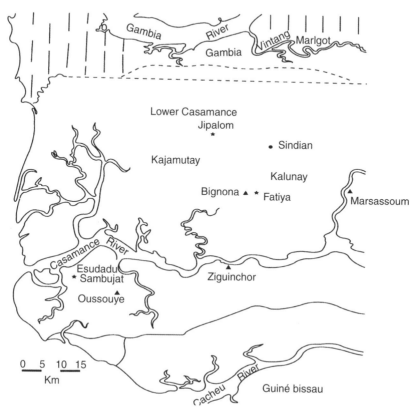

图 10.2　我们研究的几个朱拉人社群的位置以及它们所坐落的地区

在后面讨论的两个社群,即吉帕洛姆和法蒂亚,其种植任务的近乎彻底分离完全有可能受到了相邻的马林克人和曼丁人的影响——他们以在生活的大多数方面严格分离两性而著称,从家务安排到田间劳作。一点也不奇怪,在马林克人中,就像在吉帕洛姆和法蒂亚的居民中一样,主要现金作物即花生由收获利益的男人种植。但生态条件也发挥了一定的作用。在吉帕洛姆和萨姆布贾特,女人,哪怕在怀孕的时候,或者背上背着婴儿的时候,也能执行像移栽和收割稻米作物的任务,而在法蒂亚,她们也在水淹田里锄挖更轻质的土壤。土壤准备和水控制这些更繁重的任务则落在男人的肩上。

　　然而,说到特定的耕作任务的性别分工,生态学论证不是很令人信服。更重要的是,在有些社群,比如在萨姆布贾特,女人由于掌控着重要的精神圣地,因此她们掌握了相当可观的仪式权力,她们被赋予了权力。她们在和男人平等的立足点上控制稻米生产,她们可以掌控其他人的劳动。在那些伊斯兰教把权力和作用在很大程度上移交给男性的地区,女人更少具有独立性,她们更依赖自己的丈夫。因此,一种特定的有文化约束力的制度把某种性别劳动分工合法化了,并使之能够运转,这一制度建立在各种不同的朱拉人社群当中存在不同宗教意识形态和宗教实践的基础之上。

花生作为现金作物被引入塞内加尔可以追溯到法国人的殖民统治,它"通过利用很大份额的土地和劳动——主要在中央盆地——来生产花生,从而把塞内加尔变成了一个单一作物出口者"[1]。在这个盆地里为生产花生而开辟土地的主要行动者是穆里德(Mouride)兄弟会的成员,那是一个强有力的伊斯兰教派,由伊斯兰教隐修士或宗教神职人员组成,属于塞内加尔占支配地位的沃洛夫族群,至今通过利用农民或门徒(talibés)的劳动,他们依然控制着大多数花生贸易。因此,从一开始,花生种植就与伊斯兰教及其践行者联系在一起。尽管穆里德兄弟会在朱拉人当中没有追随者,但它间接地对花生引入北岸社群负有责任。在朱拉人的头脑里,伊斯兰教与花生关系密切,以至于大多数非穆斯林的人不种植这种作物。北岸的福尼朱拉人在 1910 年野生橡胶贸易崩溃之后开始种植花生。[2]对引入这种现金作物起作用的是相邻的曼丁人和马林克人,到 19 世纪 50 年代中期,他们受法国当局的鼓励,在中卡萨芒斯地区种植花生。尽管开始很慢,但到 1935 年,河北岸的朱拉人已经完全依赖花生贸易带来的现金收入。因此,伊斯兰化、现金作物种植和殖民化是互相关联的过程,终结了几个世纪以来北岸朱拉人经济相对独立的状态。

---

[1] Boone 1992,106.
[2] Linares 1992,98—102.

卡贾穆台的吉帕洛姆

吉帕洛姆村是一个由大约 30 个社群组成的村庄,坐落于一个朱拉人称之为卡贾穆台的分区,在巴伊拉河盆地之内。在 20 世纪 60 年代末之前,水稻种植体系充满活力且不断扩大,吉帕洛姆的谷仓年复一年都是满满的。在这里,居民们把冲积低地的水稻种植从开阔地扩大到了潮汐溪,同时在村庄土地周围的高地上种植维持生计的干旱作物,比如粟米和高粱,还种植花生作为商品作物。这里的重点是冲积地上的水稻种植。

在卡贾穆台各社群——包括吉帕洛姆——后面延伸的低地上覆盖着几百块稻田,大小、功能和位置千变万化。耕作地块的范围从住处后面的沙土苗床,到中部区域各种各样的非灌溉稻田,再到从红树林沼泽中开垦的深水含盐田。其中每个类别的修筑了堤坝的小块稻田地带具有不同的土壤属性和保水品质。它们还通过修筑垄和沟做了准备(即用手推犁耕),在垄上移栽不同品种的稻种需要不同的水分,有着交错的成熟速度。为了分散风险,对于社群中每个家长来说,拥有不同类别的稻田非常重要。

一般而言,男人们用一种独一无二的长柄工具“承锹”(kajandu)修筑垄和沟,女人们在苗床上播撒种子,把稻苗移栽到垄上。他们还收割作物并把它运到自家的谷仓里。从不同类别的稻田获得产量的数据,1965 年的季平均数是每公顷稻田 1 500 公斤(未碾磨稻谷)。这样的产量并不可观,但对于养活家庭成员已经足够了,甚至有一定的剩余。

卡伦耐的法蒂亚

卡伦耐分区位于卡萨芒斯河以北,在比尼奥纳城的东边。坐落于这里的社群——包括法蒂亚——不同于卡贾穆台的那些社群,他们按照性别界线执行完全分离的耕作任务,水稻完全由女人种植,远离潮汐溪流,在那些把社群与行政区分开的冲积河谷和低洼地里,淡水蓄积在那里,土壤不含盐,而高地作物完全由男人在高原上种植。

稻田本身又长又平;绕稻田边缘修筑了一条低坝将其围起来,以蓄积雨水。稻田没有像吉帕洛姆那样在功能上区分开来,没有复杂的分类把稻田分为不同的类别。即使在稻田里干活的是妻子们,也正是她们的丈夫向村庄的创始成员租借稻田,这些创始成员对土地拥有不可剥夺的权利。

在雨水丰沛的 20 世纪 60 年代,法蒂亚的女人在稻田里干了大量的活。到 6 月末,女人们使用长柄锄(ebarai)把稻田耕平,没有垄。每一段都除去杂草,然后用锄挖,要么直接在更浅的部分播种,要么在水淹的部分移栽。收割从 10 月中旬开始,通常到 12 月末结束。当一个女人的稻田收割之后,她的丈夫会赶一辆驴车来,把谷物运到家里的谷仓储藏。这是男人来到稻田的少数场合之一。稻谷储藏在属于他们—— 一个男人和他的妻子(或妻子们)——的共用谷仓里,但要处置没有被家庭消费的稻米,各方必须征求对方的同意。

即使是风调雨顺的年成,也总有几个移民男人的家庭每年需要购买两包以上的稻米(每包 100 公斤)。然而,这是一个很小的数量。另外,那些村庄创建者的男人的妻子们始终收获足够的稻米,足够养活她们的家庭,在雨量丰沛的年份甚至能产生相当可观的剩余。

埃苏达都地区的萨姆布贾特

埃苏达都朱拉人生活在卡萨芒斯河以南,离几内亚比绍的边界不远。目前,他们占据着一连串 5 个从小到大的社群,距离大海 4~5 公里,与卡萨芒斯河口的直线距离不到 20 公里。面对这些村庄,你会发现一条很宽的低洼或沼泽地带,一条宽阔的红树林植被地幔把它与略含盐分的河槽分隔开来。在这些低地里,埃苏达都朱拉人集中种植水稻。他们在更高地面上的苗床里培育稻苗,然后把稻苗移栽到中等海拔的稻田或者从红树林植被里开垦出来的深水稻田里。与吉帕洛姆村的卡贾穆台朱拉人或卡伦耐的法蒂亚朱拉人形成鲜明对照的是,在埃苏达都,男人和女人都是用劳动密集技术,把稻米作为单一作物种植。男人修筑坚固的长坝,把来自潮汐溪的咸水挡在稻田之外,借助水闸和水渠把雨水分流到不同的稻田。女人们给培育稻苗的苗床施肥,再把稻苗移栽到各种不同的稻田里。没有一个萨姆布贾特居民种植高原作物。

把定期被潮汐海水席卷、覆盖着红树林植被的沼泽低地改造成深水高产稻田是高度劳动密集型的工作。至关重要的是要控制和约束咸水,每天的潮汐把咸水沿着潮汐溪推向内陆。为此,朱拉人创造了一个巧妙而有效的潮汐控制体系。他们挖开红树林稻田,这个过程要花几年的时间,通过修筑蓄水堤坝,除去土壤中的盐分,再把它变成圩田。最后,所有稻米生产都取决于雨季期间神圣森林内蓄积起来的降雨,这片森林构成了一个受到保护的分水岭,然后,水借助一条被堤坝所支撑的主水渠分配给其他稻田。一个用扇叶树头榈的树干做成的导管穿透堤坝进入水渠。需要淡水流动的时候堵上或拔下塞子,先流向中间位置的稻田,然后一路流向红树林稻田。

红树林稻田在好年成可能是产量最高的,但它们也是风险最大的。在降雨不足的年份,正如在最近二十年里,它们积累有毒的酸性物质和盐分。然而,在雨量充足的年份,正如 20 世纪 60 年代末之前那样,红树林稻田的产量可以达到每公顷 3 000 公斤以上。其他非灌溉稻田通常生产平均每公顷 1 500 公斤以上。可观的剩余确保了他们与一些不那么得天独厚的村庄成员之间进行活跃的稻米贸易。

干旱之年对三个社群的影响

在干旱开始之前,家庭稻米生产在下卡萨芒斯地区几乎每个地方都能满足家庭的需要。有人计算,在 1962—1963 年,卡贾穆台和卡伦耐地区生产的人均稻米剩余至少是 100 公斤,而在埃苏达都地区,这个数字超过 181 公斤。[1] 降雨不足的影响在我们讨论的三个社群中以不同的方式和强度被觉察到。

吉帕洛姆:充足的降雨出现在某些年份,尽管只是少数几年,但这个事实增加了总体的不确定性。那些境况更好些的个人都认真仔细地选择种子,早早地准备稻田,不修垄,而是把地耕平,大多直接播种而不是移栽。与此同时,种植的很多稻米品种由于在一些重要特征上有差异而被抛弃了。

随着降雨量的减少,吉帕洛姆社群很高比例的稻田由于盐侵入最低处的稻田以及干旱给高处的稻田带来的压力而不得不放弃。毫不奇怪,稻米生产显著下降。波斯纳计算,种植稻米的地面下降到了 1960—1964 年水平的 53%。[2]

到 1981 年,吉帕洛姆的家庭稻米生产只能满足 55%的家庭需要。[3] 人均稻米赤字 170 公斤;自产稻米的家庭供应在收割之后只能维持 6 个月,而且常常比这还少很多。人人购买从东南亚进口的劣质稻米。下卡萨芒斯地区的稻米进口量剧增,从 1960—1965 年间的 2 000~3 000 吨增长到了 1982—1983 年的 30 000 吨。[4] 在卡贾穆台和卡伦耐地区,种植粟米、高粱,最重要的是玉米的面积显著扩大。这些都不是当地居民的首选谷物,但它们抵御了饥荒。在这里,花生产生的收入也被用来在短缺高峰时期购买稻米。

由于整个埃苏达都地区,特别是萨姆布贾特社群的稻米是作为单一作物种植的,因此它在时间或劳动上都没法和高原作物竞争。然而,进入干旱季不久,有些稻田便开始歉收。1980 年,在遇到强大潮汐的时候,保护着从红树林沼泽开垦出的深水稻田的大坝土崩瓦解,咸水侵入少数这样的巨大而高产的稻田。1981 年,政府机构 PIDAC 给所有萨姆布贾特家庭分发免费的化肥,大多是磷酸盐。但很少有人使用化肥。一位长者解释,在水量不足的稻田里使用强有力的

---

[1] Posner 1988,8.

[2] Posner 1988,表 2 和表 9。

[3] Jolly and Michigan State University,Dept. of Agricultural Economics 1988:1.

[4] Posner 1988,8.

化肥只会"烧死"水稻。政府还分配了美国政府作为粮食援助捐赠的每包重100磅(45.56公斤)的碾磨稻米。给自足的居民免费分配碾磨稻米仅仅起到了抑制生产的作用。

在埃苏达都地区,一些天资欠佳的居民在干旱年份的稻米赤字大约是121公斤。然而,大多数居民有大量的稻田生产足够的稻米养活家庭。习惯上,萨姆布贾特的居民,尤其是那些上了年纪的男人的妻子,在本地销售稻米。这是不断进行的、有点遮遮掩掩的非正式贸易的一部分。即使在干旱高峰时期,本地销售的稻米也相当多,并不总是少量。事实上,1985年,我目睹过数量可观的稻米被拿来交换棕榈酒和鱼。

除了经历偶尔的作物歉收,或不得不购买少量稻米,或者需要往南走更远的地方去获取棕榈酒,干旱并没有给萨姆布贾特的稻米经济带来任何重大改变。人们并不接受直接播种,他们也没有放弃他们古老的稻米品种。

毫无疑问,干旱也没有以任何重大的方式影响萨姆布贾特的社会劳动分工。由男人或女人组成的工作小组继续像从前一样被采用。影响生产的是年轻人逃往城市所造成的劳动力短缺。尽管其中很多年轻人雨季期间回来帮助他们的父母,但也有很多人不回来。[1] 上了年纪的居民担心没有人维修那些抵挡潮汐溪咸水侵入高产稻田的大坝。在2000年的大坝溃堤中,咸水毁掉了这些高产稻田。

在很多重要方面,法蒂亚的耕作体系在功能上不同于另外两个地区。首先,由于法蒂亚的稻田位于内陆,在远离潮汐溪的河谷和低洼地里,因此它不存在盐化问题。其次,由于其降雨量略少些,雨季更短些,因此女人们在一个缩短了的季节里种植稻米。此外,稻米在法蒂亚只是生存作物之一;粟米、高粱和新近引入的玉米都是常规的日常食物。

在卡伦耐,20世纪70年代和80年代经历了干旱之年,中间穿插着还算令人满意的年份,尽管雨量并不丰沛。1980年是整个世纪最干旱的年份之一;在

---

〔1〕 Linares 2003.

法蒂亚,降雨只有619毫米,即使对于那些水需求较少的作物都几乎不够,比如高粱和粟米。由于稻米作物在接下来的一年里歉收严重,因此女人们便一行行地直接播种快熟的中国品种,以减轻薅草的困难,年轻的男人们给水稻喷洒杀虫剂。他们是幸运的,因为雨量充足(那年是1 033毫米),稻米收成令人满意。即便是那时,一家之长也需要购买两三百公斤碾磨稻米,因为粟米、高粱和玉米这些没有喷药的作物都被害虫吃光了。在接下来的那一年,塞内加尔当局给每一户的家长分配了50公斤碾磨的美国稻米。

然而,1985年,降雨量令人满意(1 114毫米),所以稻米收成不错,玉米和高粱也是如此,有些家庭的收成达到了600公斤高粱和440公斤玉米,他们卖掉了其中一些。从同一年开始,男人和女人都受益于PIDAC的服务,即政府的推广服务。代理人会来到村庄,询问人们需要何种装备,让犁、大车、播种机等工具变得可用,按年支付。

女人也得到了PIDAC推广代理人的帮助。事实上,从1983年开始,通过挖井在旱季灌溉蔬菜,代理人在周围5个村庄帮助建立了菜园项目。直到今天,女人们每个旱季都成功地种植了大片的菜园,在附近的比尼奥纳市场上销售她们的产品。每个菜园有平均8 000非洲法郎(32.00美元)的利润,按照当地的标准,这是一笔相当可观的数额,女人们可以租用一天的牛拉犁,准备她们的菜园,还可以购买化肥和改良种子。1994年,粟米作物部分歉收,周围的水对于旺盛生长的高地作物实在太多了,尽管对于稻米作物并不够。因此,当一种作物成功时,另一种作物就会歉收。

1994年发生的大改变是:男人们开始使用朱拉人的经典工具承锹来翻耕稻田,从而帮助女人耕种。破天荒第一次目睹男人们在妻子的稻田里干活着实令人吃惊。然而,非洲法郎的贬值导致购买稻米的价格更高;从上一年的每包(50公斤)6 500非洲法郎(24美元)增长到了这一年的9 500非洲法郎(35美元)。一家之主再也不能用他们从销售花生中挣到的钱来弥补购买进口稻米的成本。所以,除了去田里帮助妻子耕地锄田之外,他们也没有多少选择。但这一情境并非永久性的。当降雨增加、正常时期随之而来时,男人们便回去种植高原作物,把种植稻米的所有任务都留给女人。这个现象证实了下面这个事实:特定的性别劳动分工是无远弗届的性别属性和性别实践的复杂体系的重要组成部分,这个体系涵盖社会的各个方面。就其本身而言,它有合法性和连续性,这让它特别抗拒变革。

结论:影响生产的因素

这里应当强调的是,干旱,或者更准确地说是降雨量,只是上文所讨论的农业转变的原因之一 ——大概是近因,却不是终极原因。即便 20 世纪 70 年代中期撒哈拉以南地区的干旱增加了非洲农民的困境,贝茨(Bates)还是相信,"问题潜藏在比气候变幻无常更深处"。他十分有说服力地证明,政府操纵影响非洲农民的主要市场。它们通过给农民的现金作物支付远低于世界市场的价格并把政府收入投资于城市的工业和制造业企业,并提高官僚精英的薪水来操纵市场。[1] 政府常常通过参与粮食生产,或者对少数特权农民补贴农场输入来给城市消费者提供低价粮食,从而直接与农村购买者竞争。

对于下卡萨芒斯地区农业生产力显著下降的解释必须到气候、政治经济及其他社会结构及技术参数之间存在的复杂相互作用中去找。决定农业产出的力量在几个层面运转,始于国家行政管理者做出的一般性的政治决策和经济决策,终于特定的本地社区过程和程序。在这里,我将首先考量塞内加尔政府在干旱开始之前和之后的反应如何影响农村人口及其农业产出。要问的重要问题并不是降雨不足是否影响了农业表现。很显然,它们过去有影响,现在依然有影响。值得审视的是,在灾害袭击时期,已经到位的政府政策如何或者说是否对农民有帮助。

在 20 世纪 50 年代和 60 年代,经济发展的主流意识形态强调塞内加尔政

---

[1]　Bates 1981,1.

府在确保农业市场恰当履行职能上所扮演的核心角色。在接下来的几十年里，对兴旺的官僚和错误政策的怀疑导致了对政府在便利商品交易上所扮演角色的重新评估。政府资助项目和控制市场的连续不断的不稳定的历史阻碍了农业取得任何重要的进步。围绕产出和价格的不稳定性极大地阻碍了农民和农村穷人提高产量。此外，对少量出口作物——其价格在国际市场上大幅波动——的依赖并没有在种植自产自销的粮食之外提供一个可行的选项。在政治和经济不确定的条件下，当面对无法预料的气候变化时，家庭成员几十年里在可销售渠道之内和之外改变了作物目录。

卡萨芒斯地区的稻米生产不可能与花生生产分离开来，因为它们可能回馈但也常常竞争时间和劳动。朱拉族农民不得不一边为了生存的目的而种植谷物——主要是稻米，一边为出口市场种植商品作物——主要是花生。其理由有二。第一，商品农业所产生的收入不足以涵盖生存所需，即涵盖所有粮食开支，同时支付其他基本支出，即税收、教育、衣服、医疗以及最重要的额外的农业输入。第二，也是更明显的理由，他们必须种植粮食和商品作物，因为生产"气候"——不管我们所谈论的是降雨还是政治——是高度不稳定的。在这种环境下，同时种植粮食作物和商品作物是一个明智的策略。它给农民提供了某种牢固而独立的基础，以及操纵或者至少是"绕过那些对他们不利的规章和组织"。[1] 一个牢固的生存基础让农民有可能穿行于那些设定价格和生产参数的常常令人困惑和互相矛盾的规则的沼泽，同时确保他们自己的或者他们家庭的最大利益。

然而，不幸的是，后独立时期的塞内加尔政府继续采用殖民时代典型的干涉主义农业政策。政府机构，包括农业推广服务、国家组织的合作社和半国营或半公共的代理机构，几十年来既控制本地的谷物生产，也控制外国的谷物进口。它们还管制花生出口，直至最近，这依然是塞内加尔经济背后的主要"引擎"之一。1966 年之后，建立合作社，购买、储备和销售花生，购买和分配进口稻

---

〔1〕 Barker 1989,23.

米的角色全都转交给了国家援助合作发展署（ONCAD）。朱拉族农民没有多少选择，如果他们想要销售自己的花生，他们就不得不使用官方的市场出口，即所谓的合作社。从 ONCAD 开始运转的 1966 年至 1980 年，其目的——鼓励合作社和开发过程——逐步被放弃，转向纯营销的角色。ONCAD 可能挣到的任何利润都直接上交政府金库。或者，它们被用来确保补贴扩大的进口稻米，从而提高城市的薪水。技术服务很糟糕，ONCAD 内部的腐败可谓猖獗，导致它在 1980 年被解散。

关于水稻种植，1984—1985 年的种植季可以不是十分合格地归类为干旱之年（卡贾穆台的降雨量是 929.4 毫米）。之前两年甚至更糟：1983 年是 613 毫米，1982 年是 924 毫米。吉帕洛姆的家长们如今完全依靠从花生销售中挣得的利润来购买从东南南亚进口的碾磨稻米，以养活他们的家庭。1983 年 1 月，就在花生作物上市之前，一项政府法令把进口米的价格提高了 23%。在达喀尔之外的地方，零售价是每公斤 162 非洲法郎（约 1.00 美元）。[1] 有人估算，平均起来，一个家长在干旱之年不得不每年购买 360 公斤进口碾磨稻米来养活他的家庭。[2] 如果这个数字正确的话，那么 11 个吉帕洛姆家庭当中就要有 8 个家庭（或 73%）在 1985 年没有从花生贸易中挣到足够的钱（即 58 320 非洲法郎或 212 美元）来购买它们所需的稻米。

1980 年至 1985 年对于决定涉及谷物贸易的政府半国营机构的未来至关重要。ONCAD 被撤销之后，很多组织负责购买和分销本地的和进口的作物。[3] 价格均衡和稳定基金（CPSP）被组织起来操作所有稻米和粟米/高粱的进口，卡萨芒斯农业发展整合计划（PIDAC）负责购买本地的稻米和粟米。粮食援助委员会（CSA）负责——至少在理论上——协调粮食援助，并在本地粟米、高粱和玉米的收集上发挥作用，最后，塞内加尔全国含油种子营销公司（SONACOS）从乡村合作社购买花生作物，再为出口而加工它。控制所有这些实体的职能的

---

［1］ Newman et al. 1987,表 4 和表 9。

［2］ Jolly and Michigan State University,Dept. of Agricultural Economics 1988,23.

［3］ Jolly et al. 1985.

规则是令人困惑的;人们所说的"管制的不确定性"也进入了官方价格的领域。从宏观经济的角度看,塞内加尔的稻米进口增长了,从 1974—1977 年间可用谷物总量的 31％增长到了 1981—1984 年的 38％,导致重要的外汇损失。与此同时,花生分部不再能够涵盖粮食进口;1980—1983 年间的登记年度赤字是 135 亿非洲法郎。[1] 生产是停滞的,商品农业所带来的人均利润下降了,土地迅速退化,各部门依然在创造巨大的赤字。[2] 由于这一形势,1984 年 4 月,政府实施了新农业政策(NPA),目标是提高本地粮食生产并使之多样化,同时减少对花生生产和稻米进口的依赖。[3] 十年后,取得了一定的成功,但实现的首要目标甚少。政府代理机构的人员抵制解散,农民销售作物所得更少,农业生产继续缓慢增长,进口小麦和稻米的数量更大。像往常一样,基础设施项目被忽视了;公路和桥梁被荒废,江河或海洋运输继续受到限制。

现在转向地方场景,重要的是要强调上文讨论的朱拉人社群稻米经济的一般特征与每个地方的水稻种植社群是一样的。这些特征是:对充足水源的依赖,对密集劳动力充足供应的依赖,以及确保能获得很多有着不同属性的稻米品种。然而,正如我们已经看到的,降雨量在 20 世纪 60 年代末之后发生了巨大的变化,在许多年里不足以生产令人满意的作物。主要问题之一是,降雨量下降并不一致。时不时地出现雨水充足的一年,让农民的希望不至于破灭。直到今天,好年成和坏年成穿插交错。因此,2007 年,卡萨芒斯的谷仓空空如也[4],而在 2009 年,埃苏达都附近地区的降雨量超过 1 300 毫米,产量是上一年的 3 倍,或者说每公顷 2.5 吨对每公顷 1.5 吨。[5]

关于劳动力,年轻人逃往城市,导致农村劳动力严重短缺。然而,在成为移民的时间深度上、在移民个人的种类上,以及在雨季移民返回家乡参与农业活动的比率上,朱拉人社群之间大不相同。在所有这些情况下,在农业周期的关

---

[1] Newman et al. 1987,1—4.

[2] Duruflé 1994,111.

[3] Martin and Crawford 1991.

[4] IRIN News 2007.

[5] Sadio 2009.

键阶段折回的移民回到农村从而增加了劳动力,进而缓解了城市移民的负面影响。在吉帕洛姆,有一个名副其实的传统,兰伯特(Lambert)称之为"迁徙文化"。[1] 例如,在我 1965 年的记录中,33 个未婚姑娘,34 个未婚小伙子,或者大约 1/3 的劳动力,被列为在旱季期间离开了吉帕洛姆。[2] 许多年后,在我的 1990 年 106 个年轻人的样本中,有 90 个人或 85% 的人离开村庄,到附近或遥远的城市里工作,甚至更大数量的人失业了。同一年,那 90 个年轻人中有 26 个人或 29% 的人在雨季回到了吉帕洛姆,帮助父母干农活。毫无疑问,总的来说,卡贾穆台的城市移民对粮食生产有着重要的负面影响。从因为缺少劳动力而撂荒的稻田数量中可以清楚地看出这一点。

法蒂亚居民的移民模式有点不同于吉帕洛姆的模式。1990 年,在老一代,两个男人中没有一个人离开。在下一代,28 个成年男人当中只有 5 个人(或 18%)永久移民,其中 2 个人去了农村地区从事耕作。这与吉帕洛姆的情况形成鲜明对比,在吉帕洛姆,这一代有 58% 的人离开了。当我们转到未婚的一代时,情况与吉帕洛姆类似,这一代有 58% 的人离开。法蒂亚 54 个未婚的男孩和女孩当中,43 个人(或者 83%)离开家乡,去了附近的或遥远的城市。像其他地方一样,去了城市的姑娘们从事家政服务工作。12 个这样就业的姑娘中,7 个人(或 58%)在 1990 年回到法蒂亚,帮助自己的母亲在稻田里干活。男孩子中,回乡的百分比要小很多:31 个离开的人中,同年只有 5 个人(或 16%)回来帮助自己的父亲干活。

而萨姆布贾特的移民模式再次不同于上述两个社群。在我 1990 年的人口调查统计中,老一代人没有一个离开村庄。在下一代或成年男人的一代,被统计的 32 个男人中,只有 6 个人(或 19%)离开村庄。有趣的是,这一代移民中有 3 个人(或一半)最终回到了他们出生的村庄。未婚或年轻的两性开始热切地移民。统计中,102 个年轻人全都在干旱季节迁徙。1990 年,52% 的男孩和 63%

〔1〕 Lambert 2002.

〔2〕 Linares 2003.

的女孩在雨季回来帮助父母干农活。即使有足够的年轻人回到萨姆布贾特,保持大多数稻田名义上还在耕种,维修大坝的工作还是被忽视了。在异常高的潮汐持续不断的冲击下,保护高产稻田的主坝有几个地方垮塌了,咸水就在刚刚移栽之后便淹没了大片区域。不仅那一年的稻米作物彻底被毁,而且要花很多年才能让咸化的稻田重新变得可以耕种。需要几个雨季才能用淡水冲洗掉盐分,淡化受影响的地块。因此,农村劳动力的离开最终付出了代价,曾经高产的稻米体系再也无法恢复。

我们还饶有兴味地注意到,性别劳动分工也影响了这些社群的生产力。我在别的地方证明,凡是男人和女人从最早的几场大雨起便出门到稻田里干活、在准备和播种稻米作物上协力合作的地方,就像在萨姆布贾特那样,或者相反,凡是男人和女人从一开始就分别在高原地块和稻田里干活的地方,就像在法蒂亚那样,劳动回报即使在缩短了的季节也完全足够。[1] 相反,凡是女人必须等到男人给她们的稻田挖筑垄和沟然后才直接播种或移栽的地方,就像在吉帕洛姆那样,劳动回报大约只有一半。

总之,我试图说明,很多因素如何决定本地朱拉人社群与诸如干旱这样的自然灾害做斗争的不同方式。在此过程中,我强调了外生性力量以及在社会和文化制度之外运转的影响。它是不利的气候条件和方向错误的经济政策的影响如何在不同的地区和社群以不同的方式和强度被觉察到的故事。但它也是一部勇气、智谋和转变逆境的能力的编年史——通过采用如玉米和树薯这样的新作物,通过尝试如牛拉犁这样替代性的技术形式,以及通过践行新形式的临时劳动关系。

奥尔加·F. 利纳雷斯

---

[1] Linares 1997.

第十一章

事关健康和收成：
南亚旁遮普和孟加拉地区的季节性死亡与商业水稻种植

　　本章转向现代世界的一个核心悖论:饥饿、营养不良和疾病严重困扰着那些生产主粮谷物的人,而这些谷物则养育和支撑着世界人口。与这个悖论相关的是第二个悖论:粮食生产者的健康体验所受到的关注远远低于他们所养活的消费者的健康体验。正如小麦和玉米一样,研究稻米的历史学家往往避开那些生产稻米的人所面临的疾病挑战。而且,当研究转向种植者的健康问题时,他们典型地假设特定生态、作物与疾病之间的决定论阐述。例如,把潮湿的热带地区与稻米相关联,再反过来把稻米与诸如疟疾和霍乱这样的疾病相关联,仅仅由于它是一种"湿的"作物。

　　而本书提供了一个宝贵的机会,努力对一些农业地区的发病率和死亡率的历史模式发展出更完整、更细微的理解,这些地区对于全球的稻米生产和供应至关重要。本着这一探索精神,我将对 19 世纪和 20 世纪初期旁遮普和孟加拉——这两个地区处在南亚印度恒河平原相对的两端和生态极端——水稻种植者的生命健康体验进行一番跨学科的比较分析。我发现,在这两个地区都有一连串的环境改变,与城市和外国消费者所渴求的高输入稻米品种(除其他作物之外)生产的扩张和强化有关。尽管从地区甚至亚区上来讲是特有的,但这些环境改变导致旁遮普和孟加拉的水稻种植者在主要商品作物收割季同样都经历了发病率的上升。此外,在这两个地区,瞄准全球市场的商品生产巨大的增长伴随着社会不平等的同时增加,正如对土地和粮食的权利以及劳动成果和热量需求的分配中日益增长的不平等所彰显的那样。在这个语境下,收获之前的季节性饥饿、营养不良和免疫力脆弱就成了农村生活的重要特征,而且不只是发病率,收割季的死亡率也上升到了破纪录的水平。

这里提供的分析最终对不断增长的历史、社会科学和生物学的学术研究做出了贡献[1]，这些研究既质疑了解释现代世界饥饿和疾病的全球分布的生态决定论模式[2]，又质疑了研究农业发展的主流方法——这些方法把瞄准全球市场的商品生产宣传为"用发展来挣脱"高发病率和死亡率的最佳手段。[3] 它还对从单一的、生物医学上定义的疾病及罕见流行病和饥荒事件的角度来构架公共健康研究和干预的做法提出质疑。正如这篇比较研究所说明的，旁遮普和孟加拉的稻米生产者因为发展而"进入"而不是"挣脱"与疾病和饥饿的例行斗争，这些疾病和饥饿就性质而言是高度季节性的，就起源而言是社会性的，就结果而言是可以预料的。

种植：一个商业景观

印度恒河平原由那些发源于喜马拉雅山脉、向东流入孟加拉湾、向西流入阿拉伯海的江河提供水源，是世界上最大的冲积区域之一。这个平原还有一点引人注目：它一路延伸，越过一条主要的气候边界和生态边界，人们普遍认为这条边界把半干旱的和干旱的西北亚及中东的"小麦民族"与东南亚和东亚潮湿热带地区的"稻米民族"分隔开来。旁遮普位于它的最西端，那是一个半干旱地区，其居民依靠 7 月和 8 月期间变幻无常的两月季风，伴随着印度河及其主要支流——杰赫勒姆河、奇纳布河、拉维河、萨特莱杰河比亚斯河，进行季节性的种植。最东端是孟加拉，一个潮湿地区，靠恒河-布拉马普特拉河-梅克纳河河流体系的洪水以及持续 4～6 个月的漫长雨季提供水源。[4]

这些生态差别决定了每个地区长时段的农业扩张过程。在古代孟加拉，种

---

[1] Komlos 1995；Komlos 1998；Feierman and Janzen 1992；Klein 2001；Guha 2001；McCann 2007；Packard, 2007；Bassino and Coclanis 2008；Cook et al. 2009；Samanta 2002；Iqbal 2010.

[2] Diamond 1999.

[3] Sachs 2005.

[4] Ludden 1999, 49—52.

植者最早定居在季节性洪泛低地的更高部分,水稻作为一种作物在那里茂盛生长,后来搬到了更干旱的高地,也搬到了沿海沼泽低地,在那里,淤泥沉积,不断形成新的海岸线和岛群。要适应这种更潮湿的环境,就需要农民试验新的稻米品种和耕作体系,而在更干旱的地带,农民们把小麦、粟米和豆类吸收进了他们的作物体系中。另外,在旁遮普,古代和中世纪时期的耕作稳定地从季节性洪泛河流地带迁往干旱的高地,从降雨和洪水最严重的北部和东部迁往越来越多沙的西南部。对很多平原地区来说,利用充足的水源种植作物提出了一个重大挑战,农民们选择那些能够经受水供应变化无常而且常常不足的小麦、大麦、粟米和稻米的品种。在这两个地区,当江河由于上游地区的砍伐森林、侵蚀和沉积的复杂组合而改变路线时,耕作的边界也不断改变。最令人吃惊的实例大概是孟加拉的恒河,在几个世纪里,它不断向东移动,直至最后在 18 世纪与布拉马普特拉河汇合。[1]

然而,如同在决定农业的早期传播上的生态因素一样有力,这两个地区的居民在几个世纪里为了克服这些限制而艰苦劳作。例如,在 13 世纪的旁遮普,游牧民最早采用波斯人的轮子、绳索及皮桶(charas)技术,这样一来,他们就可以从深井里提水喂养牲畜,并在干旱的高地上种植作物。[2] 旁遮普中世纪晚期的图格鲁克王朝和现代早期的莫卧儿王朝及锡克王朝的统治者们还修建了巨大的灌溉运河,把种植扩大到干旱地区。那些有足够财力的人,或者那些有集合资源的人,修筑季节性的洪泛运河,并修筑池塘和储水池来获取季风降雨,扩大种植。[3] 与此同时,在中世纪和现代早期的孟加拉,统治者支持修建各种不同的堤坝、洪泛水渠和排水渠以及储水池。这些工程的设计是为了控制洪水,并使季节性洪水和季风降雨的延伸范围最大化和规律化。它们还通过防止咸水从海洋大量涌入,来确保沿海地带的水是淡的和甜的。[4]

---

[1] Ludden 1999,49—52.
[2] Singh 1985,73—88.
[3] Grewal 2004,6; Siddiqui 1986,53—72.
[4] Kamal 2006,194—199; Iqbal 2010,40.

这样的控水工程不仅对农业的稳步扩张做出了贡献,而且对其日益增长的多样化、强化和商品化做出了贡献。在旁遮普,农民和佃户耕种者越来越多地施行双作(do-fasla),种植连续作物,它们将在季风喂养的秋收(kharif)和春收(rabi)期间成熟。[1] 到 17 世纪,灌溉水稻——这种作物在该地区可以追溯到约公元前 2000 年至 1500 年——在商业意义上成为仅次于小麦的第二重要作物,棉花、靛蓝、鸦片和甘蔗也是重要的现金作物。[2] 在孟加拉,控水技术同样让耕种者能够强化生产,使得稻米成为一种重要的出口商品。正如荷兰人让·哈伊根·范林斯霍滕(John Huyghen van Linschoten)1506 年所报告的,孟加拉"有大量必不可少的粮食,尤其是稻米,[这个国家的]稻米比所有东方的都要多,他们每年[在那里]装满各种各样的来自各个地方的船,那里从不缺乏稻米……"[3]

在向英国殖民统治下的资本主义帝国过渡的期间,这一农业商品化的趋势以前所未有的速度在扩大和加速。[4] 东印度公司(EIC)紧跟在英国王冠的后面,试图扩大、强化和控制整个南亚的商品生产,以服务于英国的利益,首先从沿海地区开始,然后扩大到内陆。[5] 为此,1793 年,英国人在孟加拉建立了一个永久殖民地,至少在理论上把权力集中在大地主收税官的手里,他们希望这些收税官提高商品生产。他们还投资建造大堤坝、运河,以及一个巨大的加高铁路网络,把产品运往加尔各答的中心市场。此外,英国人还促进正在进行的森林清理以及耕作边界和商品生产向孟加拉东部扩张,那里的江河三角洲最活跃。[6] 最初的焦点是靛蓝种植,但紧接着靛蓝股票在伦敦证券交易所崩盘之后,黄麻便受到青睐,并且最终成为该地区在 19 世纪晚期和 20 世纪初的主要出口商品。鸦片生产也猛增,而棉花、丝绸和甘蔗的种植——主要供英国或中

---

[1] Habib 2000,27,39—62.

[2] Grewal 2004,4—6; Singh 1991,107—109,213—217.

[3] Watt 1891,524.

[4] Richards et al. 1985.

[5] Bose 1993; Chaudhuri 1996; Ludden 1999; Subrahmanyam and Bayly 1988.

[6] Iqbal 2010,18—26.

国消费——也增长了。[1] 正是在这一更宽阔的语境下，孟加拉稻米也看到了为全球市场生产的可观增长。[2] 到 19 世纪 20 年代，孟加拉的稻米出口占有了北欧稻米市场的主要份额。[3] 到 1912～1913 年间，孟加拉的去壳稻米出口达到了引人注目的 10 099 692 英担，其中很多去了锡兰（斯里兰卡）、英国、法国、德国、毛里求斯、东非、南美、西印度群岛和阿拉伯。[4]

　　尽管旁遮普归到英国人的统治之下比孟加拉要晚几十年，但这个地区在殖民时期经历了一次更加巨大的瞄准全球市场的商品生产的扩张和强化。在这里，英国人尤其决心要把这一地区大片富庶却极其干旱的冲积土壤纳入耕作，而忽略了西部和东南部他们所认为的"荒原"。1858 年取得正式控制权不久之后，他们接下来便着手解决耕种者的土地权利，投资重新拉直和扩大干旱的东南部平原上莫卧儿时代的西亚穆纳运河。[5] 在 19 世纪 70 年代，英国人开始修建另一个庞大的长期运河网络，以促进旁遮普西部干旱高地上新运河殖民地的定居，游牧生活依然在那里占支配地位。新的定居者被土地和税收减免的允诺所诱惑，他们来自这一地区东北部和中部那些人口稠密、耕种密集的地区。[6] 到 1927 年，旁遮普总的可耕种面积增加了 1 000 万英亩以上的土地。[7] 被巨大的运河所喂养，沿着新近修建的一个巨大的铁路网络运往拉合尔、卡拉奇和德里这样的城市中心市场，小麦的商业品种成了这一地区最主要的春季作物，稻米、玉米、甘蔗、棉花和烟草这些秋季作物全都在秋收中占据了不断增长的比例。这一地区的农产品，尤其是小麦和棉花，出口剧增，其中大多数供应英国和西欧的消费者。[8]

　　到 20 世纪初，在印度恒河平原的两端，出口导向的商品农业是农业生产的

［1］　B. Chaudhuri 1983,315－325.

［2］　Datta 1996,109.

［3］　Coclanis 1993b,1057,1067.

［4］　Latham and Neal 1983,263.

［5］　Government of India,1908,202－214.

［6］　Ali 1988.

［7］　Fox 1985,53.

［8］　Charlesworth and Economic History Society 1982,26.

一个核心特征。然而,这条轨道并非一条线性轨道。从 1880 年直至 1915 年,印度农产品价格急剧上升的趋势主要受欧洲消费者的需求所驱动。卢比价值的下降也很急剧,这一趋势也影响了英属印度内部产品价格的不断上涨。[1]另外,第一次世界大战和 20 世纪 20 年代是全球价格和欧洲消费者需求很不稳定的时期,而 20 世纪 30 年代世界范围的大萧条是农产品的消费和价格显著下降的时期。当价格下降时,除了其他粮食作物之外,像棉花和黄麻这样一些非粮食作物的生产也下降了。[2]保护国内市场作为印度民族主义者的核心关切出现了。[3]

紧接着第二次世界大战和 1947 年印度从殖民统治中独立之后,又一次商品粮食生产的繁荣出现了。建造了大量的水坝和运河以增加整个印度恒河平原的商品生产,其目的既是为了国家粮食安全,也是为了对外出口。在 20 世纪 60 年代和 70 年代的绿色革命期间,还引入了稻米的高产品种,可以和小麦一起双季耕作。旁遮普的运河灌溉地区尤其如此,这些地区介于印度和巴基斯坦之间,从稻米净进口地区变成了世界上重要的稻米——还有小麦——生产地区。介于印度和东巴基斯坦/孟加拉之间的地区也出现了增长,不仅仅是稻米生产,而且有小麦生产。[4]随后在 20 世纪 90 年代对新自由主义改革的采用提供了另一个重要推力,推动瞄准全球市场的生产——这个过程一直持续到今天,尽管遭遇了日益增长的抵制,其部分理由是高输入灌溉以及化肥和杀虫剂的使用所带来的环境和健康后果。尽管生态的确很重要,但对印度恒河平原的地理做严格而永恒的"米-麦"对立解读,就是无视一部漫长的为商业目的而努力重塑其地表景观的历史。

---

[1] K. N. Chaudhuri 1983,851—854.
[2] McAlpin 1983,880—891.
[3] Ludden 1999,167.
[4] Govind 1986,56—71.

耕种"收获"疾病

孟加拉和旁遮普的健康环境如何被商品生产所塑造的故事也是一个漫长的故事,早在绿色革命之前就发生了。早在高产作物品种和化学添加剂出现之前,赚钱产品——包括城市居民和外国人所偏爱的特别"精细"的稻米品种——的种植就比维持生计的品种需要更多的水、肥料和劳动的输入。反过来,与密集的高输入商品农业相关联的环境改变导致这两个地区在春秋两个主要商品收获季期间发病率上升。这种带来季节病的商品种植在 19 世纪晚期和 20 世纪初期出口导向商品农业繁荣期间变得尤其明显。

在旁遮普,19 世纪 70 年代和 20 世纪 20 年代这种商品生产的迅速扩张和强化导致了环境改变,并深刻地影响了种植者的健康。这些年里,旁遮普种植的很多稻米是为了商业销售,由大量施肥、灌溉和除草的"优等"秋季水稻品种组成,包括印度香米,10 月和 11 月收割,专供出口。类似比例的品种由"二等"粗粒早熟的夏末糯稻品种组成,用少量的输入生产,8 月末至 9 月收割,供本地和地区的种植者和劳工消费。这一地区种植的另外一些重要现金作物有小麦、棉花和甘蔗,同样需要大量的时间用来施肥、除草和灌溉,与大麦、高粱和鹰嘴豆这些地区性主粮类似。[1]

由于所需要的输入,旁遮普人把稻米、甘蔗、棉花和小麦称作"加热"作物——实际上,这些作物并没有随着时间的推移"加热"该地区的地表景观及其居民。[2]足量灌溉的使用在夏末/秋初的大多数时间里招致了一些很大的死水池塘。此外,足量而持续的灌溉还导致底土水水位大量上升。大灌溉运河两侧的高坝和高架铁路也阻塞了地表景观的很多部分从东北向西南自然排水的

---

〔1〕 Watt 1891,619—621.

〔2〕 Kurin 1983a,285;Kurin 1983b,65—75.

水流,当夏天的季风来临时,降雨既没有被吸收到土壤中,也没有被自然地排出。每年夏末和秋天,旁遮普商品化程度最高的地带都形成了一些巨大的"水淹后的水渍地块"(jhil)。[1]

反过来,这种分布广泛的地表积水为按蚊在旁遮普的高地上繁殖创造了新的生态龛,那里以前虽也有疟疾,但为数稀少。这些高地相对干旱的特性,结合居住在这些高地上的小股游牧民的迁徙惯例和动物病预防所提供的保护,长期以来防止了疟疾从人口更密集的洪泛江河地带传播出去,疟疾在那里有着古老的起源。[2]然而,随着稻米这样的密集灌溉作物的广泛种植,这种情况改变了,特别致命的按蚊品种迁徙到了旁遮普的高地地带。其中的库态按蚊开始成为旁遮普最重要的疟疾传播媒介。它是间日疟原虫和恶性疟原虫的有效传播者,在雨量稀少的地区,在各种静止或移动的干净和污染的水体中繁殖,包括河床、灌溉水渠、稻田、沼泽池、水井、取土坑和运河边缘。斯氏按蚊是旁遮普地区另一个有效的疟疾传播媒介,它在城市居民点占优势,也是一个灵活的繁殖者,在静水河床、水井、蓄水池、空容器、屋顶排雨槽、动物蹄印和稻田里产卵。当现金作物灌溉和季节性洪水在旁遮普整个地表景观上扩张时,这些品种的按蚊,连同罗斯按蚊和长尾按蚊这样的其他品种,都经历了一次栖息地的巨大扩张。[3]

旁遮普高地洪水和蚊虫繁殖的高度季节性也使得种植者罹患疟疾的严重性加大。洪水发生在雨季期间及之后,从而使疟疾的传播在整个一年连续不断。[4]殖民时期流行病学家进行的脾病计算揭示,疟疾的发病最早出现在8月和9月。随后在10月和11月劳动密集的秋季棉花和稻米收获期间达到高峰,并持续到收割甘蔗的12月和1月,这之后逐渐减少。[5]结果,就连那些常年暴露在间日疟原虫和恶性疟原虫之下的成年人在下一年春夏几个月里被蚊

---

〔1〕 Klein 2001,170—173;Agnihotri 1996,37—59.

〔2〕 Webb 2009,45—46,52—53.

〔3〕 Learmonth 1957,38—41;Klein 2001,170—173.

〔4〕 Packard 2007,96.

〔5〕 Christophers 1911,6—1;Gill 1928,64—65.

虫叮咬也会损失一些他们已经获得的免疫力，到下一年秋天变得容易感染。相对在这一地区长期占优势的致人残疾（但很少致命）的间日疟原虫，[1]旁遮普灌溉和商品化程度最高的高地地区不断增长的人口密度还很有可能使致命的恶性疟原虫建立传染储备库。

　　当稻米，以及小麦、棉花和甘蔗及其他高输入商品作物的商业化生产在 19 世纪末和 20 世纪初剧增的时候，疟疾在旁遮普成了体弱和死亡的首要原因。[2]每年总的热病死亡率（主要但并非完全由疟疾构成）甚至超过了英属印度的其他任何地区，包括孟加拉。死亡率的范围平常年份大约是每千人 10～20 人，而在一些被认为是大流行的年份则是每千人 20～30 人，其中包括 1876 年、1878 年、1879 年、1884 年、1890 年、1892 年、1900 年这些年份，尤其是 1908 年，它是这一地区历史上最严重的大流行之年，据说在短短几个月里，大约有 30 万人送命。[3]疟疾还以一个流行区域为典型特征，这个区域完全契合旁遮普平原上种植最密集、商品化程度最高的亚区：高度非灌溉的山麓地区，大量的暴发过洪水和曾被淹没的北部江河地带，以及中部、西部和东南部平原的高地，在那里，巨大的长期运河使得密集灌溉的商品生产成为可能（图 11.1）。[4]

　　作为回应，生活在疟疾流行地带的生产者们请求殖民政府禁止种植密集灌溉的商品作物，理由是：它们导致积水，对他们的健康有害。有时候，他们成功地赢得了那些和他们同病相怜的地方官员的支持。例如，在收到东南部平原西亚穆纳运河汉西分支沿岸村民的请愿书之后，希萨尔的副专员 A. 安德森（A. Anderson）在 1890 年写道：

　　　　我现在请求提出明确的建议：从 1891—1892 耕作年度开始，本区禁止水稻的灌溉……大家一致承认，水稻灌溉的过度是村庄积水状态的原因……人们自己承认水稻灌溉是原因，所有村庄最近向我提出请

[1]　Christophers and Bentley 1911；Christophers 1924.

[2]　Das 1943，170－172.

[3]　Gill 1928，58－61；Klein 2001，170－172.

[4]　Christophers 1911，24－26；Gill 1928，192－198，525，and appendix Ⅲ.

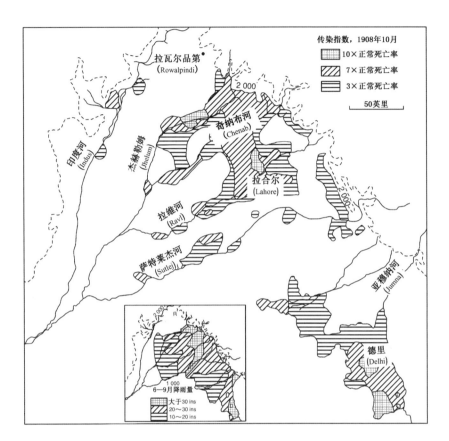

图 11.1　1908 年旁遮普疟疾流行期间的死亡率，根据 S. R. Christopher（1911）的地图 1 和地图 2，参见：A. T. A. Learmonth，"Some Contrasts in the Regional Geography of Malaria in India and Pakistan"，*Transactions and Papers*（*Institute of British Geographers*），No. 23，（1957）

愿，要求制止这种情况……[1]

类似地，德里区专员和警督 L. J. H. 格雷也强烈支持他所收到的西亚穆纳主运河沿岸种植者的请愿书，认为"如果政府被说服拒绝给你们所提到的那些村庄的水稻和甘蔗灌溉，那么，人、牲畜和土地就会很快[从积水和热病]中恢复

---

[1]　Government of Punjab，Home Department Proceedings，*Medical and Sanitary Branch*，December 1890，no. 6，95.

过来"[1]。

灌溉商品种植——包括水稻种植——的扩张也深刻地决定了疟疾在孟加拉的分布和严重性。正如在旁遮普一样,并非所有的孟加拉稻米品种对城市和外国消费者有同等的吸引力,也并非全都需要同样数量的输入。夏季稻米品种在输入方面需要的很少,其种植主要是为了确保拥有土地的种植者自己的生计,并卖给没有土地的劳工。在 4 月和 5 月最初的春雨之后把种子撒播在高度含沙的土地上,仅仅借助夏天的雨季给它浇水。在 100~120 天内快速成熟,成熟的谷粒最终在 7 月或 9 月收割。[2] 孟加拉稻米又粗又硬的春季品种同样被认为是"自给自足的"。然而,不像夏季品种,这些品种种在低洼、自然潮湿的深水田里,比如在东部沿海红树林湿地发现的那些稻田,在那里,强大的江河水流阻止了咸水进入内陆。春季品种能够承受 10 英尺深的水和强烈的热度,一般从苗床移栽到稻田里,或者在 12 月和次年 2 月撒播种子,然后在 4 月至 5 月收割。[3] 这些"粗糙的"春季和夏季品种一起构成了本地区种植者和劳工的主粮。[4]

只有在商业上最赚钱的晚秋和冬季稻米品种需要重要的水控制,才能成功种植。与春季和夏季品种相比,冬季稻由几种长粒的、芳香的、易消化的品种组成,在全球市场上有相当大的需求,它优先种植在向东移动的活跃三角洲的土地上,那里有季节性的河水泛滥并给淤泥低洼地施肥。[5] 在那里,种植者修筑稻田,用堤坝和灌水渠/排水渠包围稻田,使它们能约束或排放水,以保护作物免遭淹没。尽管有些秋季作物是撒播种子,尤其是那些种植在混合着快熟夏季稻的稻田里的品种,但大多数是播种在苗床里,然后,当稻田周围的每条堤坝都被雨水和受控的江河洪水所软化时,再移栽到稻田里。逐渐地,在雨季,稻田的

---

[1] Government of Punjab,Home Department Proceedings,*Medical and Sanitary Branch*,December 1890,no. 6,93.

[2] Watt 1891,530; Iqbal 2010,42.

[3] Iqbal 2010,40.

[4] Mukherjee 1938,51—54.

[5] Watt 1891,556; Mukherjee and University of Calcutta 1938,51—53.

水位稳步上涨,直至水覆盖了活跃三角洲的所有地表,除了沿着江河堤岸的狭窄抬高地带之外,村庄便坐落在那里。[1] 孟加拉其他一些主要商品作物,包括黄麻、靛蓝和甘蔗,也是"口渴的"作物,在相同的季节种植,水太少或太多都容易对它们造成损害。此外,黄麻需要在不流动的水池里浸泡大约两周,然后才能提取纤维。[2]

然而,对商品种植者的健康来说,幸运的是,当广阔的三角洲上的稻田被江河洪水淹没时,疟疾传播媒介的繁殖已经在很大程度上被抑制了。在孟加拉,疟疾病毒最普遍、最有效的携带者是菲律宾按蚊,这个品种更偏爱牲畜的血,而不是人血,在集水区长满杂草的边缘和 80 华氏度以下的气温中繁殖得很好,比如一般在有树荫的堤岸、池塘、取土坑和有清水的沟渠里。在有着淤泥河水的温暖的秋季稻田里,它肯定不会繁殖得很好。[3] 孟加拉另外一些有效的疟疾传播媒介,比如瓦容按蚊和红尾按蚊,也偏爱在干净的、没有淤泥的、静止的集水区繁殖。[4] 结果,凡是稻田被江河淹没的地方,可用的积水边缘就太少、盐分太多、太暖,这一地区占优势的按蚊品种就不容易繁殖。[5] 江河的洪水还冲走了先前产下的蚊虫幼体,引入了像鲤鱼这样的掠食性鱼类。最后,不像旁遮普,在孟加拉,由于周围的环境更潮湿,寄生虫传播发生在一年中一段很长的时间。由于长期暴露在外,因此居住在传染病流行地带的孟加拉人到 5 岁时通常就获得了一定的、相对持久水平的疾病抵抗力。[6]

然而,当孟加拉种植者越来越多地试图生产昂贵的冬季稻以及黄麻等其他现金作物时,这一地区的地表景观便改变了,并在某些方面极大地影响了疟疾的流行。首先,在活跃三角洲之外种植非水淹秋季稻必然依赖季风降雨,并恰好提供了菲律宾按蚊喜欢繁殖的那种新鲜的、不含盐的、静止的蓄水池和稻

---

〔1〕 Watt 1891,531—56.

〔2〕 Samanta 2002,29.

〔3〕 Learmonth 1957,41.

〔4〕 Government of Bengal 1929,3—5；Learmonth 1957,38.

〔5〕 Government of Bengal 1929,13.

〔6〕 Christophers 1924,273—294.

田。[1]而在活跃三角洲之内,种植者修筑堤坝以为更高地面上的稻田保水,并防止洪水侵害更低地面上的稻田。此外,一些投资者把铁路网络——打算把冬季稻米、黄麻及其他现金作物运往加尔各答的市场——建在高堤上,以确保它们不被洪水侵害。所有这些为了有效提高商品生产力而试图控水的人为努力都阻塞了季节性的涨水和退水,而有了洪水的涨退,每年"冲走"蚊虫幼体就能在雨季之后让疟疾得到遏制。长期存在的灌水/排水渠也开始淤塞,积聚水池。[2]

到 19 世纪,一些大的地块在每年雨季降雨灌注、江河泛滥期间变得严重积水,以至于变成了不流动的沼泽地。这些改变在孟加拉人口密集的西部和中部亚区尤其显著。在这些地方,由于恒河逐步向东移动,三角洲不再活跃,种植者必然更严重地依赖灌溉工程来生产现金作物。此外,在孟加拉东部,不断扩大的耕作边界意味着 1920 年之前冬季稻和黄麻的种植在性质上是更大规模的而不是更密集的。在堤坝运河网络——包括加尔各答运河和东运河——最密集、最初修建铁路的西南平原上也是如此。孟加拉的铁路网络后来在 19 世纪末和 20 世纪初从加尔各答的中枢扩大到了东部和北部平原,由此把东部的排水问题和严重的疟疾流行问题的显现推迟了几十年。[3]

在 19 世纪 20 年代直至 80 年代,毁灭性的疟疾大流行严重打击了孟加拉西部和中部的部分地区,这些地区先前被认为在很大程度上免于这种疾病。[4]那些商品水稻种植最密集、最依赖灌溉工程并被高坝铁路所分割的地区属于受影响最严重的地区。[5]在 19 世纪 70 年代,据估计,疟疾影响了孟加拉西部75％的乡村居民,杀死了大约 25％的人口,最多的死亡人数发生在雨季过后 8

---

〔1〕 Government of Bengal 1929,13; Klein 2001,168.

〔2〕 51. Bentley and Public Health Department of Bengal 1925,65—67; Iqbal 2010,117—139.

〔3〕 Roy 1876,26—35; Bentley and Public Health Department of Bengal 1925,28—29,30—34,48—55; Iyengar 1928,12—14; Mukherjee 1938,47—48,68—72,80—81; Klein 2001,167—169; Iqbal 2010,117—139.

〔4〕 Klein 2001,161—163; Samanta 2002,74—113; Packard 2007,4.

〔5〕 Klein 2001,164—165; Iqbal 2010,43.

一12 月的收割季,那个时候,积水严重,冬季稻和黄麻在收割。[1] 到 1911 年为止,脾病统计数据显示,大约 4 500 万行省人口中,约 3 000 万人患过疟疾,这些人当中,大约 1 000 万人严重患病。[2] 在孟加拉西部,不到 850 万人口中,据估计有 800 万个病例;在孟加拉中部,不到 950 万人口中有 840 万个病例;而在孟加拉东部,超过 1 700 万人口中有 500 万个病例。[3] 在 1916 年至 1934 年间,西部和中部亚区的疟疾更密集,在规模上也扩大了。[4] 在孟加拉西部越来越多地受到影响的同时,1938 年的一项疟疾研究还发现,东部在很大程度上由"健康平原"组成(脾病发病率不到 10%),而这种疾病在西部处在中度到高度的地方性状态,多少是静态特征,而且中部平原的很大一部分受到非常严重的影响,以至于被宣布为超级流行(图 11.2)。[5]

尽管雨季之后的秋季疟疾事件在孟加拉和旁遮普变得一样显著,但商业水稻种植者的生命健康体验绝不能简单地归因于这一疾病。现金作物也需要密集的施肥,这一输入的供应也深刻影响了孟加拉人和旁遮普人的健康。从历史上讲,这两个地区最赚钱的作物播种在那些接受季节性洪水的地带,那里不仅有河水滋润,而且有高肥力的淤泥、吃杂草和昆虫幼体的鱼类,以及抑制杂草生长的充足的水。然而,任何时候,只要种植者在江河洪水延伸范围之外的高地上灌溉耕作,或者看到稻田里的淤泥沉积由于某种堤坝而受到阻碍,他们就面临困境。正如古尔达斯普尔镇的助理司法专员穆罕默德·哈亚特·汗(Muhammad Hayat Khan)在 18 世纪 80 年代末解释的那样:

> 一个毋庸置疑的事实是,一种优良作物取决于土壤的自然热度和水分,而且,如果其中任何一个属性被耗尽,那么土地便失去了生产力;因此,恰当施肥和浇水的土地生产优良作物,而不断浇水却不施肥

[1] Klein 2001,162; Samanta 2002,76.
[2] Klein 2001,168.
[3] Bentley and Public Health Department of Bengal 1925,100—103.
[4] Mukherjee 1938,212.
[5] Learmonth 1957,38.

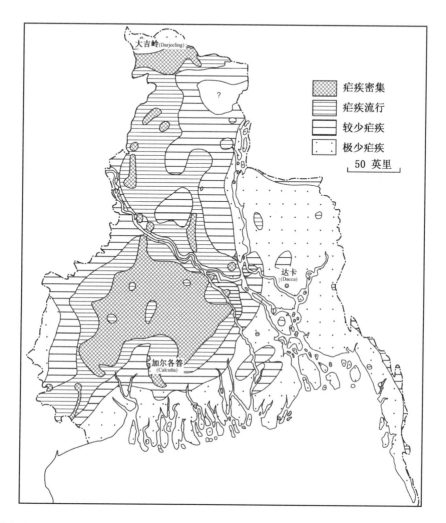

资料来源:C. A. Bentley (1916) in A. T. A. Learmonth,"Some Contrasts in the Regional
Geography of Malaria in India and Pakistan", in *Transactions and Papers* (*Institute of
British Geographers*),No. 23,(1957)。

图 11.2　孟加拉的疟疾分布示意图

的土地则不生产优良作物。其原因是,不断浇水增加了水分,但由于
缺乏自然的热度,水分很快就被吸收了。[1]

---

〔1〕　Government of Punjab 1878—1879,311.

给所有高地种植者的明确建议是："不要忘记这一点——如果不施肥,那么小麦、甘蔗、玉米及其他任何一种作物都会一无所获。"[1]

种植者通过采用一系列习惯做法来回应对肥料的需要。在每次收割之后,他们焚烧剩余的禾秆,把草灰耕进土壤里。故意把固定氮、恢复肥力的豆类植物和含油种子包含在轮作中。对于稻米,旁遮普人把鸭嘴花—— 一种常绿灌木,广泛用于治疗人的皮肤、眼睛、生殖系统和呼吸系统的感染——的叶子和细枝撒在最近被洪水淹没过的稻田里,既作为一种绿肥,也作为一种药物,杀死有害的水生种子。红椿、印度苦楝和牛角瓜的叶子在旁遮普同样作为绿肥被使用。与此同时,孟加拉人则把上季收割后的植物根部留在地里腐烂,或焚烧残梗,把草灰作为秋季稻的肥料。他们还在稻田里使用刚发芽的绿草,既作为一种肥料,也作为一种预防水稻疾病的方法;在有些地方,他们还在移栽秧苗之前把油渣饼耕进稻田里,以此给土壤施肥。在土地全年种稻的地方—— 一般生产早夏作物和晚秋/冬季作物——孟加拉种植者额外地受益于水藻和水生植物的存在,它们把氮固定在土壤里。[2]

然而,正是种植者越来越依赖牲畜和人类的粪便作为肥料,产生了重要的健康后果。当灌溉商品农业在江河地带之外的地方发展起来时,耕作者便与游牧民缔结契约性的协定,他们邀请后者到他们的稻田里放牧牲畜,吃剩余的禾秆,以交换他们存放的粪肥,施到土壤里去。种植者也在稻田里放牧他们自己的牲畜,让它们自己在土地上排便,奉献给他们最有价值的商品作物。然而,在英国殖民时期,商品生产急剧扩张和强化,对粪便作为肥料的需求和使用急剧增加。在殖民地时期的旁遮普,"一等"水稻苗床,以及甘蔗和棉花地,是"高度"用粪便施肥的,而移栽水稻的稻田"也在一个有限的程度上施肥"。[3]打算种植商品小麦的田地也接受了数量可观的粪便。而在孟加拉,粪肥的使用也增长了。尽管稻米作物主要依赖充足的水供应作为其营养物质的很大一部分,但季

---

[1] Ram 1920,23.

[2] 这一段内容参考了以下文献:Watt 1891,543,548,555—558,615—618.

[3] Watt 1891,615.

节性洪水留下的淤泥和腐烂植物的沉积也是至关重要的。[1] 种植者们耕作活跃三角洲之外的越来越缺乏淤泥的土地,他们开始有规律地用粪便给培育冬季稻苗的苗床和黄麻地施肥。[2] 到 20 世纪初,孟加拉中部胡格利河-达莫德尔河之间地带的孟加拉人据说也以每 bigah(约 1/3 亩)20 筐的比率对他们的冬季稻田使用粪肥。[3]

当整个 19 世纪和 20 世纪初对粪肥的需求增长时,种植者们便奋力获取充足的供应。在旁遮普,农业在 19 世纪 70 年代至 20 世纪 20 年代尤其迅速地扩张到西部和东南部的平原,这意味着过游牧生活的人口显著下降,能够用来吃禾秆并直接给田地施肥的绵羊、山羊和骆驼更少了。在从未有过同等程度的大规模游牧生活的孟加拉,人均牲畜口数从一开始就远远低于旁遮普。因此,尽管"每个地方的中耕[农民]都承认,牲畜粪便应用于稻田是有益的,而且使用粪肥的农民跟邻居比起来过得更好,作物的收成也更好……但中耕农民的牲畜太过有限,不可能有多余的粪肥用于移栽水稻,尽管他给苗床施的肥料足够。当然,在人口稠密的地方有更多的粪肥供应,但在印度没有哪个地方的自然供应是充足的……"[4]由于饲料匮乏和毁灭性的牛瘟流行,这两个地区现有的家牛和水牛的数量在 19 世纪晚期也遭受了严重下降。[5] 与农业扩张相随的森林砍伐也意味着旁遮普人和孟加拉人越来越多地依赖牛粪作为煮饭和供暖燃料的主要来源。[6]

作为回应,这两个地区的生产者都努力培养他们的肥料储备。他们每天收集粪便,不仅包括家牛和水牛的粪便,而且有人的粪便,把它们堆存在能够守卫

---

[1] Datta 1996,101—102.

[2] Watt 1891,554—564.

[3] Watt 1891,557.

[4] Kenny 1910,29.

[5] Government of India 1871,iii—xxviii.

[6] Watt 1891,535; Kenny 1910,28.

的棚屋旁边或住处的院子里。[1] 据一位市政委员会的副主席、梵学家德维·昌德(Devi Chand)1917 年对旁遮普中部的贾朗达尔区所写的报告：

> 人们还喜爱粪肥及类似的物品,不仅在他们与家人一起生活其中的房子里积聚他们自己的粪肥,而且从事私人清扫工的工作,把粪便及其他种类的肥料储存在他们的房子里……每个村庄都能遇到成堆的肥料和粪便,不仅在小巷里和街道上,而且在人们的房子里。[2]

为了满足巨大的需求并从中盈利,殖民地时期还专门设计和实施了自然保护和污物处理系统,不仅出于对"公共健康"的关切,而且有对收集、储存和销售有利可图的牲畜和人类粪便给附近种植者的关切。[3] 在这一语境下,人口稠密的村庄和城镇居民点——这是平原上商业化程度最高的地区的典型特征——在殖民时期变得极其重要,不仅是所谓市场和制造业中心,而且作为生产、储存和分发粪肥的地点。[4]

大量粪便积聚在人类定居点的内部和周围,还结合了把它们应用于紧挨着人类生活地点的田地里。现金作物优先种植在最容易浇水、施肥和守卫的地方。然而,这个做法并非有益健康的。病原性的细菌、寄生虫和病毒散落在牲畜和人类的粪便中,尤其是在小牛和孩子的排泄物中。随后微生物在粪堆内的存活取决于很多影响体核温度和有氧发酵的因素,包括 pH 值、干燥物质、化学成分和微生物特征。当粪堆翻动不够、干燥物质不足、不够久和/或没有充足暴露在阳光下时,微生物尤其有可能存活。今天的科学家估计,一英亩即使依据

---

〔1〕 Kenny 1910,25；Government of Punjab,Home Department Proceedings,*General Branch*,13 March 1869,no. 210A,12；Government of Punjab,Home Department Proceedings,May 1879,189—190 and 197.

〔2〕 Government of Punjab,Home Department Proceedings,*Medical and Sanitary Branch*,July 1917,no. 48—50,93—95.

〔3〕 Government of Punjab 1882；1884；1885；1894；1895.

〔4〕 Government of Punjab,Home Department Proceedings,*Medical and Sanitary Branch*,July 1917,no. 48—50,93—95.

最佳方法施肥的土地依然包含一吨细菌。[1] 毫无疑问，相对更小规模施肥的做法，成堆收集粪肥，同时在耕作周期大量应用于定居点周围的田地的习惯做法增加了微生物的传播。例如，当种植家庭每天在自家田地里排便时，他们便把数量相对较少的粪便在空间上分配给家庭周围的大片面积，同时确保它们直接暴露于阳光之下，这会抑制微生物的存活，减少疾病传播的风险。

密集施肥法最严重的后果大概涉及肠胃传染病的激增，每当饮用水源受到粪肥污染时就会出现这种情况。这样的事件在雨季尤其常见，那时，多云的天气限制了阳光，大雨把来自粪堆外层的新鲜粪便冲进居民的水源，包括江河、运河、水槽和水井。正如一位中部平原的公共卫生官员所描述的那样："很多房子的周围积聚了大量的厩肥……这些堆积物在雨水中液化，被万有引力携带到很远的地方，因此广泛分布在地表上。"[2] 把粪肥施到那些因密集灌溉而导致底土水水位升高的田地里，粪肥经常由于底土渗漏过程，污染像无壁水井那样的饮用水源。例如，1896 年秋天，阿姆利则市的居民遭遇了严重的肠胃传染病问题，人们发现水井被粪便污染了。在调查原因后，一位公共卫生官员解释道：

> 水井全线沉陷于拉维河北侧一条老分支的河床里，在耕种土地的 75 英尺内，这些土地被高度施肥，通过牛力从井里取水灌溉；事实上，这些土地位于水井的分水岭一侧，在底土水流动的方向上，因此容易被渗透所污染……尤其是当粪肥在这里与灌溉一起自由使用的时候。[3]

饮用水污染最常见的污染物是人畜之间交叉感染的微生物。这些微生物很可能包括大肠杆菌、李氏杆菌、沙门氏菌、牛分枝杆菌、禽分枝杆菌亚种、隐孢子虫、李斯特菌、梨形鞭毛虫、炭疽杆菌和轮状病毒。[4] 然而，考虑到人类粪便

---

[1] Kirk 2013,1—7.

[2] Government of Punjab, Home Department Proceedings, General Branch, 13 March 1869, no. 210A,12.

[3] Government of Punjab 1897,52.

[4] Kirk 2013,1—7.

到 19 世纪越来越多地被储存并用于施肥,只感染人的微生物也越来越成为一种威胁。

在这一语境下,特别是霍乱,在这两个地区作为肠胃传染病的一个主要原因出现了。从历史上看,在孟加拉三角洲人口密集的洪水平原上,霍乱只是一种比较温和的传染病(至少在可识别的意义上是如此),在那里,人们周期性地消费海产食品。然而,1817 年——至此,瞄准泛亚和欧洲市场的商品稻米、靛蓝及其他产品的密集生产爆炸性增长——霍乱在孟加拉绝对是作为一系列严重的、持续多年的、分布广泛的流行病而出现的。[1] 有意义的是,霍乱作为一种严重流行病的出现,不仅在时间上和疟疾完全一样,而且出现在相同的亚区,即中部和西部平原人口密集的地区。像疟疾一样,霍乱往往在那些小支流和老的灌水渠/排水渠已经淤积并变得不流动、种植者每年依靠灌溉工程连同肥料输入来种植现金作物的地方变得流行。霍乱杆菌在胡格利河(推测起来还有其他大河)流域通常存活平均 18 个小时,而在那些体积小很多的没有活动水流的不流动灌溉水库里的存活时间则 4 倍于此——平均 72 个小时。[2] 微生物存活期的这一差别也适用于范围广泛的已知感染人类肠胃的其他微生物。

就像没有具体形式的腹泻和痢疾一样,霍乱发病率也遵循与孟加拉商业施肥和收割实践相一致的季节性模式。每年,第一次大规模霍乱发病高峰出现在 3 月至 6 月,那时,初夏的雨(kalbaisakhi)降临,紧挨着定居点的苗床和稻田刚刚翻耕、施肥和播种,准备种植秋季收获的作物——秋季稻和黄麻。[3] 这些雨还很小,足以把粪肥冲进水库、水井和水渠那样的饮用水源里,但不足以把它们稀释或冲刷干净。霍乱病例及其造成的死亡,连同其他肠胃传染病,在夏季降雨强烈的几个月里以较低比率持续发生,接下来是 10 月至 12 月商品作物收割期间第二次显著的季节性死亡率高峰。[4] 最后,霍乱成了孟加拉季节性健康

---

[1] Arnold 1993,161—163.

[2] Klein 1994,499,510—513.

[3] Watt 1891,533—534.

[4] Jameson and India Medical Department 1820,1—2;Bryden 1874,34—38,59;Bouma and Pascual 2001,147—156;Bannerjee and Hazra 1974,27—33.

环境的一个非常重要的组成部分,以至于它在 19 世纪最后 25 年里杀死了超过 375 万人,那时,这种疾病的流行在频度和强度上都达到了高峰。据估计仅 1900 年就有 346 000 人死亡。[1] 在 20 世纪的头 20 年里,据报告每年每千人当中大约有 45～131 人死于霍乱病。[2] 连同其他种类的腹泻和痢疾,肠胃传染病是孟加拉死亡率的主要原因。

在漫长的 19 世纪,霍乱还从孟加拉蔓延到了种植密集的印度恒河平原,并从这些地区的生产者传播到了其产品在亚洲、中东、欧洲和北美的消费者。[3] 在旁遮普,霍乱最早作为有文献记录的流行病出现在 1820 年,当时,它很可能是通过来自孟加拉的英国军队和商人传播,在 1817—1821 年间成为一种泛印、最终是泛亚的大流行病。[4] 这种疾病迅速地方化,在整个 19 世纪成为旁遮普本身的地方性流行病。[5] 正如在孟加拉一样,商业化程度最高的疟疾平原——那里使用大量的灌溉和施肥——也是受霍乱影响最频繁、最严重的地区,成了这种疾病最主要的流行地。随着运河殖民地的开辟和密集商品农业生产扩张到西部平原,这个从前干旱的游牧地带也开始频繁受到霍乱的影响。[6] 霍乱在旁遮普的季节性发病也反映了该地区商品作物施肥的周期。具体地说,霍乱的发病率与每年粪堆的"打开"以及秋收作物的施肥、犁耕和播种有关联,这些事情都发生在 5 月和 6 月。[7] 霍乱发病率随后在季风雨把微生物从稻田里洗出来、把粪堆冲进饮用水供应中、夏季稻收割之后的 7 月、8 月和 9 月达到高峰。[8]

此外,孟加拉和旁遮普的种植者在秋收期间越来越多地面临皮肤、眼睛和生殖系统的严重感染。苍蝇通常在粪堆中繁殖,并把细菌传播到人的眼睛,导

---

[1] Klein 1994,498,510.
[2] Samanta 2002,109.
[3] 对此的评论,参见 Hamlin 2010,19—51.
[4] Arnold 1993,161—164.
[5] Klein 1994,497—499,505—506.
[6] Government of Punjab 1882,1—5 and 17—60;1890a,5—8;1890b,4—5.
[7] Government of Punjab 1889,8.
[8] Das 1943,15,60—61.

致眼炎。这是因为暴露在传染性细菌下，并且通过从事耕田、施肥、播种和收割等工作时与粪肥的直接接触而发生。随之而来的皮肤感染和溃疡常常导致胳臂和大腿临时性的，甚至永久性的伤残。如果这样的体表感染蔓延到血液里——这样的事情并不罕见——就会导致严重的发热、脓毒病，甚至死亡。在医院和诊所治疗的可用统计数据揭示了这些被感染的种植者为什么每年秋天去找政府机构的最大理由，[1]因为旁遮普和孟加拉的大多数婴儿出生在秋天，秋天也是产后热这样的分娩感染并发症发生的季节。[2]最后，雨季洪水——由于重灌溉而恶化的洪水——把蛇赶出了它们在地下的洞穴，进入稻田和房屋咬人，这也是秋收前后发病和死亡的一个并非微不足道的原因。[3]

在孟加拉和旁遮普，春收的那几个月也以发病率和死亡率的高峰为典型特征。在这两个地区，春收主要是高传染性"发疹"热的季节，像天花、囊虫病、水痘和腺鼠疫这些疾病很容易通过商业贸易活动在定居密集的人口当中蔓延。其中，天花在历史上是死亡的主要原因。高度商业化的地区尤其受影响。[4]然而，在旁遮普——小麦的春收是该地区最重要的商品作物收割——种植者们经历了比孟加拉更高的发疹热发病率。说到自19世纪末直至20世纪20年代初袭击印度次大陆的腺鼠疫全球大流行所带来的发病率和死亡率，这一差别尤其惊人。旁遮普在涉及死亡的鼠疫上位列英属印度之首——1898年至1918年20年间总共有2 999 166个报告死亡病例，或次大陆总死亡病例的29.2%——而孟加拉位列最末，只有68 938个报告死亡病例，或次大陆总死亡病例的0.7%。[5]

因此，孟加拉和旁遮普的种植者在春收和秋收季节以疾病和死亡的形式把农业的商业化真正具体化了。这种收获季死亡率不只是生态、气候和天气的副产品，尽管这些因素全都起到了至关重要的作用。最重要的是与商品农业的扩

---

[1] Government of Punjab 1882；1894；1922；Klein 1990,46.

[2] Lam and Miron 1991,73—88；Chatterjee and Acharya,2000,443—458.

[3] Wall 1883,21,161.

[4] Das 1943,21；Arnold 1993,116—120；Arnold 2000,73.

[5] White 1918,2；Yu and Christakos 2006,figure 2.

张和强化相关联的环境改变。特别是,为了密集种植那些在城市和外国的消费者当中有需求的稻米品种而越来越多地应用灌溉和施肥导致了以一系列秋季热病为典型特征的秋收季的形成,这些秋季热病包括疟疾、霍乱以及一系列肠胃系统、皮肤、眼睛和子宫的机会感染型传染病。很自然,季节性联合发病率也很重要。感染疟疾显著增加了死于并发感染的风险,以及怀孕女子并发流产和产下死婴的风险。尽管这两个地区之间有着惊人的生态差别,但旁遮普和孟加拉的水稻种植者开始同样经历秋季的生存斗争,这是他们的现代农业生活的定义性特征之一。

种植不平等

然而,旁遮普人和孟加拉人并非以同样的方式经历本地区致命的收获季,他们死亡的概率也并非始终一样或恒久不变。一次社会不平等的急剧上升发生在 19 世纪和 20 世纪初的商品农业繁荣期间,正如以下现象所反映的:不断下降的对土地和粮食的权利,不断积累的收获前饥饿和免疫力脆弱,以及直接参与种植者当中不断增长的收割劳动量和热量需求。结果,收获季死亡率——不只是发病率——在这一时期上升到了破纪录的水平。

首先,至关重要的是要认识到不同社会群体对疾病的相对免疫力或易感性的某些差别就其基础而言是生物学的。在对集中暴露于特定微生物的反应上,已知人类发展出了一些可遗传的免疫形式,它们极大地增加了抵抗感染的能力。例如,居住在疟原虫密集传播地区的人获得了一系列重要的遗传变异,它们降低了对疟疾的易感性。其中一些最著名的遗传变异来自西非:达菲阴性红血细胞提供了近乎完美的保护,可以抵抗间日疟原虫,而血红蛋白 S(镰状细胞性贫血)减缓了恶性疟原虫感染的严重性。[1] 在旁遮普和孟加拉洪泛地带暴

---

〔1〕 Packard 2007,29—30.

露于疟疾的漫长历史表明,这两个地区的人口也携带了抵抗这种疾病的遗传变异。HbD 血红蛋白变异提供了显著的抵抗疟疾的能力,以全世界最高的百分比存在于旁遮普人当中,而一系列地中海贫血(贫血症的继承形式)广泛盛行于旁遮普人和孟加拉人当中,以明显不同的形式按照不同的比率盛行于各地区。[1]

后天获得的生物免疫力也很重要。[2] 在旁遮普人和孟加拉人患病并存活下来的每个连续收获季,他们获得了对该地区重大疾病威胁的免疫力——有效地变得"经验丰富"了。就大多数春季发疹热(天花、囊虫病、腺鼠疫等)而言,一次感染便获得了完全的和终生的获得性免疫力。另外,至于典型的秋季热病,反复感染提供了部分的却是至关重要的保护。由于旁遮普人和孟加拉人暴露于特定的寄生虫、变形虫、细菌和病毒,他们的免疫系统逐渐备置了范围广泛的抗体。反过来,这些抗体减少了后来的感染会导致重大疾病或致死疾病的可能性。那些居住在任何给定疾病超级流行地区的人通常获得了最充分、最完全的获得性抵抗力。结果,生活在疟原虫传播是高度季节性的地方(正如旁遮普的很多地方那样)的人比那些面对一定水平的全年暴露的人(正如在孟加拉那样)更有可能在成年时患上重症并死于疟疾。[3] 获得性免疫力的现象还意味着,一般而言,从免疫学上讲,天真的婴儿和小孩子(尤其是 5 岁以下的孩子)最容易死亡,接下来是成年移民,他们在自己出生的地方缺少之前的暴露。

殖民时期的统计数据提供了相当可观的证据,证明获得性免疫力在形成旁遮普和孟加拉的流行病学史上的重要性。孟加拉和旁遮普从 19 世纪 70 年代至 20 世纪 20 年代的死亡率上升对应于那些先前缺乏这种持久而密集的暴露,因此也缺乏高水平获得性免疫力的人口当中像疟疾、霍乱和腺鼠疫这样一些疾病相对比较突然的出现、传播和强化。[4] 这些疾病及其他疾病的大流行往往

[1] Garewal and Das 2003,217—219;Garewal et al. 2005,252—6;Sur and Mukhopadhyay 2006, 11—15.

[2] Klein 1989 and 1990.

[3] Gill 1928,157;Packard 2007,96.

[4] Klein 1989 and 1990.

还遵循一个循环模式：每隔几年，当"群体免疫力"逐渐消失，人口中再次存在大量的未暴露儿童和易感成年人时，便爆发得最为严重。[1] 此外，当死亡率在两次世界大战期间开始下降时，这次下降最显著的是在年龄更大的儿童、青少年以及那些在前几十年里还是小孩子时就已有获得性免疫力的成人中。免疫学上易感婴儿的死亡率也略有下降，这不难理解，因为他们在有免疫力的母亲给他们喂奶时也获得了免疫力。[2]

这些继承来的和获得性的免疫力尽管很重要，但社会上获得的免疫力在决定哪些旁遮普人和孟加拉人能够抵抗感染并幸存下来也极其重要。这样的免疫力有几个维度。一个维度涉及由于阶层、职业、性别和年龄的差别而导致的暴露于重要病原体上的差别。即使在那些拥有土地并参与耕作的人中，那些主要亲自从事田间劳动的人与那些严重依赖雇佣劳动力的人之间的感染风险也有相当大的变化。第二种重要类型的社会上获得的免疫力采取了相对粮食权利所形成的免疫响应上的差别这个形式。众所周知，营养不良负面影响了一个人成功地从感染中恢复、再生受损组织和避免二次感染及后来感染的能力。例如，人们普遍承认，营养不良增加了恶性疟原虫感染的致命性。[3] 就连广泛盛行的间日疟原虫——通常导致严重衰弱，但死亡率很低——也会杀死营养不良的人。[4] 营养不良与霍乱（以及其他形式的肠胃感染）病死率之间互相促进的关系也有充足的文献记录。类似地，当患者的免疫系统被营养不良削弱时，眼睛、皮肤和生殖系统的机会性感染更有可能变得严重并导致死亡。尽管不同的暴露于病原体在形成发病率的模式上发挥了关键作用，但关系热量需求的相对的粮食权利和营养水平在决定谁死谁活上可能发挥了决定性的作用。[5]

考虑到这一点，有必要理解，瞄准全球市场——以及隔着相当大的空间距离和社会距离的消费者——的集约化农业生产如何决定了不同粮食权利中所

〔1〕 Gill 1928,155.

〔2〕 Das,1943,12,13—14；Guha 2001,80.

〔3〕 Zurbrigg 1992；Packard 2007.

〔4〕 Webb 2009,5—6.

〔5〕 Guha 2001,84—91.

反映出来的社会不平等。至关重要的是,19 世纪末和 20 世纪初出现的商业繁荣在旁遮普和孟加拉都伴随着土地所有权的悬殊。殖民时期的土地测量、税收结算和殖民计划赋予国家最高的土地所有权,同时授予个人私有财产权,以换取他们用现金向国家缴纳固定的土地税。[1] 在制定税率时,税收官员无视重要的生态差别,拿出了递减的税率清单,评估贫穷农民拥有旱地或沼泽地的权利的税率在比例上高于富有农民拥有最好的洪泛地或灌溉地的权利。此外,由于税收要求被设定为用现金按固定数额支付,即使是拥有很少土地的耕种者,为了获取现金,也不得不种植现金作物。然而,种植现金作物有着更高的输入成本(还有疾病),而且这些输入成本,包括灌溉和施肥,不得不作为对未来收获及其回报的投资来支付。[2] 与此同时,税收支付刚好在收割时节到期,实际上迫使种植者不得不在市场饱和、价格处于季节性较低水平时出售他们的产品。[3] 殖民地政府还期望用现金足额支付土地税,不愿意恢复实物收税,不管市场价格的变动还是任何给定收成实际上是多少。[4] 此外,不能足额缴税和及时缴税使得国家有权利把土地拍卖给能够缴纳所要求税额的其他人。

在这一语境下,专业的放债商人便向种植者发行信贷,以便他们能够满足给定收割季的税收要求和播种下一季作物的输入成本,从而对生产过程获得相当大的控制权。[5] 随着债务的积累,放债商人便稳步获得额外的耕作决策控制权,一般做法是通过签订预支信贷的合同来约束种植者,以换取他们生产赚钱的、可出口的现金作物和粮食品种。[6] 最后,一系列倒霉背运的事件,比如19 世纪末这两个地区发生的反复干旱和作物歉收,让很多小土地拥有者背上了还不清的债务,以至于把土地交给了债权人,从而加入了不断发展的佃农和无土地劳工的行列。[7] 例如,到 1870 年,在孟加拉,500 个地主(zamindars)拥有

---

〔1〕 Ludden 1999,170,178.
〔2〕 Ludden 1999,172—173.
〔3〕 Fox 1985,16.
〔4〕 Datta 1996,115.
〔5〕 Ludden 1999,170,172.
〔6〕 Patnaik 1996,295;Datta 1996,109.
〔7〕 Fox 1985,39—40;Iqbal 2010,168—174.

超过 20 000 英亩的大片地产;16 000 人拥有的地产为 500～20 000 英亩;138 000 个地主拥有的地产不超过 500 英亩;剩下的农民挣扎着努力保住几英亩土地。[1] 到 1880 年,据估计,该地区 39% 的人口在很大程度上仅仅依靠劳动维持生计。[2] 尽管东部活跃三角洲的情况比这要好很多,但直至 20 世纪 30 年代,死亡率在整个孟加拉最高的胡格利区和布德万区,贫穷的种植者和农田劳工占了大约 75% 的人口。[3]

在旁遮普,殖民统治晚于孟加拉,土地分配和税收政策起初在更大程度上优待农民,1860 年大约 2/3 的土地由拥有土地的农民耕种。然而,当农民的债务增加,越来越多地抵押他们的土地时,这种情况改变了。到 1900 年,超过 40% 的土地由佃农种植,他们很少甚至没有占有权,他们为大地主干活,通常被他们的地主强迫去种植赚钱的现金作物,被迫支付繁重的租金。[4] 特别是在旁遮普干旱的西南地区,业主种植土地的百分比和佃农种植土地的百分比分别最低和最高。[5] 拥有土地的规模也下降了。到 20 世纪 20 年代,旁遮普 56% 的农民耕种的土地不到 5 英亩,其中一半人耕种的土地不到 1 英亩——按照任何标准衡量,这个数量都不足以满足一个家庭的生存需要。[6] 从 1911 年至 1931 年,据估计,旁遮普男性农业劳工的数量增加了 40%。[7]

远离土地与远离确保获得足够营养食品的权利携手并行。[8] 到 1860 年,几个关键因素开始汇合:种植粮食的土地被私人拥有;高输入商品作物种植在本地消费主粮谷物的地方;地区粮食价格被全球需求所决定;劳动报酬采取了现金支付而非实物支付的形式。[9] 整个 19 世纪 70 年代早期直至 20 世纪 20

〔1〕　Samanta 2002,133; Arnold and Stein 2010,233; Iqbal 2010,18−38,174.

〔2〕　Ludden 1999,209.

〔3〕　Iqbal 2010,53.

〔4〕　Fox 1985,55; Zurbrigg 1992,PE−6.

〔5〕　Fox 1985,28.

〔6〕　Zurbrigg 1992,PE−6.

〔7〕　Bhattacharya 1985,130−131.

〔8〕　Sen 1981.

〔9〕　Zurbrigg 1992,PE5−6; Mukherjee 2005,57−60.

年代,这两个地区都经历了粮食价格的显著上涨。[1] 在孟加拉,可出口冬季稻的价格上涨超出了小规模农民和无土地孟加拉人的购买能力,就连粗糙的春季稻和夏季稻的价格常常也超出了佃农和无土地劳工的购买能力。[2] 在旁遮普,19 世纪 80 年代与第一次世界大战期间,小麦和稻米常常以"接近饥荒水平"的价格销售——远远超出了几乎所有人的购买能力,除了富足的地主、商人和专业人士之外,即使在丰收时期。[3] 另外一些主粮,像早夏稻、大麦、粟米、高粱和鹰嘴豆,其价格也紧跟小麦的价格一起上涨,仿佛它们是一种商品一样。[4] 此外,由于无土地劳工越来越多地用现金支付报酬,他们同时被剥夺了粮食价格上涨时生产者所能获得的好处,使得他们像其他任何消费者一样依赖市场来获得他们的粮食权利。正如来自旁遮普的一份报告所解释的:"那些见过我们的村庄以及农业劳工和仆人(kamins)如何生活的人,也非常清楚地知道,这些阶层并没有从价格上涨中受益。他们勉强糊口,就他们的情况而言,价格上涨非但不是获益之源,相反倒经常是负债的一个原因。"[5]

因此,尽管直至 20 世纪 20 年代商品农业生产力绝对增长,但越来越多的旁遮普人和孟加拉人经历了他们能吃得起的粮食在总数量和质量上的下降。[6] 相反,普遍的看法是,"人均的"和"全印度的"收入和粮食可用性在这一时期增加了。[7] 然而,平均数和全国统计忽视了收入和粮食权利上显著的地区差别。在 1880 年至 1947 年间,人均粮食可用性在孟加拉下降了 38%,在旁遮普下降了 18%。它还错误地假设,不像不能食用的现金作物,粮食是为国内消费生产的,"人均"同等可用,不考虑阶级和社会权力关系。事实上,像小麦和冬季稻米这样的密集灌溉和施肥的出口作物也在国内市场上销售,其价格反映

---

[1] Narain 1926.
[2] Watt 1891,523—529;Samanta 2002,29,73.
[3] Zurbrigg 1992,PE5—6.
[4] Latham and Neal 1983,270;Zurbrigg 1992,PE5—6.
[5] Narain 1926,49,quoted in Zurbrigg 1992.
[6] Zurbrigg 1992,PE5—6;Samanta 2002,73.
[7] Klein 1990,34—35.

了全球需求和购买者的能力,这使得它们对大多数旁遮普人和孟加拉人变得不可用。[1] 反思这一点,一位殖民地官员在 20 世纪初指出,"在旁遮普……一些更穷的阶层靠在雨中种植的粟米为生,靠大麦和鹰嘴豆为生;更富裕的阶层主要吃小麦和稻米。在孟加拉……稻米是主粮,粗糙的早稻主要是穷人吃,更精细的晚稻则由富人享用"[2]。

那些没有土地的人也特别容易遭受收割前的饥饿。没有能力满足日常热量需要的风险刚好就在收割之前达到季节性的高峰,那时,粮食储备已经耗尽,就业机会下降,地区性粮价飙升。[3] 旁遮普的形势进一步恶化,小麦的出口和地区性价格(其他粮食谷物通常紧随其后)在 6 月和 7 月即每年的收获季达到高峰,以填补全球市场上美国与澳大利亚出口之间的缺口。[4] 结果,在重要收割之前的那几周里,那些没有足够的粮食储备或购买力的人——通常是负债农民、佃户和无土地的劳工——要坚持很长一段时间,每天不吃一顿,或者只吃少量的一顿。[5] 这样的收获前的饥饿尤其意味深长,因为它刚好发生在收割之前,这时,种植者被要求在随后收获的几个月里执行收割和加工现金作物所需要的强体力劳动。而战胜很多在收获期间达到发病率高峰的传染病也需要充足的营养。最后,稻米及其他粮食作物的种植者恰好在一年当中他们最饥饿、最不可能得到充足营养的时候面对了最大的热量需求。

对历史学家来说,很难准确地记录这样的季节性饥饿,量化就更不用说了。因此,它在很大程度上逃脱了一些学者的关注,他们把注意力聚焦于公开的挨饿事件和突发的饥荒事件,只有很少几个重要例外。[6] 然而,它以触目惊心的方式蚀刻在旁遮普和孟加拉可查的死亡率数据中。整个这一时期,死亡率在收获的那几个月里周期性地上升,那时,季节性饥饿和营养不良的种植者遭遇了

---

〔1〕　Patnaik 1996,301—302.

〔2〕　Watt 1891,531.

〔3〕　Chambers et al. 1981; Zurbrigg 1992,PE2—26.

〔4〕　Fox 1985,34.

〔5〕　Narain and Brij 1932,106.

〔6〕　Chamberset al. 1981; Zurbrigg 1992; Ludden 1999,17—36; Mandala 2005.

劳动需求、代谢作用需要量和疾病暴露的最高峰（旁遮普的情况参见图 11.3）。正如殖民地时期的流行病学家 S. R. 克里斯托弗斯（S. R. Christophers）在他研究旁遮普的著作中所证明的，很高的脾病发病率（疟疾寄生虫负荷的指标）只彰

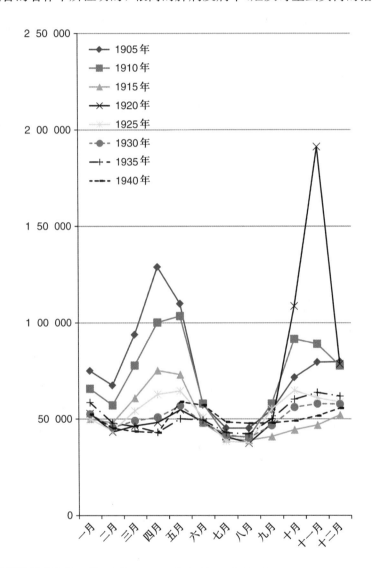

统计数据来自 Das, *Vital Statistics of the Punjab*, 9—10。

图 11.3　旁遮普的季节性死亡率

显在在高粮价时期或之后升高的疟疾死亡率中,秋收季节通常会出现这样的情况。[1] 霍乱死亡率也周期性地在秋收之前和秋收期间饥饿的那几个月里达到高峰。收获前的季节性饥饿还有助于解释霍乱、腹泻和痢疾的死亡率显著升高的时期为什么常常出现在并没有经历明显饥荒的时期和地点——这个观察结论有时候被一些学者提出来,以摒除或最小化营养在决定肠胃疾病的死亡率模式上的重要性。[2]

其次,分布广泛的季节性饥饿和营养不良的盛行有助于解释 19 世纪末和 20 世纪初旁遮普和孟加拉农村地区流行病的频率、严重性和人口统计学特征。如果作物由于洪水或干旱而歉收,那么大量已经营养不良和免疫易感的人就处在这样一个已经增加的风险中:迅速滑向饿死和死于传染病的边缘。[3] 实际上,旁遮普和孟加拉的流行病始终包含了春季和/或秋季的季节性死亡率的上升,不只是死于单一疾病,即使是一种被认为占主导地位的疾病。[4] 典型地,正如在非饥荒的年份里一样,在饥荒时期,主要的季节性死亡率高峰也发生在收获前和收获早期最饥饿的 8 月至 11 月。[5] 尽管婴儿和低龄儿童遭受了死亡率的最大增长,但占流行病的大多数"过度的"或成比例的死亡率增长出现在年龄更大的儿童、青少年和成人中。[6] 如果没有因饥饿和营养不良所带来的分布广泛的免疫损害,那么这些年龄更大的群体相对于年龄很小的群体就会利用获得性免疫力的优势。这个模式唯一的例外是随着新型疾病的引入而发生的,对这种疾病,本地区的成年人口缺少获得性生物免疫力,比如腺鼠疫和西班牙流感。显著的性别模式也是流行病季节死亡率的典型特征,它反映了次大陆北部各地家庭内部和整个社会粮食权利上众所周知的性别差异,尤其是在旁遮普:死亡率越高,各个年龄段内女性的死亡就越是多于男性的死亡。[7]

---

〔1〕 Christophers 1911,69—70,107—109; Samanta 2002,106.

〔2〕 Klein 1994,495.

〔3〕 Singh 1996; Maharatna 1996,63; Wakimura 1997.

〔4〕 Das 1943; Dyson 1991,6 ,22; Zurbrigg 1992,PE2—26; Maharatna 1996,47—50.

〔5〕 Maharatna 1996,24—25,60—62.

〔6〕 Das 1943; Drèze and Sen 1989,80; Dyson 1991,21; Maharatna 1996,25—26,173.

〔7〕 Das 1943,14; Dyson 1991,21; Maharatna 1996,77; Greenough 2009,34.

引人注目的是,在 20 世纪 20 年代和 30 年代,孟加拉,尤其是旁遮普的死亡率开始下降。意味深长的是,这次下降的表现形式是收获季死亡率高峰的稳步减少(参见图 11.3)。还有一点也很有意思,它发生在两次世界大战期间的这样一个语境下:商品和粮食的价格显著下降,这次下降比相应的工资下降发生得更快;需要输入的出口作物——包括小麦和冬季稻米——的需求和生产出现下降;农村信贷关系和放债人对种植者的控制权的崩溃;粮食产出更加稳定且不存在重大饥荒。[1] 这些因素合在一起,暗示了在这一时期相对的社会不平等有所减少,收获前的饥饿和营养不良被减缓到了不再明显影响最脆弱群体的生存机会的程度。然而,收获季死亡率的这一改善并不意味着大多数种植者享受了很高的生活水平,哪怕是一个并不以营养不良和极其不稳定为标志的生活水平。正如 1943—1944 年间孟加拉的饥荒所证明的,那些没有土地的人在粮食价格上涨时期已经非常容易受到重大饥荒和流行病的伤害。当孟加拉的稻米价格在第二次世界大战中上涨时——这次上涨始于 1941 年,最终在 18 个月内翻了 4 倍,但工资并没有以接近的速度上涨——有 200 万～350 万人死于饥饿和流行病。[2] 非土地拥有群体,包括渔民、从事各种农村小本生意和职业的人以及农业劳工,最终承受了这次饥饿和流行病死亡的最大重负。[3]

结　论

人们广泛抱持的理解是,疾病的全球分布只不过反映了特定地区和作物的生态学特征,而且商业化农业生产不可阻挡地导致更好的健康和福祉——这个看法需要重新加以仔细的考量。正如这里的发现所揭示的,无论是生态决定论

---

〔1〕 McAlpin 1983,881—895; Fox 1985,53,55,73; Bose and Jalal 1998,146—148; Guha 2001, 84—86; Samanta 2002,69; Iqbal 2010,162—163.

〔2〕 Sen 1981,52—85; Patnaik 1996,302—303; Maharatna 1996,129.

〔3〕 Sen 1981,70—75.

还是稻米决定论，都不可能充分解释孟加拉和旁遮普的种植者在 19 世纪末和
20 世纪初商业繁荣期间所经历的发病率和死亡率的模式。尽管有显著不同的
生态背景，但旁遮普和孟加拉的种植者的生命健康体验同样被环境改变所决
定，而与这些环境改变相关联的，是为了与他们有着相当大的空间距离和社会
距离的消费者，以及密集生产需要水和肥料的现金作物品种。此外，商品决定
论不可能解释发生在这一轮商业繁荣期间的死亡率的急剧上升，更不用说解释
这一死亡率在空间上、社会上和季节上如何分布。在这两个地区，瞄准全球市
场的商品生产的急剧增长，伴随着社会不平等的同时增长，尤其是与土地权利
相关的社会不平等。在这一语境下，收获前的季节性饥饿、营养不良和免疫易
感性成为那些无土地之人的生活的显著特征，而且，收获季的死亡率——不只
是发病率——上升到了破纪录的水平。最后，旁遮普和孟加拉的稻米生产者都
引人注目地投身于季节性的生存斗争，对范围广泛的生态背景下的粮食生产者
来说，其基本轮廓开始成为现代商品收获的典型特征。

劳伦·明斯基

第三部分

权力与控制

导言

尽管权力与控制的主题可以与任何作物和任何农业体制关联起来,但这样的关联在稻米的实例中特别适当且有力。不管我们谈论的是种植实践、水管理、劳动规程、市场力量,还是政治强制,稻米,尤其是灌溉体系下的稻米,长期被理解为一种易于——即便不需要高水平的权力和控制——操纵和密谋的作物。你大可不必炫耀"灌溉社会"的理论,更不需要拿出"东方专制主义"理论或"水力帝国"理论来暗示这样的认知相对比较紧密地契合,因此也差不多捕捉到了千百年来世界上很多地区稻米生产的现实,以及对自然、工人、资本、消费者和统治者的利用。这一部分的 4 章以各种不同的方式,从权力和控制的角度或者说从抵抗这些力量的角度分析了稻米。在这样做的过程中,这几章不仅能让我们认识到权力和控制是以什么样的方式被刻写在巴西、日本、印度尼西亚和美国的地表景观中(或者在其中遭到质疑),而且能认识到由此产生的某些结果及其伴随物。

稻米的种植可以——历史上也一直——以数不清的方式。就其历史上的大部分时间而言,在世界上那些稻米被证明最为重要的地区,水稻种植一直被认为是繁重而费力的、常常也是危险的工作,需要相当严的劳动纪律和相当高的技能及基准。毫不奇怪,这样一些因素意味着,在招募和留住具备成功种植水稻所需品质的工人上,权力——不管是家庭/社群的权力还是法律/政府的权力——的行使常常是有帮助的,即便不是必不可少的。因此,在不同空间和时间的水稻种植中,我们都发现了各种强制劳动的突出作用,不管是徭役劳动、严格受限的工资/作物分成/佃农协定,还是更隐蔽的、基于亲缘和社群的激励/抑制方案。

就稻米而言,权力的行使和控制的需要在水力领域也很明显,正如前面所暗示的。诚然,重要的是要记住,世界稻米作物中相当大的一部分始终是"干

旱"种植的,即没有灌溉。实际上,据 D. H. 格里斯特(D. H. Grist)说,迟至 20
世纪 70 年代中期,全世界多达 1/4 的稻米作物依然是在没有灌溉的条件下种
植的。也就是说,像其他作物一样,稻米作物最好是在恰当的时期有足量的水
供应时种植,精密复杂的灌溉系统千百年来一直与水稻种植关联在一起。此
外,不像其他的主要谷物,稻谷常常种植在死水中,至少在其生产周期的部分时
间里是这样。结果,在相对的意义上,水力关切对稻米生产比对小麦或玉米的
生产更为必要,这使得权力的行使和水控制权的维护在很多水稻种植体系中成
为固定的部分。说到稻米,诸如权力、控制和统治这类词汇便立即涌现,不管我
们正在谈论的是劳动还是水。

此外,权力和控制与稻米的关联还延伸到了消费领域。在世界上的很多地
区,稻米长期是定居人口的日常主要饮食,即使在晚近的时期也依然占了总热
量摄入的很高比例。例如,近至 2000 年,稻米在柬埔寨占到了日常热量摄入的
77%,在孟加拉是 76%,在缅甸是 74%,在老挝是 71%,在越南是 67%,在印度
尼西亚(就人口而言是世界第四大国家)是 50% 以上。小麦消费领域没有任何
东西比得上稻米在这些国家强有力的(常常也是有害的)营养控制。在那些最
依赖玉米消费的国家,如墨西哥和危地马拉,只有在穷人当中,源自这种谷物的
总热量的比例才接近 50%。

一旦稻米在生产家庭之外的地方被消费并通过市场来分配——千百年来
一直如此——其他类型的权力就开始发挥作用。诚然,甚至在那之前,权力无
疑就被用于分配决策,不管这样的决策就性质而言是家庭内部的还是家庭之外
的。例如,在家庭中谁吃稻米和吃多少数量的稻米?或者,多少稻米进入社群
的、宗教的或国家的保鲜库——并且根据什么样的条件?当然,即使在今天,也
依然在作出这样的分配决策,并且依然受权力考量的影响,但市场导向的分配
决策的相对重要性随着时间的推移变得越来越突出。经由市场进行的稻米分
配改变了权力和控制,但并没有把它们从涉及消费的问题中消除。正是市场的
存在让新的人员、制度、观念和行为开始发挥作用,在某些情况下,稻米市场是
远程的和/或沿着资本主义的路线组织起来的,权力和控制的程度所透露的东

西常常被放大和增强。规模和范围开始变得更重要；物流变得重要，专家和经纪人出现，处理有关评估、担保、加工、船运和营销输出的事务，还要管控跨期和跨空间的风险。在某些情况下，这样的经纪人握有很大的权力（特别是当他们得到国家的帮助和鼓励时），以至于他们对本地生产者和本地消费者的命运及财富造成了相当大的影响。如果"粮食安全"和"铁饭碗"的说法就像过去一样，现在仍然常常摆在桌面上——不管是通过国家粮库、战略储备、生产补贴，还是出口限制——则资本主义市场的兴起通常意味着这样的空谈越来越廉价，在它们可能被听取的任何地方，常常被潜在利润的诱惑所打败。对很多人来说幸运的是，国际稻米市场即使在今天依然十分淡静——稻米总生产中只有大约5％～7％的稻米在国际上交易，不到小麦这样的小粒谷物的一半——这意味着"市场"的力量和经纪人的控制依然相对受限。

稻米市场特有的特征使得事情进一步复杂化。正如我们已经看到的那样，全世界很多地区的总食物摄入中，稻米不仅占了很大的比例，而且很多的研究证明稻米需求对市场价格和消费者收入改变的回应相对比较迟钝。用技术术语来说，在全世界的很多地区，特别是在东南亚、南亚和东亚，以及其他很多地方（最显著的是西非），稻米需求不仅过去是而且今天依然是高度价格刚性和收入刚性的。当然，在西方大部分地区，稻米的地位不是那么突出，它对消费者的掌控远远谈不上牢靠。然而，即使在西方，今天有些地方，例如圭亚那和苏里南，其需求模式看上去就像亚洲更典型的模式。在过去，西方也有一些地方——在这一点上我们立即想到美国东南部的南卡罗来纳沿海平原和佐治亚——稻米作为一种粮谷的力量接近东方的水平。让南卡罗来纳州查尔斯顿市——坐落于这个曾经是名扬四海的稻米生产区的中心——的居民最为自豪的，莫过于宣称想象出来的与中国人的亲缘关系：据说，这两地的人都靠稻米为生，都崇拜祖先。有案可查的是，很多中国人主要靠其他谷物为生，但你得明白查尔斯顿人想要表明的关键点。无论如何，在世界上很多地方，可以说稻米的"黏性"很大，以至于对这种谷物的需求只是适度地回应收入或价格的改变。

我们这一部分的主题，即权力与控制，在缺少制度支持的情况下不可能那么容易存在,不管就性质而言,这种制度支持是非正式的还是正式的,是非政府的还是政府的。这样的支持可以是法律的,譬如,一些法规把奴隶制合法化,授予滨水土地权,或者批准期货合约,连同与之相随的拨款,从而使这些事情得以可能并予以实施和管辖;也可以是非法律的,譬如,在西非社会的某些实例中,那些拒绝履行社区义务、在水稻种植工作中尽职尽责的工人,人们会对他们避之唯恐不及,或以其他方式予以谴责。就后一种情况而言,制度非正式地得到认可;在前一种情况下,制度正式地被置于政府的权威和支持之下。

涉及政府的时候,这样的支持通常更明确,在最近几个世纪里也更"客观"、更理性。尽管如此,就稻米而言,政府权力常常是笨手笨脚地行使的,导致的结果远不如过度自信的官员所设想的那样令人印象深刻。在这里,一些与福柯(Foucault)和斯科特相关联的表述,特别是"治理术"(governmentality)和"极端现代主义"(high modernism)可能被证明是有帮助的,正如这一部分所包含的两章所表明的那样。即便如此,这一部分的 4 章全都凸显了关乎权力和控制的问题,尽管是以不同的方式。

沃尔特·霍索恩在对"黑米"争论的挑衅性介入中,在一些有益的方面重构了相关论题,在此过程中,深化了我们对西非和巴西稻田里运转的权力动态的历史理解。彼得·A. 科克拉尼斯在他的那一章提供了一个富有教益的案例研究,涉及一个联系紧密的"外部人"网络以什么方式在 19 世纪晚期美国的"老西南地区"建立,甚至强加一个新的资本密集型稻米体制,而这一体制标志着稻米生产历史上一次革命性的分离。佩内洛普·弗兰克斯和哈罗·马特在他们各自的那一章里分别对日本和苏门答腊的稻米生产提供了富有洞见的分析,证明了每个地区稻米部门的权力与强制的发展和局限。这 4 章被视为一部分,是因为它们同时强调权力、强制、控制与一种至关重要的谷粮之间的关联并使之复杂化。

彼得·A. 科克拉尼斯

第十二章

工作的文化意义：
『黑米争论』再思考

在《美国历史评论》(American Historical Review)2010 年 2 月号上，我提供了一篇对所谓的“黑米争论”的批评。[1] 这场争论集中于“黑米命题”，彼得·H. 伍德、丹尼尔·利特尔菲尔德、朱迪思·卡尼、埃达·菲尔兹-布莱克和弗雷德里克·C. 奈特(Frederick C. Knight)围绕几场争论对这一命题做出了贡献。这一命题认为，来自非洲上几内亚海岸的有技能的稻农引入了对低地南卡罗来纳和佐治亚 18 世纪基于稻米的种植园体系的建立和扩张很重要的技术。[2] 卡尼把这一论证应用于别的地方，包括亚马孙流域（马拉尼昂州和帕拉州）、巴西。[3] 戴维·埃尔蒂斯、菲利普·摩根(Philip Morgan)和戴维·理查森质疑这一命题，马克斯·埃德尔森为他们的论证提供了支持。[4] 其核心观点是，埃尔蒂斯、摩根和理查森认为，种植园主的权力、大西洋的风和洋流以及大西洋经济的需求，是基于稻米的种植园体系的主要决定因素。他们三人认为，非洲人在美国农业体系的形成中所发挥的作用“应当凸显”，然后在“已经被证实存在稻米”的三个国家，非洲人“在创造和维护稻米体制上并不是主要的作用者”。[5]

在《美国历史评论》上，我认为，尽管埃尔蒂斯、摩根和理查森证明了有些黑米命题的辅助论证应当重新思考，但我们不应该完全抛弃这个命题。“信奉三

---

〔1〕　Hawthorne 2010b,151—163.

〔2〕　Wood 1974；Littlefield 1981；Carney 2001；Fields-Black 2008；Knight 2010. 也可参见 Hall 2010. 我在这里使用的“上几内亚”的定义是从塞内加尔至利比里亚，包括塞内冈比亚、向风海岸和塞拉利昂等奴隶贸易地区。

〔3〕　Carney 2004.

〔4〕　Eltis et al. 2007；Edelson 2006；Edelson 2010.

〔5〕　Etis et al. 2007,1335,1357.

人的方法,"我写道,"就冒着再次在历史之外书写非洲人及其在美洲的子孙后代的风险"[1]。在本章,我把自己再次作为一个为非洲知识应用于卡罗来纳和亚马孙流域的种植园农业和稻米烹饪的某些方面寻找证据的人。然而,通过考量那样的工作对于非洲人所具有的文化意义,我重构了这场争论。在此过程中,我认为,尽管上几内亚人在大西洋两岸的稻田里所执行的很多任务是一样的,但在南北美洲种植水稻的工作是一次"去文化的"体验。在他们的家乡,上几内亚人从来不曾为了苦干而苦干。他们在稻田里长时间劳作,是因为社会奖赏那样做的人,惩罚不那样做的人。而美洲的种植园体系剥除了社会奖赏,使得为白人主人而从事稻米劳作无异于苦役。

工作在上几内亚的文化意义

在一个经常被引用的关于美洲黑人奴隶制的段落中,艾拉·伯林(Ira Berlin)和菲利普·摩根声称,"奴隶们干活。他们何时、何地,尤其是如何干活,在很大程度上决定了他们的生活进程"[2]。诚然,奴隶劳动的性质被很多不同的东西所决定。重要的是气候、地理和奴隶们种植的作物。种植园主们的决策也很重要,这被奴隶的抵抗所影响。尽管奴隶们的大多数时间花在种植出口作物的劳动上,但在很多地方,种植园体制允许"农民不履行"——这时允许奴隶们为自己干活,常常是在其口粮地里,在那里,他们对于种植什么、如何种植、如何收割和加工,做出有文化根据的选择。[3]

关于黑米命题,重要的是它坚持认为奴隶们造就了超越于其口粮地之外的耕作实践。这个命题的支持者们认为,奴隶们为在主人的田地里生产商品作物而承担的劳动是非洲知识体系的产物。用卡尼的话说,非洲人把"稻种、耕作技

---

[1] Hawthorne 2010b,152.

[2] Berlin and Morgan 1991,3.

[3] 关于非洲代理人和口粮地,参见 Carney and Rosomoff 2010。

术和碾磨这一整套农业综合体"从大洋的一侧转移到了另一侧。[1] 作为证据，卡尼援引了大西洋两岸生产手段的相似之处。但无论是她，还是我们这些黑米命题的辩护者，都没有太多地关注不同时间和空间内生产模式的深刻差别。我们认为下面这个事实是重要的：在南卡罗来纳和亚马孙流域，劳动的手段和主体是相同的（或者几乎是相同的），正如在上几内亚那样。但我们并没有在下面这个显而易见的事实上停留足够长的时间：在大西洋的一侧，非洲稻农是在家族或家庭的生产模式下劳作，而在另一侧则是在奴隶生产模式下劳作。在大西洋的一侧，农民与他们生产的东西是一体的；在另一侧，他们与自己生产的东西是分离的。在一侧，从自然环境中开挖稻田、种植和收割稻谷的漫长日子让男孩变成男子汉，让女孩变成妇女；在另一侧，种植水稻的劳作让人烙上奴隶的印记。

这些要点可以用大西洋两岸的实例给予最好的说明。在上几内亚，我最熟悉的群体是巴兰塔族——一个种植稻米的社会，位于今天的几内亚比绍。我已经在其他地方证明，大西洋商人从 16 世纪直至 18 世纪用大量的铁与上几内亚沿海民族做生意，交换俘虏。沿海群体用铁来强化他们的工具，然后用这些工具极大地拓展了稻田，特别是在 18 世纪。正是在 18 世纪，巴兰塔人完善了红树林湿地的水稻种植，在大多数年份里产出了大量的稻米剩余，养活了日益增长的人口。[2]

像这一地区的很多群体一样，巴兰塔人也依靠一个年龄分组体系，把工人分为小组，其规模大到足以执行与红树林湿地稻米耕种相关的劳动密集型项目。在巴兰塔人中，按年龄分组体系，村庄（tabanca）的男性被分为两组：长者组（b'alante b'ndang）和青年组（blufos）。女性有类似的体系，但是，由于她们履行的性别任务并不需要这一体系，因此她们并没有像男性那样大规模地、互相协调地分组干活。每个男性团体再被细分为不同的小组，大致取决于其成员的

---

〔1〕 Carney 2001,167.

〔2〕 Hawthorne 2003.

年龄。这些小组把来自独立家庭的男性捆绑在一起,组成塔班卡(tabanca),以鼓舞士气。尽管人们的身份与家庭捆绑在一起,但他们还通过年龄分级体系与村庄捆绑在一起。割礼标志着青年加入长者的行列。接受过割礼的男人在议事会(ko 或 beho)中有一席之地,在那里作出涉及塔班卡的决策。在议事会,男人们解决塔班卡之间的纷争,与相邻的塔班卡及组织化团体就劫掠和战争进行谈判。他们还为了大规模的、劳动密集型的稻米种植计划而组织青年组。

红树林湿地的稻米种植是 18 世纪大西洋边缘地带劳动最密集的耕作形式之一。巴兰塔农民承担的第一项任务是建造一条穿过红树林的主大坝(quididê),这些红树生长在沿海咸水河的堤岸上。水稻不会生长在咸水里,所以,建造主大坝是为了阻止潮汐涌入。按层级组织起来的男性首先劈砍出一条路,穿过红树林,然后把木支柱敲进地里,最后把淤泥堆在支柱的周围,形成一条长坝。

一旦围了起来,主大坝后面的红树就开始死亡。长者们随后指导按层级分组的青年人用大砍刀和斧头砍倒红树。接下来,清理出来的区域用降雨带来的被引入主大坝之内的淡水进行淡化。淡水把盐分从土壤中过滤掉,最终在低潮期间排入江河。随后,基于年龄分组的工人建造更小一些的第二条堤坝,把新近清理出的土地分成一块块稻田。

在整个雨季,巴兰塔稻农为生产红树林稻米而劳作。在 6 月份雨季到来之前,他们在围场附近的高地上准备苗床。随着第一场雨落下,稻种便播撒在这些苗床里。当它们长到足够高的时候,就被移栽到注满淡雨水的稻田里。它们在那里成熟,但还是需要几乎持续不断的田间管理。定期除草是必需的;堤坝不得不加固;不能让鸟、猴子及其他动物进入稻田。最后这项任务交给年龄最小的男孩子们,他们处在年龄层级的第一级。

当稻谷成熟时,巴兰塔人便开始收割。西非土生土长的光释稻(N'contu)早在 10 月份就准备收割。亚洲稻后来变得很受欢迎,特别是在 20 世纪,它们在 12 月份收割。稻农们手工收割稻谷,用铁匠为这项任务专门打造的弯刀(cubom)从稻秆的中部砍断它。他们把稻谷捆起来运到一个清理出来的地块,女人们在那里把它们摔打脱粒,随后,女人们把稻谷搬到家里,在太阳底下晒干,然后春捣去壳。一旦稻谷收割了,稻田就必须为即将到来的雨季做准备,堤坝必须加固,还要准备苗床。所有这一切都清楚地表明:稻田稻米农业需要集中的、组织化的、全年的劳动输入——困难的、让人筋疲力尽的、常常也是痛苦的劳作。

男性年龄组承担劳动最密集的任务——建造堤坝,清理红树林,以及在更小程度上移栽和收割水稻。他们这样做是因为这项工作需要的劳动量对于单一家庭来说太大了。因此,在村民们看来,年龄组是一种把来自不同家庭的年轻而强壮的工人集中到一起构建工作群组的手段。对于大多数艰巨的任务,巴兰塔人依靠快到 20 岁的男性,他们组成 nhaye 组。几内亚比绍的一群学者正确地给 nhaye 贴上"巴兰塔人社会的发动机"这个标签,"正是 nhaye 组干了大多数的活……处在这一阶段的年轻人,应当能承受任何类型的体力劳动,从稻田的建造到水稻的收割"[1]。

由于青年组对稻米生产至关重要,因此村庄竭尽全力留住他们,说服他们卖力干活。有两个策略很重要:惩罚违抗和奖赏服从。惩罚采取两种形式:嘲讽和身体虐待。当个人或小组没有去做长者所期望的事情时,点名和放逐稀松平常,今天也是如此。实际上,在巴兰塔人的社会,很少有什么事情比被人称作懒汉更糟糕的了。但嘲笑常常逐步升级。正如一位受访者告诉人类学家玛丽娜·特穆多(Marina Temudo)的那样,上几内亚的水稻种植就是"奴役"(用沿海地区的克里奥尔语说就是 trabalhu catibu)。特穆多声称:"试图逃离繁重的亲缘义务相当冒险。"在过去的年代,那些没有履行义务的人被殴打、放逐、卖掉或杀死。为社会寻求复仇的神灵会找他们。那些没有参加社区耕作项目的人常常被贴上恶巫的标签,他们自私自利的行为损害了整体。对巫术的制裁是严厉的。[2]

---

[1] Suba et al. ,n. d. ,9.
[2] Temudo 2009,49—50.

长者确保留住年轻男性的另外一个方法是培育上文所描述的年龄分组体系。从长期看,这一体系给予年轻人激励,让他们有动力留在其出生的塔班卡中。尽管长者组享有特权,但所有男性青年不管家庭隶属如何,都可以获得长者的身份。因此,他们有理由支持这个体系,服从年长男性的权威,留在他们出生的塔班卡中,并努力干活。当他们继承了父辈的土地和特权时,他们的艰苦劳作便会得到长期的奖赏。从短期看,在稻田里干活出色的年轻人受到周围每个人的赞扬。当今巴兰塔人的社会就像几百年前一样,是无国家的和去中心化的。不存在世袭地位。所有公认成功的男人都是白手起家的。在青春期,最刻苦的劳动者(还有最勇敢的武士或今天的偷牛贼)吸引女性的关注最多,披挂着数量最大的身体装饰,在宗教仪式中最被神灵所认可。[1] 努力干活的劳动者在人的世界和神灵世界都受到赞扬。

所有这一切都表明,上几内亚海岸的红树林水稻种植是困难的,在身体上是费力的。巴兰塔人像所有红树林稻米社会一样,构建了精密复杂的社会结构,坚守一个社会奖惩体系,强迫和劝诱年轻人去干活。海岸上下,对在稻田里刻苦工作的激励依然根深蒂固。实际上,它们是上几内亚稻米社会很大的一个组成部分,以至于人们抵制采用其他的作物,即使当水稻种植由于降雨模式的改变而在某些地方变得不可行时。这不算什么,人类学家乔安娜·戴维森(Jo-anna Davidson)认为,朱拉人——一个占据着巴兰塔旁边的土地的社群——致力于稻米是因为他们把种其他作物视为"懒活",这一观点源自"对特定工作体制的忠诚",以及对特定的、特别有弹性的宗教和社会结构的忠诚。对大部分上几内亚人来说,他们的食物体系从来都不"仅仅是一种生存手段,而是……整体上与他们的人格、社会关系、仪式义务和集体文化身份的概念相关联"[2]。把自己定义为刻苦劳动者的巴兰塔人肯定也是这样,他们完全不同于"懒惰的"游牧民和种植不同于稻米的其他作物的"懒惰"农民。很多巴兰塔男人更为偏激,

---

[1] Hawthorne 2003.
[2] Davidson 2007.

甚至拒绝诸如役畜和机器这样的技术创新，认为这些东西是懒人的工具。

工作在美洲的文化意义

如果说在上几内亚海岸，在稻田里刻苦工作造就了男人和女人，那么在南北美洲，它造就的是奴隶。诚然，黑米命题的捍卫者指向大西洋两岸现代早期稻米体系在生产手段上的相似之处。他们展示了上几内亚的知识体系搭乘奴隶船转移到美洲的方方面面。而且他们把这颂扬为非洲奴隶中介的一个指标。但是奴隶们自己会不会从以下事实中得到安慰呢：他们在大洋一侧执行的任务与他们在另一侧的是一样的吗？

今天没有奴隶的声音幸存下来，好让我们对这个问题给出一个明确的回答。但是，如果我们考量非洲人不能把什么东西带过大西洋的话，有一点似乎毫无疑问：美洲的稻田里有很多值得赞扬的东西。在上几内亚，年轻男人长时间地劳作是因为他们为此接受了慷慨的社会奖赏，因为他们如果不这样做的话就有可能被人嘲讽甚至被杀掉。没有迹象表明，在卡罗来纳低地主人的稻田里干活给非洲奴隶提供了类似于他们在大洋对岸所得到的社会奖赏。在卡罗来纳，奴隶们在一套任务体系下干活，负责完成一定数量的工作，完成之后，他们是“自由的”，可以做自己想做的事。毫无疑问，在稻田里干活快速而有效的奴隶能够在傍晚时分省出一定的时间，这时，他们可以种植他们自己选择的粮食作物，生产他们自己的手工艺品，或者参加其他形式的文化表达。但是在主人的稻田里干活在奴隶们的生活中占主导地位。[1] 关于这一点，上几内亚的奴隶应该会清楚地知道，在卡罗来纳，他们的年龄分组体系已经一去不复返了。邻居和祖先的赞扬已经一去不复返了。在一个黑人男性数量远远超过黑人女性的地方，通过成功的水稻种植吸引女性关注的可能性已经一去不复返了。在

---

〔1〕 Coclanis 2000,59—78.

亚马孙流域同样如此,在那里,上几内亚人在 18 世纪下半叶构成了奴隶的大多数,他们在葡萄牙殖民者拥有的种植园里种植水稻。[1] 我在上文几个段落中描述了上几内亚的稻米生产,作为与之相比较的一个点,我将在下文描述马拉尼昂的稻米农业,那是亚马孙流域的两个领地之一。

在 18 世纪下半叶马拉尼昂的奴隶种植园,每年稻米周期的第一阶段是修造稻田。正如在上几内亚一样,在马拉尼昂,修造稻田是男人的工作。然而,从马拉尼昂的稻田修造技术中可以清楚地看出,在上几内亚的男性看来,在亚马孙森林里开挖稻田是去技能的和去文化的。修造稻田发生在两种类型的稻米农业语境下——湿地和高地。偶尔,奴隶们在淡水湿地里种植水稻。1771 年,马拉尼昂总督乔金·德·梅洛·博沃阿斯(Joaquim de Melo e Póvoas)注意到了这一点,他声称,在内地的某些种植园,他们"在原本是沼泽的田里种水稻",并且说,那里"产量很好,谷粒达到完美的尺寸,比在高地稻田里种植的稻米更好。"[2]类似地,一份 1787 年的报告注意到了这一地区很多江河沿岸"湿地"里的稻田。[3]

然而,并不是说很多种植园主接受了湿地稻米农业。1772 年葡萄牙的殖民大臣抱怨,尽管亚马孙流域有"湿地和沼泽地"[4],但这些土地上生产的稻米很少。在讨论更受欢迎的高地种植形式时,这位大臣在别的地方写道,"在这里,他们种地的唯一方式是砍倒丛林,等它干了之后点火焚烧。如果不下雨,它就烧得很充分,土地就准备得很好。然而,如果没有烧透,产量就绝不会很高。"[5]类似地,F. A. 布兰当·儒尼奥尔(F. A. Brandão Júnior)描述了 19 世纪初马拉尼昂的稻田准备工作。他说,在马拉尼昂有两个季节:"雨季"(tempo de chuva)从 1 月持续到 7 月,"无雨季"(tempo sem chuva)从 8 月持续到 12 月。他写道:"[耕作]周期的第一项任务是为下一年的种植砍伐森林,用大镰刀

---

〔1〕 Hawthorne 2003.

〔2〕 APEM 12.

〔3〕 ANTT mç. 601,cx. 704.

〔4〕 AHU cx. 67,doc. 5793.

〔5〕 APEM,12.

砍倒小树。"这项工作从旱季中期开始,大约持续两个月。在 11 月或 12 月,奴隶们用铁斧砍倒大树。随后,他们"放火烧毁丛林,砍断逃过大火、占据着地表因而会妨碍作物生长的树枝和小树的树干,并把它们堆起来"。然后点火焚烧这些柴堆,留下一块"被大火烧过的稻田,覆盖着灰烬"[1]。

　　清理和耕种马拉尼昂高地森林所需要的技能和知识完全不像清理和淡化上几内亚低地红树林沼泽所需要的技能和知识那么难以获取。在马拉尼昂,一群群不同年龄和种族的男性奴隶(其中大部分是——但并非全部是——上几内亚人)被派到森林里砍伐并焚烧出一条条小路。这项工作很危险,得到的奖赏不过是傍晚的一小段时间——如果规定的任务在日落之前完成的话。在马拉尼昂,森林以很快的速度被消耗,因为,不像上几内亚的农民,白人种植园主感兴趣的不仅仅是种植养活本地人口的粮食。他们还为出口而生产稻米,稻米销售所获得的收益让他们变得富裕。有了来自里斯本的资本和来自非洲的劳工,白人种植园主便可以剥削他们的土地和奴隶。他们强迫黑人尽可能快地清理丛林,并尽早重新清理它们。森林被毁灭,奴隶的身体垮掉了。在亚马孙流域,上几内亚的男性并没有因为他们在稻田里的艰苦劳作而赢得社群和神灵的赞扬。在那里,准备稻田的工作没有任何基于非洲的文化意义。

　　种植和收割过程中也没有提供在上几内亚很常见的那种社会奖赏。诚然,在马拉尼昂,上几内亚的奴隶把技能和知识应用于耕作周期的这些阶段。男女奴隶在 1 月雨季开始时种植水稻。男性奴隶用锄头——类似于上几内亚著名的承锹——加工"新田"(roças novas)。[2] 种植的时候,男女奴隶把一根棍棒插进土里,弄出一个洞。丢下一些种子之后,他们随后用一只脚的脚后跟拨动松土,把洞盖上。大西洋对岸使用同样的技术。[3] 诚然,先前的水稻种植经验使得上几内亚人在亚马孙流域成为效率很高的工人。下雨之后,奴隶们被派去给高地田地除草——日复一日。奴隶们用铁锄把杂草连根挖起,翻耕正在发芽

　　〔1〕 Brandão 1865,31—38.
　　〔2〕 Carney 2004,15; Hawthorne 2003,162.
　　〔3〕 Mello e Povoas's description in APEM,12.

的水稻和棉花植物周围的土壤——为了不破坏种植作物的根部。除草的工作一直持续到"植物[水稻或棉花]充分稳立"。[1]

耕作周期的下一步是收割。男女奴隶在雨季结束时收割,那时水稻的高度从膝盖到腰部不等。收割时,奴隶们排成一行行穿过稻田,每个工人拿着"一把小刀,逐一割断稻秆"[2]。刀子很可能是按照上几内亚人为了同一目的而使用的弯刀(在巴兰塔人当中是 cubom)打造的。收割之后,他们把割下的稻子大捆大捆地运到打谷站。从同时代人的描述中我们清楚地知道,打谷方式在很大程度上跟上几内亚是一样的——"用一根树枝使谷粒从禾草上脱落下来"[3]。奴隶们随后把稻谷收集起来去碾磨。一些能熟练使用舂臼和捣杵的上几内亚奴隶常常碾磨稻米。当一个地区有机器磨时,这项工作就由机器来干了。[4]

但是,不管上几内亚人给马拉尼昂的农业带来了什么样的知识,稻米都是一种让人受难的作物。"早晨 6 点钟,"布兰当·儒尼奥尔写道,"监工便强迫由于夜晚的劳作依然筋疲力尽的穷奴隶从他简陋的床上起来,去干活。"一位老人在 20 世纪初回忆当年在马拉尼昂当奴隶的日子,据他描述,一天从早晨 4 点开始,"当钟声敲响,监工敲响奴隶住房的门,以确定他们已经醒来"。他说,工作持续到傍晚 5 点。[5] 在 9 月和 10 月,奴隶们工作 12 个小时以上,砍伐森林灌木丛。在最初的焚烧之后,他们便在没有树荫的田地里干活,砍倒并搬走沉重的树木,堆成大堆。在马拉尼昂的所有工作中,清理田地是最危险的,常常"对工人是致命的"。大火有时失控,导致一些人被活活烧死,还有一些人被倒下的大树压死。"某个丢脸的奴隶很少能逃脱成为受害人的命运,"布兰当·儒尼奥尔写道。[6]

除草尽管不那么危险,但也轻松不了多少。作为雨季整个早期阶段持续不

---

〔1〕 Brandão 1865,31—38.
〔2〕 Brandão 1865,96—99.
〔3〕 Brandão 1865,31—38.
〔4〕 AHU,Maranhāo,cx. 45,doc. 4458.
〔5〕 Eduardo 1948,16.
〔6〕 Brandão 1865,31—38.

断的例行工作,除草"对奴隶来说是一项令人痛苦的劳作,他们手里的工具只有一把除草锄,被迫整天用弯腰曲背的姿势站立,割断其他土生植物的幼苗,在太阳底下忍受 40℃ 的高温"[1]。收割同样不舒服。奴隶们忍受闷热、没有遮阴的 12 个小时,弯腰站立割稻子。

在稻田里劳作给奴隶们造成的身体损耗从种植园的财产清单中可以清楚地看出,其中很多清单显示由于列出的伤害而给奴隶定下低于平均数的价值是有道理的。尽管没有办法知道特定的伤害是如何发生的,但我们可以假设,由于种植园的奴隶每天花 12 个小时、每周六七天给主人干活,大多数伤害与他们的劳动直接有关。过劳和疲累的奴隶不可能避免失焦,意外地用弯刀、斧头、大镰刀、栽种棍和锄头砍伤自己或别人。被派到森林和稻田里,除了腰布和粗布围裙之外,没有鞋子和衣服的保护,奴隶们遭受了极端程度的擦伤、割伤和刺伤。危险无处不在——从可能要人性命或伤筋动骨的倒下的大树,到可能把手指或整条胳膊卡进旋转齿轮的稻米研磨机。今天被认为轻微的伤口在过去常常溃烂化脓,成为重大的健康风险。

在一些财产清单中,书吏记录了残(aleijado)、瘸(coxo)、伤(feridas)或瞎(cego)的奴隶。1824 年,在安东尼奥·达·西尔瓦(Antonio da Silva)的种植园,有 7 个奴隶一只或两只眼睛瞎了(另一个奴隶被一只眼睛严重受伤),一个奴隶一条胳膊"残废",一个奴隶一只脚"残废",另一个奴隶一条腿"瘸了",还有一个奴隶被列为"双腿有病"。[2] 1831 年,在菲利普·德·巴罗斯·瓦康塞洛斯(Felippe de Barros Vasconcellos)的种植园,有 9 个奴隶一只或两只眼睛瞎了(包括几个丢失眼睛的奴隶),10 个奴隶胳膊"残废"。此外,有 8 个奴隶"有缺陷"(ruim)(丧失工作能力)。有时候,严重受伤的四肢被截掉,偶尔用假肢取而代之。[3] 因此,一个比亚戈人亚当"因为没有了一只脚而成为跛子",在 1810

---

〔1〕　Brandão 1865,31—38.

〔2〕　Tribunal de Justiça do Estado do Maranhão (TJEM),São Luís,Maranhão,Brazil,Inventory of Antonio da Silva,1821.

〔3〕　TJEM,Felippe de Barros Vasconceallos,1831.

年的一份财产清单中,书吏记录道,朱利奥有一条"木腿"。[1] 财产清单中记录的另外一些可能跟工作有关的伤害,包括断掉的肋骨和不同身体部位上的砍伤。[2]

奴隶们遭受的最常见的伤害之一是"腹股沟破裂"(quebradura na verilha),或者说腹股沟疝或股骨疝。[3] 腹股沟疝经常是抬举重物造成的,可能导致腹部周围胚胎闭合的失败。当胚胎闭合成疝时,肠里的东西就会进入疝中,导致明显的肿大。疝未必很痛,但可能很不舒服。此外,如果肠被夹在疝中,就可能发生梗阻,导致绞窄,紧接着是坏疽和死亡。马萨尔是莱昂纳尔·费尔南德斯·维埃拉(Leonel Fernandes Vieira)的种植园的一个 50 岁的曼丁哥人,他可能患上了绞窄性肠疝,因为据说他有腹股沟破裂和梗阻。在同一个种植园,来自佛得角的 60 岁的纳斯塔西奥有肠疝。[4] 19 世纪早期的很多财产清单中记录了肠疝。例如,1831 年,在菲利普·德·巴罗斯·瓦康塞洛斯的种植园,有 5 个从 20 岁至 60 岁的男性奴隶腹股沟有"肿大"和"破裂"。[5] 1807 年,在安东尼奥·恩里克斯·李尔(Antonio Henriques Leal)的种植园,两个男性奴隶有肠疝。1824 年,在安东尼奥·达·西尔瓦的种植园,3 个男性奴隶有肠疝。[6]

有些奴隶所受伤害的严重程度被下面这个事实所证明:财产清单中描述伤害之后,有时候后来在页边空白处写下注释,声称"死亡"(morto)或"已故"(falecido)。在瓦康塞洛斯的种植园,一个 40 岁的曼丁哥人凯塔诺"一条胳膊和腿伤残",一个 24 岁的班巴拉人西尔弗斯特雷"右腿伤残",该记录写下之后不久他们便都去世了。[7] 类似地,1807 年,28 岁的贾辛托在一份财产清单中被列为"因一条腿受伤而有缺陷"。在页边空白处后来写下"已故"。[8] 在 1813 年

---

[1] TJEM,Inventory of Antonio Joze Mesquita,1813.

[2] TJEM,Inventory of Sargento Mór Manoel Joquim do Paço,1823.

[3] See description of Miguel,in TJEM,Inventory of Jozefa Joaquina de Berredo,1808.

[4] TJEM,Inventory of Leonel Fernandes Vieira,1816.

[5] TJEM,Inventory of Felippe de Barros Vasconceallos,1831.

[6] TJEM,Inventory of Antonio Henriques Leal,1807.

[7] TJEM,Inventory of Felippe de Barros e Vasconceallos,1831.

[8] TJEM,Inventory of Dona Anna Joquina Baldez,1807.

的一份财产清单中,58 岁的莱昂诺拉"患有足部疾病"。不久之后,有人在他的名字旁边写下了"此奴隶已死"。[1] 1806 年,50 岁的阿尔伯托据说"右足患不治之症"。过段时间之后,他的名字旁边潦草地写下了"死亡"的字样。[2]

另外一些记录也透露了马拉尼昂种植园时期黑人奴隶在他们的主人手里所受到对待的很多信息。18 世纪 80 年代,一个牧师写到了亚马孙流域奴隶所受到的对待,"那些悲惨的奴隶! 有些老爷对待他们像对待狗一样。我见过一些奴隶手脚伤残,另外一些奴隶后背和下半身结满伤疤,都是惩罚的后果"[3]。在一份 1788 年的来自圣路易斯的报告中,费尔南多·得·福约斯(Fernando de Foyoz)强调了他在马拉尼昂面对"残忍对待奴隶"时他所感觉到的"恐怖"。尽管"奴隶价格非常昂贵",但他们遭受了"极度饥饿、做更多重体力活和更严厉的惩罚,一切都由无穷无尽的工作所组成"[4]。根据 1819 年和 1820 年所作的观察,修士弗朗西斯科·德·N. S. 多斯·普拉泽雷斯(Francisco de N. S. Dos Prazeres)写道,每年有很多来自非洲的奴隶"死于虐待,以及得知他们与自己的国家和亲人将永远分离而导致的伤心过度"[5]。而安文思(D. J. G. de Magalhaens)于 19 世纪 30 年代在马拉尼昂待过一段时间之后注意到,奴隶们"遭到这样野蛮严酷的对待,当必须养活他们时,他们[奴隶主]却没有这样做:一根谷穗就是午餐,稻米和树薯粉是晚餐;他们拥有的任何别的东西都来自偷窃和狩猎;他们赤身裸体或缠着一小块腰布四处走动"[6]。19 世纪初,安东尼奥·佩雷拉·杜·拉戈(Antonio Pereira do Lago)写道,被主人鞭打对奴隶来说稀松平常。他说,在马拉尼昂,奴隶的生活可以用三个词来描述:"痛苦、罪恶和惩罚。""没有一个族群,"他继续写道,"比他们更受鄙视并遭到更悲惨的对待,以及更严厉、更随心所欲的惩罚。"他得出结论:"惩罚始终是而且只能是肉体的和

---

[1] TJEM,Inventory of Jorge Gromuel,1813.
[2] TJEM,Inventory of Anna Joaquina Gromuel,1806.
[3] Quoted in Hoornaert 1992,233.
[4] ANTT,Ministério do Reino,mç. 601,cx. 704.
[5] Dos Prazeres 1891,140.
[6] Magalhaens 1865,8.

痛苦的。"[1]

结　论

　　在本章,我已经证明,尽管上几内亚人把稻米耕种的知识带到了大西洋彼岸,但应用这些知识的体制是极其残暴的。生产手段在大洋两岸是类似的,但由于生产模式不同,非洲人在稻田里的艰苦劳作在新大陆并没有给他们带来多少正面的社会奖赏,通过围绕关于非洲人如何看待他们执行的工作来重构黑米命题,种植园稻米体系的残忍变得显而易见。这些体系有效地盗用了它们压迫的那些人的技能。

　　这给我们留下了为什么的问题。非洲人为什么自愿把知识提供给残暴对待他们的种植园主阶层? 在他们的口粮地上,很有可能,非洲人选择他们种植的作物,为了重新创造烹饪传统的目的而应用特定的知识。但在主人的稻田里,一个非洲人从应用特定的技术中得到了什么呢? 或许,人们只是在做他们知道怎么做的事。把稻农放到稻田里,他们就会一如既往地干活。或许,任务体系所提供的激励鼓励奴隶有效率地干活。不管是哪种情况,聚焦工作的文化意义将会显示,种植园体系严重限制了非洲人从他们所来的地方复制文化的方方面面的能力。上几内亚的农民带来了如何有效地种植一种困难作物的知识,但这项工作与非洲人关于人格、仪式义务和集体文化身份的概念之间的联系纽带断裂了。

沃尔特·霍索恩

---

〔1〕　Pereira do Lago 1822,25.

第十三章

白米：美国现代稻米工业的中西部起源

　　美国稻米工业的历史即使在美国也并非广为人知。这一知识的缺乏有很多原因。稻米从未在北美的餐桌上占据一个显著的位置，在美国更不被认为是主食。在美国稻米种植的全部历史上，它只是在少数地方以主要的方式种植，相对而言，从来没有很多农民参与稻米生产。[1] 当然，今天粮食研究很热门，但是，即使"商品"史很火，吸引最多的关注的也是其他的栽培品种和食物，对"食品色欲"的迷恋者来说，稻米既不够奇特，也不够有争议，不足以与鱼翅、高果糖瓦罐玉米汁、小牛肉或肥鹅肝争夺市场份额。

　　实际上，要不是一些小小的纠纷涉及加利福尼亚州萨克拉门托河谷收割后的稻田焚烧残茬以及诸如拜耳公司的 LL62 这样的转基因水稻栽培品种的引入，最近这些年美国唯一值得注意的稻米故事是关于它传说中的"黑色"起源的故事。据很多杰出学者说，1974 年从彼得·伍德开始，除其他人之外还包括丹尼尔·利特尔菲尔德，以及最著名、最坚持的朱迪思·卡尼，美国的稻米叙事并不是恰当地从 17 世纪的欧洲人和欧美人开始，而是从受奴役的西非人开始，他们把自己的关于稻米文化的"本土知识体系"转移到了南卡罗来纳及南北美洲的其他地区。一旦转移之后，随着时间的推移，西非的稻米技术就被欧美的奴隶拥有者据为己有，他们收获了由此带来的绝大多数利润。尽管"黑米"命题的支持者们在细节、程度和固执水平上有所不同，但他们普遍主张西非的水稻种植实践和关于种子选择、耕作体制、农业工具、灌溉体系、碾磨方法和性别劳动分工——本质上是劳动组织——的规程被转移到了美洲，或者至少是在美洲有

---

〔1〕　Coclanis 2010b，411—431.

类似的东西,而且,非洲人和非裔美洲人是这些东西主要的、即便不是唯一的祖先。白人在所有这些事情上所扮演的角色——至少在早期——从本质上被简化为对非洲人和非裔美洲人的智力财产的侵占。[1]

毫不奇怪,黑米命题获得了大量的外部关注,以及很多学术赞誉。与这一命题有关联的学者大多十分著名,这个命题与近几十年内宽泛的学术趋势恰好一致,尤其是理解早期美国历史上的发展的"大西洋"途径,以及某些人当中看似火烧眉毛的当务之急:要把更大的作用赋予全部的次级群体。尽管我,以及戴维·埃尔蒂斯、菲利普·摩根和戴维·理查森,一直属于"黑米"命题——至少就其最绝对、最必然的还原主义形式而言——的有力批评者,但我认为,这个命题的支持者们所调动的证据足以证明:非洲的"知识体系",或者更有可能是多个非洲知识体系,在形成美洲稻米种植的早期历史上发挥了重要作用。然而,我相信,白人在这一历史形成上所发挥的作用比"黑米"命题的支持者们所承认的更为重要。实际上,如果没有白人的资本、企业家精神和组织能力,以及,还应当指出的是,如果没有欧洲人和欧裔美洲人关于农业和贸易的本土知识体系,那么作为工业的稻米工业就不会在所谓的现代早期出现在南北美洲。换句话说,如果没有白人,那么稻米在早期的美洲大约就会像几内亚的玉米(高粱,另一种移植的非洲作物)一样重要。而且,为准确起见,应当指出,美国稻米工业赖以建立的基础正是亚洲稻——亚洲稻土生品种,尽管也生长在非洲——而不是光稃稻。[2]

无论如何,不管美国稻米工业的起源是专属黑人还是另有来源,我们所发现的是,在它最初引入之后的几百年里,不管在什么地方,只要稻米是以系统商品化的方式种植在南北美洲,也就是说,主要是在北美的北大西洋沿岸,以及最低程度上的巴西东北部和后来的南部,其生产的典型特征就都是艰巨的劳动要求,因此在技术意义上还有很高的劳动输入和很大的劳动强度。即使当稻米是

---

〔1〕 Wood 1974,55—62 esp.;Littlefield 1981,74—114;Carney 1993b,Carney 1996;Carney 2001;Porcher 1993,127—47;Porcher and Rayner 2001;Carney and Rosomoff 2009,150—154,及多处。

〔2〕 Coclanis 2002,247—248;Coclanis 2000;Eltis et al. 2007;Eltis 2010.

"旱作"种植——正如有时候在巴西那样——在"潮湿沼泽"的生态系统中而没有灌溉的好处时，也是如此。在北美，从很早的时期起，稻米就种植在以不同方式灌溉的稻田里，但主要是借助蓄水和引力流技术，或者，随着时间的推移而更加常见的是借助潮汐江河，它们每天的水流通过精密复杂的由堤坝与河堤、水闸和水门组成的"水稻工程"以及把稻田分隔开来的不同尺寸的灌溉水渠，受控注入稻田并从稻田里排出。这样一些水稻工程的修筑和维护就需要大量的劳动输入，而且，由于稻米是作为中耕作物种植的，因此除草和锄地的要求也很严格。尽管在这些地区，稻米并非在苗床里播种，从而无须移栽，但南北美洲商品稻田生产总体的劳动要求非常繁重，特别是，一旦收割，收割后的活动便占据重要位置。[1]

考虑到这些现实以及以下事实：南北美洲主要的稻米地带集中在疟疾区域，生活在那里的人口背负着沉重的疾病负担和很高的死亡率，因此，毫不奇怪，在奴隶制被废除之前，非洲及非裔美洲的奴隶构成了美洲稻米工业劳动力的绝大多数。实际上，奴隶制在美洲消亡之后的几十年里，如今自由的非裔美洲人继续提供这一产业几乎所有的劳动力。而且，由于美洲商品稻米生产中可能的规模经济，为市场生产的大多数稻米是在种植园（或者后来所谓的新种植园）里生产的，雇佣奴隶/自由黑人在细分为数不清的灌溉或非灌溉的小块稻田里做专门的工作。而且，除了碾磨之外——在19世纪稻米碾磨越来越多地使用水力或蒸汽动力——这些劳工辛苦劳作，没有多少种类的机械化设备。这些都是19世纪晚期之前西半球商品稻米生产的基本事实。[2] 然而，从19世纪80年代开始，一小群中西部白人认识到并在随后便抓住了机会，在路易斯安那西南部一些孤立的草原上不断地搞开发，最终通过一次可以称之为农业变体的行动，成功地在某种程度上把稻米变成了小麦。在此过程中，他们引领了一场革命，其结果彻底改造了美国的稻米工业（图13.1a和图13.1b）。

---

[1] Coclanis 2010b；Carney 2004；Pereira and Guimarães 2010,445—446；Hawthorne 2010b。
[2] Hawthorne 2010b。

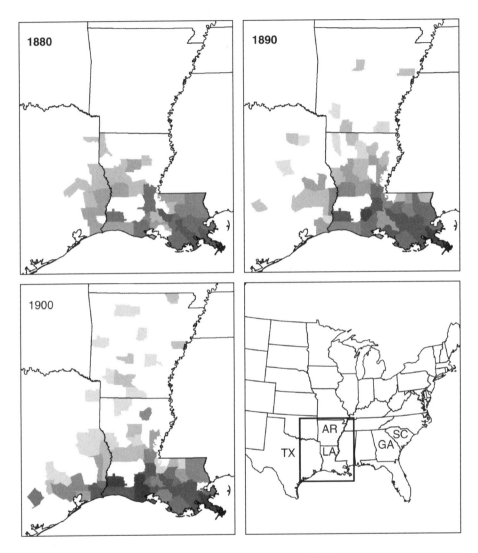

数据来源:美国农业普查(U. S. agricultural census)。制图:GR Dobbs。

图 13.1a 1880—1900 年西南部各州生产稻米磅数的地理分布

　　美国和巴西稻米工业的空间地理在 19 世纪极大地改变了。巴西的稻米工业从商业角度看远不如美国的那么重要,前者首先改变,其中心在 19 世纪初开始随着巴西经济的其余部分从东北部(帕拉,尤其是马拉尼昂)向南部(里约和

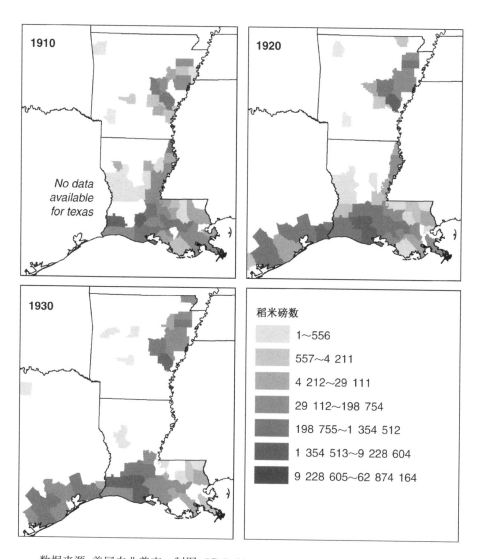

数据来源:美国农业普查。制图:GR Dobbs。

图 13.1b　1910—1930 年西南部各州生产稻米磅数的地理分布

圣保罗,以及后来更南边的南里奥格兰德)移动。[1] 美国的改变来得晚一些,其原因解释被证明更加有争议。

在美国稻米工业存在的前 180 年里,其焦点在南大西洋沿岸。尽管这一地

---

〔1〕　Hawthorne 2010b;Mandell 1971;Alden 1984—1995.

区的稻米地带从北卡罗来纳东南部的开普菲尔地区一直延伸到佛罗里达东北部的圣约翰河地区,但南卡罗来纳的沿海地区以及后来的佐治亚始终主宰着这一地区的稻米生产。从18世纪初稻米工业作为工业开始,情况一直如此,到19世纪80年代初它被路易斯安那和后来的"老西南地区"(密苏里、路易斯安那、阿肯色和得克萨斯)其他稻米生产州所取代,直至20世纪20年代,南大西洋稻米工业彻底崩溃。[1]

很难解释这一改变的原因,理由有很多,并且构成了一个关于历史侦探工作复杂性的绝佳的教科书案例。由于本章主要是关注老西南地区的稻米革命,而不是南大西洋地区稻米工业的历史,我将不会停留在美国"最早"稻米工业崩溃的原因上。我在别的地方详细论述过这个问题,有兴趣的读者很容易得到我论述这个主题的作品并评估我所提出的修正主义论证的优点。下文的简短讨论对我们在这里的目的来说想必足够了。[2]

开门见山:除了一个引人注目的例外——在20世纪20年代著述的哈佛经济学家阿瑟·H.科尔(Arthur H. Cole)——每一个在我之前论述南大西洋稻米工业消亡的学者都把它的命运完全归结于国内原因。[3] 在这样做的时候,他们把稻米工业的消亡归因于各种不同的因素,从水稻种植园主、中间商和商人的创业精神不振,到18时期晚期一系列不幸的天气变幻和动乱,尤其是一次地震和几场飓风。然而,一般而言,他们把大多数罪责以这样或那样的方式归咎于内战及其后果。不管它是水稻工程的战时毁坏、贸易中断、奴隶解放、在某个不同于财产奴隶制的基础上重组水稻劳动力的困难,或者是更通常的这些因素的组合,据说内战让一个健康的工业陷入瘫痪(因此使之彻底趴下,据大多数作者说,这是由于消沉的种植园主和倦怠的商人们冷淡的企业家回应,以及上文提到的19世纪晚期的天气事件)。

---

〔1〕 Coclanis 2010b,1993. 关于南大西洋稻米工业中心的详细案例研究,参见 Coclanis 1989;Stewart 1996。

〔2〕 Coclanis 1989;Coclanis 1993b;Coclanis 1995;esp. Coclanis 2010a,xvii—xxxi.

〔3〕 Cole 1927.

我在 20 世纪 80 年代开始研究国际稻米贸易史时便发现这个内战/国内因素的解释路线的问题是:它几乎完全忽视了对市场的考量,特别是稻米供给的长期改变。正如本章开头所暗示的,美国稻米的国内市场从来都不大,即使在今天,美国生产的稻米通常不到世界稻米的 2%,但通常占世界出口的 10%～12%,而在 18 世纪和迄至 1860 年的 19 世纪,南大西洋地区生产的大多数市场稻米出口了。[1] 在这一时期,来自这一地区的稻米(及其副产品)的主要出口市场在北欧,在那里,它被证明对于人类和动物来说是一个多用途的、相对廉价的复合碳水化合物的来源和一种有用的工业作物。在 18 世纪中期至 19 世纪30 年代,"卡罗来纳米"由两个主要品种组成,它们都被北欧人认为是高品质的,因此也是相对昂贵的,从而支配了英国、荷兰和德国的重要市场。然而,从 1790年开始,廉价的亚洲米出现在这些市场,最早来自孟加拉,但在 19 世纪 20 年代和 30 年代也来自爪哇,40 年代来自德林达伊和若开,50 年代来自下缅甸、暹罗和交趾支那。

漫长的 19 世纪全球化浪潮期间已增长的市场整合的一个结果——大格局中的一个相对较小的结果——是美国稻米(以及更一般意义上的西方稻米)在相互竞争的主要市场上被更廉价的亚洲谷物所取代。在 19 世纪上半叶,主要的竞争场地是正在城市化/工业化的北欧迅速增长的稻米市场。在 19 世纪前60 年里,来自南大西洋的稻米丢失了在北欧的市场份额,让位给亚洲稻米,到1860 年,则沦为这个市场上一个相对次要的参与者。

尽管美国出口商试图做些补偿,推动距国内更近的市场的扩张,特别是附近的古巴和波多黎各,以及西印度群岛迟发展的蔗糖种植园殖民地,但 19 世纪50 年代美国稻米的总出口(几乎全都源自南大西洋各州)比其在 19 世纪 30 年代低很多,实际上,甚至比 18 世纪 90 年代还要低。应当指出,这一下降并没有伴随国内市场补偿性的增长。

正如上述概要所暗示的,南大西洋的稻米工业遇到了深刻的麻烦,即使在

---

〔1〕　Coclanis 2010b,428—429;Coclanis 1993b,1 063(Table 4),1 070(Table 9).

内战爆发前,19世纪50年代稻米工业不断下降的利润,甚至是负利润,也发出了麻烦的信号。如果所有这一切都是真的,那学者们为什么错过了这艘(米)船?我承认,理由五花八门,包括但不限于下列事实:(1)很难重构这一时期的西方稻米市场,尤其是因为在这些有很多中间消耗的市场上,稻米是一种次要作物;(2)直至相对晚近,美国历史学家一直臭名昭著地狭隘和内向,因此甚至不愿意考量外部的、非国内的解释变量;(3)内战是美国历史想象中的核心事件和美国历史上的关键分界点(例如,美国历史研究课程通常分为两"半",1865年之前的美国史和1865年之后的美国史);(4)研究稻米工业的历史学家通常在时间和空间意义上太过狭窄地架构他们的调查,在相对的意义上导致他们忽视长期市场趋势,结果在解释南大西洋各州稻米工业消亡上屈从于事后归因谬误。

在我看来,这次真实衰落的叙事基本如下。当农业商品——包括稻米——的全球市场在漫长的19世纪逐步出现时,南大西洋稻米地区从世界的角度看是一个高成本生产者,在它最重要的市场(北欧)越来越多地失去其竞争地位,让位于亚洲这一更廉价稻米的生产者。南大西洋稻米工业的主要参与者越来越清楚地认识到我在别的地方所说的"遥远的雷声"正从亚洲传来,并在整个所谓的内战前时期采取各种不同的步骤进行调整、努力,例如现代化稻米工业,提高劳动生产力,针对外国稻米建立关税保护。他们的这些努力在某种程度上成功了,例如,针对外国稻米的关税最早在19世纪40年代征收,但并不足以扭转大势。具有讽刺意味的是,一个关键问题与横跨美国南方的棉花经济的迅速扩张有关。坦率地说,棉花中利润可观的可能性使得稻米利益集团更难获得对稻米的投资。实际上,很多水稻种植园主和商人把钱投入棉花而不是稻米。

到19世纪50年代晚期,稻米工业已经处在危机中:根据一项细致的计量经济学研究,南卡罗来纳和佐治亚的水稻农场和种植园的平均回报率在1859年是吓人的−28.3%,另一项仔细的研究把19世纪50年代整个十年南卡罗来纳乔治敦地区——南大西洋各州稻米工业的中心——的年度净回报率估定为−3.52%～−4.73%。随后,战争来了,与之相随的是所有破坏、混乱,以及与经济和社会相关的事件，其中最重要的显然是财产奴隶制的终结。

诚然，即使有奴隶解放，以及它所带来的对稻米地区比例巨大的财富组合——1860年南卡罗来纳低地地区超过50％的总财富是以奴隶的形式拥有——的强制无补偿清算，劳动密集的、非机械化的稻米生产战后依然在南大西洋各州幸存了相当长的一段时间。迟至1879年，美国稻米总产量（应当承认，这个总量不到1859年的59％）的75％以上来自这一地区（参见表13.1）。而且，再一次，这些稻米是自由工人生产出来的，以五花八门的复杂的契约安排被雇佣，工作方式在很大程度上与内战之前是一样的。

表 13.1　　　　　　　　　　**1839—1919 年美国的稻米产量**　　　　　　　（百万磅净米）

	1839 年	1849 年	1859 年	1869 年	1879 年	1889 年	1899 年	1909 年	1919 年
总产量	80.8	143.6	187.2	73.6	110.1	128.6	250.3	658.4	1065.2
主要生产州 （总产量的％）									
北卡罗来纳	75.0	74.3	63.3	43.9	47.3	23.6	18.9	2.5	0.4
佐治亚	15.3	18.1	28.0	30.2	23.0	11.3	4.5	0.7	0.2
南卡罗来纳	3.5	2.5	4.1	2.8	5.1	4.6	3.2	0.0	0.0
路易斯安那	4.5	2.0	3.4	21.5	21.1	58.5	69.0	49.6	45.3
得克萨斯	0.0	0.0	0.0	0.1	0.1	0.1	2.9	41.2	15.0
阿肯色	0.0	0.0	0.0	0.1	0.0	0.0	0.0	5.9	19.2
加利福尼亚	0.0	0.0	0.0	0.0	0.0	0.0	0.0	0.0	19.6

来源：参见 Peter A. Coclanis 1993. Distant Thunder: The Creation of a World Market in Rice and the Transformations it Wrought, *American Historical Review* 98（October）: 1 050—1 078, esp. p. 1 070, Table 9。

在同一时期——19世纪60年代晚期和70年代——稻米生产在美国的另外一个地区迅速增长：路易斯安那州密西西比河沿岸的低洼沼泽地。自这一地区在18世纪被法国人占领以来，路易斯安那南部一直种植少量的稻子。在内战前的后期，那里的商品生产破天荒第一次变得有些重要。例如，1859年，美国1.872亿磅净米总量中，大约3.4％来自路易斯安那。在路易斯安那，水稻的种植方式在很大程度上跟南大西洋各州一样，也就是说，用劳动密集的方法和少量机械种在小块稻田里。这一地区的生产与南大西洋各州的生产之间的主要差别与灌溉技术有关。在路易斯安那,为注满稻田采取的蓄水/用水方法比南大西洋的潮汐种植体系成本更低,更不那么劳动密集,特别是到19世纪50年代,种植园主们开始利用蒸汽机连接大型低压泵,在密西西比河堤岸上把水抽进和抽出附近的稻田。[1]

相比南大西洋各州种植者,密西西比河沿岸种植者的竞争优势相当巨大,以至于美国的稻米总产量中,源于路易斯安那东南部的比例从1859年的3.4%增长到了1879年的21%以上。然而,再一次,这仅仅意味着路易斯安那东南部种植者——主要是大种植园主,其中很多人是内战之后从蔗糖生产转变而来的,蔗糖生产甚至比稻米更加劳动密集——在一块更小的(米)饼中分到了更大的份额。此外,应当指出,到1879年,美国已经被亚洲出口商彻底踢出了出口市场,它自己也成了亚洲稻米的主要净进口国。尽管不断提高稻米进口关税,但情况就是这样。接下来,当19世纪80年代开始时,作为整体的美国稻米工业正处在危机中,尽管路易斯安那东南部密西西比河沿岸的生产有所扩张。然而,在这个十年的中间,极大的改变正在美国的稻米工业中发生,作为一次不同寻常的,甚至是怪异的行动者、机构和过程汇集于该州西南部的结果。

这次(调和级数的?)汇集的结果,是在一个相对较短的秩序中在美国创造了一个全新的稻米工业。这个创造的故事就像其他大多数故事一样,可以用很多不同的方式来架构。例如,你可以赋予经济讨论特权,强调相对要素价格,并讲述一个技术变革的故事,它要么借助诱发性创新(用速水佑次郎-拉坦的方

---

[1] 关于美国稻米工业在上文概述的这段时期的演化,参见 Coclanis 1989,133—142。关于美国稻米与亚洲稻米之间的价差,参见 Coclanis 1989,136,281,note 57;Coclanis 1993b,1 066。关于19世纪上半叶"卡罗来纳"稻米与东印度稻米之间的价差的详细信息,参见 the collection of "Prices Current" from Liverpool and Rotterdam in the *Enoch Silsby Collection*, *Southern Historical Collection*, University of North Carolina, Chapel Hill, N. C. 。关于对路易斯安那水稻种植的早期评估,参见 Wilkinson 1848,53—57;Knapp 1899,17—21;Phillips 1951;Dethloff 1988,60—65。

法），要么借助更晚近的也更加精密复杂的内生性增长模式。[1]然而，你也可以采取另外的路线授予历史讨论特权，并讲述一个真人、并无关联的行动以及制度规则和运作的故事。在这里，我们将采用后一种路线。

在最近几十年里，经济史和技术史领域有一批令人印象深刻的研究文献论述技术网络在创新过程中的作用。这一领域有相当多的工作是处理技术网络在农业创新中的作用，包括涉及小粒谷物中生产技术机械化的创新。在涉及小粒谷物的创新网络中，最有趣的或最令人难以置信的莫过于这里论述的创新。实际上，19 世纪 80 年代在路易斯安那西南部"点燃"所谓水稻革命的社会聚集——采用拉图尔的术语——是难以想象的，更不用说凭空想象了。[2]

是什么样的机会让中西部开发者、教育工作者和农学家——他们全都是白人，大多数与艾奥瓦州有关联——所组成的"网络"能利用东北部和英国、路易斯安那州以及各种不同的铁路、银行、土地开发公司和路易斯安那资本家提供的物质资源，成功地运用他们自己的智力、金融资本和社会/文化资本，短短几年内，在路易斯安那州西南部居民稀少、几乎没有开发的"法裔地区"建立起一个有活力的、新的"高技术"稻米工业呢？而该地区的情况如下：当时居住在那里的主要是来自加拿大沿海各省的法裔阿卡迪亚人的后代，他们在 7 年战争之后被英国人赶出家园，到路易斯安那寻求庇护。这种可能性非常小——但这事确实发生了。有点奇怪，但是真的。虽然说美国稻米工业扩张到老西南地区的大草原从世界史的角度看不如东南亚稻米生产边界，比如下缅甸的伊洛瓦底江三角洲和印度支那的湄公河三角洲，大致同时的扩张那么令人印象深刻，也没

---

〔1〕 关于速水佑次郎-拉坦方法的经典阐述，参见 Hayami et al. 1970，1 115—1 141；Hayami and Ruttan 1985。简单地说，最初由希克斯(Hicks，1932)清楚表述的诱导创新方法把生产力的提高看作源自提高输出、节省输入的技术，涉及用相对廉价的要素取代相对昂贵的要素。请注意，奥姆斯特德和罗德(Olmstead and Rhode 1993)通常把关于美国农业的速水佑次郎-拉坦方法复杂化了，更完整的表述参见 Olmstead and Rhode 2008，1—16，及文中多处。

〔2〕 关于 19 世纪晚期小粒谷物的创新网络和机械化，参见 Evans 2007；Winder 2012。像本章所讨论的网络一样，埃文斯和温德阐述的网络在性质上是跨国的。关于拉图尔的有争议方法的介绍，参见 Latour 2005。社会聚合体(social assemblage)这个术语还与另外一些理论家有关联，例如，吉尔·德勒兹(Gilles Deleuze)、菲利克斯·伽塔利(Félix Guattari)和曼努埃尔·德·兰达(Manuel de Landa)。

有那么重要,但它并非微不足道。[1]

扩张主义自 17 世纪以来就是南方史中一个恒久不变的主题,向"老西南地区"(密西西比、路易斯安那、阿肯色和得克萨斯)推进被证明在前内战时期开始时对种植园主和五花八门的资本家,如土地开发者、促进者、铁路人、商人等,特别有吸引力。关于路易斯安那西南部自身:新奥尔良利益集团渴望建立与得克萨斯的铁路连接,在 19 世纪 40 年代开始向西推进,并在内战之前实际上建造了一条向西进入法裔地区的铁路线。与战争及其后果相关联的混乱缓慢地进一步向南扩大,直至 19 世纪 80 年代初,新奥尔良与休斯敦之间的铁路线——在把路易斯安那与得克萨斯分开的萨宾河上经过得克萨斯州的奥兰治——建造完工。一旦这样的关联建立,开发路易斯安那西南部的沼泽地和荒无人烟的草原破天荒第一次成为一种切实的可能——四面八方各种不同的行动者很快就注意到了这样的可能。

一些公司,最著名的是南太平洋铁路公司、西南移民公司,以及一家英国实体北美土地和木材公司,很早就带头行动。它们在这项计划中得到了路易斯安那州官员的帮助和鼓励,他们连同一批多姿多彩的促进者、企业家和农学家,还有五花八门的妓女和骗子,明显期待促进本州偏远地区的发展。说真的,上述努力取得了相当可观的成功,路易斯安那中南部和西南部开始吸引路易斯安那其他地区的移民——大多数是白人,但也有一些非裔美国人,以及来自其他州的移民,还有一些外国移民。[2]

19 世纪 80 年代路易斯安那西南部的主要促进者,特别是农业开发的促进者,构成了中西部三巨头:西尔维斯特·L. 卡里(Sylvester L. Cary)、雅比斯·

---

[1] 关于美国稻米工业在老西南地区的原始材料,参见:Southern Pacific Railroad Company 1899;Knapp 1899, esp 21－37;Southern Pacific〔Railroad〕Company 1901;Knapp 1910;Perrin 1910, 97;Small and St. Louis Southwestern Railway Company 1910, 3－8,及文中多处;Arkansas 1911, 9－10, 12;Surface 1911, 500－509;Chambliss 1920;Monroe and Fondren 1916;Jones et al. 1938;Spicer 1964。有关缅甸稻米产业向缅甸三角洲和印度支那迈入,并深入清公所三角洲的研究,参见 Adas 1974;Brocheux 1995;Biggs 2010。

[2] 除了已经提到的作品外,还可参看 Post 1940;Ginn 1940;Bailey 1945;Phillips 1951;Millet 1964;Babineaux 1967;Dethloff 1970;Daniel 1985;Dethloff 1988, 63－127;Coclanis 2010b, 422－429。

B. 沃特金斯(Jabez B. Watkins)和西曼·A. 纳普(Seaman A. Knapp)。他们有时在定居和发展计划上合作，有时追求各自的类似计划，还有时相互竞争。对我们的目的而言，其有意义的行为是：他们在何种程度上共享相同的网络，这些网络最终被证明对水稻革命至关重要。[1]

这三个人都与艾奥瓦州关系密切。卡里是土生土长的艾奥瓦人，19世纪80年代初在路易斯安那西南部从事移民代理和土地开发的工作，据说"在那里寻找一个既没有冬天也没有抵押的家园"。如果我们相信他说的话，那他偶尔与沃特金斯合作这个事实在某些方面就具有讽刺意味了，因为沃特金斯——有点像乔治·F. 巴比特(George F. Babbitt)甚至尚未定型的理查德·罗马(Richard Roma)——是一个土地投机商、农产抵押经纪人和杰出的开发商，应该说，他多年的商业实践并非没有争议。19世纪80年代初，当他在得克萨斯和路易斯安那的利益开始升温时，他主要在堪萨斯之外工作，他和他在伦敦建立的一个分支机构的下属们一起在英国组建了北美土地和木材公司，这家公司很快就筹到了大量的资本，足以在路易斯安那西南部获得大量的未开发土地。到了给这一地区招募定居者并开发他所获得的土地时，沃特金斯向他的姻兄亚历山大·汤普森(Alexander Thompson)寻求帮助，后者在埃姆斯的艾奥瓦农学院(如今的艾奥瓦州立大学)教农学。汤普森的兴趣被激发出来了，他同意帮助促进这一地区的农业开发，结果更重要的是，他在艾奥瓦农学院的同事纳普——事实上是这个学校的校长——受到诱惑，加入了其中，促进了路易斯安那的发展。[2]

在很多方面，纳普在这些复杂的、互相重叠的信息、技术和创新网络中是一个关键节点，在我看来，这些网络对于解释路易斯安那西南部的水稻革命是必

〔1〕 关于这些人的生平资料，参见"Father Cary, Rice Missionary," *Rice Journal*, 1909, 137—138；"S. L. Cary Dies, Beloved by Many," *Times-Democrat* [Jennings, Louisiana], January 22, 1915, in Scrapbook；Bailey 1945, Speech [typescript], S. Arthur Knapp, February 26, 1953, McNeese State College, Lake Charles, Louisiana, Seaman A. Knapp Papers, Louisiana and Lower Mississippi Valley Collections, LSU；Bogue 1953, 26—59；Delavan 1963, 68—77；Cline 1970；Daniel 1985, 39—61；Dethloff 1988, 63—80。

〔2〕 这段讨论取自注释[1]中所引述作品中找到的材料。卡里的那段引文可以在 Riser 1948 第一章中找到。线上论文见 http://library.mcneese.edu/depts/archive/FTBooks/jennings.htm [accessed July 30, 2014]。

要且充分的。他不仅是个重要的农学家(之后,还是育种专家),而且是个农业报刊编辑,他编辑的《西部家畜杂志和农民》(*Western Stock Journal and Farmer*)在艾奥瓦州的锡达拉皮兹出版,是著名农业期刊《华莱士农民报》(*Wallace's Farmer*)的前身。此外,他在19世纪80年代创造一套政府体系的运动中扮演了领导角色,这场运动随着1887年《哈奇法》的通过而大功告成。

纳普在艾奥瓦州内外的接触范围广泛而深厚。例如,他是苏格兰人詹姆斯·威尔逊(James Wilson)的密友,后者在年轻时移民艾奥瓦州之后成为该州一个强有力的政治人物,后来在1897—1913年间担任美国农业部长。应当指出,威尔逊在担任农业部长时任命纳普为农业部的"农业探索专家",并派他去亚洲进行了两次长时间的且最终大获成功的旅行(分别是1898年和1901年),以研究更好的稻米品种及其他栽培品种。还有一点也应当指出,像纳普和汤普森一样,威尔逊于不同时间在艾奥瓦州担任农学教授。换言之,其关系错综复杂。

纳普的接触不仅是在商界、教育界和政府,而且进入了精神领域:他是卫理公会的牧师,作为艾奥瓦州文顿市农村教会的本堂牧师度过了两年,与各种类型的新教徒农民密切互动,这些农民构成了路易斯安那西南部的中西部移民储备。实际上,纳普、卡里、沃特金斯及路易斯安那西南部(以及得克萨斯东南部以及后来的阿肯色中东部)的其他促进者在促进移居南方时勤勉而成功地影响了中西部农村的信仰社群。[1]

他们以非常有活力和有魄力的方式,利用旧的信息网络,创造新的信息网络,从而影响了这些社群及其他社群。一旦铁路在路易斯安那西南部开通,个人和社团的促进者在这一地区就获得了大片的沼泽地块和草原地块——我可以补充一句,非常便宜——三巨头便开始定居和开发这一地区。利用一系列令人印象深刻的营销战略和战术,如传单、小册子、植入的报纸文章、演讲和推荐

---

〔1〕 Bailey 1945,44—132;Daniel 1985,40—46;Dethloff 1988,69—80. 纳普的网络也扩大到了非裔美国人社群。例如,他在艾奥瓦州立农学院的那段时间,特别是他在那里与詹姆斯·威尔逊的友谊让他与著名农学家和艾奥瓦州知名校友乔治·W. 卡弗(George W. Carver)建立了联系。

书、免费观光游览、农场参观旅行等，代理人代表铁路公司、地产公司、辛迪加，当然，还作为兼职代表他们自己，诱惑了成千上万的中西部农民从艾奥瓦、伊利诺伊、印第安纳、俄亥俄、威斯康星、内布拉斯加、南北达科他、密苏里和堪萨斯来到老西南地区。[1]

1880—1900 年间，"路易斯安那西南部"——宽泛地被定义为路易斯安那南部的"法裔"地区，向西延伸到得克萨斯与巴吞鲁日的交界线——的人口迅速增长，仅西南部草原教区就在规模上几乎翻了倍。诚然，其中很多人口增长是因为从路易斯安那人口更多的定居地区，特别是东部来的新来者。但关键部分由预期中的玉米地带和小麦地带的农民组成，他们逃离过低的产品价格、大雪、暴风雪和干旱，希望在南方找到更好的东西。来自中西部的白人移民迅速定居在沼泽地以及肥沃却荒凉的草原土地上，这在很大程度上要归因于一些"节点"——使用社会网络分析（SNA）的语言——的成功，比如纳普、卡里和沃特金斯，他们在美国心脏地带的网络分布广泛而又截然不同，即使像维恩图那样会有部分重叠。在某些方面，他们的网络只是松散关联这个事实甚至是有利的。在这一点上，你会马上想到社会学家马克·格兰诺维特（Mark Granovetter）著名的"弱连结的力量"这一表述，它似乎很适合拿来解释中西部的新教徒农民成功地对路易斯安那西南部天主教占主导地位的法裔地区的殖民地化，解释上述促进者所组成的排列松散的微观网络如何与一次重大的宏观发展联系在一起：

<hr>

[1] 参见前三和前四注释中引述的作品。关于这些宣传材料的实例，参见："The Prairie Region：Southwestern Louisiana"［broadside］，Jennings，Calcasieu Parish，1885－1886，Cary Scrapbook，pp. 290－291，Louisiana and Lower Mississippi Valley Collections，LSU；"Sioux City,（Iowa）Corn Palace 1889. Opens September 23d. Closes October 5th. Louisiana Exhibit！"［printed circular］，Cary Scrapbook，pp. 459－460，Louisiana and Lower Mississippi Valley Collections，LSU. 稻米被作为展品提及。还可参见 Passenger Department，Southern Pacific Railway，comp.，*Rice Cook Book* 1902。我采用的材料参见 Seaman Knapp Papers，Louisiana and Lower Mississippi Valley Collections，LSU。

路易斯安那西南部的人口重构和经济重构。[1]

尽管中西部人对这一地区的人口重构是制订周密的计划和大量协调合作的结果,但它的经济重构并非如此。也就是说,当中西部的移民在 19 世纪 80 年代开始起飞时,早期的移民很少有人明确地为了种植稻米而南下——不管他们多么有创业精神和商业头脑。就像这个地区本身一样,这种谷物首先是要卖掉的,它的销售在很大程度上要归功于很多人,尤其是西曼·纳普。

在最初的一次对这一地区的调查探访之后,纳普在 1885 年 11 月把家搬到了路易斯安那西南部。正如前面所暗示的,他这样做是按照亚历山大·汤普森的要求,汤普森招募他给自己的姻兄弟雅比斯·沃特金斯工作,后者庞大的开发辛迪加北美土地和木材公司新近在这一地区获得了大约 150 万英亩土地。纳普最初定居于卡尔克苏教区(县)新近建立的莱克查尔斯镇,作为这个辛迪加报酬丰厚的"助理经理",其肩负的任务是两个相关的却截然不同的职责:招募吃苦耐劳、有商业头脑的中西部农民到这一地区,并且,考虑到他们在农艺学领域的专业知识和经验,为那些被招募到这一地区的沼泽地带和辽阔草原的人寻找一种或多种有盈利潜力的作物。

直至 19 世纪 80 年代,实际上甚至在那之后,沼泽地带的法裔人口大多从事的是生存农业:打猎和捕鱼,在可能的地方放牧牲畜。以有限的方式,草原也是生存农业和牲畜放牧的地方,也就是说,当它们被投入生产性用途时。考虑到这一地区的偏远和缺乏进入贸易中心的渠道,有一点很清楚:后面这项可以说是饲养食用牲畜的活动,实际上给生活在草原,特别是西部草原上的少数人口提供了最好的(大概也是唯一的)参与某种市场交换的机会。随着铁路的出

----

    [1]　社会网络分析(SNA)是社会科学中的主要工具之一,涉及个人、机构或组织当中和它们之间("节点""纽带""链环"当中和它们之间)各种不同的关系。行动者网络理论(ANT)是相关的,这一理论从科学与技术研究(STS)领域发展出来,尽管由于它把作用归于非人的事物(网络、机构、机器等)而在某些人当中有争议。格兰诺维特的著名命题是在 Granovetter 1973 中提出的。关于最近对格兰诺维特的部分论证的质疑,参见 Van der Leij and Goyal 2011。论述社会资本、网络和知识/技术转移之间关系的文献汗牛充栋:Coleman 1988,95—120;Adlerand Kwon 2002;Inkpen and Tsang 2005,146—165;McFadyen and Cannella 2004;Huber 2009。

现，以及沃特金斯及其盟友们推进的一系列江河疏浚和港口改良计划，另一些经济选项变得可能，破天荒第一次包括商品农业。那么，本质上，我们在这一地区目睹的是，中西部商业利益集团和企业试图按照大规模的资本主义路线来改变农业的一次努力。

促进者们所描绘的路易斯安那西南部的画像是如此迷人，或者相反，老家的前景在来自玉米地带和小麦地带的农民看来是如此糟糕，以至于中西部的很多农村人离开了美国最肥沃的农田，而且在这样做时也离开了朋友和亲属，来"投奔"开拓多半尚未耕种的草原的机会，试图重新开始。起初，大多数人相信他们能种植像老家一样的作物，但他们这样做没能有利可图，这让像纳普这样的促进者陷入了尴尬的境地。这一地区以当时那种天花乱坠的广告语从伊甸园的角度被兜售为一片这样的土地——即便不是生产牛奶和蜂蜜的土地——当时有各种各样的田间作物、牲畜、水果和蔬菜，据说，它们全都会让农民变得兴旺，即便不是变得富裕。

然而，很快，从北方新来的人就开始明白，中西部的主要支柱——小麦和玉米——在路易斯安那西南部都生长得不好。然而，当纳普及其他促进者——连同移民——开始适应这一地区的水土时，他们便注意到下面这个事实：草原上很多法裔农民少量种植一种他们不熟悉的作物：水稻。这种作物在路易斯安那西南部潮湿的亚热带气候中似乎生长得很好，即使没有现代灌溉带来的好处，仅仅依靠基本水库里蓄积的雨水也能种植。这样的依赖导致法裔人把他们种植的东西称作"天意"米。

纳普和中西部移民很快注意到了稻谷与小麦之间的相似之处：在艾奥瓦州，一个人不必学农学也会认识到稻谷和小麦都是谷类禾本植物，有些（但并非所有）种植特征是一样的。考虑到二者的商品禀赋，促进者和移民们在其他田间作物试验失败、可选作物不足的情况下，对水稻种植的兴趣都很快高涨。不仅纳普建立了种植水稻（及其他作物）的示范农场，而且很多移民，特别是那些有种植小麦经验的移民，都开始试验水稻种植——使用中西部小麦生产的方法和中西部小麦生产的技术。[1]

但我们操之过急了,因为还有各种不同的涉及土壤和水的问题必须与那些涉及种植技术的问题协同解决。如果没有成功地解决这些问题,试图在路易斯安那西南部草原上进行技术转移的努力不管多么有效,都不会有太多的价值。首先是土壤。纳普和其他试验种植水稻的新来者很快发现,尽管淤泥和含沙都很重的土壤截然不同于他们在中西部所习惯的土壤,但它们很适合水稻种植。为什么?因为它们肥沃,因为它们的底土硬质地层实质上的不可渗透性使得这些土壤能够在很长的时间周期里保水。只要找到足够的水资源可用,只要适当的水控制工程/灌溉工程就位,很明显,这些土壤就大有前途。

因此,人们很快开始了一些农业试验,采用各种不同的水源来灌溉。甚至在纳普登场之前,沃特金斯的辛迪加就在路易斯安那西南部尝试过几次精心设计的控水和资本密集型种植的演练,不仅在草原,而且在海岸附近卡梅伦教区的沼泽地里。这些计划不仅涉及大规模的土地开垦、疏浚和运河修建,而且涉及复杂的,实际上是过于复杂的技术,即驳船,装配着发动机,在平行的运河里彼此排成一线,相隔半英里,通过与重型农业设备相连的缆绳用船拖拉,这个设备(理论上)使得高效联犁耕地、播种、种植、收割等作业成为可能。事后看来,这样的努力始终有点像鲁布·戈德堡(Rube Goldberg)的花招,从来没有人认为这有多么了不得。然而,它们预示了这一地区很快就会转向资本密集型的农业。[2]

正如纳普本人后来所指出的,作为路易斯安那西南部的一场水稻革命是从更简单的控水方法开始的,主要包含对早期与"天意"米相关联的水库/蓄水体系及简单灌溉规划的一些零零碎碎的温和改进。据纳普说,"不管什么地方,只要草原被有效地平整了[坡度通常小于1度],有横穿其间的溪流可以用来给它们灌水,就用小堤坝把它们围起来……这些堤坝通常12~24英寸高,内渠12~

---

〔1〕 参见第378页的注释[1]、注释[2],以及第379页的注释[1]中引述的作品。

〔2〕 Knapp 1899,21—22;Knapp 1910,8—12;Chambliss 1920,3—5;Jones 1938,3—7;Bailey 1945,113—116.

18英寸深，四五英尺宽"。起初基本上是这样。来自相邻溪流中的水被引入和排出稻田，但"很少修筑内渠"，也不大关注排水。蓄水水库继续使用，但在干旱时期，"溪流干涸了，水库被发现昂贵而不可靠"。

随着时间的推移——不是很长的时间，在19世纪90年代——种植者和企业家们在纳普、沃特金斯和卡里这样一些人的支持和鼓励下，建造了更复杂的灌溉工程（由风车、蒸汽引擎或燃气涡轮提供动力），并开始在水稻地区建立私人运河和灌溉公司，这些公司专门为高地草原开发精密复杂的控水和泵水的项目及规程。种植者很快可以出租定制的"泵水装备"，这样的装备有助于把灌溉和稻田排水规范化及常规化。此外，到1895年前后，水利工程师们发现，草原的地底下是一些巨大的地下水库——在任何地方的岩层，在地表之下125～600英尺。这些地下水库，通过管井、引擎和泵水系统，使得在远离江河、牛轭湖和溪流的地方种植灌溉水稻成为可能。真乃天意！

精密复杂的泵水规划后来几乎比其他任何东西更加象征"老西南地区"的水稻种植，可能除了这一地区高得几乎不可能的机械化和资本密集程度之外。而且，正如控水的情况一样，关于方法和种植技术，这样的趋势早就很明显，那时，中西部的移民正在追求主要的机会，让路易斯安那西南部成为他们离开的那些农业土地的一个改良版本。[1]

纳普生动地把19世纪80年代和90年代路易斯安那西南部的稻田比作"达科他州兴旺的小麦农场"：19世纪70年代初在北方大平原上涌现的巨大的、高度机械化的小麦生产领地。这些领地——中西部大庄园——的出现，其理由在很大程度上与更南方的水稻农场的出现是一样的：有闯劲的企业家和促进者的到场；大量廉价而肥沃的土地的易用性；新型的省力耕作设备和工具；充足的收割劳动力储备；遍及整个地区的铁路线的建造完成；容易利用的现代碾磨设备和市场。尽管水稻草原上的农场没有兴旺的小麦农场那么大——北达科他

---

〔1〕 Knapp 1899,22—25; Knapp 1910,10—12,14—15,27—29 (quotes in text are from pp. 27—28).

州一个这样农场达到了 100 000 英亩(是曼哈顿岛的 7 倍),另一个农场超过 60 000 英亩,还有很多农场超过 15 000 英亩,"平均"面积大约是 7 000 英亩——但路易斯安那西南部的移民农场主们像他们的北方兄弟一样热衷于机械化。而且,在适应之后,他们在这样做的过程中开始采用其"本土知识体系"的一部分——小麦种植机器。[1]

因此,我们发现,很快对小麦种植中使用的熟悉设备,如联犁、圆盘耙、条播机、撒种机等进行了一些调整,为的是让这些设备适合水稻种植。然而,有一个这样的工具被证明更难适应水稻:麻绳捆扎机。即便如此,到1884 年,一个移居在这一地区的有创业精神的中西部农场主—— 一个名叫莫里斯·布莱恩(Maurice Brien)的艾奥瓦人,定居在詹宁斯这座新城,西尔维斯特·卡里被认为是这座城市之"父"——成功地将迪林捆扎机用于水稻。短短几年内,迪林公司将其在伊利诺伊的工厂里生产的水稻捆扎机便普及路易斯安那西南部。到19 世纪 90 年代初,蒸汽拖拉机(早在 1870 年就在大平原和远西地区被广泛使用)和脱粒机也被用于水稻。[2]

到这时,在路易斯安那西南部水稻革命开始仅仅短短几年后,在这一地区出现灌溉体系很久之前,路易斯安那就已经跳过南卡罗来纳,成为美国更占主导地位的稻米生产者。路易斯安那稻米生产的迅速攀升可以从表 13.1 中看出。此外,到 19 世纪 80 年代末,路易斯安那西南部已经在该州稻米生产中占到了相当可观的份额,阿卡迪亚教区——其所在地克罗利市将成为一个主要的碾磨中心——生产的稻米超过路易斯安那的其他任何教区。该州源于路易斯安那西南部的稻米份额将在 19 世纪 90 年代突然大增,以至于到世纪之交,这

---

〔1〕 Knapp 1899,22;Knapp 1910,27-28. 关于南北达科他州兴旺农场的时代,参见 Shannon 1945,154-161;Drache 1964,3-33. 文中关于兴旺农场的数据出自 Shannon 1945,158. 请注意,1920 年,北达科他州 5.1%的农场超过 1 000 英亩,而作为整体的美国只有 1.0%的农场过了这个门槛(Drache 1964,8)。

〔2〕 Knapp 1899,22,26-29;Daniel 1985,42-45;Dethloff 1988,72-75. 关于这一时期的蒸汽拖拉机及其他农业技术的改进,参见 Hurt 1994,194-203;White 2008. 关于卡尔克苏教区早期稻米工业中所使用的机械化农场设备,有一些很棒的照片,参见 Benoit and Archives and Special and Collections Department Frazar Memorial Library 2000,25-27,30。

一地区生产的稻米数量让本州其他地方的稻米生产完全相形见绌。即使用路易斯安那西南部的"狭窄"定义——东边密西西比悬崖与西边萨宾河之间的那片区域，从北纬31°至墨西哥湾——这一地区在本州稻米经济中已增长的重要性也是惊人的，正如表13.2所示。

表13.2　1879—1929年路易斯安那西南部在路易斯安那州稻米总产量中的份额

年份	路易斯安那州稻米总产量（百万磅净米）	路易斯安那西南部的份额（%）
1879	23.3	4.5
1889	75.6	30.2
1899	172.7	72.7
1909	326.6	73.2
1919	482.5	85.7
1929	489.5	95.6

资料来源：U. S. Bureau of the Census, *Tenth Census of the United States*, 1880, Vol. 3 (1883):280—283; U. S. Bureau of the Census, *Eleventh Census of the United States*, 1890, Vol. 10 (1896):421, 435; U. S. Bureau of the Census, *Twelfth Census of the United States*, 1900, Vol. 6, Part 2 (1902):2:94, 192; U. S. Bureau of the Census, *Thirteenth Census of the United States*, 1910, Vol. 5 (1914):621, 623; Vol. 6 (1913):690—695; U. S. Bureau of the Census, *Fourteenth Census of the United States*, 1920, Vol. 5 (1922:) 709, 771—772; Vol. 6, Part 2 (1922):31, 608—613; U. S. Bureau of the Census, *Fifteenth Census of the United States*, 1930, Vol. 2, Part 2 (1932):91。请注意，1909年、1919年和1929年糙米的数字根据以下假设转换成了净米：48磅糙米等于30磅净米。"路易斯安那西南部"在这里被定义为由今天的下列几个教区（县）组成的区域：阿卡迪亚、艾伦、博勒加德、卡尔克苏、卡梅伦、伊文格琳、杰斐逊·戴维斯、拉法耶特、圣兰德里、圣马丁和弗米利恩。

在路易斯安那西南部的草原上——从圣兰德里教区/圣马丁教区延伸至得克萨斯边境——水稻种植到19世纪90年代开始有点标准铸件或标准形式的意思；相当大的地块（其中有些地块有数千英亩）由大公司或自营业主经营，常常被分为多个佃户农场，由相对较富裕的佃户种植，他们拥有很多昂贵的设备；大稻田有60~80英亩（甚至更大），而不是极小的稻田；灌溉借助农场拥有者或运河公司从溪流和牛轭湖中抽出来的水，或者通过散落田间的泵井；资本密集型种植主要采用被改造得适用于水稻的重机械化小麦技术；用自动捆扎机和蒸汽脱粒机收割和打谷；劳动力主要由自营业主和/或佃户提供，季节性地使用一些临时劳动力（多半是白人，尤其是在阿肯色，也有一些非裔美国人），特别是在收割季。这个"铸件"不是我们按照今天的标准所说的现代性，但它也远非南大西洋各州或路易斯安那州的密西西比河流域或者实际上是当时世界上任何其他地方所使用的那种劳动密集方法。在某种程度上可以说，稻米正在成为小麦。[1] 考虑到上文勾勒的这些特征，毫不奇怪，一旦灌溉工程就位，种植草原水稻的劳动输入与世界上其他地区的水稻种植相比就会极小。例如，在南大西洋各州稻米工业的高峰时期，种植园主们计算，种植五六英亩水稻，加上一英亩粮食作物，需要一个完整的奴隶"人手"。到 19 世纪晚期，这个平均数略有增加，据估计，一个稻米工人如果完全投入稻米生产，就可以种植 8 英亩水稻。不妨把这个数字与路易斯安那西南部"机械化"草原上的情况相比，在那里，大约 1900 年，一个工人，如果有一队骡子，那就可以种植 80～100 英亩水稻，除了在收获期间需要一个额外的工人。除草的人力需求在草原上最小，在那里，冬季作物常常种植在稻田里，限制了杂草生长，机械收割机和捆扎机意味着无须勤劳的人手借助割稻钩和镰刀来收割。相比之下，大约在同一时期，意大利稻米工业每年在种植季雇佣数万名除草工——主要是为了工资而干活的女性，而收割工作在世界上其他每个稻米生产区都被证明更加是劳动密集型的。[2]

因此，把稻米变成小麦可以说极大地减少了劳动输入：到 1910 年，在阿肯色中东部大草原上，一个工人能管理的稻田面积增长到了 200 英亩（加上一点额外的雇佣劳动从事"堆垛和打谷"），水稻劳动者开始按照每英亩人/小时而不是每英亩人/天来思考。这表明，"水稻革命"并没有带来产量的惊人增加。实

---

〔1〕 参见第 378 页注释[1]、[2]中引述的作品。关于路易斯安那西南部稻田的典型规模的数据，参见 Knapp 1899,22；Knapp 1910,10,20,28；Bailey 1945,121。关于老西南地区收割劳动力的种族构成，参见 Mitchell 1949,115—132,122—123；Daniel 1985,44—49；West 1987,39—42。

〔2〕 参见第 378 页注释[1]、[2]中引述的作品。纳普(Knapp,1899,20)给出了相比世界上其他地区，美国人均水稻亩数(在南北卡罗来纳和老西南地区)。对南大西洋水稻地区的额外评估参见 Gray 1933,1:284；2:731。麦克奈尔(McNair,1924,7—9)描述了 20 世纪初阿肯色州水稻和棉花各自的劳动需求。在加富尔运河开通(1866 年)与第一次世界大战之间的那段时间，意大利的稻米工业雇用了大量的女性除草工(Zappi 1991,1—33,esp. 9—10)。

际上,尽管路易斯安那西南部草原上的产量(每英亩约 800～1 000 磅净米)比
1899—1919 年间南卡罗来纳低地地区正在崩溃的稻米经济的产量高出很多,但
通常要比意大利、东亚和东南亚部分地区那些小的(在某些情况下是极小的)非
机械化稻田的产量要低很多。在那段时期,它们甚至比下缅甸的产量还低——
在那里稻米生产正迅速扩张但依然有一定基础的边境稻米复合体以远比亚洲
其他地区大很多的农场为标志。[1]

表 13.3 **1879—1929 年路易斯安那西南部平均每英亩净米产量**

年份	平均产量(磅)
1879	480.5
1889	681.4
1899	801.3
1909	936.9
1919	1 034.4
1929	1 222.5

资料来源:汇编自 U. S. Bureau of the Census,*Tenth Census of the United States*,1880,
Vol. 3 (1883):280－283; U. S. Bureau of the Census,*Eleventh Census of the United States*,
1890,Vol. 10 (1896):421,435; U. S. Bureau of the Census,*Twelfth Census of the United
States*,1900,Vol. 6,Part 2 (1902):2;94,192; U. S. Bureau of the Census,*Thirteenth Census
of the United States*,1910,Vol. 5 (1914):621,623; Vol. 6 (19 13):690－695; U. S. Bureau
of the Census,*Fourteenth Census of the United States*,1920,Vol. 5 (1922):709,771－772;
Vol. 6,Part 2 (1922):31,608－613; U. S. Bureau of the Census,*Fifteenth Census of the U-
nited States*,1930,Vol. 2,Part 2 (1932):91。1909 年、1919 年和 1929 年糙米的数字根据以
下假设转换成了净米:48 磅糙米等于 30 磅净米。Wickizer 1941,318－319 提供了世界上其
他地区的产量。还可参看 Grist 1959,359; Cheng 1968,28－29。

这些关于产量的结论应该不会让任何人吃惊;实际上,它们在那个时期的
路易斯安那西南部并没有让同时代人吃惊。在大多数种植计划中,若其他条件
不变,稻米产量就会随着更大的劳动密集度而增加(至少直到某个临界点之

---

[1] Perrin 1910,97. 关于美国稻米生产中的人/小时及世界上其他地区的人/天的计算,参见
Grist 1959,384－386。每英亩净米产量的数据可以根据美国人口普查的数据来计算。路易斯安那西南
部 1879—1929 年间的书在表 13.3 中已给出。

前),而劳动输入在路易斯安那西南部的水稻种植职能中被最小化了。实际上,大草原上的整个稻米生产体系——根据速水佑次郎-拉坦的方法——被设计为最小化(相对)几乎没有(相对)昂贵的劳动,最大化每个劳动力能管理的(相对)廉价土地的数量。起初,老西南地区沼泽地和大草原上的土地极其便宜,有时甚至免费,或者在 19 世纪 80 年代低至每英亩 0.20~0.50 美元,美国农业部关于世界各地约 1900—1910 年间水稻工人工资的数据(正是由那个无处不在的西曼·纳普搜集汇编的)证明,路易斯安那西南部和得克萨斯的农场日工资(包食宿)是 1.50~2.00 美元,远远高于当时全世界的其他任何地方。但在水稻大草原上,每个劳动者大约种植 80 英亩水稻,而在美国之外,一个工人照管的最大面积在埃及和西班牙是 5 英亩,那里的日工资大约为 30~50 美分。[1]

相对较少的劳动输入,加上廉价的土地,使得老西南地区的稻米工业从它开始直至第一次世界大战那段时间都相当有利可图,尽管它的资本密集度很高,但它的产量也很高,而且在 1890—1914 年间,美国稻米的价格很低。稍稍抽象一点,你可以在某些方面看出美国稻米工业的这次重大改变,从南大西洋各州转向老西南地区,作为对创造一个整合的全球稻米市场的一种市场回应,这个过程在这段相同的时间接近完成。当来自亚洲的低成本稻米越来越多地主宰市场的世界终结时,美国南大西洋地区的劳动密集型稻米生产便繁荣起来。革命性的新体制在老西南地区建立起来——19 世纪 80 年代始于路易斯安那西南部,90 年代溢出到得克萨斯东南部,20 世纪头 20 年蔓延到阿肯色中东部——至少给了美国一个机会。而且这是一个战斗的机会:第一次世界大战后,已经彻底革新的美国稻米工业——受益于令人印象深刻的生产力增长、加利福尼亚商品稻米生产的增长,以及针对外国稻米的关税——重新夺回了对国内稻米市场的控制权,美国再次成为净出口国。而且,重申一下,这些革命者首

---

〔1〕 Southern Pacific Railroad Company 1889,8—9; Bird 1886,91. 一旦草原上的水被排干,水稻种植就被证明是有利可图的,土地价格也因此上涨。Bailey 1945,121—122; Babineaux 1967,28; Morris 1906,Section 2,8. 纳普(1899,20)给出了世界各地的农场日工资。

先是来自中西部的促进者、企业家和有商业头脑的农民。[1]

把这场革命主要归功于中西部人绝不意味着本地人反对现代化农业，反革命就更不用说了。毕竟，路易斯安那资本密集型的和集约资本主义的蔗糖工业大致在同一时期以很大程度上相同的方式现代化，正如约翰·海特曼（John Heitmann）及其他人很久之前所证明的那样。[2]把稻米革命主要归功于中西部人也并不是否认本地人（以及来自中西部之外的其他地方的非本地人）也发挥了作用，有时候甚至是重要作用。一般而言，本地人欢迎新来者，欣赏并支持他们的发展倡议。尽管有通常的商业争执，但本土银行家、厂主和商人（尤其在新奥尔良）都提供了投资资本，加工并推销了大量的"革命"稻米。此外，一些移民——最著名的是阿布罗姆·卡普兰（Abrom Kaplan），他于 1890 年从波兰移民美国，并不可思议地定居在 1886 年创建的草原稻米小城克劳利——将被证明对于这场革命是必不可少的。就卡普兰的情况而言，他很快就卷入了路易斯安那西南部的水稻种植，尤其是稻米碾磨，后来（1902 年）在弗米利恩教区创立了一个小城镇，用自己的名字把它命名为卡普兰。他家族的另外一些人后来

---

[1]　参见第 378 页注释[1]、[2]中引述的作品。关于得克萨斯州的稻米工业，还可参看 U. S. Department of the Interior 1898，25—28；Scanlon 1954，35—38，41—42，48—50。布朗（Brown，1906，3）描述了阿肯色州稻米工业的早期发展；Morris 1906，Section 2，8；Vincenheller 1906，119—129；"Rice Industry of Eastern Arkansas is Growing Rapidly From Year to Year," Arkansas Gazette, October 17, 1909，Part II，p. 12；Small and St. Louis Southwestern Railway Company 1910，3—8；Arkansas 1911，9—10，12；Rosencrantz 1946，123—37；Brown 1970，76—79；Green 1986，261—268。关于 20 世纪 20 年代争取稻米关税保护的（成功）战斗，参见 Lee 1994。关于试图通过关税保护来支持西南地区稻米工业的更早努力的材料，参见：Louisiana State Rice [Milling] Company, Board of Directors Minutes，1911—1940，December 30，1912，Vol. 2，p. 54，Rice Archives, Southwestern Archives and Manuscripts Collection (SAMC), University of Southwestern Louisiana [now University of Louisiana-Lafayette], Lafayette, Louisiana；Minutes, Meeting of the Rice Millers' Association Executive Committee, November 11，1921，Box 1，Rice Millers' Association (RMA) Records, Rice Archives, SAMC, University of Southwestern Louisiana。类似的材料散见于下列文献中：Lazaro (Ladislas) Papers, Louisiana and Lower Mississippi Valley Collections, LSU。关于加利福尼亚州稻米工业的崛起，参见："Great is California in Rice Growing," California Cultivator 49（August 25，1917），181；Adams 1917，441；Jones 1950；Bleyhl 1955；Wilson and Butte County Rice Growers Association 1979，20—248。

[2]　Heitmann 1987.

追随他从波兰来到这一地区,也卷入了稻米工业。[1]

应当指出,移民在得克萨斯和阿肯色稻米工业的早期发展中也发挥了重要作用,尽管常常是在美国度过一段时间之后。例如,常常被视为美国稻米工业之都的阿肯色州阿肯色县的斯图加特城在 19 世纪 80 年代初由亚当·比尔克勒(Adam Buerkle)创建,比尔克勒是德国巴登-符腾堡州埃斯林根区普拉滕哈特土生土长的本地人,1852 年移民美国。比尔克勒是个路德派牧师,在几个北方州担任牧师之后,1878 年在阿肯色州的大草原地区购买了 7 000 英亩土地,开始促进德裔移民农民从中西部向这一地区迁移。一旦在这一地区定居,比尔克勒便于 1880 年在今天斯图加特市所在地附近建立了一个邮局。斯图加特城——以巴登-符腾堡州首府的名字命名——在 1884 年建立,很快就成为阿肯色中东部整个大草原农民的市场营销中心,20 世纪初,稻米工业在那里隆重起飞。[2]

但归根到底,引发这场革命的并不是波兰或德国,而是中西部,是中西部的白人农民(不管是土著还是移民),以及他们高度商业化的价值观和文化,造就了它。这场革命是他们的。对于每一个卡普兰城或斯图加特城,就有一个艾奥瓦城(在卡尔克苏教区)或一个文顿城(也在卡尔克苏教区,纳普按照他担任牧师的那个艾奥瓦城镇给它取名),或一个詹宁斯城,"南方土地上的一个北方村"。除了纳普、卡里和沃特金斯这几个名字外,我们还可以添加一些中西部人的名字,比如 W. H. 福勒(W. H. Fuller,俄亥俄和内布拉斯加)、约翰·莫里斯(John Morris,内布拉斯加,尽管他出生在威尔士)、W. E. 霍普(W. E. Hope,密苏里)——阿肯色州稻米工业的创立者,还有该州早期稻米工业的主要记录者 J. M. 斯派塞(J. M. Spicer)。斯派塞是土生土长的俄亥俄州人,从 1916 年开始

---

〔1〕 Daniel 1985,39—61;Dethloff 1988,63—80,esp. 76。还可参看卡普兰的官方网站(http://www. kaplanla. com)及弗米利恩教区的官方网站(www. vermilion. org)。

〔2〕 参见"History of Stuttgart,"*Grand Prairie Historical Bulletin* 6 (January 1963):1—7;Hanley and Hanley 2008,20—21;http://grandprairiemuseum. org/pages/history. htm,Website,Museum of the Arkansas Grand Prairie,Stuttgart,Arkansas〔accessed July 30,2014〕。

连续 51 年在斯图加特种植水稻作物。据一个同时代人的估计,1900 年路易斯
安那西南部中西部人的数量为 7 000 人,而 1930 年对阿肯色州稻农进行的一项
调查发现,75% 的人出生在本州之外,尤其是在艾奥瓦、伊利诺伊、印第安纳和
密苏里等州。[1] S. L. 卡里在 1898 年的一篇题为"移民的天堂"的宣传文章中
清楚表达出的那个梦想在很大程度上已经实现:

> 坦白地说,我们想要北方最好的农民。对于那些我们能够获得的
> 人,我们已经取得了引人注目的成功,这些人常常遭遇作物歉收,太过
> 漫长地用一个漫长的冬天做试验。我们不必去欧洲或非洲,我们可以
> 在国内找到他们,只要他们获知了已经存在的事实。[2]

在老西南地区建立稻米工业的中西部农民都是按照他们所离开的亲戚朋
友一样的商业模子打造的,也就是说,是那些给我们带来农场社(1919 年在伊利
诺伊建立)和先锋种子公司(1926 年在艾奥瓦建立)的人。他们和那些在 20 世
纪 30 年代迅速地接受了上述种子公司的伟大发明即杂交玉米的艾奥瓦农民是
相同的血统,兹维·格里利克斯(Zvi Griliches)在 1957 年《计量经济学》(*Econ-
ometrica*)发表的那篇经典论文中非常有力地展示和解释了这次接受的迅

---

〔1〕 Daniel 1985,39—61,44—45;Dethloff 1988,63—94;Spicer 1964,esp. 1—31;Desmarias and
Irving 1983,12—24。关于 1930 年对阿肯色州稻农的调查,参见 Dethloff 1988,87。关于斯派塞的背景,
参见 Spicer 1964,118—119。请注意,另一位阿肯色州稻米工业的早期史家——上文提到的弗洛伦丝·
L. 罗森克兰茨(Florence L. Rosencrantz)——1889 年还是个孩子的时候从伊利诺伊州的卡林维尔移居
阿肯色州的斯图加特。她的丈夫约瑟夫·罗森克兰茨(Joseph Rosencrantz)成了斯图加特地区一个大水
稻种植园主,到 20 世纪 40 年代中期,他的农场扩大到了 2 600 英亩。Rosencrantz 1946,123. 得克萨斯
州的水稻地区——由博蒙特附近的大约 18 个县组成,其中心在杰斐逊县——基本上是路易斯安那西南
部稻米工业的延伸。显然,纳普在这两个州的涉入都很深,但其他很多路易斯安那人,比如约瑟夫·布罗
萨德(Joseph Broussard)、L. 和 J. 维泰博(Viterbo),也是得克萨斯州稻米工业的先驱(Scanlon 1954,
esp. 35—60);Dethloff 1988,80—90;Dethloff,"Rice Culture," in Handbook of Texas Online,online at:
https://www. tshaonline. org/handbook/online/articles/afr01 [accessed July 30,2014];Wooster,"Vit-
erbo,TX," in Handbook of Texas Online,online at:http://www. tshaonline. org/handbook/online/arti-
cles/htv08 [accessed July 30,2014]。
〔2〕 Cary 1901,68—73。引文引自第 70 页。请注意,这篇文章最初发表在新奥尔良的报纸 *Pica-
yune*,September 1,1898。

速性。[1]

尽管高产稻米杂交品种研发出来的时间要晚很多——在 20 世纪 60 年代和 70 年代——但这一延迟在很大程度上要归因于下面这个事实：杂种优势在稻米中比在玉米中更难实现。像他们的北方兄弟一样，在老西南地区建立稻米工业的中西部人从一开始就渴望改良品种的种子，他们借助各种不同的手段来寻求这样的种子。

在许多年的冷淡或忽视之后，美国农业生物学创新——包括育种——的历史正在获得更多的关注，这在很大程度上是因为经济史家阿兰·L. 奥姆斯特德（Alan L. Olmstead）和保罗·W. 罗德（Paul W. Rhode）的工作，他们于 2008 年获奖的作品《创造富足：生物学创新与美国的农业发展》（*Creating Abundance: Biological Innovation and American Agricultural Development*）已经产生重大影响。在这本书中，奥姆斯特德和罗德认为，在解释美国的农业发展时，经济史家和技术史家太多地关注省力的机器技术，而不够关注生物学创新。据奥姆斯特德和罗德说，这个问题在对第二次世界大战前两百年内美国农业发展的解释中尤其明显。在对生物学创新的重要性提出他们的理由时，他们调动了一系列的证据，涉及源自（萌芽于？）几百年来越来越系统化的也越来越成功的植物和动物育种创新的生产力提高，在这样做的过程中，他们证明了下面这个被广泛抱持的观念是错误的：美国农业的生物学创新是在 20 世纪 20年代——应当指出的是在艾奥瓦——始于亨利·华莱士和先锋种子公司，在 30 年代杂交玉米出现之前并不怎么重要。[2]

诚然，奥姆斯特德和罗德可能稍稍夸大了其他学者忽视生物学创新的程度——小杰克·拉尔夫·克洛潘伯格（Jack Ralph Kloppenburg, Jr.）这个名字立即浮现在脑海里——但他们的总体观点是站得住脚的。[3] 尽管他们在《创造富足》中并没有讨论稻米，但是很显然，历史证据——至少是来自老西南地区

---

[1] Griliches 1957, 501—522.

[2] Olmstead and Rhode 2008, 1—16, 386—402, 及文中多处。

[3] Kloppenburg 1988; Coclanis 2001.

的历史证据——非常契合他们的命题。几乎是从一开始,这一地区的农学家
(不管是以私人身份工作,还是在国家农业试验站工作)和种植者都对改良品种
感兴趣,在 1900 年至 1929 年的那段时间,有 10 个新的水稻栽培品种在路易斯
安那(9 个)和得克萨斯(1 个)研发出来,包括一些重要品种,比如地区领头羊
"蓝玫瑰"—— 一种耐久的中等颗粒稻米——是路易斯安那州著名的克劳利城
稻农所罗门·拉斯克·赖特(Solomon Lusk Wright,绰号"索尔")开发出来的,
有时候他被称作"稻米工业的路德·伯班克"(Luther Burbank)。几乎可以预
料,赖特是中西部人,出生于印第安纳,从前是个麦农,后来在 1890 年搬迁到阿
卡迪亚教区克劳利城外,尝试种植水稻。[1]

　　另一些在老西南地区深受欢迎的水稻栽培品种是"进口货",最著名的洪都
拉斯米是 1890 年引入的一种长粒品种,而所谓的短粒"日本"稻是西曼·纳普
作为美国农业部"农业探索专家"第二次去参加亚洲的生物勘察旅行之后在
1902 年引入这一地区的。那么,很清楚,卷入老西南地区早期稻米工业的主要
人物都对生物学创新和机械创新感兴趣,他们开发的一些栽培品种,尤其是赖
特的"蓝玫瑰"和他后来的一些品种,比如"高产早稻",既带来了更高的产量,也
使得碾磨过程中的损耗更少。[2]

　　他们还对创造组织的、营销的和教育的基础结构以及适合"现代的、科学的"
工业的"能力"感兴趣。从适度的开端——纳普在 19 世纪 80 年代中期的示范农
场,稻米工业的基础结构组合很快就包括了农业试验站和私营育种公司、一本专
门化的杂志[《水稻杂志与海湾农民》(*Rice Journal and Gulf Farmer*),1897 年开
始在克劳利城外出版],以及各种不同的作物与贸易协会(其中最早的农民合作稻

---

　　[1]　Hong et al. 2005,66—76,68. Fontenot and Freeland 1997,v. 2,14—36,其中描述了所罗门·
拉斯克·赖特以及他作为育种专家的作用;Dethloff 1988,78,91—92,148; 148; "Solomon Wright was
'Burbank' of Industry," Lafayette [Louisiana] Daily Advertiser,August 26,1997; Crystal Rice Heritage
Farm, "The Wright Stuff," online at: http://crystalrice. com/familyv2. htm [accessed October 14,
2011]; Website,The Wright Group (http://www. thewrightgroup. net/about/rice-history/) [accessed
October 14,2011]. "Luther Burbank",引自 Dethloff 1988,148。

　　[2]　Dethloff 1988,78—94; 148—149.

米碾磨公司和美国水稻协会都是纳普在 19 世纪 90 年代的大作)。[1]

上文勾勒的现代的、科学的(和极端资本主义的)水稻种植形式在整个老西南地区大获成功之后不久,又在以萨克拉门托河流域为中心的新兴的加利福尼亚稻米复合体中大获成功。[2] 它从那时到现在一直主宰着美国的稻米工业,尤其是在阿肯色州中东部的大草原地区。从这里到那里是一条很长的路,但是,今天大草原上,以及附近的一些地方,比如斯图加特,超资本密集的、异常高效的、极其道德失范的和令人疏远的农业"稻米花茎"的"根"要到 19 世纪晚期的路易斯安那西南部去寻找。那些来自相同的中西部世系——在很大程度上有相同的意识——在 19 世纪 90 年代把蒸汽拖拉机和修改过的收割机和捆扎机带到克劳利和詹宁斯的人,对 2014 年大草原上的水稻种植体制负有责任,这一体制的典型特征是激光制导的田地平整、空中播种、自力推进的耕作设备(装有与美国农业部土壤耕作实验室的卫星相关联的 GPS,没错,这个实验室就坐落于艾奥瓦州的埃姆斯!),以及散落于巨大稻田里的大型泵水站。[3]

如果你碰巧发现自己在夏天的那几个月里正身处斯图加特地区,蚊子会多不胜数,但人很少见,因为在种植季,阿肯色水稻草原上一个农民可以管理 1 000 英亩稻田。今天在阿肯色州存在的体系于 125 年前开始成形,"本土知识体系"的早期形式被那些来自中西部的寻求经济拯救的白人新教徒开发者和农民带到南方。美国最早的水稻文化体制在灵感上究竟是不是非洲的依然是个悬而未决的问题,但美国现代水稻种植的起源毫无疑问是中西部人的和白人的。

彼得·A. 科克拉尼斯

---

〔1〕 Bailey 1945,109—132; Cline 1970,335—340. Spicer 1964,7—14,32—33,34—38; Dethloff, 1988,110—127; Lee 1996; Lee 1994,435—454. 美国水稻协会是 1896 年或 1897 年组建的另一个碾磨商组织稻米碾磨商协会(RMA)的前身。RMA 的记录在下面两篇文献中:Rice Archives,SAMC,University of Louisiana-Lafayette;Special Collections Division,University of Arkansas Libraries,Fayetteville,Arkansas。

〔2〕 Bleyhl 1955,83—494; Willson and Butte County Rice Growers Association 1979,pp. 20—248.

〔3〕 Hart 1991,301—314; Coclanis 2010b,429—430.

第十四章

稲米与日本的经济发展路径

　　稻米及其种植一直被视为对于理解日本的历史发展至关重要。在神话中的过去某个时间,天皇世系的先祖从太阳女神天照大神那里接受了最早的日本稻种,其今天的继任者依然在东京皇宫地面监管着一块稻田。在民众的想象里,正是灌溉稻米的要求解释了日本人"独一无二的"刻苦工作、团队协作和价值和谐的习性;在人类学家大贯惠美子看来,在日本,"稻米就是自己"[1]。即使在 20 世纪,稻米供应的威胁依然可能引发全国范围的恐慌,这似乎只是证实了它在日本人身份概念中所扮演的关键角色。[2]

　　对于经济史家来说,更平淡无奇的是稻米在日本承载的实际意义和象征意义使之成为"日本发展模式"之内"农业角色"的基础。绝大多数农场家庭把稻米看作整个日本现代史上的主要作物,这样一来,到 19 世纪 80 年代收集汇编全国层面的统计数据的那个时期,稻米占到了农业产出总值的 50% 以上,这个份额直至 20 世纪 60 年代才开始大大下降。[3] 因此,在对日本经济发展的标准解释中,自 19 世纪中期以降,正是稻农设法提高产量和输出的努力产生了现代工业化所依赖的很大一部分资源。在很长时间里,这个过程被视为基于国家主导的对现代工业输入技术的投资,这样的技术使日本能在 1868 年明治维新后的那些年里"赶上"西方。在这个语境下,种植水稻的农场家庭给政府提供税

<hr />

[1]　Ohnuki-Tierney 1993.

[2]　1993 年的歉收使得政府的粮食局求助于进口("劣质的"非日本稻米),并导致大规模的恐慌性购买以及大规模的全国性反省。

[3]　Hayami et al. 1991,Table 1—6.

收收入和给国民提供粮食供应的能力似乎发挥了至关重要的作用。[1]

然而,更近一些时期,构成这个自上而下的日本发展叙事基础的这些假设越来越多地受到一批新的经济史学家的定量工作和定性工作的挑战。在他们看来,早在采用国家主导的赶超战略之前,现代早期的日本,就像同时代的西方国家一样,见证了输出增长和市场蔓延这些如今被视为工业化的先决条件。他们的工作嵌入了彭慕兰(Kenneth Pomeranz)的《大分流》(*The Great Divergence*)所启发的比较全球史这个新兴领域,并被认为将证明日本就像东亚其他地区一样,早在现代西方的冲击被人们觉察之前,集中于水稻种植的农村经济就已经在创造不断提高的生活水平——建立在农产品和制成品的商品化生产的基础之上。[2]"农业的角色",也是作为农村经济核心成分的水稻种植的角色,因此似乎有着比人们曾经认为的更漫长的历史,涉及更多的东西,而不只是19世纪晚期向现代部门释放资源。

作为在第二次世界大战之前达到重要工业化水平的唯一非西方国家,日本当然是那个可能被证明是关于"大分流"通则的一个例外。人们早就认识到,像粮食产品和纺织品这样的日常商品的生产和消费也增长了,这一认识发生在现代工业化导致对那些事实上继续生产数量不断扩大的此类商品的经济部门开展新的研究之前,远远早于"向西方开放"和基于输入技术的新型工业的出现。这些构成了小规模农业和农村制造业的"传统部门",其继续存在和发展导致了对工业化之前和工业化期间一些生产和消费领域的意义的重新评估,这些领域并不符合大规模、大市场、资本密集的形式,而这些形式被看作现代欧洲工业和农业革命的典型特征。

对这些历史发展的观察,不仅在日本,而且在东亚的其他地区导致全球史领域内的很多学者提出一些工业化的"另类"模型,它们未必遵循对西方工业革

---

[1] 例如,参见古斯塔夫·兰尼斯(Gustav Ranis),以及同一本书的另外几篇文章。关于最初的"日本模式"的详细讨论,参见 Francks 1999,chapter 6。

[2] 参见 Pomeranz 2000。整个第二章和第三章提供了前工业时代日本生产和消费增长的证据,以及市场扩张的证据。

命的标准描述中所规定的相同路径。日本如今被认为是不同模式的一个典型
例证——东亚其他地区后来所遵循的模式——根据这个模式，"传统部门"内部
的技术和经济发展使得劳动力资源能以有效的方式被利用，沿着一条"劳动密
集的路径"产生输出增长，截然不同于欧洲和北美那些土地和资本更充足的国
家所遵循的路径。[1] 与此同时，对"传统"经济——既是作为现代经济增长的
一个先决条件，也是作为其中一个被低估的成分——发展的重新评估是把新的
重点放在日常商品的生产和消费上，比如食品和服装，它们是传统经济的主要
商品，对于提高生活水平和市场的扩张至关重要。

　　有鉴于此，本章的目的是考量稻米在一个非西方工业化的关键实例中如何
契合这样一个新的发展路径观。正是白馥兰最早提出了这样一个对后来的发
展影响巨大的观念："稻米国家"的经济增长模式可能不同于在工业化的西方所
观察到的模式。[2] 在这里，我基于这一路径提出：在对日本的长期发展路径的
任何分析中，都必须把稻米既作为一种消费品又作为农村经济和制度结构的关
键决定因素的特定特征纳入考量。论证从一个简短的证明开始：尽管稻米继续
以小规模的、劳动密集的方式种植，但在不断增长和发展的日本经济的语境下，
我们不能把它简单地视为一种主粮或生存作物。正如本书其他几章对于东亚
不同地区所证明的，稻米代表了一种有区别的、地位很高的产品，消费者在变得
更富裕的时候会用"更次要的"谷物来取代它，在日本也是如此，它充当了一种
现代消费品，对它的需求随着收入的提高和市场的扩张而增长。那么，本章余
下的部分将试图说明，这个需求侧的过程如何将持续的重要性赋予受限于技
术、经济和制度结构的稻米，不仅是农业部门，而且有不断扩张的制造业和服务
业部门，都与它深深地缠绕在一起。在这方面，可以认为稻米在把日本置于一
条与众不同的发展路径上扮演了一个关键角色，涉及小规模劳动密集型生产的

---

　　〔1〕　关于这个模型的陈述，参见 Sugihara 2003。另一些学者，尤其是斋藤修（例如 Saito 2008），遵
循类似的论证和研究路线，一条可选的"东亚路径"的概念在一般意义上构成了在全球经济中论述东亚的
修正主义作品的基础，比如安德烈·冈德·弗兰克（Andre Gunder Frank）和乔万尼·阿里吉（Giovanni
Arrighi）的作品。对"劳动密集型工业化"的更详细的分析，参见 Austin and Sugihara 2013。

　　〔2〕　Bray 1986. See also Bray 1983 and Palat 1995.

生存和发展。因此,在对日本经济发展的任何解释中,都不能忽视稻米以什么样的方式生产和消费,这些方式对于理解日本如何遵循它在东亚开拓的那条特定路径确实至关重要。

消费稻米

毫无疑问,稻米在日本人的生活中长期扮演了一个关键角色。当它在公元300—400 年前后从亚洲大陆被引入时,就基础结构投资和劳动时间而言,它的种植就是困难的和高成本的,而且它的消费被保留给那些能够掌控获取稻米所必需的资源并认识到它与更高级的中国文明相关联的人。然而,到现代早期德川幕府时期(1600—1860),它开始被广泛种植,只要条件允许,即使大部分产出继续被封建领主和武士所组成的统治阶级所垄断,以他们能够对种植者征收的实物税收的形式。其中大部分稻米,连同任何其他的"剩余"输出,在这一时期不断扩大的城市里销售,正是在城市里,以我们如今被认为是日本烹饪艺术的形式—— 一碗碗白米饭加上一碟碟鱼或蔬菜和腌菜——开始被消费,消费者既有武士和富裕的商人,也有很多作为永久或临时的城市居民而为他们工作的人。[1]

稻米因此获得了它作为一种文明的日式饮食、实际上还有生活方式的核心成分的身份。以正确的方式消费稻米需要能够使用合适的烹饪器具(厨房里的炉子而不是单个烹罐挂在客厅里的一团火上),经常为获得诸如酱汁之类加工配料而推销烹饪器具,赋予清淡无味的菜品以滋味。当城里的做法传播开来时,农村精英也开始采取城里那些更精密复杂的方式且到了无以复加的程度,

---

[1] 关于日式烹饪和膳食模式的起源,参见 Watanabe M. 1964 或 Ishige 2001。对于德川幕府时期的乡村地区依然消费多少稻米作物,存在一些争论,而且谷类消费明显存在广泛的地区变异。然而,在稻米被其种植者吃掉的地方,其典型形式是未抛光的褐色米,并且混合了其他整粒谷物。抛光白米靠自身的价值跻身于城市的日常饮食,即使被消费,也是专门保留给特殊场合。参见 Kito 1998。

但乡村的大多数人除外，他们日常饮食基于非稻米谷物和蔬菜的一锅炖，如果有的话就加上鱼和商品调味品，继续更好地适合他们的器具及其种植和商业实践。[1] 他们吃得越来越多的是在市场上销售的非稻米谷物和蔬菜，它们可以在冬天种植在非灌溉土地上或稻田里，而种植稻米是为了缴税，为了拿到市场上销售，大概还为了在某些特定场合消费。非稻米谷物扮演主要角色的日常饮食，尽管在营养上优于仅仅以白米为基础的饮食，但它因此开始与农村生活和缺乏精致联系在一起。[2]

这一品味模式继续制约着食品消费，直到幕府政权终结之后，结果，一旦工业城市化在 1900 年前后起飞，对于数量不断增长的迁入城市的人来说，对于那些离开落后乡村的人来说，白米日常饮食的消费成了城市身份的同义词。随之而来的日式稻米需求的增长导致价格上涨，最终在 20 世纪 10 年代晚期工业繁荣期间导致城市和农村的抗议及骚乱。[3] 正如迈克尔·刘易斯（Michael Lewis）所指出的，所谓的稻米骚乱并不意味着没东西可吃——有其他的谷物和更廉价的进口"外国"米——而是反映了一个事实：买不起日式稻米威胁到一个人作为现代日本人的身份。不得不吃混合其他谷物的稻米成了贫穷和落后的象征。[4]

因此，稻米作为地道日本生活的象征，这个角色的巩固是在漫长的第二次世界大战前时期现代消费发展的发生方式的一个产物，稻米在日常饮食中的核心地位无疑继续制约着消费模式和对食品全球化的回应。尽管战后的经济奇迹完成了把日本转变为一个富裕工业社会的过程，但直至 20 世纪 60 年代，人

---

〔1〕　Hanley 1997,77—94；Watanabe 1964,chapter 11.

〔2〕　关于稻米在一般意义上的亚洲充当了一种奢侈品的论证，参见 Latham，1999。本书中张瑞威和李丞浚的那两章证明了稻米在亚洲其他地方的消费模式中所扮演的这样一个角色。

〔3〕　到 20 世纪 10 年代，国内生产再也不够满足稻米需求的增长，结果导致价格上涨，并最终触发骚乱。世界市场上可以买到的进口稻米属于印度品种，日本消费者认为其品质更劣，他们始终如一地表现出对国内种植的日本稻米的强烈偏爱。在韩国和中国台湾——它们曾经是日本的殖民地——促进日式稻米种植的政策就是为了缓解这个问题，尽管日本米与所有其他形式的进口米之间的价差持续存在。更详细的信息参见 Francks 2003。

〔4〕　参见 Lewis 1990。进一步的证据和实例参见 Francks 2007,155—161。

均稻米消费才开始下降,普遍观察到的不断增加的收入与日常饮食从主粮谷物向更多肉类和奶制品转变之间的相互关系才开始在日本被观察到。[1] 在接下来的部分,我将证明,稻米在历史上的核心角色,以及其所有的陷阱和伴随物,作为在日本被人们渴求的食物是重要的,它不仅是日本文化的一个成分,而且对技术、经济结构和农业制度具有重大影响,并由此影响增长和发展过程中出现的制造业和现代工业部门。由于稻米作为一种食物变得非常重要,因此它在决定一个经济和社会的特征上扮演了重要角色,而这个社会被证明有能力生产更多的东西,而不仅仅是食物。

稻米、劳动强度和多功能农村家庭

《稻米经济》(*The Rice Economies*)所提供的数据和分析显示,稻米生产特定的技术要求、组织要求和制度要求在灌溉水稻种植主导农业活动的社会中如何影响经济发展的长期模式。后来关于日本经济史的研究积累使得更详细地证明这一论证成为可能,在对经济发展和工业化路径的比较建模激增的语境内。正如后文所总结的,日本的案例因此可以用来证明,在稻米是首选谷物的社会里,对它的需求随着收入的提高而增长,全面的生产和消费形式的发展可能遵循一条不同于在那些有着不同农业结构的开创工业革命的社会里所观察到的路径,其特征正如下文将要描述的那样。这个论证的核心是这样一个命题:吸收生产性劳动力的机会在水稻种植社会特别高,不仅在稻米生产本身中,而且因为在农场内外把稻米生产与其他活动结合起来的范围也很大。

---

[1] 20 世纪 50 年代上半叶年人均抛光白米的消费在 100 公斤左右,到 20 世纪 60 年代中期增长到了 115~118 公斤,然后开始稳步下降。第二次世界大战之前并不存在前后一致的数据序列,所以很难与战前的消费水平进行比较。基于生产数据并根据未抛光褐色米进行衡量所得出的估算显示,人均消费从 19 世纪 70 年代下半叶的 100 公斤左右增长到了 20 世纪 30 年代超过 160 公斤的高峰。战前的数据来自 Bank of Japan Statistics Department 1966,Table 129,战后的数据来自 Norinsuisansho Tokeijoho-bu,不同的年份。

正如白馥兰所指出的,稻米作为一种作物,即使生长在不适合灌溉的条件下,比起一些典型生长在欧洲和北美的谷物,比如小麦,也有着产生更高产量的潜力。然而,这取决于高水平的劳动输入,结果是,稻米比起——比方说——小麦,既需要,也能养活可耕种地区更密集的人口。日本在证明以下命题上是一个关键例证:水稻种植的劳动力吸收能力未必是"内卷的"。[1] 日本经济学家和历史学家石川滋(Ishikawa Shigeru)提出的"石川曲线"(Ishikawa curve)描述了每公顷产量增长与劳动输入增加之间——至少在发展的早期阶段——的正相关性,这条曲线在发展政策中变得很有影响力。[2] 导致速水融提出现代早期日本的"勤勉革命"这个概念的详细的统计学工作证明,在一个围绕日式水稻种植的农业结构的基础上,有限可耕种面积上不断增长的人口密度与不断改善的生活水平相一致,即使这涉及农业耕作中更多的工作和更高的劳动密集度。[3]

水稻种植通过吸收生产性劳动力来产生增长,这一能力对于更广泛的农村经济结构有着明显的含义。实现增产所需的工作涉及实施、时机把握,以及管理上的细心和技能,很难大规模地组织和监督。结果,有可观的证据表明,凡是有合适灌溉设施可用的地方,小规模的、典型以家庭为基础的种植单位比大企业更有优势,能实现更高的产量。[4] 与此同时,正如所有其他作物一样,水稻种植的劳动需求并非全年平均分布,因此,在诸如移栽和收割这样的高峰时期,需要动员所有可用的劳动时间,而在一年的其他时间,大量劳动力资源可用于其他活动。这些活动可以是农业性的,而且水稻很适合双作和其他轮作,但

[1] 即使在爪哇——克利福德·格尔茨所提供的"农业内卷化"的最初案例——大概也不是内卷的。参见本书中布姆加尔德和克罗宁伯格的那一章。

[2] 关于最初的数据和论证,参见 Ishikawa 1981,chapter 1;更晚近的一篇概述参见 Sugihara 2003,84—85。

[3] 速水融的"勤勉革命"因此是一个供给侧的概念,不同于扬·德·弗里斯发展出来的相同名字的需求驱动模型。参见:Hayami 2009,64—72;de Vries 2008,78—82。斋藤修及其他人对于速水融用来支持其关于日本的这个概念的数据和方法提出了一些问题,但不涉及下面这个基本假设:已增长的劳动密度潜藏在德川幕府时期及之后的输出增长背后。

[4] 例如,参见 Bray 1986,150。

它们未必是农业性的,水稻种植家庭一般从事范围广泛的创收活动,只要这些活动是可行的。至少在日本,基于稻米的农业因此偏爱小规模的、多功能的农村家庭,寻求尽可能有效地利用其可用劳动力资源的方式。

对日本水稻种植和更广泛的农村经济的历史研究提供了更详细的证据,证明了机器导致生产性劳动力的吸收,以及对长期增长模式和结构改变的含义。有范围广泛的文献表明,至少自德川幕府中期以降,一系列技术改进的发展和扩散在全国层面上产生了缓慢却稳定的农业输出的增加。[1] 这些依赖于灌溉设施的投资使得改善对水流的范围和时机的控制成为可能,但在其他方面,涉及种子品种的增量改变、增加对化肥的使用、改进工具和种植方法,使得小规模种植者能够收获更多,以回报一年到头更多的劳动输入。在德川幕府时期,后来在相当大的程度上,借助一个新兴的、有文化的、耕种和出租土地的乡村领导阶层中的私人旅行和通信,这样的改良极大地扩散开了,尽管封建幕藩政府也促进提高其税收收入的农业改良,而且到 19 世纪晚期,全国层面的、国家提供经费的研究和推广服务正沿着相同的路线追求技术的发展和扩散。[2]

这个故事如今广为人知,被普遍接受,但是,关于日本农业技术变革的模式还有一点也很惊人,这就是那些既提高产量又促进农场家庭活动多样性改良的程度。因此,灌溉投资和品种改良的目的不仅仅是提高稻米产出,而且是使水稻种植能结合多种商品作物的种植,既对更优良的种植(比如深耕)也对加速峰值运作和缓解农业周期中的"瓶颈"之困做出贡献。[3] 因此,幕府时期的农村家庭能够维持稻米产出,让收税的封建主人一直开心,同时以地方上可能的方

〔1〕 关于这些改变的更详细的信息,参见 Francks 1999,chapter 7。

〔2〕 与其他谷类作物相比,在发展和应用水稻种植技术的改良上,种植者自己的关键作用也被黑米假说所暗示。然而,把日本的技术变革路径及促进技术变革的经济结构和制度结构与本书中克拉尼斯那一章所描述的美国"老西南"地区的情况相比较是很有意义的。日本的案例代表了现有技术自下而上的发展,被那些有着本地的知识和利益的人所扩散,相比之下,我们今天所知道的美国稻米工业是通过一个自上而下的、劳动密集和资本密集的技术包,在 19 世纪晚期建立了大规模市场。

〔3〕 整个技术包的采用取决于灌溉体系的创新,从而使在冬天排干稻田成为可能,并因此使这些稻田能够双作。从水淹田向可排干稻田的转变[从 shitsuden(湿田)向 kanden(干田)转变]因此可作为整个 19 世纪直至 20 世纪高产农业技术传播的一个指示器。参见 Arashi 1975,chapter 1。

式,利用了商品经济的传播和城市市场的增长所创造出来的机会。这个发展模式并没有被 19 世纪下半叶幕府体制的颠覆和现代工业化的开始所削弱,它继续决定着农业技术变革的方向,直至两次世界大战之间及之后的那段时期。

围绕稻米技术变革促进的多样化所采取的形式可能多少是农业性的——种植其他商品作物,如养蚕——但它也可能涉及制造业或服务业的活动,只要这些活动能够适应水稻种植。如今人们普遍同意,到 19 世纪中期,日本经济包含一个相当可观的制造业部门,其主要组成部分采取了在农村地区生产的形式,使用那些以耕作家庭为基地的工人的可用劳动时间。[1] 范围广泛的家庭用品和纺织品,以及各种加工食品,都是在乡下由生产者网络制造出来的,他们在家里或地方作坊里干活,由基地在农村的商人和企业家进行协调。结果,如今可以证明,在幕府时期日本的很多地区,副业创造的收入占农业家庭总收入中相当大的份额,而且,从家庭之内的加工和制造品中或者从家庭之外形式不断改变的工薪劳动中产生的非农业收入因此继续对农村家庭的预算做出重要贡献。[2]

对幕府时期及之后农村经济增长及家庭多样化在其中所发挥作用的这一不断发展的认识,产生了一次在比较语境下对日本发展长期模式的实质性重估。如今人们普遍同意,日本乡村地区也经历了原始的工业化,而且是远非静态的和"封建的",幕府时期的经济是不断增长的商品化经济,不断适应在经济增长中继续扮演重要角色的"传统部门",即使在输入的现代工业化开始之后。试图估算多样化家庭总收入的努力使得"现代早期日本的人均收入和生活水平可能并不比类似时期的欧洲(至少是部分地区)低很多"这个结论有可能支持彭

---

〔1〕 最早已知的全国层面上的产出调查(Fuken Bussanhyō 1874)暗示,制造业产出占总产出的大约 30%(Yamaguchi 1963,13—14)。

〔2〕 说明这一点的最好数据来自德川幕府晚期的长州藩(在本州岛的西南)。在这里,到 19 世纪 40 年代,来自非农来源的收入占家庭总收入的比例从农业程度最高的地区的 20%～30%,到农业程度最低的地区的 70%(Smith 1988,82)。关于收入的多个来源对于农场家庭的持续重要性的证据,参见 Francks 2005,454—459。

慕兰对于西方工业革命之前欧洲各地发展水平相同提出的理由。[1] 但令人吃惊的是,至少在东方的某些稻米经济中,原始工业化和所谓的斯密增长,尽管是基于生产活动中的劳动分工,却并没有在家庭的层面上导致农业/工业的专门化,而是导致小规模、多功能和"兼业农"的集中于水稻种植的农村单位的持续存在。[2] 下一节将考量日本维持这一状况的工业基础,然后提出它对于长期发展的可能路径或许意味着什么。

制度、要素市场和发展中的稻米经济

基于稻米的日式农业,其技术和经济变革的历史轨道可以概括为涉及全年劳动时间输入的增加,可分割输入,例如化肥、改良种子品种和本地制造的工具,被越来越多地使用,以及各种多样化的、有时是有技能的工作操作管理。这看似不是以规模经济为特征,也不需要大规模资本品的投入,除了涉及灌溉基础设施之外。这将暗示,它适合和促进的组织与制度安排,可能不同于那些适合更加资本密集和土地密集的农业形式的安排。就日本而言,我们可以观察到要素和输出市场赖以运转的制度机制,正如基于稻米的农村经济商品化和发展出来的那样,产生了一个这样的框架,一种与众不同的劳动密集型工业化模式就诞生于这个框架之内。

托马斯·C. 史密斯(Thomas C. Smith)开拓性的工作证明了前工业时期日本乡村的技术和经济变革如何巩固有些家庭的位置,基于其居住工作地点,

---

〔1〕 Saito 2008, chapter 4. 另一些人使用工资率数据或者为了欧洲经济的比较分析而发展出来的其他指标(例如 Broadberry and Gupta 2006),得出了一个不同的结论,但斋藤修显示了他们的方法如何没能捕捉到日本所组织的前工业经济收入增长的完整范围。

〔2〕 因此,斋藤修看到了前工业时期基于结构差异的欧亚大陆两端之间生活水平的趋同(Saito 2008, especially chapter 8)。关于一般意义上的亚洲多功能农村家庭的历史、理论和实践的详细介绍,参见 Rigg 2001。

这些家庭耕种的土地不超过一两公顷,必要时借助短期雇佣劳动来补充。[1]
整个德川幕府早期,当劳动力成本上涨、日益商品化和多样化种植的要求高度
重视仔细的工作和时间管理时,种植更大土地面积的大家庭组织分裂瓦解
了。[2] 从那时起,考虑到其可用劳动力的限制和技术及商品发展的可能性,那
些所控制的土地超出其管理能力的家庭发现,把地块出租给有能力管理种植的
佃户和分支家庭更有优势。尽管有农业劳动力的市场,但很少农村家庭完全依
靠工资收入;尽管大多数村庄有一些家庭能够积累超出平均面积的土地所有
权,但他们从未试图为了大规模种植的目的而合并他们的地产。小规模的、以
户为基础的家庭,根据其可用的劳动力资源来管理它的经营,从那时直到现在
它依然是日本农业的管理单位。[3]

这样的家庭一般被组织得能够利用任何可用的机会,富有生产力地使用其
居住地的劳动力,同时维护和改进其所管理土地的耕作。根据户(ie)家庭形
式——凡是可行的地方都采用这一形式——的原则,家庭耕种及其他活动的管
理责任被赋予家庭首领,在理想状态下从父亲传给长子,尽管有其他安排,比如
收养,但在必要时确保家庭连续性是可能的。首领和他的妻子,以及他们的继
承人,构成了家庭的核心劳动力;未来首领的任何在农场内外工作的兄弟姐妹
都要为家庭收入做贡献,直至他们能够结婚,建立自己的家庭。尽管在实践中,
家庭财富可能有涨有落,但村庄社群被构建为一个由连续家庭组成的编组,这
些家庭拥有不同规模的土地,但有共同的义务种植村庄的稻田及其他土地。[4]

这个制度框架明显没有阻止继续集中于水稻种植的农村经济的增长和商
品化,尽管它对要素市场的发展提出了一些限制。在幕府体制下,家庭在技术
上并不拥有土地,在理论上不可能存在土地所有权市场。即使根据 1872 年的

---

〔1〕　Smith 1959.

〔2〕　关于德川幕府早期"小农经济"及"主干家庭体系"的建立,更详细的审视参见 Saito 1988,
201—210。法里斯(Farris 2006,e. g. ,154—155)比这更早提出了主干家庭体系的起源。

〔3〕　支持这一论点的数据参见 Francks 2006,136—138。

〔4〕　关于日本对这个问题的研究的介绍,参见 Sakane 2002,Watanabe T. 2002。

明治土地税改革,种植家庭被授予了土地所有权之后,也很少有人把土地所有权完全卖掉,就连今天的农业家庭也不愿意出售祖先的土地(除非它有非农业发展的潜力,而且价格很高)。然而,租赁市场提供了一个可选的机制,借助这个机制,家庭根据其劳动力资源调整其耕种的土地面积。因此,租赁关系越来越多地被解释为在通行技术条件下有效地分配土地和劳动的安排,而不是阶级剥削的手段,它还有助于减少地主和佃户的风险负担,帮助扩散已经改良的技术。[1]

与此同时,出现的劳动力市场受制于以下事实:工薪工作必须符合种植的需求,符合农村家庭生命周期中不同阶段的要求。短期工薪工作——本地农场的日工、农业或制造业中的季节性雇佣(本地的或基于移民的)——在 1868 年之前和之后肯定出现过,给那些只拥有少量土地的人提供了至关重要的收入补充,同时使更大的种植者在农业周期高峰能够应付过去。年龄更小的儿女每当不需要他们在农场干活时便在农场之外从事契约劳动,为的是积累让他们能够成家立业的技能和资金,并给他们的出生家庭的收入做贡献。

与此同时,农村家庭参与市场既得到其所属乡村制度的支持,也受到了其约束。村庄社群被来自大规模拥有土地家庭的精英阶层中那些越来越有文化的、有良好社会关系的首领所代表,在德川幕府时期管理乡村自治,而乡村自治依然是农村生活和地方行政的基本制度,尽管后来的明治政府试图实现更大的集权。村庄的力量部分源自水稻种植者对灌溉体系的依赖,这些体系必须在村庄或村际的层面组织。然而,村庄团体也保留记录,试图解决纷争,特别是试图管控土地交易,以便确保村庄的土地留在本村种植者的手里。[2]当商品化进行时,村庄开发了一些超出个体家庭投资范围的设施,最终为农业合作营销和信贷服务提供了基础,并提供推广咨询及很多其他形式的种植者与国家之间的

---

[1] 关于研究土地保有权安排的这个制度经济学方法,参见 Sakane 2002。

[2] 此外,菲利普·布朗(Philip Brown)指出,村庄成员中对农业土地的共同所有权和定期重新分配的惯例也并不罕见,直至第二次世界大战之后也没有完全消失(Brown 2011)。一般而言,私人土地所有权在每一个地方都受制于社群习俗和社会关系。

互动。

因此，尽管日本稻米经济的制度和要素市场看上去不可能像前工业的和工业化的欧洲一样，或者说产生了同样的结果，但它们的运作方式依然使多样化和商品化成为可能，并促进全面增长，而没有削弱小规模的、以户为基础的水稻种植家庭的地位。市场出现了，不过是以特定的形式出现的，并没有在乡村地区导致基于私有财产权的土地兼并，也没有导致工薪劳动阶级的出现。相反，它们提供了一个框架，正是在这个框架之内，家庭能够利用一些机会，在高产水稻种植和一系列其他农业活动和非农业活动中充分利用可用的劳动力资源。斋藤修(Saito Osamu)对可用数据进行了详细的比较分析，得出的结论是：作为结果，统治阶级与种植群众之间的收入分配在前工业的日本大概比类似时期的很多欧洲地区更加平等。[1] 在 20 世纪 10 年代全国层面的关于种植规模和所有者身份的数据变得可用时，耕种 2 公顷土地的家庭不超过 10％，2/3 的家庭耕种的土地不到 1 公顷，与此同时，超过 70％的家庭继续拥有其耕种土地的至少一部分。[2] 两次世界大战之间的那段时期和战争时期的发展所起到的作用只是强化这样一些中小规模的、常常是业主/佃户家庭的地位，它们掌握了至关重要的粮食作为供应的关键，并把它们锁定在原来的位置上，准备在日本的经济奇迹中发挥它们的作用。[3]

多功能的农村家庭和工业发展

因此，就日本而言，前工业的基于水稻种植的经济和技术发展结构，被证明有能力产生稳定增长和商品化的以农村为基础的经济，并伴随相对的收入平等

---

[1]　Saito 2008，chapter 5；关于这一材料的一个更早的英语表述，参见 Saito 2003。

[2]　Kayo 1958，Tables D-a-1 and E-a-1.

[3]　参见 Tomobe 1996。此外，森武麿(Mori Takemaro)的重要作品描述了中小型业主/佃户家庭在两次世界大战期间及第二次世界大战期间所扮演的地方政治角色(Mori 1999)。

和大多数人生活水平的逐步提高。原始工业的制造活动代表了这一经济的一个不断扩大的部分,通过多功能农村家庭及支持其制度运转与农业增长紧密相连。然而,关于日本的案例,引人注目的是有不断积累的证据表明,这种形式的经济继续运转超出了原始工业的阶段,而没有被新形式的技术和生产组织的引入所削弱,这样的引入是在 19 世纪中期日本的开放增加了与西方工业强国的接触之后。通常被认为是制造业的传统部门或小规模部门坚持了下来,而且越来越多地表现出将在日本作为工业强国的发展中扮演一个有活力的角色。[1]这个部门的根在德川幕府时期出现的农村经济中,其典型特征明显受制于它与那些构成这一经济基础的水稻种植家庭之间互锁的关系。

在德川幕府时期及之后,只要农村家庭致力于种植水稻及围绕水稻的其他作物,试图利用其劳动的非农业生产者就不得不让他们的方法和组织适应同时存在的农业劳动力需求。到 18 世纪下半叶,那些试图利用不断增长的市场在德川政权建立之后出现的城市里加工和制造商品的人纷纷把他们的经营活动迁移到乡村地区,为的是利用农村家庭的劳动时间。因此,他们建立了生产者的地方网络,在他们自己的家里或小规模作坊里工作,他们的制成品可以在城里及之外的地方销售。本地幕藩政府常常帮助促进这样的工业,它们既提供了可以"出口"到藩外的特色产品,也给纳税的农场家庭提供了收入来源。[2]在纺织业,还有陶瓷、漆器、造纸、金属制品及更多的生产领域,这样的地方性集中生产了范围广泛的、被打上地区烙印的差别化商品,以满足集镇和城市,以及最终还有乡村地区不断扩大的消费需求。与此同时,在全国各地,地方性的食品加工设施,比如清酒酿造厂和食盐精炼厂,纷纷建立,以利用附近的或更远地区的季节性可用劳动力。[3]

整个德川幕府晚期直至 19 世纪下半叶,这样的农村工业继续适应和发展。在纺织品生产中,尤其是编织,外包体系越来越广泛地被采用,作为一种手段,

---

〔1〕 有一分英文的重新评估,参见收录于 Tanimoto 2006 中的论文。

〔2〕 例子参见 Roberts 1998;Ravina 1999。

〔3〕 例子参见 Pratt 1999。

它使得商人组织者能够控制居家农业编织工所生产布料的设计和质量。随着向工厂纺棉、合成染色和改良织机技术的转变，与农业经济联系紧密的小规模生产者能够在一个竞争性的、基于地方特色"品牌"的市场上满足日益增长的对日式织品的需求。谷本雅之(Tanimoto Masayuki)对一个 19 世纪末和 20 世纪初的农村布商的账目所做的详细研究表明，支付给居家织工的计件工资率如何千变万化，不是随着对产品的需求而变化，而是随着本地农业周期劳动力需求的波峰和低谷而变化，正如他以这样或那样的方式适应以下事实：那些让他的生意成为可能的工人也是农业家庭的参与成员。[1]

在一些不那么传统的工业，生产者也继续想办法利用以乡村为基地的劳动力。各种工业领域的制造商放弃了试图在城市建立工厂的努力，而是在农村地区建立协调合作的作坊和家庭工人网络，以操作生产过程的不同阶段。[2] 即使像棉纺和缫丝这样的现代工业，在采用工厂体系的同时，也依然改变它们的雇佣惯例，以便能够招募农村家庭愿意并能够从家庭的农业或其他工作中抽身出来的年轻女工，至少是在一年当中的部分时间里。[3] 电动机的可用性使得小规模的生产活动在一系列工业中变得可行，农村地区——小规模居家生产者聚集在那里，协调他们的行动，分享商业和技术知识——继续发展，以生产范围广泛的差别化或专门化的产品，产品既有现代的，也有传统的。

然而，从大约第一次世界大战那段时期日本经济繁荣起，数量越来越多的农村人开始搬到集镇和城市，以响应更好的就业机会。然而，尽管有些人无疑成功地在工厂或办公室里找到了蓝领或白领工作，但现代部门的就业依然有限，我们发现，绝大多数城市工人是以受制于农村的实践和要求的形式被雇用。大量女孩子离开乡村，在城市的家政服务行业工作，其目标是把收入贡献给她们父母的家庭，在结婚之前发展一些技能。[4] 与此同时，她们的兄弟，除了长

---

〔1〕 Tanimoto 1998,304—307. 有一篇对这一研究的英文概述，参见 Tanimoto 2006。

〔2〕 例子参见 Takeuchi 1991。

〔3〕 女性纺织厂工人通常被允许在农业周期的高峰点回家，根据以下假设按照定期合同被雇用（实际上未必有道理）：她们结婚成家时会回到她们的村庄(Hunter 2003,287)。

〔4〕 Odaka 1993.

子之外,可以利用他们拥有的任何关系,在城市的商业或工业中历练,着眼于到一定的时候建立他们自己的家庭。因此,大多数城市商号继续采取家庭企业或小规模作坊的形式,在类似组织的协调网络之内经营。[1]尽管大部分去城里工作的人最终除了与父母的农业家庭之间的家族关系和社会关系之外一无所有,但他们把自己出身其中的小规模、劳动密集却也是充满活力的农村经济的原则和惯例带到了城市的工业职业中。

结果,即使在战后经济奇迹之后,日本那时让世界震惊的工业经济继续以异常庞大的小企业部门以及高水平的家庭企业和自我雇佣为典型特征。与此同时,一旦土地改革让小规模种植者获得了土地的所有权,农村家庭便着手使用现代工业经济提供给他们的各种手段,继续通过活动的多样化来提高家庭收入。政府的食品和农业政策确保了水稻种植(尽管并不包括其他很多作物)对于小规模种植者依然可行,但是合适的小型机械的发展意味着水稻种植可以使用越来越少的劳动时间,甚至把家庭首领和继承者解放出来,从事农场之外的工作,戴维·弗里德曼(David Friedman)的研究《被误解的奇迹》(*The Misunderstood Miracle*)描述了一些乡村工业,高技术的工业设备在依然是种植农场的后院里运转。[2]兼职耕作——大多数男人在那些发展到了能够雇用他们的农村企业或小镇企业里从事全职工作,而他们的妻子则管理农场——因此成了日本农村的标配,也是实现与城市工业家庭相当的农村收入水平的关键。它还意味着,水稻种植——这种关键作物通过多年的技术和经济适应,小规模农场主已经能够最好地把它与其他活动结合起来——必须受到保护和支持,不管成本多高。[3]

---

[1] 有一项案例研究,参见 Tanimoto 2013。

[2] Friedman 1988.

[3] 事实上,明确保护和补贴小规模水稻种植者的政策源于 20 世纪 10 年代晚期政府对稻米骚乱的回应。参见 Francks 2003。

结　论

到 20 世纪晚期,鉴于支持和保护农业的成本不断增加,愿意和妻子一起从事兼职农民工作的年轻人的供应不断减少,日本水稻种植形式的可持续性成了问题,与此同时,长期以来与之相关联的小规模农村工业正在受到来自亚洲其他地区的竞争对手的威胁。然而,这一情势如今提出的棘手困难只不过强化了稻米的种植和消费很长时间里在制约日本经济发展模式及其社会和经济的结构和制度上所扮演角色的重要性。

关于这一模式究竟是代表了其他发展中国家的"模型",抑或是"独一无二的",已经有过长时间的讨论,但最近全球比较历史的复兴开始给日本的路径投下一缕新的光亮。在"大分流"争论的语境下,有可能把现代早期东亚部分地区相对较高的发展水平的底层结构看作是一条不同的、有特色的、"劳动密集型的"工业化路径的基础,这条路径是在日本开拓出来的,但后来在这一地区的其他地方被遵循。种植水稻的农村家庭的活动代表了这些结构中的一个关键成分,它符合农业增长及其工业框架的本性,而东亚与欧洲工业化形式分流的根源看来正在于此。

通过审视稻米在与日本发展路径的关系中所扮演的角色,有可能梳理出水稻种植中的技术和经济变革赖以发生的机制,这些变革是为了回应稻米作为一种消费品的需求的扩大,可能制约了增长模式,并最终约束了工业化的模式。其核心是生产性劳动力吸收的能力,这种能力既在水稻种植本身中,也在可以与之相结合的其他活动中。正是这一能力,小规模的、多功能的、基于家庭的生产单位能够被充分利用,从而使农业革命的那些被视为促进西方工业革命的特征——更大的种植规模、更大的土地和资本密集度、土地拥有阶层和工薪劳动阶层的出现,以及农业和工业的专门化——在日本的稻米经济中并没有出现。结果,小规模种植家庭坚持了下来,利用已经出现的任何机会,只要这些机会使它能够尽可能有效地利用其可用的劳动力。这不仅意味着得到农业及非农创收活动支持的农村生活的稳步改善,以及大概比欧洲的情况更加平等地分配经济增长所带来的好处,而且它还需要工业生产者改变其技术和组织,以适应多功能的、种植水稻的农村家庭的需要。因此,到一定的时候,不断扩张的工业经济的一些重要部门开始利用小规模组织、制度安排和技术适应,从而使它们能使用大多数劳动力的劳动和技能,它们的根基一直在那些依然从事水稻种植的家庭。

结果,由于日本种植水稻的方式,以及为满足日益增长的需求而扩大稻米产出所必需的种种技术变革,因此,日本出现了一条这样的工业发展路径:即使在生产现代商品或者采用改良技术的一些成分时,它继续涉及小规模的、劳动密集和技能密集的差别化产品的生产。就农业而言,第二次世界大战前的政策制定者可能很懊悔那一阶段幸存下来的竟然是——按照国际标准——一种作物的小规模、高成本生产,这种作物无论在象征意义上还是在统计学的意义上,都在现代日本人的日常饮食中占据着主导地位。但是,本章的论证以及它所结合的日本研究的论证,暗示了这样一种生产在决定日本经济发展路径上的核心作用是不可否认的。稻米以及那些生产稻米的人最为重要,因为他们帮助创造了那种富足而多产的却与众不同的工业经济,日本已经成为这样的经济体,而其他亚洲国家正在仿效的过程中。

佩内洛普·弗兰克斯

第十五章

商品与反商品：苏门答腊的稻米，1915—1925

　　1914 年，第一次世界大战的爆发对于荷兰人来说是一个令人震惊的消息，正如它对世界上的其他地区一样。荷兰通过保持中立的身份，避免了直接的军事卷入。因此，它主要关切的是战争对经济的影响。特别是，当交战各国要么击沉、要么扣押蒸汽船的时候，海上进出口商品的能力就是一个问题了。[1] 海上贸易路线的中断也在荷属印度群岛的荷兰裔人口当中引发了焦虑。特别是那些依靠国际船运路线出口其产品的种植园公司。对于种植园主们来说，比起把他们的商品放到国际市场上，更大的担心大概是战争对稻米进口的影响。让私人种植园主和政府官员都感到担心的一个主要地区是苏门答腊东部地区的沿海地带。在这里，成千上万的移民劳工——通常是按照 3 年期合同招募的——组成了苏门答腊种植园地带的生产骨干。[2] 战争的爆发把苏门答腊的种植园主们吓坏了。然而，对稻米的惊慌失措被证明大可不必，因为东南亚稻米市场在战争期间的大部分时间里继续发挥作用。[3] 到战争快要结束时，情况变得更糟，米价飙升，很多国家限制稻米出口。这一次，形势严重威胁到了国际稻米贸易，1918 年，殖民地政府颁布了一系列法令，限制群岛各个不同的地方出口稻米及其他粮食作物，核心目标是确保苏门答腊种植园工人的稻米供应。

　　20 世纪 10 年代晚期的危机所揭示的似乎是苏门答腊稻米生产和销售中的一个悖论。苏门答腊到处都种植水稻，尽管稻米进口对于该岛的大部分地区稀

────────────

　　〔1〕　荷兰的中立地位取决于用于对德国出口的鹿特丹港口。很明显，英国及协约国的部队对荷兰人施压，要求封锁德国贸易通道，一场外交战在 1918 年逐步升级（Frey 1997）。
　　〔2〕　Stoler 1985.
　　〔3〕　据卢洛夫斯和范维伦所说（Lulofs and van Vuuren 1918,3），苏门答腊种植园主 1914 年在稻米上毫无意义的仓促行动意味着相当于半吨黄金的亏损。

松平常,但稻米生产被认为足以养活它的人口。稻米出口,特别是西苏门答腊的出口,并不罕见。那么,在一个面积比德国还要大的水稻种植岛上,种植园主和殖民政府为什么如此忧心忡忡地为一个相对较小的地带上几十万个种植园工人担心稻米进口呢?本章将证明,这个问题的答案是:苏门答腊种植的稻米是一种反商品。苏门答腊的农民生产稻米及其他粮食作物的方式并不符合种植园主和殖民地管理者当中关于农产品是一种商品的普遍观念。这倒不是因为苏门答腊农民懒惰和缺乏商业头脑,正如大多数殖民者宁愿相信的那样,而是因为苏门答腊的生态和社会景观使得集约种植——生产足够多的稻米使之能成为一种商品——成为一个不切实际的、毫无吸引力的选项。本章将关注苏门答腊稻米的商品和反商品的特征。在后面的几节里,首先详细说明反商品的概念,然后转向苏门答腊的农业景观。本章随后继续勾勒战争期间的稻米与种植园部门、粮食形势与稻米进口。最后几节将描述种植园主和殖民地政府试图强化苏门答腊水稻种植的努力。其中包括几次试图——被稻米危机所刺激——在苏门答腊引入商品稻米生产的努力。

生产反商品

殖民地农业史对欧洲的生产方法、技术和科学知识的转移给予了相当大的关注。这些历史学家主要聚焦欧洲殖民者的活动,特别是种植园农业和促进农业现代化的殖民政策。另外一些研究更广泛地致力于本地的生产方式和土著人口,正如许多个世纪以来所发展出来的那样。[1] 在很多情况下,欧洲的技术和生产方法与本地可用的习惯做法混合在一起。杂交或混合的概念常常被用来证明:欧洲殖民者并没有把他们的方法、技术和知识带到完全没有任何这些

---

[1] 印度尼西亚殖民地研究主要聚焦于苏门答腊的种植园部门(Thee 1969;Pelzer 1978)或爪哇的蔗糖部门(Bosma,Giusti-Cordero and Knight 2008)。致力于殖民地的农业现代化政策,参见 Moon 2007。

东西的地区，而只是鼓励那些已经被证明管用的耕作体系、知识和技术，而当欧洲的生产停止时，这些东西通常继续发挥作用。一个明显的实例是比尔·斯托里(Bill Storey)描述的毛里求斯的甘蔗部门，显示了冲突和叛乱常常是出现这种杂交技术和生产方法的诱因。殖民地科学家"更多地关注 1937 年骚乱之后的小种植园主，当时，他们推广他们自己的知识，来帮助殖民地政府控制农村地区的叛乱"[1]。在其他殖民地区也发现了类似的过程，既在蔗糖工业，也在其他部门。[2]

反商品的概念把杂交论证向前推进了一步，指向不同产品的生产，以及在一些非常不同的方面很像商品的加工品，以回应输入的商品生产。就农业而言，这样的产品就是作物或作物的品种，它们由于瞄准全球市场的生产方式的出现而获得了反商品的身份。[3] 因此，反商品聚焦于那些与商品化过程互补的生产过程，但它们通常由于产量更小，或者就面积而言更分散，而被认为更次要或没有意义，具有更低的或不明确的货币价值，经常发生在偏远的地理空间和社会空间，或者在商品生产场所的边缘。反商品因此指的是那些笼罩在商品生产阴影下的生产过程，由于这些原因，这些过程在官方记录和统计中很少有显著的位置。[4] 反商品生产的一个关键特征——在杂交论争中也很明显——是商品与反商品之间的互补性，而且它们经常互相依赖。正如反商品的出现是为了回应商品化的过程，后者仅仅由于前者的存在和支持而运转起来。乔纳森·库里-马查多(Jonathan Curry-Machado)在论述 19 世纪古巴的农业发展时指出，甘蔗种植园的扩张与小块农田数量的急剧增加和这些地区所种植作物的日益多样化携手并进。一种像香蕉那样的作物，起初是作为反商品而被接受，

---

〔1〕 Storey 1997,189.

〔2〕 阿诺德(Arnold,2005)针对欧洲人的殖民地评论了这个问题。

〔3〕 反商品的概念出自保罗·理查兹(Paul Richards)及笔者 2007 年 6 月给伦敦帝国商品网络的一次研讨会的一篇投稿。后来被用来架构 2009 年接受的来自荷兰科学研究组织的一笔研究拨款。

〔4〕 在 2010 年 6 月阿姆斯特丹举行的一次题为"作为抵抗全球统治的本地生产方式，反商品"的研讨会上提出了很多例外。这些例外涉及农业领域之外的一些案例。关于历史学家所忽视的(技术)过程，埃哲顿(Edgerton 2007)提出了一个类似的观点。

但生产逐步以国际出口市场为导向。[1] 粮食作物的生产和总体的多样化生产并不纯粹是种植园农业的副作用,而是农业部门总体动态的一个关键组成部分。反商品的概念创造了一个对应物,聚焦于在经济上占主导地位的生产方式,而并没有把反商品可能扮演的商品角色排除在外。本章所阐述的稻米可能既是商品同时又是反商品。然而,稻米并不是一种古怪的东西,让稻米成为反商品或商品的东西与生态特性、物质特性和社会特性有关联,例如所使用的品种或种植方法(还可参看本书中穆泽、努伊滕、欧克里和理查兹的那一章)。物质性很重要,正是人们为了回应国际贸易网络及产品和资源的商品化所带来的压力而利用物质环境的方式,塑造了反商品。

商品与反商品之间的密切关系类似于詹姆斯·斯科特在他最近论述东南亚高地种植的著作中详细阐述的一个论证。斯科特指向了丘陵社会与低地国家之间的象征性关联。通过把政治和社会的历史与丘陵和河谷的地理特征和农业生态特征关联起来,他说明了山区如何为那些逃离低地地区国家统治者压迫的人提供一个庇护所。通过行政赋税或军事镇压来榨取粮食和劳动,构成了国家确保和扩大其权力的必要成分。斯科特证明,丘陵社会由那些逃离低地地区国家剥削、迁往山区的人所组成。这些共生指向了这一关联,而且意味着山区的人不可能切断与河谷国家的所有联系。山区与低地地区之间的贸易或临时劳动力交换很常见。丘陵社会截然不同的性质典型地表露在农业活动中。斯科特所说的"逃跑农业",其典型特征是对轮耕(或通过割烧植被开垦出的临时性农田)和种植"逃跑作物"的偏爱,这些作物已经适应了崎岖不平的地形和耕作它们的那些人的高度流动性。[2] 斯科特的逃跑农业与反商品之间有重叠,因为后者暗示了某些农业生产的方式,生产者是一些逃离种植园(逃奴定居点)的群体,或者抵抗参与为全球市场生产现金作物的群体。然而,更具体地说,反商品指的是为回应商品化过程而进行的生产,这个过程可能得到国家的

---

[1] Curry-Machado 2010.
[2] Scott 2009,187—207.

支持,甚至是国家引入的,但并不完全是国家推动的,也不遵循丘陵与河谷之间一条清晰的地理分界线。[1]

稻米与抢劫

苏门答腊的地表景观、农业和社会组织形式几乎与斯科特的非国家丘陵社会相当。[2]一条火山山脊,即巴里桑山链,在岛的西侧自北向南延伸,覆盖了岛上大部分面积的热带雨林,同时为分散的社会构成创造了理想的地形,它们依靠轮耕和森林产品提供食物和庇护。殖民地对这座岛的兴趣一直很低,直至19世纪初,来自马来西亚的殖民官员勘探了这座岛,结果导致大量的生态学和人种学描述。在19世纪的大部分时间里,荷兰人对这座岛有一种矛盾心态的策略。榨取商业产品,尤其是胡椒粉,被认为比行政控制更重要。后来试图对这座岛施行殖民统治的努力,由于受到约束的财政手段和军事手段、本地人口的抵抗及与英国的协议而显得很困难。这种情况在1860年之后开始改变,那时,殖民统治更严厉地建立起来了,即使北部的亚齐苏丹国只是在几场军事战役之后才俯首称臣,这些战役也一直持续到了20世纪初。[3]

在岛上强制推行殖民统治是件很麻烦的事,这导致政府官员和军事指挥官对这座岛整体上的负面评估。本地人口的耕作方法及其生活方式通常从流浪和抢劫的角度来描述。临时性农田农业作为一个主要问题而成为攻击的靶子,因为稻田广泛分散于森林茂密地区,这使得荷兰人为了他们的军队和搬运工夺

---

〔1〕 然而,斯科特阐明了对各州的经济研究远远超出了低地地区。"商品的价值越高,重量和体积越小(想想丝绸和宝石相对木炭和谷物),延伸的范围就越大。"Scott 2009,35.

〔2〕 斯科特(Scott 2009,39)在对苏门答腊作为一批难以驾驭的"数不清的小部落"的评估中引述了拿破仑战争时期印度尼西亚殖民地的英国总督斯坦福·莱佛士(Stamford Raffles)爵士的话。

〔3〕 英国人对印度尼西亚群岛的统治形式上从1811持续到了1816年,但苏门答腊的定居点,尤其是西南部的明古鲁,直至1824年依然在英国人的控制之下。那一年的英荷条约安排了这一地区的自由贸易和亚齐的中立地位。19世纪晚期荷兰人对亚齐的征服违反了这一条约,但得到了英国的承认(De Jong 1998)。

取稻米或其他食品而进行军事远征变得非常困难。对食品供应的控制是殖民政府试图解决的最早难题之一。[1] 尽管轮耕是种植水稻及其他粮食作物的主要形式,但在各个不同的地方也发现了一些永久性的稻田。这些稻田通常是沼泽或非灌溉田,在岛上的各个地方都能找到。在殖民定居点的边界地区,主要是沿海港口和内陆的战略地点,永久性的和更密集的水稻种植形式受到刺激,要赶上这些地区迅速增长的人口。出现在这些居住区域周围的永久性稻田生产的稻米并不够,到世纪之交,销往苏门答腊的活跃的稻米贸易出现了。稻米贸易并不是一个全新的现象。一些来自 19 世纪早期的记述中就出现了内陆稻米贸易和小规模海上贸易的报告。[2] 对从苏门答腊出口到附近或更远的海外市场的农产品、木材及其他森林产品的需求对不断增长的稻米储备做出了贡献。

尽管粮食形势已经相当稳定,但殖民者对苏门答腊本地农业实践的描述依然是负面的。凡是有对 19 世纪中叶的流浪和抢劫进行描述的地方,都与令人震惊的殖民征服有关,这一形象在 20 世纪初并没有太大的改变,主要因素是种植园农业的出现。自 19 世纪 60 年代以降,出现这些种植园的主要地区是东北部,在 1864 年之后的 20 年内,那里出现了一百多个烟草庄园,后来又出现了香蕉庄园和油棕榈庄园。尽管集中在东北部,但全岛各地都出现了庄园,包括其他作物,像咖啡、茶叶和纤维。[3] 这些庄园通过租借合同获得土地,这些合同不仅安排土地的使用,而且安排诸如砍倒果树的补偿或村庄搬迁这样的事情。此外,合同允许共用土地,这意味着,在烟草收割之后,村民可以使用地块种植水稻和其他作物(图 15.1)。尽管这些安排试图防止本地人口对新兴种植园过于强大的抵制,但它们偏向种植园主的利益,而以牺牲苏门答腊人使用土地及周边森林的机会为代价。此外,对这些规则的执行并没有多少控制。给本地人

---

[1] 施奈德(Schneider 1992,36—37)提供了酋长和村民拒绝给荷兰士兵粮食的许多实例。斯科特(Scott 2009,191)宣称,"选择轮耕……就是选择依然留在国家空间之外"。

[2] Mansvelt et al. 1978,Schneider 1992.

[3] Pelzer 1978.

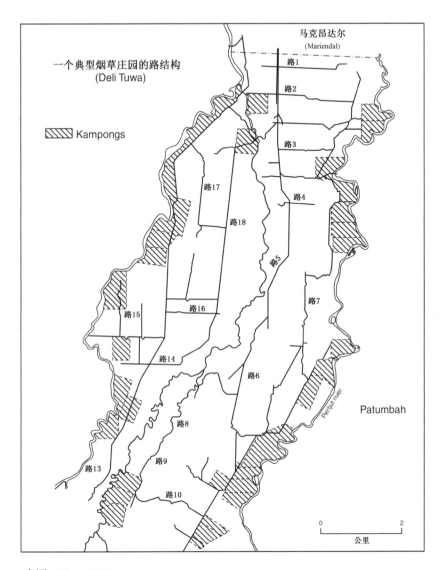

来源：Pelzer 1978。

图 15.1　苏门答腊东北部烟草庄园示意图。标示为村庄的区域是村庄周围的田地

口的补偿及其他规则通常被认为是很不方便的麻烦,例如,种植园主更愿意让他们自己的工人而不是附近的村民在收割后的烟草地里种粮食。[1] 简言之,

---

〔1〕　Breman 1987,Pelzer 1978.

种植园的欧洲雇员试图让本地人口离远点,为了证明这样做有道理,他们把苏门答腊人描绘为懒汉,他们的种植实践是低效的和消耗性的。通常用来表示轮耕的荷兰语单词是 roofbouw,翻译过来就是劫掠性种植。对割烧植被而开垦出的临时性农田的这种负面描述并不是荷兰人特有的,在过去和现在,它都反映了政府、种植园主和本地农民在森林地区互相冲突的利益。[1]

稻米强化

苏门答腊的种植园经济吸引了很多不同种族背景的劳工。在 1880 年至 1900 年间,种植园的数量依然相对稳定,但企业迅速扩大种植面积,从而导致劳动力需求不断增长。欧洲的种植园主起初主要招募中国和马来西亚的工人,但后来越来越多地依靠来自爪哇的移民劳工。[2] 苏门答腊东部种植园地带的总体人口最初在 1880 年是 15 万,到 1900 年翻了 3 倍多,后来继续增长到 1930 年的 150 万。[3] 统计局对 1905 年和 1917 年的数据进行的比较显示,东部沿海增长了 50%,整个内陆地区增长了 20% 以上。[4] 粮食供应,特别是稻米的供应,在劳动力的组织上起到了至关重要的作用。安·斯托勒(Ann Stoler)描述了种植园体系持久的叛乱动态,在这一体系中,种植园主试图在生产成本、劳工叛乱的威胁以及设法让种植园主和劳工都满意的殖民地行政部门之间保持平衡。低成本稻米对工人的可用性,特别是在米价很高的时期,对维持劳动力中

〔1〕 Dove 1983.

〔2〕 Pelzer 1978,Thee 1969.

〔3〕 Breman 1987,Stoler 1985.

〔4〕 欧洲人最集中的地方是东海岸(1905 年是 2 667 人,1917 年是 6 270 人)和西海岸(1905 年是 2 923 人,1917 年是 3 532 人)。在其他大多数地区,欧洲人的数量都低于 500。1917 年苏门答腊的本地人口大约为 500 万。当时的官方人口统计数据包含这样的警告:它们是基于估计而非计算。数据取自 Lulofs and van Vuuren 1918,154—155。

间的和平和安宁很重要。[1] 用稻米配给券——可以在种植园的食品店里交换——支付部分工资是一个很常见的现象。[2] 布勒曼（Breman）对 20 世纪初的工作和生活条件的记述揭示了由于工作的身体要求和防止逃跑及叛乱的压制性劳动体制所导致的严酷生活。种植园拥有者通常是一些在殖民地与荷兰都有办事处的大投资公司，他们集中游说本国和殖民地的政府。[3] 1914 年战争的爆发给船运稻米至种植园地带制造了潜在的威胁，是提醒和压制政府确保粮食安全的理由。

到 20 世纪 10 年代中期，殖民地政府对于粮食生产和粮食分配已经获得一定的经验。考虑到荷兰拥有相当有效的进出口统计数据，因此能够对群岛上的粮食短缺和剩余生产描绘一幅粗略的图景。对于粮食实际上如何生产出来，生产力增长的潜力如何，以及这样的增长预期出现在哪里，出口数据提供的信息很少。这种信息是 1905 年殖民地行政部门新增的农业局提供的。农业局的第一任局长梅尔希奥·特勒布（Melchior Treub）促进了旨在实现更高生产力的驻站研究，他的继任者赫尔曼·洛文克（Herman Lovink）更强调搜集关于粮食生产和种植方法的地区信息及本地信息。从他上任的 1908 年起，农业顾问（或推广官员）的数量迅速增加。除了推广研究站推荐的工具和方法之外，这些顾问还收集其工作地区的农场活动、耕作模式、土壤、杂草和害虫的详细信息。[4] 印度尼西亚农民的种植方法因此受到了更多的关注，还有苏门答腊。

为了回应战争形势以及对来自其他亚洲国家的稻米供应的依赖，殖民地问题研究协会要求两个殖民官员报告粮食供应情况并就适当的措施提出建议。[5] 这两项研究的作者都在苏门答腊工作，对内陆的粮食形势给予了相当

---

[1]　由于高米价通常是暂时的，而且殖民地政府补贴稻米，直接提供稻米比加工资更有吸引力（Stoler 1985,42）。

[2]　Breman 1987,143.

[3]　Taselaar 1998.

[4]　Maat 2001.

[5]　这个协会出版了《殖民地研究》(Koloniale Studiën)杂志。该协会主要由来自殖民地精英阶层的成员组成。20 世纪 10 年代的主席是爪哇银行总裁 J. 格里岑（J. Gerritzen）。

高的关注。殖民地行政官员 C. 卢洛夫斯(C. Lulofs)撰写的第一份报告认为，只要没有移民工人涌入种植园，苏门答腊的稻米供应就是自足的。他提议找出贴近原因的解决办法：在庄园或附近的庄园生产粮食，让熟悉水稻种植的爪哇农民移民苏门答腊。[1] 第二份报告的作者、农业顾问 M. B. 斯米茨得出了不同的结论。他的报告一开始就正确地观察了东部种植园地区对总体粮食短缺的影响。在他的结论中，这一影响占到了总进口的大约 30%。其余的主要是总体增长的出口品生产对苏门答腊的影响。他认为，这一情况几乎与爪哇刚好相反，那里的农民先生产稻米，然后把其余的时间用来在种植园干活。在苏门答腊，出口作物的生产比稻米更赚钱，因为纤维作物、橡胶、咖啡和胡椒在苏门答腊的生态中生长得很好，农民们选择自己种植这样的作物，而不是把自己的劳动力出卖给欧洲人的种植园。[2] 因此，通过创造集中生产稻米、由移民爪哇稻农经营的区域来改善粮食形势，据斯米茨说，是幻想农业部门不切实际的转型。他为苏门答腊找到的唯一选项是强化高地稻或旱稻。这个有点古怪的观念是建立在对苏门答腊稻米经济更深刻的理解的基础之上的。

斯米茨于 1915 年获得任命，驻扎在西苏门答腊。[3] 他对自己新工作地区的考察最终成就了一篇论述内陆不同形式的水稻种植的论文。他对苏门答腊农民的轮耕实践的看法异乎寻常地正面。他认为，对大部分地区而言，土壤条件结合丰富的可用森林面积及较低的人口密度使得割烧植被而开垦的农田成为一个在经济上很平衡的体系。几年后他的总体发现在对西南沿海地区的一项详细研究中得到了证实。"没有办法证明，以人们描述的那种方式应用割烧植被而开垦农田的方法对土地具有有害的影响。"[4] 他补充道，人们通常使用的术语"抢劫文化"(roofbouw)毫无道理。此外，他认为，试图说服农民向更永久的耕作形式转变，要么通过要求在轮耕田里种植第二茬作物，要么通过推动

---

〔1〕 Lulofs and van Vuuren 1918.

〔2〕 Smits 1919a, 56.

〔3〕 他的任命在农业局 1915 年的年度报告中被提及(Jaarboek 1917)。详细的生平材料没有找到，但很有可能他是在荷兰开始他作为农业顾问的事业生涯。

〔4〕 Smits 1919a, 16.

灌溉体系的建造,两者都会扰乱其轮耕体系,在苏门答腊大部分地区不可能持久。斯米茨的推理部分是农学的,部分是经济的。苏门答腊大多数土壤的结构和构成、崎岖不平的地形,以及劳动力的低可用性,都使得轮耕成为一种非常适合的体系。不是重复这样的陈词滥调:苏门答腊农民没有能力也不愿意在一个对更密集形式的水稻种植不友好的环境中种植水稻并在一个稻米价格与劳动力价格捆绑在一起的种植园经济中经营。如果苏门答腊的稻米不得不在一个低于或等于国际贸易价格的水平上生产,政府基本上有两个选项:补贴稻农,或者在政府的农场里种植水稻。很显然,后一个选项从政治的视角看是最有吸引力的选项。

强化了的强化

对 1918 年前后危机形势的回应来自种植园主和殖民政府。种植园主,特别是用集体资金创建的私人研究站,从一开始就试验粮食作物。特别是德里的烟草研究站有一项连续的粮食作物计划。一个理由是烟草的种植周期。正如佩尔泽(Pelzer)描述这个周期时所说的:"一块稻田总是包含一些幼小的灌木和小树,一旦水稻在 11 月或 12 月收割之后,它们便长满了这块土地。这片土地随后便被撂荒长达 7 年。"[1]从 20 世纪头十年的后期起,德里研究站的农学家便在清理出来的稻田里试验许许多多的作物,有些是纤维作物,但主要是粮食作物,比如玉米、大豆、花生、豇豆和稻米。[2] 除了粮食或额外商品的生产之外,试验者们还着手减少黏液病,这是烟草植物的一种细菌病害,其病因到 20 世纪 10 年代才被揭示。有几种植物被怀疑充当了黏液病的中间宿主,因此遭到禁止。这些试验没有一项产生激动人心的结果,这意味着实现了常规产量,

---

[1] Pelzer 1978,49.
[2] 这些试验报告在该站的系列出版物中(*Mededeelingen van het Deli-Proefstation te Medan*)。

但没有达到让其中任何作物对商业开发有吸引力的水平。

在同一时期,开始了一项爪哇农民移民的试验。于尔格·施奈德(Jürg Schneider)对苏门答腊迁居的分析清楚地表明,这项试验被下面这个假设所引导:与苏门答腊人相比,爪哇人是更优秀的农民,对艰苦的劳作更感兴趣。迁移到这座岛上的"模范农民"应该提供了一个苏门答腊人仿效的清晰榜样。殖民官员选择的家庭来自爪哇一个这样的地区:那里的水稻与高地稻田相结合,适应苏门答腊的条件。先从少数家庭开始,20 世纪 10 年代每年大约有 100 人从爪哇迁到苏门答腊。[1] 迁移政策在接下来的几十年里继续执行,但明显的效果似乎很难评估。尽管集中的湿地(稻田)种植的份额增加了,但永久的或轮耕的高地旱田迄今为止依然是占主导地位的种植形式。稻米剩余从未达到相当可观的体积。迁移进一步填满了人口已经很密集的地区,那里的(水)稻生产大致跟上了需求增长的步伐。在 20 世纪 10 年代后期,当效果在很大程度上还是未知的时候,迁移已经广泛被认为是减少苏门答腊稻米进口的一个足够的、尽管是长期的的解决办法(20 世纪 10 年代中期稻米进口的来源参见表 15.1,20世纪 10 年代中期苏门答腊的 4 个主要稻米进口地区参见表 15.2)。

表 15.1　　　　　20 世纪 10 年代中期荷属印度群岛稻米进口的来源

单位:百万公斤或千吨

年份	缅甸	西贡(交趾支那)	暹罗	其他	总量
1912	328	30	77	17	452
1913	219	163	116	8	506
1914	173	185	107	6	471
1915	176	231	170	7	584
1916	329	114	245	5	693

资料来源:Smits 1919a。

---

[1] Schneider 1992,67.

表 15. 2 　　　　20 世纪 10 年代中期苏门答腊 4 个主要地区的稻米进口

单位:百万公斤或千吨

年份	东海岸	亚齐	西海岸	巨港
1915	95	7	−0.5*	20
1916	127	13	−0.8	19
1917	147	13	−4.0	19

注:负数意味着出口。

资料来源:Lulofs 1919。

对于亚洲市场上不断减少的稻米可用性,种植园部门需要采取更快的解决办法。一个选项是减少配给量。1919 年,政府颁布的一项法令把配给量定为每个工人每月 15 公斤稻米。当工人当中对稻米配给量出现不满时,进一步减少这一定量及其他粮食如玉米的补充的建议被认为是有风险的。橡胶种植园主协会甚至从加利福尼亚(美国)购买稻米,但价格似乎太过昂贵。[1] 第三个选项是自己从事粮食生产。遇到的挑战是以经济上可行的方式种植大量的稻米。一个关键因素是劳动力。因为稻米本该养活种植园的劳工,为稻米生产而招募额外的劳工毫无意义。剩下的唯一选项是把这个过程机械化。1920 年,德里公司开始在一块烟草租借地上试验机械化稻米种植。这家烟草公司大到足以出得起钱投资于一种此前从未用过这一形式种植的作物。[2] 该公司使用拖拉机和碟犁,为水稻种植清理和翻耕了两百多公顷烟草地。[3] 这些工作持续了几年,但后来停了下来,因为经济收益从未超过成本。总体亏损大约是 40 万盾。[4] 一次类似的首创之举来自橡胶研究站。研究站的主管认为一家类似德里公司试验过的水稻农场是一个可行的选项。但这项计划从未实施,因为缺乏

───────

〔1〕 该协会计算了价差,来自西贡的稻米是每 100 公斤 26 盾。购自加利福尼亚的总量的价差超过 300 万盾。关于配给量的数字和记述取自:Jaarverslag Algemeene Vereeniging van Rubberplanters ter Oostkust van Sumatra 1919—1920。

〔2〕 德里公司估算的资本份额在 1921 年超过 1 800 万荷兰盾。除了烟草之外,它还拥有橡胶和油棕榈庄园(Taselaar 1998,70—72)。

〔3〕 *Mededeelingen van het Deli-Proefstation te Medan* 16 (1920).

〔4〕 Volker 1928,71.

投资资本。[1] 这两项私人部门机械化水稻种植的首创之举受到了一项更大的、更加雄心勃勃的、由政府管理的计划的激励。

1919 年初,政府开始为一家政府水稻农场准备土地——坐落于穆西河的低地,在苏门答腊岛南部巨港市附近一个叫作塞拉德贾兰的地方。选择的这块区域是三角洲地区内的一片河床,潮汐的影响在那里产生了间歇性的对土壤的淹没。为了控制潮汐的流动,建造了一条有水闸的环形堤坝。第一次水稻收割是在 1921 年。然而,收成只有计划产量的很小一部分。在接下来的几年里,成果并无改观,1923 年农场关门大吉。据计算,总体成本高达 114 万盾,销售稻米和设备所得到的收入是 9 100 盾。[2] 这个水稻农场通常被认为是一次试验,结果是负数。它除了是一次水稻种植的农学和经济学的试验之外,还是一次政治和商品化的试验。

稻米的国家商品化

这次试验背后的推动者是农业局局长 J. 西宾加·穆德(J. Sibinga Mulder)。穆德有蔗糖工业的背景,以自由企业,特别是欧洲人的自由企业的捍卫者而著称。离任者 H. 洛文克因为他在本土粮食生产上的工作而赢得了印度尼西亚反对派团体相当大的尊敬。正如一家报纸所写的那样,穆德的到来因此被视为"一次严肃的努力,试图倒放农艺学人类发展这部电影"。[3] 穆德的到来

---

〔1〕 1921 年 1 月 21 日的《东印度信使报》(*Indische Mercuur*)概述了 AVROS 研究站主管 A. A. L. 罗格斯(A. A. L. Rutgers)提出的这些计划。AVROS 支持苏门答腊东海岸橡胶种植园主总会(Algemeene Vereniging voor Rubberplanters ter Oostkust van Sumatra)。同一份报纸在 1921 年 5 月 21 日提到这项计划被取消了。据沃尔克说(Volker 1928,71),战争之后橡胶的低价格是这些公司不愿意投资水稻农场的原因。

〔2〕 对水稻计划更详细的介绍是范·德·斯托克(1924)的一份未出版的报告。在一封写给殖民部长的信中,总督问是否应该公布这份报告。部长决定不公布,因为"对试验的兴趣很快就偃旗息鼓了"。

〔3〕《东印度指南》(*Indische Gids*)中引述的这段文字来自《铁路机车报》(*Locomotief*)。关于 20 世纪 10 年代土著群体和印欧群体,参见 Moon 2007 和 Bosma 2005。

刚好在一个恰当的时刻，以显示欧洲的企业家精神只是不能创造橡胶或烟草的
繁荣，却能创造稻米的繁荣。他提议在苏门答腊试验机械化种植水稻，这个建
议于 1919 年 1 月被寄给总督。他的灵感来自他在美国看到的机械化水稻种植
方案。穆德告诉总督："［美国］的公司即使按照正常［战前］的价格也非常赚
钱。"[1]当试验成功时，政府要做的唯一事情是"鼓励资本主义的农业企业接受
这一挑战，不拘俗套地提供土地和水源的特许权"。他写给政府的信及其他各
种关于这些计划的陈述显现了他的热情。苏珊妮·穆恩恰当地把它描述为"一
个殖民地自由主义者的梦想解法：用私人企业解决粮食问题，同时促进出口
投资"[2]。

　　并非所有专家都有穆德一样的热情。负责水稻计划的团队由土壤科学家
摩尔(Mohr)、灌溉工程师勒弗特(Levert)、种植园主 T. 奥托兰德尔(T. Ot-
tolander)和农业顾问 M. B. 斯米茨组成。斯米茨被派到美国去研究南方各州
的机械化水稻农场。在 1919 年 3 月至 10 月间，他探访了加利福尼亚、得克萨
斯和路易斯安那的稻米工业。他的报告——关于加利福尼亚的情况最详
细——指出了苏门答腊水稻农场为了可行而必须应付的各种关键因素。一个
关键因素是杂草控制。正如斯米茨所解释的，在加利福尼亚，水稻种植在几乎
是光秃秃的土壤上，从萨克拉门托河里抽水灌溉。第二茬作物或休耕时期减少
了杂草问题。如果需要，就让土地休耕和干燥一整年，把杂草干死。在苏门答
腊，气候太潮湿，不适用同样的方法。另一个问题是土壤的结实能力。考虑到
加利福尼亚的降雨量较低，每当机器不得不进入稻田时，控水体系允许足够的
排干。这在苏门答腊则很难。塞拉德贾兰更大的降雨量使得土壤泥泞不堪，因
此需要密集的排水和沟渠网络把水排出去，这导致地块更小。这些因素加在一
起使得轻型小拖拉机成为最优选项。[3]这趟旅行快要结束时斯米茨买了一些
拖拉机，用船运到苏门答腊。他在报告中指出了另一些不同的关键因素，比如

---

〔1〕 Creutzberg 1973,248.
〔2〕 Moon 2007,84.
〔3〕 Smits 1920,50.

在塞拉德贾兰需要"极其细心的"品种选择和土壤肥力。其中大多数要点实际上看来都是关键因素。

1924年,塞拉德贾兰计划终止了,农业局本土作物部门的领导 J. E. 范·德·斯托克(J. E. van der Stok)撰写了一份关于这项试验的详细报告。斯米茨在访问美国之后所表达的那些关切只是划破了在塞拉德贾兰超出控制能力的所有事情的表面。堤坝建筑围起了 700 公顷的面积。实施水稻计划的一个迫切难题和重要瓶颈是清理土地。土壤里包含的树根和石块比预期的更多,并导致延期和对设备的损害。此外,1920 年,即清理开始的那一年,其降雨量大于平均值。大多数时候土壤太泥泞,拖拉机没法进入,从而使耽搁的时间更长。土壤的排水——跟降雨对着干——导致泥煤底土的收缩,在地形中创造了一些注满水的低洼地块。在 1920 年 11 月第一个播种期到来之前只清理了 50 公顷。田里的水太多,使得拖拉机没法进入,播种被推迟到次年 3 月。这段时间除草的工作进展顺利,但从水稻长出的那一刻起,老鼠和虫子也进入了稻田,吃掉了大多数作物。有过一次尝试,试图通过放入更多的水来减少鼠害,但失败了,因为河里的水平面太低。于是人们决定把剩下的作物耕掉,重新开始土地准备工作。1921 年的 6—8 月异乎寻常地潮湿。拖拉机再次陷入泥泞中。9 月更干燥一些,所以最终播种了 120 公顷。除了老鼠和虫子之外,杂草也威胁到收成。为了测试机器收割和脱粒,招募了一些劳工给 65 公顷的土地手工除草,从而挽救了部分作物。使用的水稻品种似乎不是很适合机器收割和脱粒。1922—1923 年的收成稍好一些,但对任何一个难题都没有做到真正的控制,试验停止了。土地、机器和建筑物都卖掉了,即使看似很难卖掉。

塞拉德贾兰试验在殖民地的媒体上和人民议会—— 一个给政府提供建议的咨询团体,其代表来自殖民地社会各个不同的阶层和群体——里制造了大量的噪音。危机的氛围使人们对政府在一个看似彻底失败的项目上的庞大开支很敏感。此外,一些批评者攻击农业局局长穆德不尊重本土耕作和整体的粮食形势,偏爱欧洲人的种植园部门。苏门答腊的水稻计划成了新兴的印度尼西亚本土运动以及他们反对种植园部门——最显著的是爪哇的蔗糖工业——的一个靶子。[1] 我前面对塞拉德贾兰的介绍把机械化描述为一次技术迂回,绕开总体上聚焦植物育种及其他强化技术,这些是农业局粮食作物研究工作的典型特征。[2] 然而,这些解释忽视了爪哇水稻与苏门答腊水稻之间的一些关键差别。事实上,大多数殖民地行动者不知道这两个岛的差异。在爪哇,相比在苏门答腊,稻米更多是一种商品。殖民统治和欧洲资本的印度尼西亚与荷兰批评者都认为甘蔗种植——通常种植在也可以用于水稻生产的田地里——对本土稻米部门是一个威胁。正如(本书中)布姆加尔德和克罗宁伯格所阐述的,爪哇的情况并不是那样清晰,但它距离苏门答腊的情况甚至更加遥远,在那里,稻米是作为一种高地作物种植的,是更加多样化的耕作体系的组成部分。穆德忽视了这两座岛之间的差异,对水稻计划的技术复杂性缺乏控制,加上他在爪哇蔗糖工业的背景,这使得他成为政治反对派的一个容易攻击的靶子。[3] 然而,穆德有一些专家给他当顾问,他们更了解苏门答腊的稻米,尤其是负责水稻计划的农业顾问斯米茨。

斯米茨为什么着手执行一项灌溉水稻计划？就在他动身前往美国之前,他在撰写一份详尽报告时认为,在苏门答腊改进稻米生产的唯一选项是通过高地非灌溉水稻的改良。我们并不清楚,他究竟是认为这次试验值得一试,还是只是服从命令。范·德·斯托克 1924 年的报告声称,斯米茨在 1921 年 3 月被另一位农学家所取代,就在第一次水稻播种之前。人民议会里那些就这次试验的糟糕结果质疑穆德的议员们也质疑斯米茨的"解职"以及他与穆德之间的麻烦关系。[4] 他们从未得到答复,但很有可能,斯米茨认识到,考虑到他们从一开始就面对的阻碍,整个计划注定要失败。他对美国西南地区水稻计划的研究提供了一幅清晰的两种情况之间巨大差异的图景。让美国的计划变得特殊的并

---

〔1〕　Moon 2007.

〔2〕　Maat 2001.

〔3〕　穆德在范·德·斯托克撰写了他的报告之后就辞职了。两者之间的因果关联在官方档案中并没有得到证实,但考虑到 20 世纪 20 年代晚期当穆德还是瓦赫宁恩大学的一位教授时便试图削弱范·德·斯托克的地位,这暗示了他是有私心的。

〔4〕　Handelingen van de Volksraad July 1922.

不只是地形、气候、土壤结构和控水，而且有社会和经济的条件（本书科克拉尼斯那一章）。不像美国，苏门答腊的生态条件，以及深植于活跃的东南亚稻米市场的殖民地经济，使得几乎不可能把苏门答腊稻米变成一种具有任何重要程度的商业产品。战争之后，稻米市场恢复，航运路线变得安全。米价下跌，苏门答腊种植园地带和城市的外国稻米进口延续了战争之前的趋势。殖民政府继续投资于灌溉，以鼓励水稻种植，多半结合了爪哇家庭向这些地区迁移。这事主要发生在苏门答腊人已经发展出非灌溉稻田和沼泽水稻种植的地区。

小农与商品化

当我们聚焦来自亚洲其他稻米地区的进口数量时，稻米在苏门答腊就是一种商业产品。苏门答腊农业的总体商品化是 20 世纪初以后稻米进口的一个主要原因。私人公司和殖民政府试图把苏门答腊生产的稻米纳入商品市场的努力只有一些微不足道的效果。20 世纪 10 年代晚期，为了推动苏门答腊稻米商品化而发起的一些大型水稻计划都失败了。这些试验揭示，一种农业作物的商品化所涉及的东西不只是企业家精神、投资资本和重型机械。大多数殖民地官员认为这些成分是欧洲方法的本质，从而使它优于印度尼西亚人，特别是苏门答腊农民。德里公司的机械化高地水稻农场和政府在塞拉德贾兰的水稻计划都是严酷而代价高昂的教训：事情并不那么简单。苏门答腊农民想必抱着大摇其头的娱乐态度观察了这些项目。他们几百年来发展出来的轮耕实践不只是一种使用广阔森林地区的方式，而且是一个精密复杂的耕作体系，它平衡了适合其环境的可用劳动力、土壤肥力和作物组合。此外，从 19 世纪初起，他们就学到了像胡椒、咖啡和更晚一些的橡胶这样的作物是他们能够很好地纳入这些耕作体系的作物，考虑到这些产品能卖到的价格，它们也很有吸引力。

在殖民时期被纳入全球市场经济并不意味着苏门答腊农民放弃了水稻种植。就像对商品作物的接受一样，其他粮食作物也被纳入其中，除了稻米，它们种植在高地稻田里，依然是一种至关重要的作物。这些高地稻田多半是割烧植被而开垦出来的田地，尽管永久性的高地稻田也并不罕见。即使在灌溉和非灌溉低地（水）稻种植都受到激励的地区，比如苏门答腊西南部，高地稻田依然占主导地位，直至 20 世纪 60 年代依然占总水稻面积的 70%。[1] 稻米不只是一种粮食作物，而且在群岛的大部分地区有一个特殊的身份。稻米可用性中的集体利益被表述在宗教仪式和警世故事中。一个明显的实例是迈克尔·多夫（Michael Dove）对婆罗洲达雅人当中一个关于橡胶树吃稻米的梦兆所作的解释。这是一个警告信号：在一个 20 世纪早期几十年里迅速采用商品橡胶种植的社会里，要确保水稻种植。"吃米橡胶的梦兆说明婆罗洲部落民意识到了过度投身于全球商品市场所带来的问题。"[2] 稻米对婆罗洲达雅人的重要性与稻米在苏门答腊巴塔克人或其他社群当中的重要性并没有太大的不同。[3] 殖民官员也知道这两个岛之间的相似性。在塞拉德贾兰试验开始之后不久，穆德便派出一个团队去婆罗洲，为从未执行的湿地水稻计划选定合适的地形。[4] 像婆罗洲和苏门答腊这样一些岛屿上的稻米生产因此抵御了"过度投身于全球商品市场"。稻米是一种反商品，而不是一种商品。

在一些像苏门答腊这样的岛屿的历史上，本地种植人口与欧洲殖民公司和政府之间针锋相对的利益为 20 世纪初期的农业和社会动态创造了一个有效的解释框架。敌对并不是在作为欧洲人的主要利益的商品现金作物生产与作为小农的主要关切的生存耕作之间。苏门答腊的农民像他们在婆罗洲及其他地方的同行一样，都把现金作物生产吸收到了他们的农场体系中，在质量、数量和适应波动市场的能力上竞争胜出的情况并不少见。正如多夫恰当地指出的那样："那个表示轮耕农业的荷兰语术语'劫掠经济'所表示的意思并不是说这一农业体系劫掠了它的物理环境、它的从业者或作为整体的国家，而是说它'劫

---

〔1〕 Schneider 1992, 97.

〔2〕 Dove 1996, 35.

〔3〕 Sherman and Sherman 1990.

〔4〕 Nationaal Archief, Den Haag, Openbaar Verbaal, inventaris 2496.

掠'了殖民政府,这个政府没有多少办法来控制并因此剥削这些分散的、没有资本化的农民。"[1]这话为那些审查这些耕作体系的殖民官员对轮耕的负面描述和漠不关心提供了一个令人信服的解释。然而,斯米茨20世纪10年代的出版物似乎与这样一个结论相矛盾。

斯米茨的观察之详细,以及他对农民给不同活动分配的时间所作的计算,暗示了他有相当多的时间花在田间,很可能得到了受过农业训练的本地助手的支持。斯米茨的研究是一项正在兴起的对本土农业的研究和推广的组成部分。1915年,整个部门由29个欧洲人和32个印度尼西亚人组成,他们要么在荷兰要么在半岛的农学院接受训练。1915年,总共有5个欧洲的和印度尼西亚的顾问负责苏门答腊,其他所有人驻扎在爪哇和马都拉。[2]斯米茨的工作的性质和他在体制内的地位清楚地表明,提供更客观的对小农耕作的分析并不是一项容易的任务。换句话说,殖民地政府缺少对小农耕作得出更好评估的工具。即使是对于爪哇——大多数本土耕作体系研究发生在那里——这幅图景也是零零散散的,效果有限。[3]斯米茨的建议与塞拉德贾兰计划的执行之间的差异清楚地表明,即使对本地农业的更好评估变得可用时,一个农业顾问的论证也不可能改变殖民地行政部门盛行的观点。斯米茨为改进苏门答腊的稻米生产论证了更适合的计划和方法,这些方法适合本地的耕作体系。在烟草田和塞拉德贾兰圩田里进行机械化水稻试验的失败证明了他的观点:农业并不是一个简单的技术——可以在任何想要的方向上推进,或者根据来自其他地方的方法来打造。[4]如果苏门答腊的稻米生产必须强化并为服务于商品市场而生产,斯米茨所提出的必要性就不可否认,它必须取自本地的生产方式。

---

[1] Dove 1983:91.

[2] Jaarboek 1915.

[3] Maat 2007.

[4] 1934年斯米茨在评论苏里南的机械化水稻种植计划时重申了这个观点。"在致力于解决机械化水稻种植的问题时,你必须完全丢开美国的实例,着手一套全新的体系——基于信誉良好的本土企业。"(Smits 1934,629)

结　论

　　反商品的概念凸显了一个更广泛的农业经济体内农业生产的组织和耕作体系运转的方式。瞄准国际商品贸易网络的作物生产，触发其他作物或商品作物的其他品种的生产，这些作物一直与商品化相隔离并受到保护。这究竟是意味着为了生存、装饰和仪式的目的而生产，还是意味着为了非传统的市场而生产，这是个经验主义问题。这里呈现的案例清楚地表明，苏门答腊农民找到了一个解决办法，把稻米作为一种反商品吸收到他们的耕作体系中，因为它们越来越多地与国际贸易网络相关联。种植园公司与殖民地政府在很大程度上并没有意识到这一关联，他们认为每一种作物生产的形式都可以改为商品生产，只要做必要的调整就行。这需要理解农业，最重要的是理解耕作。这样的理解在荷属印度群岛的殖民社会里并非广泛可用，大概除了殖民地的农业顾问之外——他们为本土农业的研究和推广部门工作。斯米茨在其1919年关于殖民地粮食形势的报告中强调了把耕作视为这样一种事务的重要性：它寻求各种不同作物之间的平衡、适当水平的强化和劳动力分配。斯米茨继续说，在这个意义上，种植园部门不是一个农场，而更多是一家工业公司。[1]

　　强调农业的工业方法，忽视耕作并把它嘲笑为商品与反商品的组合生产，这是20世纪的一个现象，而不是殖民地农业的特征。20世纪下半叶，苏门答腊机械化水稻计划的投资类型和运作规模在国际层面上极大地增加了。尼克·库拉赫尔（Nick Cullather）指出，20世纪50年代绿色革命的计划者们认为，种植园的工业导向是亚洲落后的小农农业的典范。[2]尽管在20世纪50年代，比20世纪10年代有更多关于小农生产的知识可用，"这幅充满活力的、全球多

---

　　[1]　"这些人[种植园主]都是实业家，他们的整个企业事实上就是一家工厂。……他们可能是优秀的橡胶种植园主或咖啡种植园主，但关于'农场事务'，他们通常所知甚少。"(Smits 1919b,100)
　　[2]　Cullather 2010,181.

样化关联农业的图景并没有在美国捐助者和科学家的讨论中出现"。库拉赫尔继续说,农业是"城里人发明出来的一个类别,一个表示据说以城市为中心的经济内部一个从属领域的称号"。在 20 世纪 10 年代预期由于拖拉机和碟犁的引入而出现"现代化奇迹"的地方,这个花招在 20 世纪 60 年代和 70 年代随着矮秆品种和化肥而重复出现。基础性的理由是一样的。稻米被认为是一种商品,考虑到巨大的稻米贸易,它在东南亚甚至是初级商品。[1] 稻米的剩余生产典型地与强化的湿地(稻田)种植实践有关。在很多地区,不同的生态、经济和社会因素在发挥作用,稻米是一种反商品。当商品化被用作观察水稻种植的唯一透镜时,这种类型的稻米生产依然可见。

哈罗·马特

---

〔1〕 Latham 1998.

参考文献

Adams, R. L. 1917. Rice – California's new profitable crop. *California Cultivator* 51:441.

Adas, Michael. 1974. *The Burma delta: economic development and social change on an Asian rice frontier, 1852–1941*. Madison WI: University of Wisconsin Press.

Adler, Paul S., and Seok-Woo Kwon. 2002. Social capital: prospects for a new concept. *Academy of Management Review* 27 (Jan):17–40.

Agnihotri, Indu. 1996. Ecology, land use and colonization in the canal colonies of Punjab. *Indian Economic and Social History Review* 33 (1):37–59.

AHU Arquivo Histórico Ultramarino, Pará. Para.

Alden, Dauril. 1984–1995. Late colonial Brazil, 1750–1808. In *The Cambridge history of Latin America, vol III*, edited by L. Bethell (pp. 601–660). Cambridge UK: Cambridge University Press.

Ali, Imran. 1988. *The Punjab under imperialism, 1885–1947*. Princeton NJ: Princeton University Press.

Álmada, Andre Alvares d, A. Teixeira da Mota, Paul E. H. Hair, and Jean Boulègue. 1984. *Brief treatise on the rivers of Guinea. Part I: translation by Paul E. H. Hair*. An interim and makeshift ed. 2 vols. Liverpool: Department of History, University of Liverpool.

Alpers, Edward A. 2009. The western Indian Ocean as a regional food network in the nineteenth century. In *East Africa and the Indian Ocean*, edited by E. A. Alpers (pp. 23–38). Princeton NJ: Markus Wiener Publishers.

An Pingsheng安平生. 1958. Yao shi fanshu cheng jibei de zengchan 要使番薯成几倍地增产 (How to increase potate yields). In *Liangshi shengchan shudu keyi jiakuai* 粮食生产速度可以加快 (Food production can be accelerated), edited by Zhao Jinyang. 广州：广东人民出版社.

Anon. 1998. Wonder wheat, *Science* 280 (24 April):527.

ANTT Arquivo Nacional da Torre do Tombo, edited by M. d. Reino. Lisbon, Portugal.

Anderson, Robert S., Edwin Levy, and Barrie M. Morrison. 1991. *Rice science and development politics: research strategies and IRRI's technologies confront Asian diversity (1950–1980)*. Oxford: Clarendon Press.

APEM Arquivo Publico do Estado do Maranhão, Livros de registro das ordens, livro 12. edited by l. Livros de registro das ordens.

Arashi Kaiichi 嵐嘉一. 1975. *Kinsei Inasaku gijitsu shi: sono ritchi seitaiteki kaiseki* 近世稻作技術史: その立地生態的解析 (History of rice cultivation techniques in the early modern period: analysis of local ecologies). Tōkyō: Nōsangyōson Bunka Kaigi.

Arkansas, Lonoke county and city. 1911. Lonoke AR: Lonoke County News.

Arkley, Alfred S. 1965. *Slavery in Sierra Leone*. Vol. s.n.: S.I.

Arnold, David. 1993. *Colonizing the body: state medicine and epidemic disease in nineteenth-century India*. Berkeley CA: University of California Press.

——. 2000. *Science, technology, and medicine in colonial India*. New York NY: Cambridge University Press.

——. 2005. Europe, technology and colonialism. *History and Technology* 21:85–106.

Arnold, David and Burton Stein. 2010. *History of India*. 2nd ed. Chichester: Blackwell Publishers Ltd.

Arrighi, Giovanni, Takeshi Hamashita, and Mark Selden, eds. 2003. *The resurgence of East Asia: 500, 150 and 50 year perspectives*. London UK, New York NY: Routledge.

Ashby, Jacqueline. 1990. Small farmers' participation in the design of technologies. In *Agroecology and small farm development*, edited by M.A. Altieri and S.B. Hecht. Boca Raton FL: CRC Press.

Aucott, Walter R. 1988. *The predevelopment ground-water flow system & hydraulic characteristics of the coastal plain aquifers of South Carolina*, edited by USGS. Washington DC: GPO.

Aucott, Walter R., and Gary K. Speiran. 1985. Ground-water flow in the coastal plain aquifers of South Carolina. *Ground Water* 23 (Nov/Dec):736–745.

Austin, Gareth, and Kaoru Sugihara. 2013. *Labour-intensive industrialization in global history*. Abingdon, Oxon; New York NY: Routledge.

Babineaux, Lawson Paul. 1967. A history of the rice industry of Southwestern Louisiana. MA Thesis, University of Southwestern Louisiana, 1967.

Bailey, Joseph Cannon. 1945. *Seaman A. Knapp, schoolmaster of American agriculture*. New York NY: Columbia University Press.

Bailey, N. Louise and Walter Edgar, eds. 1977. *Biographical Directory of the South Carolina House of Representatives, Volume II: The Commons House of Assembly, 1692–1775*. Columbia: University of South Carolina Press.

Baldwin, Agnes Leland. 1985. *First settlers of South Carolina, 1670–1700*. Easley SC: Southern Historical Press.

Ball family papers. South Caroliniana Library, University of South Carolina, Columbia SC.

Banerjee, Bireswar, and Jayati Hazra. 1974. *Geoecology of cholera in West Bengal: a study in medical geography*. Calcutta, Hazra: K.P. Bagchi Venus Printing Works.

Bank of Japan. 1966. *Hundred-year statistics of the Japanese economy*. Tōkyō: Statistics Department, Bank of Japan.

Barker, Jonathan. 1989. *Rural communities under stress: peasant farmers and the state in Africa, African society today*. Cambridge UK; New York NY: Cambridge University Press.

Barnwell, Joseph W. 1912. Diary of Timothy Ford, 1785–1786. *South Carolina Historical and Geological Magazine* 13 (Jul):132–147; 14 (Oct):181–204.

Barry, M., J. Pham, J. Noyer, C. Billot, B. Courtois, and N. Ahmadi 2007. Genetic diversity of the two cultivated rice species (O. sativa & O. glaberrima) in Maritime Guinea: evidence for interspecific recombination. *Euphytica* 154:127–137.

Barton, Gregory. 2011. Albert Howard and the decolonization of science: from the Raj to organic farming. In *Science and empire: knowledge and networks of science across the British Empire, 1800–1970*, edited by B. M. Bennett and J. Hodge (pp. 163–86). Basingstoke: Palgrave-Macmillan.

Bassino, Jean-Pascal, and Peter A. Coclanis. 2008. Economic transformation and biological welfare in colonial Burma: regional differentiation in the evolution of average height. *Economics and Human Biology* 6:212–227.

Bates, Robert H. 1981. *Markets and states in tropical Africa: the political basis of agricultural policies*. Berkeley CA: University of California Press.

Becker, Charles. 1985. Notes sur les Conditions Écologiques en Sénégambie aux 17e et 18e siecles. *African Economic History* 14:167–216.

Beinart, William, Karen Brown, and Daniel Gilfoyle. 2009. Experts and expertise in colonial Africa reconsidered: science and the interpenetration of knowledge. *African Affairs* 108 (432):413–433.

Benoit, Robert, and Archives and Special and Collections Department Frazar Memorial Library. 2000. *Imperial Calcasieu, images of America*. Charleston, SC: Arcadia Publications.

Bentley, Charles A., and Public Health Department of Bengal (India). 1925. *Malaria and agriculture in Bengal: how to reduce malaria in Bengal by irrigation*. Calcutta: Bengal Secretariat Book Depot.

Bergère, Marie-Claire, and Janet Lloyd. 1998. *Sun Yat-sen*. Stanford CA: Stanford University Press.

Berlin, Ira, and Philip Morgan, eds. 1991. *The slaves' economy: independent production by slaves in the Americas*. London UK: Frank Cass Publishers.

Bhattacharya, Neeladri. 1985. Agricultural labour and production in Punjab: Central and South-East Punjab, 1870–1940. In *Essays on the commercialization of Indian agriculture*, edited by K. N. Raj, N. Bhattacharya, S. Guha, and S. Padhi. Trivandrum Delhi: Centre for Development Studies, Oxford University Press.

Biggs, David A. 2002a. Personal correspondence with Mr. Dung. Hoa An Agricultural Research Station, Vietnam.

——. 2002b. Interview with Ong Rờ. edited by O. Rờ. Hoa My Commune, Phung Hiep District, Can Tho.

——. 2010. *Quagmire: nation-building and nature in the Mekong Delta*. Seattle WA: University of Washington Press.

Biggs, Stephen. 1980. The failure of farmers to adopt new technological "packages" entirely may be a sign of creativity rather than backwardness. *Ceres* 13 (4):23–26.

——. 1990. A multiple source of innovation model of agricultural research and technology promotion. *World Development* 18 (11):1481–1499.

——. 2008. The lost 1990s? Personal reflections on a history of participatory technology development. *Development in Practice* 18 (4/5):489–505.

Bird, T. J. 1886. *Biennial report of the Louisiana commissioner of agriculture*.

Blench, Roger. 1996. The ethnographic evidence for long-distance contacts between Oceania and East Africa. In *The Indian Ocean in antiquity*, edited by J. Reade (pp. 0417–38). London UK, New York NY: Kegan Paul International & British Museum.

——. 2006. *Archaeology, language, and the African past, The African archaeology series*. Lanham MD: AltaMira Press.

Bleyhl, Norris Arthur. 1955. A history of the production and marketing of rice in California. PhD dissertation University of Minnesota, Microfilms 1957, Ann Arbor.

Bogue, Allan G. 1953. The administrative and policy problems of the J. B. Watkins land mortgage company, 1873–1894. *Bulletin of the Business Historical Society* 27 (March):26–59.

Böhmer, G. 1914. Die Entwicklung der Sortenfrage und ihre Lösung durch Sortenprüfung. *Kühn-Archiv* 5:191–206.

Bonneuil, Christophe. 2001. Development as experiment: science and state building in late colonial and postcolonial Africa, 1930–1970. *Osiris* 15:258–281.

Bonneuil, Christophe, and Frederic Thomas. 2009. *Genes, pouvoirs et profits: recherche publique et regimes de production des savoirs de Mendel aux OGM*. Versailles and Lausanne: Editions quae and fondation pour le progres de l'homme.

Boomgaard, Peter. 1989. *Children of the colonial state: population growth and economic development in Java, 1795–1880, CASA monographs*. Amsterdam, Netherlands: Free University Press: Centre for Asian Studies Amsterdam.

——. 1991. The non-agricultural side of an agricultural economy: Java, 1500–1900. In *In the shadow of agriculture: non-farm activities in the Javanese economy, past and present*, edited by P. Boomgaard, P. Alexander, and B. White (pp. 14–40). Amsterdam: Royal Tropical Institute.

——. 1999. Het Javaanse boerenbedrijf, 1900–1940. *NEHA-Jaarboek voor Economische, Bedrijfs- en Techniekgeschiedenis* 62:173–185.

——. 2007a. *Southeast Asia: an environmental history. Nature and human societies series*. Santa Barbara CA: ABC-CLIO.

——. 2007b. From riches to rags? Rice production and trade in Asia, particularly Indonesia,1500–1950. In *The wealth of nature: how natural resources have shaped Asian history, 1600–2000*, edited by G. Bankoff and P. Boomgaard (pp. 185–203). New York NY: Palgrave Macmillan.

Boomgaard, Peter, and Jan Luiten van Zanden. 1990. *Food crops and arable lands, Java 1815–1942*. Amsterdam, Netherlands: Royal Tropical Institute.

Boone, Catherine. 1992. *Merchant capital and the roots of state power in Senegal, 1930–1985*. Cambridge UK, New York NY: Cambridge University Press.

Booth, Anne. 1988. *Agricultural development in Indonesia*. Sydney, Boston MA: Allen and Unwin.

Bose, Sugata. 1990. Starvation amidst plenty: the making of famine in Bengal, Honan and Tonkin, 1942–1945. *Modern Asian Studies* 24 (4):699–727.

——. 1993. *Peasant labour and colonial capital: rural Bengal since 1770*. Cambridge UK, New York NY: Cambridge University Press.

Bose, Sugata, and Ayesha Jalal. 1998. *Modern South Asia: history, culture, political economy*. New York NY: Routledge.

Bosma, Ulbe. 2005. The Indo: class, citizenship and politics in late colonial society. In *Recalling the Indies: colonial culture & postcolonial identities*, edited by J. Coté and L. Westerbeek (pp. 67–98). Amsterdam NJ: Aksant.

Bosma, Ulbe, Juan A. Giusti-Cordero, and G. Roger Knight, eds. 2008. *Sugarlandia revisited: sugar and colonialism in Asia and the Americas, 1800–1940*. New York NY and Oxford UK: Berghahn Books.

Bosteon, Koen. 2006. What comparative Bantu pottery vocabulary may tell us about early human settlement in the Inner Congo Basin. *Afrique & histoire* 5, 1:221–263.

—. 2007. Pots, words and the Bantu problem: on the lexical reconstruction and Early African history. *The Journal of African History* 48 (2):173–199.

Boswell, George. 1779. *A treatise on watering meadows*. London UK: J. Almon.

Bouma, Menno Jan, and Mercedes Pascual. 2001. Seasonal and interannual cycles of endemic cholera in Bengal 1891–1940 in relation to climate and geography. *Hydrobiologia* 160 (1–3):147–156.

Brandão Júnior, F. A. 1865. *A escravatura no Brasil precedida d'um artigo sobre agricultura e colonisação no Maranhão*. Brussels: H. Thiry-Vern Buggenhoudt.

Brathwaite, Kamau. 1971. *The development of Creole society in Jamaica, 1770–1820*. Oxford UK: Clarendon Press.

Bray, Francesca. 1979. Green revolution: a new perspective. *Modern Asian Studies* 13 (4):681–688.

—. 1983. Patterns of evolution in rice-growing societies. *Journal of Peasant Studies* 11:3–33.

—. 1986. *The rice economies: technology and development in Asian societies*. Oxford UK and New York NY: Blackwell.

—. 1997. *Technology and gender: fabrics of power in late imperial China*. Berkeley CA: University of California Press.

—. 2007a. Instructive and nourishing landscapes: natural resources, people and the state in late imperial China. In *A history of natural resources in Asia: the wealth of nature*, edited by G. Bankoff and P. Boomgaard (pp. 205–226). Basingstoke UK: Palgrave Macmillan.

—. 2007b. Agricultural illustrations: blueprint or icon? In *Graphics and text in the production of technical knowledge in China: the warp and the weft*, edited by F. Bray, V. Dorofeeva-Lichtmann, and G. Métailié (pp. 519–566). Leiden Netherlands: Brill.

—. 2008. Science, technique, technology: passages between matter and knowledge in imperial Chinese agriculture. *British Journal for the History of Science* 41 (3):319–344.

Breman, Jan, J. van den Brand, and J.L.T. Rhemrev. 1987. *Koelies, planters en koloniale politiek: het arbeidsregime op de grootlandbouwondernemingen aan Sumatra's oostkust in het begin van de twintigste eeuw*. Dordrecht, Netherlands and Providence RI: Foris.

Broadberry, Stephen, and Bishnupriya Gupta. 2006. The early modern great divergence: wages, prices and economic development in Europe and Asia, 1500 – 1800. *Economic History Review* LIX:2–31.

Brocheux, Pierre. 1995. *The Mekong Delta: ecology, economy, and revolution, 1860–1960*. Madison WI: Center for Southeast Asian Studies, University of Wisconsin-Madison.

Brook, Timothy. 1998. *The confusions of pleasure: commerce and culture in Ming China*. Berkeley CA: University of California Press.

Brooks, Sally. 2011. Living with materiality or confronting Asian diversity? The case of iron-biofortified rice research in the Philippines. *East Asian Science, Technology & Society* 5:173–188.

Brown, Philip C. 2011. *Cultivating commons: joint ownership of arable land in early modern Japan.* Honolulu HI: University of Hawaii Press.

Brown, Robert J. 1906. Rice fields of Arkansas revolutionize conditions in a large territory. *Arkansas Gazette (Little Rock)* (July):3.

Brown, Walter L. 1970. Notes on early rice culture in Arkansas. *Arkansas Historical Quarterly* 29 (Spring):76–79.

Bryden, James L. 1874. *Cholera epidemics of recent years viewed in relation to former epidemics: a record of cholera in the Bengal presidency from 1817 to 1872.* Calcutta: Office of the Superintendent of Government Printing.

Buck, John Lossing. 1956. *Land utilization in China: a study of 16,786 farms in 168 localities, and 38,256 farm families in twenty-two provinces in China, 1929–1933.* New York NY: Reproduced by the Council on Economic and Cultural Affairs.

Bundesverband Deutscher Pflanzenzüchter e.V (BDP), ed. 1987. *Landwirtschaftliche Pflanzenzüchtung in Deutschland. Geschichte, Gegenwart und Ausblick.* Gelsenkirchen: Thomas Mann.

Buoye, Thomas M. 2000. *Manslaughter, markets, and moral economy: violent disputes over property rights in eighteenth-century China.* 1. publ. ed. Cambridge UK: Cambridge University Press.

Cai Chenghao 蔡承豪, and Yang Yunping 杨韵平. 2004. *Taiwan fanshu wenhua zhi* 台湾番薯文化志 (Traces of Taiwan's sweet potato culture). 中国台北: 果实出版社.

Callison, C. Stuart. 1974. *The Land-to-the-Tiller Program and Rural Resource Mobilization in the Mekong Delta, South Vietnam.* Papers in International Studies Southeast Asia Series 34, Ohio University Center for International Studies, Southeast Asia Program.

Camprubi, Lino. 2010. One grain, one nation: rice genetics and the corporate state in early Francoist Spain (1939–1952). *Historical Studies in the Natural Sciences* 40 (4):499–531.

Cantrell, Wade M., and Larry E. Turner. 2002. *Total maximum daily load: Cooper river, Wando river, Charleston harbor system, South Carolina.* edited by Bureau of Water South Carolina Department of Health and Environmental Control. Columbia.

Capus, Guillaume. 1918. *Production et amélioration du riz d'Indo-Chine. Rapport introductif présenté au Congrès d'agriculture coloniale de 1918, par G. Capus.* Paris France: imprime de G. Cadet.

Cary, S.L. 1901. A paradise for the immigrant. In *Louisiana rice book*, edited by Southern Pacific Company. Houston TX: Passenger Department of the Southern Pacific *Sunset Route.*

Carney, Judith Ann. 1993a. Converting the wetlands, engendering the environment: the intersection of gender with agrarian change in the Gambia. *Economic Geography* 69 (4):329–348.

——. 1993b. From hands to tutors: African expertise in the South Carolina rice economy. *Agricultural History* 67 (July):1–30.

——. 1996. Landscapes of technology transfer: rice cultivation and African continuities. *Technology & Culture* 37 (Jan):5–35.

——. 1998. The role of African rice and slaves in the history of rice cultivation in the Americas. *Human Ecology* 26 (4):525–545.

——. 2001. *Black rice: the African origins of rice cultivation in the Americas.* Cambridge MA: Harvard University Press.

——. 2004. With grains in her hair: rice in colonial Brazil. *Slavery and Abolition* 25 (Apr):1–27.

Carney, Judith Ann, and Richard Porcher. 1993. Geographies of the past: rice, slaves, and technological transfer in South Carolina. *Southeastern Geographer* 33 (Nov):127–147.

Carney, Judith Ann, and Richard Nicholas Rosomoff. 2010. *In the shadow of slavery: Africa's botanical legacy in the Atlantic world.* Berkeley CA: University of California Press.

Catling, H. D., D. W. Puckridge, and D. HilleRislambers. 1988. The environment of Asian deepwater rice. In *International deepwater rice workshop, 26–30 Oct 1987.* Bangkok: Los Banos, Laguna (Philippines) International Rice Research Institute.

Ceccarelli, S. 1989. Wide adaptation: how wide? *Euphytica* 40:197–205.

Cernea, Michael M., and Amir H. Kassam, eds. 2006. *Researching the culture in agri-culture: social research for international development.* Wallingford: CABI Publishing.

Chambers, Robert. 1977. Challenges for rural research and development. In *Green revolution? Technology and change in rice-growing areas of Tamil Nadu and Sri Lanka,* edited by B. H. Farmer (pp. 398–412). London UK: Macmillan.

Chambers, Robert, Richard Longhurst, and Arnold Pacey. 1981. *Seasonal dimensions to rural poverty.* London UK, Totowa NJ: F. Pinter, Allanheld, Osmun.

Chambliss, Charles E. 1920. *Prairie rice culture in the United States.* Washington DC: US Department of Agriculture.

Chandler, Robert. 1992. *An adventure in applied science: a history of the International Rice Research Institute.* Los Banos: IRRI.

Chang, C. C. 1931. *China's Food Problem.* Shanghai: China Institute of Pacific Relations.

Chaplin, Joyce E., and Institute of Early American History and Culture (Williamsburg). 1993. *An anxious pursuit: agricultural innovation and modernity in the lower south, 1730–1815.* Chapel Hill NC: The University of North Carolina Press.

Charlesworth, Neil, and Economic History Society. 1982. *British rule and the Indian economy, 1800–1914.* London UK: Macmillan.

Chatterjee, U., and Acharya R. 2000. Seasonal variation of births in rural West Bengal: magnitude, direction and correlates. *Journal of Biosocial Science* 32 (4):443–458.

Chaudhuri, Binay Bhushan. 1983. Eastern India, Part II. In *The Cambridge economic history of India. vol.2, c.1757–c.1970,* edited by D. Kumar and M. Desai (pp. 87–177). Cambridge UK: Cambridge University Press.

——. 1996. The process of agricultural commercialisation in Eastern India during British Rule: a reconsideration of the notions of "forced commercialization" and "dependent peasantry". In *Meanings of agriculture: essays in South Asian history and economics,* edited by P. Robb (pp. 71–91). Delhi: Oxford University Press.

Chaudhuri, K. N. 1983. Foreign trade and balance of payments (1757–1947). In *The Cambridge economic history of India. vol.2, c.1757-c.1970*, edited by D. Kumar and M. Desai (pp. 804–877). Cambridge UK: Cambridge University Press.

Chen Bikuang 陈必贶. 1934. Wuhu miye zhi shikuang yu qi jiuji fangfa 芜湖米业之实况与其救济方法 (The situation of Wuhu rice business and methods for its revival). 东方杂志31 (2):21–29.

Chen Chunsheng 陈春声. 1992. *Shichang jizhi yu shehui bianqian: shiba shiji Guangdong mijia fenxi* 市场机制与社会变迁——十八世纪广东米价分析 (Market mechanisms and social reform: analysis of rice prices in Guangdong during the eighteenth century). 广东中山大学出版.

Chen Gongbo 陈工博. 1936. *Sinian congzheng lu* 四年从政录 (Report of four year's engagement into politics). 上海：商务印书馆.

Chen Shiyuan 陈世元 (d. 1785). Qianlong edition. *Jinshu chuanxi lu* 金薯传习录 (Record on the transmission of sweet potato). 郑州：河南教育出版社.

Cheng, Siok-Hwa. 1968. *The rice industry of Burma, 1852–1940*. Kuala Lumpur: University of Malaya Press.

Cheung, Sui-wai. 2008. *The price of rice: market integration in eighteenth-century China*. Bellingham WA: Center for East Asian Studies, Western Washington University.

Childs, G. Tucker. 2001. What's so Atlantic about Atlantic? In *31st colloquium on African languages and linguistics*. Leiden, Netherlands: University of Leiden.

——. 2003. A splitter's holiday: more on the alleged unity of the Atlantic Group. In *33rd colloquium of African languages and linguistics*. Leiden, Netherlands: University of Leiden.

Childs, G. Tucker. 2008. Language death within the Atlantic language group. *West African Research Association (WARA) Newsletter*: 1–25.

Christophers, S. R. 1911. *Malaria in the Punjab, scientific memoirs by officers of the medical and sanitary departments of the government of India*. Calcutta: Superintendent Government Printing, India.

——. 1924. The mechanism of immunity against malaria in communities living under hyper-endemic conditions. *The Indian Journal of Medical Research* 12:273–294.

Christophers, S. R., and C. A. Bently. 1911. *Malaria in the Duars: being the second report to the advisory committee appointed by the government of India to conduct an enquiry regarding blackwater and other fevers prevalent in the Duars*. Simla: Government Monotype Press.

Chuan, Han-sheng, and Richard A. Kraus. 1975. *Mid-Ch'ing rice markets and trade: an essay in price history*. Cambridge MA, London UK: East Asian Research Center, Harvard University Press.

City Gazette 1784. (14 June) Charleston, SC.

Clifton, James M. 1978. *Life and labor on Argyle Island: letters and documents of a Savannah river rice plantation, 1833–1867*. Savannah GA: Beehive Press.

Cline, W. Rodney. 1970. Seaman Asahel Knapp, 1833–1911. *Louisiana History: The Journal of the Louisiana Historical Association* 11 (Sep):333–340.

Clowse, Converse D., and South Carolina Tricentennial Commission. 1971. *Economic beginnings in colonial South Carolina, 1670–1730*. Columbia SC: The University of South Carolina Press.

Coclanis, Peter A. 1982. Rice prices in the 1720s and the evolution of the South Carolina economy. *Journal of Southern History* 48 (Nov):531–544.

——. 1989. *The shadow of a dream: economic life and death in the South Carolina low country, 1670–1920*. New York NY: Oxford University Press.

——. 1993a. Southeast Asia's incorporation into the world rice market: a revisionist view. *Journal of Southeast Asian Studies* 24 (2):251–267.

——. 1993b. Distant thunder: the creation of a world market in rice and the transformations it wrought. *American Historical Review* 98:1050–1078.

——. 1995. The poetics of American agriculture: the United States rice industry in international perspective. *Agricultural History* 69 (2):140–162.

——. 2000. How the Low Country was taken to task: slave-labor organization in Coastal South Carolina and Georgia. In *Slavery, secession, and southern history*, edited by R. L. Paquette and L. Ferleger (pp. 59–78). Charlottesville VA: University Press of Virginia.

——. 2001. Seeds of reform: David R. Coker. Premium cotton, and the campaign to modernize the rural south. *South Carolina Historical Magazine* 102 (July):82–98.

——. 2002. Review of Carney, Black Rice. *Journal of Economic History* 62 (March): 247–248.

——. 2006. Atlantic world or Atlantic/world? *William and Mary Quarterly 3rd Series* 63 (4):725–742.

——. 2010a. Introduction. In *Twilight on the rice fields: letters of the Heyward family, 1862–1871*, edited by A. H. Stokes and M. B. Hollis (pp. xviii–xxxi). Columbia SC: University of South Carolina Press.

——. 2010b. The rice industry of the United States. In *Rice: origin, antiquity and history*, edited by E. D. Sharma (pp. 411–31). Enfield NH, Oxford, IHB: Science Publishers.

Coclanis, Peter A., and J. C. Marlow. 1998. Inland rice production in the South Atlantic states: a picture in black and white. *Agricultural History* 72 (Spring): 197–213.

Coelho, Francisco de L., and Paul E. H. Hair. 1985. *Description of the coast of Guinea. Introduction and English translation of the Portuguese text*. Liverpool: Department of History, University of Liverpool.

Cohen, Robert, and Myriam Yardeni. 1988. Un suisse en Caroline du sud à la fin du XVIIe siècle, translated by Harriott Cheves Leland. *Bulletin de la Société de l'Histoire du Protestantisme Français* 134 59–71.

Cole, Arthur H. 1927. The American rice-growing industry: a study of comparative advantage. *Quarterly Journal of Economics* 41 (Aug):595–643.

Coleman, James S. 1988. Social capital in the creation of human capital. *American Journal of Sociology* 94 (Supplement):95–120.

Colonial land grants, 1688–1799. edited by South Carolina Department of Agricultural History. Columbia SC.

Colquhoun, Donald J., 1974. Cyclic surfical stratigraphic units of the Middle and Lower Coastal Plains, Central South Carolina. In *Post-Miocene stratigraphy Central and Southern Atlantic Coastal Plain*, edited by Robert Q. Oaks and Jules R. DuBar, Logan: Utah State University Press, 179–190.

Colquhoun, Donald J., and Atlantic Coastal Plain Geological Association. 1965. *Terrace sediment complexes in central South Carolina*. Columbia SC: University of South Carolina.

Colquhoun, Donald J., and South Carolina State Development Board Division of Geology. 1969. *Geomorphology of the lower coastal plain of South Carolina.* Columbia SC: Division of Geology, State Development Board.

Comité agricole et industriel de la Cochinchine. 1872. Soixante-Quinzième Séance, 17 Octobre 1868, *Bulletin du Comité agricole et industriel de la Cochinchine*, Vol. 2, No. 7 (1872): 8–9.

Conneau, Theophilus (also known as Canot). 1976. *A slaver's log book, or 20 years of residence in Africa.* Englewood Cliff NJ: Prentice Hall. Original edition, 1856.

Cook, Harold John, Sanjoy Bhattacharya, Anne Hardy, and Wellcome Trust Centre for the History of Medicine at UCL. 2009. *History of the social determinants of health: global histories, contemporary debates.* Hyderabad: Orient BlackSwan.

Cooke, C. Wythe. 1936. *Geology of the coastal plain of South Carolina.* Washington DC: Government Printing Office, United States Department of the Interior, Geological Survey.

Cooke, Nola. 2004. Water world: Chinese and Vietnamese on the riverine water frontier, from Ca Mau to Tonle Sap (c. 1850–1884). In *Water frontier: commerce and the Chinese in the lower Mekong region, 1750–1880*, edited by N. Cooke and T. Li (pp. 139–57). Singapore, Lanham MD: Singapore University Press & Rowman & Littlefield.

Cooper, Frederick. 2010. Writing the history of development. *Journal of Modern European History* 8 (1):5–23.

Cooper, Thomas, and David J. McCord, eds. 1836–1841. *The statues at large of South Carolina.* Columbia: A.S. Johnston.

Cowan, Michael, and Robert Shenton. 1996. *Doctrines of development.* London, UK: Routledge.

Creutzberg, Peter, ed. 1973. *Het Economisch Beleid in Nederlandsch-Indië; Capita Selecta: een Bronnenpublikatie 2.* Groningen, Netherlands: CBNI.

Cronon, William. 1995. The trouble with wilderness: or, getting back to the wrong nature. In *Uncommon ground: rethinking the human place in nature*, edited by W. Cronon (pp. 69–90). New York NY: Norton.

Cronon, William, and John Demos. 2003. *Changes in the land: Indians, colonists, and the ecology of New England.* New York NY: Hill and Wang.

Crosby, Alfred W. 1986. *Ecological imperialism: the biological expansion of Europe, 900–1900.* Cambridge UK, New York NY: Cambridge University Press.

Crossley, Pamela Kyle. 1990. *Orphan warriors: three Manchu generations and the end of the Qing world.* Princeton NJ: Princeton University Press.

Cullather, Nick. 2004. Miracles of modernisation: the green revolution and the apotheosis of technology. *Diplomatic History* 28 (2):227–254.

——. 2010. *The hungry world: America's cold war battle against poverty in Asia.* Cambridge MA: Harvard University Press.

Curry-Machado, Jonathan. 2010. In cane's shadow: the impact of commodity plantations on local subsistence agriculture on Cuba's mid-nineteenth century sugar frontier. *Commodities of Empire Working Paper, Milton Keynes, Open University* 16:201.

Curtin, Philip D. 1975. *Economic change in pre-colonial Africa: Senegambia in the era of the slave trade*, Madison: University of Wisconsin Press.

Cwiertka, Katarzyna Joanna. 2006. *Modern Japanese cuisine: food, power and national identity.* London UK: Reaktion.

Dahlberg, Kenneth. 1979. *Beyond the green revolution: the ecology and politics of global agricultural development.* New York NY, London UK: Plenum.

Dai Nam Thuc Luc: Quoc Su Quan Trieu Nguyen. 1963. vol. 1. Ha Noi: Su Hoc.

Daniel, Pete. 1985. *Breaking the land: the transformation of cotton, tobacco, and rice cultures since 1880.* Urbana IL: University of Illinois Press.

Daniels, Christian, Nicholas K. Menzies, and Joseph Needham. 1996. *Science and civilisation in China. Volume 6, Biology and biological technology. Part 3, Agro-industries and forestry* Cambridge UK: Cambridge University Press.

Das, Dial. 1943. *Vital statistics of the Punjab, 1901 to 1940.* Lahore: Civil and Military Gazette.

Datta, Rajat. 1996. Peasant productivity and agrarian commercialism in a rice-growing economy: some notes on a comparative perspective and the case of Bengal in the eighteenth century. In *Meanings of agriculture: essays in South Asian history and economics*, edited by P. Robb (pp. 92–131). Delhi: Oxford University Press.

Davidson, Joanna 2007. Feet in the fire: social change and continuity among the Diola of Guinea-Bissau. PhD thesis, Emory University, Atlanta.

De Langhe, Edmond, and Pierre De Maret. 1999. Tracking the banana: its significance in early agriculture. In *The prehistory of food: appetites for change*, edited by C. Gosden and J. G. Hather (pp. 369–386). London UK, New York NY: Routledge.

De Vismes, Maurice-Paul, and Henry, Yves. 1928. *Documents de démographie et riziculture en Indochine.* Hanoï-Haiphong: Imprimé d'Extrême-Orient.

De Vries, Jan. 1994. The industrial revolution and the industrous revolution. *Journal of Economic History* 54 (2):249–270.

——. 2008. *The industrious revolution: consumer behavior and the household economy, 1650 to the present.* Cambridge UK, New York NY: Cambridge University Press.

De Vries, J., and Gary Toenniessen. 2001. *Securing the harvest: biotechnology, breeding and seed systems for African crops.* Wallingford UK: CABI Publishing.

Deed books. edited by Charleston County Register Mesne Conveyance. Charleston, SC.

Delevan, Wayne. 1963. *The North American Land and Timber Company, Limited. Some notes on its beginnings.* Edited by American Academy of Science. Vol. 17. Agricultural History Museum.

Departement van Landbouw Nijverheid en Handel. 1925. *Landbouwatlas van Java en Madoera.* Weltevreden Netherlands: Departement van Landbouw, Nijverheid en Handel.

Desmarias, Ralph, and Robert Irving. 1983. *The Arkansas Grand Prairie.* Stuttgart: The Arkansas County Agricultural History Museum.

Dethloff, Henry C. 1970. Rice revolution in the Southwest, 1880–1910. *Arkansas Historical Quarterly* 29 (Spring):66–75.

——. 1982. The colonial rice trade. *Agricultural History* 56 (Jan):231–243.

——. 1988. *A history of the American rice industry, 1685–1985.* College Station TX: Texas A&M University Press.

——. 2013. *Rice culture.* Texas State Historical Association 2010. Onlina at: http:// tsha.utexas.edu/handbook/online/articles/RR/afrl1.html [accessed Feb. 23, 2013].

Diamond, Jared M. 1999. *Guns, germs, and steel: the fates of human societies.* New York, NY: W.W. Norton & Co.

Ding Ying 丁颖. 1957. Woguo daozuo quyu de huafen 我国稻作区域的区分 (Corn regions and divisions of our country). In *Ding Ying daozuo lunwen xuanji* 丁颖稻作论文集 (Collected essays on grains by Ding Ying), 丁颖编. 北京: 农业出版社.

——. 1983. *Ding Ying daozuo lunwen xuanji* 丁颖稻作论文集(Collected essays on grains by Ding Ying). 北京: 农业出版社.

Dix, Walter. 1911. Forderung des staatlichen Eingreifens zum Schutz des Saatguthandels und zur Förderung der Pflanzenzüchtung. *Illustrierte Landwirtschaftliche Zeitung* 31 (15 Feb):102–103.

Doar, David, A.S. Salley, and Theodore D. Ravenel. 1970. *Rice and rice planting in the South Carolina low country*. Charleston SC: Charleston Museum.

Donahue, Brian. 2004. *The great meadow: farmers and the land in colonial concord*. New Haven CT: Yale University Press.

Donald, C.M. 1968. The breeding of crop ideotypes. *Euphytica* 17 (3):385–403.

Donelha, Andre. 1625. *Descricao da Serra Leoa e dos Rios de Guine do Cabo Verde/ An account of Sierra Leone and the Rivers of Guinea of Cape Verde*, 1977 edition of Portuguese text by Avelino Teixeira da Mota, notes and English translation by Paul E.H. Hair. Lisbon: Junta de Investigacoes Cientificas do Ultramar.

Donnan, Elizabeth. 1935. *Documents illustrative of the history of the slave trade to America. 4 The border colonies and the southern colonies*. Washington DC: Carnegie Institute.

Doneux, J.L. 1975. Hypotheses pour la comparative des Langues atlantiques. *Africana linguistica* 6: 41–129.

Dos Prazeres, Francisco de N.S. 1891. Poranduba maranhense ou relação histórica da província do Maranhão. *Revista trimensal do Instituto do Histórico e Geographico Brazileiro* 54:140.

Douglas, Mary. 1966. *Purity and danger: an analysis of concepts of pollution and taboo*. New York NY: Praeger.

Dove, Michael R. 1983. Theories of swidden agriculture and the political economy of ignorance. *Agro Forestry Systems* 1:85–99.

——. 1996. Rice-eating rubber and people-eating governments: peasant versus state critiques of rubber development in colonial Borneo. *Ethnohistory* 43:33–63.

Drache, Hiram M. 1964. *The day of the bonanza: a history of bonanza farming in the red river valley of the North*. Fargo ND: North Dakota Institute for Regional Studies.

Drèze, Jean, and Amartya Sen. 1989. *Hunger and public action*. Oxford UK, New York NY: Oxford University Press and Clarendon Press.

Dubose, Samuel, and Black Oak Agricultural Society Charleston SC. 1858. *Address delivered at the seventeenth anniversary of the Black Oak agricultural society, April 27th, 1858*. Charleston SC: A.E. Miller.

Dumont, René, and J. Nanta. 1935. *La culture du riz dans le delta du Tonkin: étude et propositions d'amélioration des techniques traditionnelles de riziculture tropicale*. Paris France: Société d'éditions géographiques, maritimes et coloniales.

Duras, Marguerite, translated by Barbara Bray. 2008. *The lover*. London UK: Harper Perennial.

Durie, Mark, and Malcolm Ross. 1996. *The comparative method reviewed: regularity and irregularity in language change.* New York NY, Oxford UK: Oxford University Press.

Duruflé, Gilles. 1994. *Le Sénégal peut-il sortir de la crise? Douze ans d'ajustement structurel au Sénégal, Les Afriques.* Paris France: Editions Karthala.

Duvick, Donald N. 1990. The romance of plant breeding and other myths. In *Gene manipulation in plant improvement II,* edited by J. P. Gustafson (pp. 39–54). New York NY: Plenum Press.

——. 2002. Theory, empiricism and intuition in professional plant breeding. In *Farmers, scientists and plant breeding: integrating knowledge and practice,* edited by D. A. Cleveland and D. Soleri (pp. 189–212). Wallingford UK: CAB International.

Dwyer, David. 1989. Mande. In *The Niger-Congo languages: a classification and description of Africa's largest language family,* edited by J. Bendor-Samuel and R. L. Hartell (pp. 47–65). Lanham, MD: University Press of America.

Dyson, Tim. 1989. *India's historical demography: studies in famine, disease and society.* London UK: Curzon.

——. 1991. On the demography of South Asian famines: Part I. *Population Studies* 45 (1):5–25.

Edelson, S. Max. 2006. *Plantation enterprise in colonial South Carolina.* Cambridge MA: Harvard University Press.

——. 2007. Clearing swamps, harvesting forests: trees and the making of a plantation landscape in the Colonial South Carolina lowcountry. *Agricultural History* 81 (Summer):381–406.

——. 2010. Beyond "Black Rice": reconstructing material and cultural contexts for early plantation agriculture. AHR exchange: the question of "Black Rice". *American Historical Review* 115:125–135.

Edgar, Walter B., N. Louise Bailey, Alexander Moore, and General Assembly House of Representatives Research Committee South Carolina. 1974. *Biographical directory of the South Carolina House of Representatives.* Columbia SC: University of South Carolina Press.

Edgerton, David. 2007. Creole technologies and global histories: rethinking how things travel in space and time. *History of Science and Technology* 1:75–112.

Eduardo, Octavio da Costa 1948. *The negro in Northern Brazil* New York NY: J. J. Augustin Publishers.

Ehret, Christopher. 1967. Cattle-keeping and milking in eastern and southern African history: the linguistic evidence. *The Journal of African History* 8, (1): 1–17.

——. 1968. Sheep and central Sudanic peoples in southern Africa. *The Journal of African History* 9, (2): 213–221.

——. 1979. On the antiquity of agriculture in Ethiopia. *The Journal of African History* 20, (2): 161–177.

——. 2000. Testing the expectations of glottochronology against the correlations of language and archaeology in Africa. In *Time depth in historical linguistics,* edited by C. Renfrew, A. McMahon, R. L. Trask, and McDonald Institute for Archaeological Research (pp. 373–399). Cambridge UK: McDonald Institute for Archaeological Research.

——. 2011. *History and the testimony of language.* Berkeley CA: University of California Press.

Eltis, David, Philip D. Morgan, and David Richardson. 2007. Agency and diaspora in Atlantic history: reassessing the African contribution to rice cultivation in the Americas. *American Historical Review* 112 (Dec):1329–1358.

——. 2010. Black, brown, or white? Color-coding American commercial rice cultivation with slave labor. AHR exchange: the question of "Black Rice". *American Historical Review* 115:164–171.

Elvin, Mark. 1973. *The pattern of the Chinese past: a social and economic interpretation.* Stanford CA: Stanford University Press.

——. 2004. *The retreat of the elephants: an environmental history of China.* New Haven CT: Yale University Press.

Elvin, Mark, and Ts'ui-jung Liu, eds. 1998. *Sediments of time: environment and society in Chinese history.* Cambridge UK, New York NY: Cambridge University Press.

Embleton, Sheila. 2000. Lexicostatistics/Glottochronology: from Swadesh to Sankoff to Starostin to future horizons. In *Time depth in historical linguistics*, edited by C. Renfrew (pp. 143–166). Cambridge UK: McDonald Institute for Archaeological Research.

Engledow, F. L. 1925. The economic possibilities of plant breeding. In *Imperial botanical conference: report of proceedings*, edited by F. T. Brooks (pp. 31–40). Cambridge UK: Cambridge University Press.

Evans, Sterling. 2007. *Bound in twine: the history and ecology of the henequen-wheat complex for Mexico and the American and Canadian plains, 1880–1950.* College Station: Texas A & M University Press.

FAO, United Nations Food and Agriculture Organisation. 2004. *The state of food and agriculture, 2003–2004: agricultural biotechnology – meeting the needs of the poor?* Rome Italy: FAO.

Farmer, B. H. 1979. The "green revolution" in South Asian ricefields: environment and production. *Journal of Development Studies* 15 (4):304–319.

——. 1986. Perspectives on the green revolution in South Asia. *Modern Asian Studies* 20 (1):175–199.

Farris, William Wayne. 2006. *Japan's medieval population: famine, fertility, and warfare in a transformative age.* Honolulu: University of Hawai'i Press.

Faure, David. 1989. *The rural economy of pre-liberation China: trade expansion and peasant livelihood in Jiangsu and Guangdong, 1870 to 1937.* Hong Kong, New York NY: Oxford University Press.

——. 1990. The rice trade in Hong Kong before the second world war. In *Between east and west: aspects of social and political development in Hong Kong*, edited by E. Sinn (pp. 216–225). Hong Kong: Centre of Asian Studies, University of Hong Kong.

Feierman, Steven. 1992. *The social basis of health and healing in Africa.* Berkeley CA: University of California Press.

Feierman, Steven and John M. Janzen, eds. 1992. *The social basis of health and healing in Africa.* Berkeley: University of California Press.

Feng Liutang 冯柳堂. 1934. *Zhongguo li dai minshi zhengce shi* 中国历代民食政策史 (A history of provisional policies in Chinese dynasties), Zhongguo jingji xue she congshu. Shanghai: 上海：商务印书馆.

Ferguson, Leland G. 1992. *Uncommon ground: archaeology and early African America, 1650–1800.* Washington DC: Smithsonian Institution Press.

Fiege, Mark. 1999. *Irrigated Eden: the making of an agricultural landscape in the American West.* Seattle WA: University of Washington Press.

Fields-Black, Edda L. 2008. *Deep roots: rice farmers in West Africa and the African diaspora*. Bloomington IN: Indiana University Press.

Finlay, Robert. 2010. *The pilgrim art: cultures of porcelain in world history*. Berkeley CA: University of California Press.

Flynn, Dennis Owen, Lionel Frost, and A. J. H. Latham, eds. 1999. *Pacific centuries: Pacific and Pacific Rim history since the sixteenth century*. London UK, New York NY: Routledge.

Fontenot, Mary Alice, and Paul B. Freeland. 1997. *Acadia Parish, Louisiana*. 2 vols. Baton Rouge LA: Claitor's Pub. Division. Original edition, 1976.

Fox, J., and J. Ledgerwood. 1999. Dry-season flood-recession rice in the Mekong Delta: two thousand years of sustainable agriculture? *Asian Perspectives* 38:37–50.

Fox, Richard Gabriel. 1985. *Lions of the Punjab: culture in the making*. Berkeley CA: University of California Press.

Francks, Penelope. 1984. *Technology and agricultural development in pre-war Japan*. New Haven CT: Yale University Press.

——. 1999. *Japanese economic development: theory and practice*. London UK, New York NY: Routledge.

——. 2003. Rice for the masses: food policy and the adoption of imperial self-sufficiency in early twentieth-century Japan. *Japan Forum* 15:125–146.

——. 2005. Multiple choices: rural household diversification and Japan's path to industrialization. *Journal of Agrarian Change* 5:451–475.

——. 2006. *Rural economic development in Japan: from the nineteenth century to the Pacific war*. London UK, New York NY: Routledge.

——. 2007. Consuming rice: food, traditional products and the history of consumption in Japan. *Japan Forum* 19:147–168.

——. 2009. *The Japanese consumer: an alternative economic history of modern Japan*. Cambridge UK, New York NY: Cambridge University Press.

Frank, Andre Gunder. 1998. *ReOrient: global economy in the Asian age*. Berkeley CA: University of California Press.

Frey, Marc. 1997. Trade, ships, and the neutrality of the Netherlands in the First World War. *International History Review* 19:541–562.

Friedman, David. 1988. *The misunderstood miracle: industrial development and political change in Japan*. Ithaca NY: Cornell University Press.

Fruwirth, Carl. 1907. *Sorten, Saatfruchtbau und Pflanzenzüchtung in Württemberg*. Plieningen Germany: Friedrich Find.

——. ed. 1909. *Die Züchtung der landwirtschaftlichen Kulturpflanzen*. Vol. 1. Berlin Germany: Parey.

Fuller, Dorian, and Nicole Boivin. 2009. Crops, cattle and commensals across the Indian Ocean: current and potential archaeobotanical evidence. *Etudes Océan Indien* 42:13–46.

Fuller, Dorian Q., and Ling Qin. 2009. Water management and labour in the origins and dispersal of Asian rice. *World Archaeology* 41:1, 88–111.

Garewal, Gurjeewan. 2005. Nucleotide -88 (C-T) promoter mutation is a common Thalassemia mutation in the Jat Sikhs of Punjab, India. *Americal Journal of Hematology* 79:252–256.

Garewal, Gurjeewan, and Reena Das. 2003. Spectrum of B-Thalessemia mutations in Punjabis. *International Journal of Human Genetics* 3 (4):217–219.

Garrett, G. H. 1892. Sierra Leone and the interior: to the upper waters of the Niger. *Proceedings of the Royal Geographical Society and Monthly Record of Geography* 14 (7):433–455.

Geertz, Clifford. 1963. *Agricultural involution: the process of ecological change in Indonesia*. Berkeley CA: The University of California Press.

Gibbs, Mathurin Guerin. 1824–1874. *Plantation registers*. Charleston SC: South Carolina Historical Society.

Giles-Vernick, Tamara. 2000. Doli: translating an African history of loss in the Sangha river basin of equatorial Africa. *Journal of African History* 41:373–394.

——. 2002. *Cutting the vines of the past: environmental histories of the Central African rain forest*. Charlottesville VA: University of Virginia Press.

Gill, C. A. 1928. *The genesis of epidemics and the natural history of disease: an introduction to the science of epidemiology based upon the study of epidemics of malaria, influenza & plague*. London UK: Baillière, Tindall and Cox.

Ginn, Mildred Kelly. 1940. A history of rice production in Louisiana to 1896. *Louisiana Historical Quarterly* 23 (Apr):544–588.

Glantz, Michael H. 1987. Drought in Africa. *Scientific American* 256 (6):34–40.

Glen, James, George Milligen-Johnston, and Chapman J. Milling. 1951. *Colonial South Carolina: two contemporary descriptions, South Caroliniana*. Columbia SC: University of South Carolina Press.

Gordon, Robert J. 1992. *The Bushman myth: the making of a Namibian underclass*. Boulder CO: Westview Press.

Government of Bengal, Public Health Department. 1929. *Malaria Problem in Bengal*. Calcutta: Bengal Government Press.

Government of India, Cattle Plague Commission. 1871. *Report of the Commissioners appointed to inquire into the origin, nature, etc. of Indian cattle plagues: with appendices, 1871*. Calcutta: Office of the Superintendent of Government Printing.

——. 1908/1991. *Imperial gazetteer of India*. Vol. 1. New Delhi India: Atlantic Publishers and Distributors.

Government of Punjab. 1869. *Home Department Proceedings*, General Branch, 13 March 1869, no. 210A, 12.

——. 1878–79. Punjab report in reply to the inquires issued by the famine commission. Lahore Pakistan: Central Jail Press.

——. 1879. *Home Department proceedings*, May 1879, 189–190 and 197.

——. 1882, 1885, 1890. Report on the sanitary administration of the Punjab for the year 1880, 1884, 1880. Lahore Pakistan: Central Jail Press.

——. 1885. *Report on the Sanitary Administration of the Punjab for the year 1884*. Lahore: Civil and Military Gazette Press.

——. 1882, 1894, 1922. *Annual report on dispensaries in the Punjab for the year 1881, 1893, 1921*. Lahore Pakistan: Central Jail Press.

——. 1890, 1895. *Report on the sanitary administration of the Punjab for the year 1889, 1894*. Lahore Pakistan: Civil and Military Gazette Press.

——. 1890a *Home Department proceedings*, Medical and Sanitary Branch, December 1890, no. 6. Chandigarh: Punjab State Archives.

——. 1890b. *Report on the Sanitary Administration of the Punjab for the year 1889*. Lahore: Civil and Military Gazette Press.

——. 1897 *Home Department proceedings*, Medical and Sanitary Branch, February 1897, no. 10. Chandigarh: Punjab State Archives.

——. 1917. *Home Department proceedings*, Medical and Sanitary Branch, July 1917, no. 48–50, 93–95. Chandigarh: Punjab State Archives.

Govind, Nalini. 1986. *Regional perspectives in agricultural development: a case study in wheat and rice in selected regions of India.* New Delhi: Concept Publishing Company.

Granovetter, Mark S. 1973. The strength of weak ties. *American Journal of Sociology* 78:1360–1380.

Gray, Lewis Cecil. 1933. *History of agriculture in the Southern United States to 1860.* 2 vols. Gloucester MA: P. Smith.

Great Britain Parliament, House of Commons, and Sheila Lambert. 1975. *House of Commons sessional papers of the eighteenth century.* 147 vols. Vol. 68. Wilmington: Scholarly Resources.

Green, D. Brooks. 1986. Irrigation expansion in Arkansas: a preliminary investigation. *Arkansas Historical Quarterly* 45 (Autumn):261–268.

Greene, Jack P., Rosemary Brana-Shute, and Randy J. Sparks. 2001. *Money, trade, and power: the evolution of colonial South Carolina's plantation society.* Columbia SC: University of South Carolina Press.

Greenough, Paul. 2009. Asian intra-household survival logics: the "Shen Te" and "Shui Ta" options. In *History of the social determinants of health: global histories, contemporary debates*, edited by H. J. Cook, S. Bhattacharya, and A. Hardy (pp. 27–41). Hyderabad India: Orient BlackSwan.

Grégoire, Claire, and Bernard de Halleux. 1994. Etude lexicostatistique de quarante-trois langues et dialectes mandé. *Africana Linguistica XI, Annales du Musée Royal de l'Afrique Centrale, Sciences Humaines* 142:53–71.

Grewal, J. S. 2004. Historical geography of the Punjab. *Journal of Punjab Studies* 11 (1):1–18.

Griffin, Keith. 1974. *The political economy of agrarian change: an essay on the green revolution.* London UK: Macmillan.

Griliches, Zvi. 1957. An exploration in the economics of technological change. *Econometrica* 25 (Oct):501–522.

Grist, D. H. 1975 [1953]. *Rice.* 5th edition London UK: Longmans.

Groening, Richard I. 1998. The rice landscape in South Carolina: valuation, technology, and historical periodization. MA thesis, University of South Carolina, Columbia.

Gross, B. L., F. T. Steffen, and K. M. Olsen. 2010. The molecular basis of white pericarp in African domesticated rice: novel mutations at the rice gene. *Journal of Evolutionary Biology* 23:2747–2753.

Guangdong sheng yinhang jingji yanjiushe. 1938. *Guangzhou zhi miye* 广州之米业 (Rice business in Guangzhou). Guangzhou: Guangdong shenyinhang jingji yanjiushi.

Guangdong sheng zhongshan tushuguan. 1992. *Guangdong jinxiandai renwu cidian* 广东近现代人物词典 (Dictionary of prominent persons from Guangdong in modern history). 广州: 广东科技出版社.

Guha, Sumit. 2001. *Health and population in South Asia: from earliest times to the present.* London UK: Hurst & Co.

Guoji maoyi daobao 国际贸易导报 (Journal of foreign trade) 1930–1937. 南京：国民政府事业部.

Guoli gugong bowuyuan 台北故宫博物院. 1977– 1979. *Gongzhong dang Yongzheng chaozouzhe* 宫中档雍正朝奏折 (Memorials of the palace archive of the Yongzheng era). 中国台北：台北故宫博物馆.

——. 1982–89. 1982. *Gong zhong dang Qianlong chao zou zhe* 宫中檔乾隆朝奏摺 (Throne memorials of the palace archive of the Qianlong era). Taibei: Gai yuan.

Habib, Irfan. 2000. *The agrarian system of Mughal India, 1526–1707*. Delhi India, Toronto Canada: Oxford University Press.

Hall, Gwendolyn Midlo. 2010. Africa and Africans in the African diaspora: the uses of relational databases. *American Historical Review* 115 (1):136–150.

Hamblin, J. 1993. The ideotype concept: useful or outdated? In *International Crop Science*, edited by D. R. Buxton (pp. 589– 597). Madison WI: Crop Science Society of America.

Hamilton, Gary G, and Wei-An Chang. 2003. The importance of commerce in the organization of China's late imperial economy. In *The resurgence of East Asia: 500, 150 and 50 year perspectives*, edited by G. Arrighi, T. Hamashita, and M. Selden (pp. 173–213). London UK, New York NY: Routledge.

Hamilton, Roy W. 2004. *The art of rice: spirit and sustenance in Asia*. Seattle, WA, Chesham: University of Washington Press.

Hamlin, Christopher. 2010. *Cholera: the biography*. Oxford: Oxford University Press.

Hammond, Winifred. 1961. *Rice. Food for a hungry world*. New York NY: Fawcett Publications Inc.

Handelingen van de Volksraad, 1918. Batavia: Landsdrukkerij.

Hanley, Steven G., and Ray Hanley. 2008. *Arkansas county*. Charleston SC: Arcadia Publication.

Hanley, Susan B. 1997. *Everyday things in premodern Japan: The hidden legacy of material culture*. Berkeley CA: University of California Press.

Hardy, Stephen G. 2001. Colonial South Carolina's rice industry and the Atlantic economy: patterns of trade, shipping, and growth, 1715–1775. In *Money, trade, and power: the evolution of colonial South Carolina's plantation society. The Carolina lowcountry and the Atlantic world*, edited by J. P. Greene, R. Brana-Shute, and R. J. Sparks (pp. 108– 140). Columbia SC: University of South Carolina Press.

Harlan, Jack. 1971. Agricultural origins: centers and noncenters. *Science* **29** (4008):468–474.

Harrell, Stevan. 2007. Recent Chinese history in ecosystem perspective. In *Conference on New Paradigms in Chinese Studies*. UC San Diego, April 2007: online at: http://faculty.washington.edu/stevehar/Chinese%20History%20as%20an%20Ecosystem. pdf [accessed August 5, 2014].

Harriss, Barbara. 1990. The intrafamily distribution of hunger in South Asia. In *The political economy of hunger. Vol. 1, Entitlement and well-being*, edited by J. Drèze and A. Sen (pp. 351–424). Oxford UK: Clarendon.

Hart, John Fraser. 1991. *The land that feeds us*. New York NY: W.W. Norton.

Harwood, Jonathan. 2005. *Technology's dilemma: agricultural colleges between science and practice in Germany, 1860–1934*. Frankfurt, Bern, New York NY: Peter Lang.

——. 2012. *Europe's green revolution and others since: the rise and fall of peasant-friendly plant-breeding*. London UK: Routledge.

Hateley, Charles. 1792. Hateley to John Coming Ball. 6 August 1792. Ball Family Papers. South Caroliniana Library, University of South Carolina, Columbia, SC.

Hawthorne, Walter. 2003. *Planting rice and harvesting slaves: transformations along the Guinea-Bissau coast, 1400–1900*. Portsmouth NH: Heinemann.

——. 2010a. *From Africa to Brazil: culture, identity, and an Atlantic slave trade, 1600–1830*. Cambridge UK, New York NY: Cambridge University Press.

——. 2010b. From "black rice" to "brown": rethinking the history of risiculture in the seventeenth and eighteenth century Atlantic. *American Historical Review* 115 (1):151–163.

——. 2011. African foods and the making of the Americas. *Common-place* (3), online at: http://www.common-place.org/vol-11/no-03/reviews/hawthorne.shtml [accessed August 5, 2014].

Hayami Akira 速水融. 1967. Keizai shakai no seiritsu to sono tokushitsu 経済社会の成立とその特质 (The emergence of economic society and its characteristics). In *Atarashii Edo Jidaizo o Motomete* edited by Shakai Keizaishi Gakkai 社会经济史学会编. Tōkyō Japan: Tōyō Keizai Shinposha.

——. 1989. Preface. In *Economic and demographic development in rice producing societies: some aspects of East Asian economic history, 1500–1900*, edited by Akira Hayami and Yoshihiro Tsubouchi. Tōkyō: Keio University, 1–5.

——. 1992. The industrious revolution. *Look Japan* 38 (436):8–10.

——. 2009. Industrial revolution versus industrious revolution. In *Population, family and society in pre-modern Japan: collected papers of Akira Hayami*, edited by A. Hayami and O. Saitō, Folkestone UK: Global Oriental.

Hayami Akira, and Saitō Osamu. 2009. *Population, family and society in pre-modern Japan collected papers of Akira Hayami*. Folkestone UK: Global Oriental.

Hayami Akira, and Tsubouchi Yoshihiro. 1990. *Economic and demographic development in rice producing societies: some aspects of East Asian economic history, 1500–1900*. Edited by Leuven. *Proceedings: 10th International Economic History Congress*, August 1990. Leuven: Leuven University Press.

Hayami Yujiro, and Vernon W. Ruttan. 1970. Factor prices and technical change in agricultural development: the United States and Japan, 1880–1960. *Journal of Political Economy* 78:1115–1141.

——. 1985. *Agricultural development: an international perspective*. Baltimore MD: Johns Hopkins University Press.

Hayami Yujiro, Saburo Yamada, and Masakatsu Akino. 1991. *The agricultural development of Japan: a century's perspective*. Tōkyō Japan: University of Tōkyō Press.

Heitmann, John Alfred. 1987. *The modernization of the Louisiana sugar industry, 1830–1910*. Baton Rouge LA: Louisiana State University Press.

Henley, David. 2006. From low to high fertility in Sulawesi (Indonesia) during the colonial period: explaining the "first fertility transition." *Population Studies* 60 (3):309–327.

Henry, Yves. 1906. *Le Coton dans l'Afrique Occidentale française*. Paris France: A. Challamel.

Henry, Yves, and Inspection générale de l'agriculture de l'élevage et des forêts French Indochina. 1932. *Économie agricole de l'Indochine*. Hanoi Vietnam: Imprimerie d'Extrème-orient.

Hersey, Mark D. 2011. *My work is that of conservation: an environmental biography of George Washington Carver.* Athens GA: University of Georgia Press.

Hewatt, Alexander, John Locke, and South Carolina Constitution. 1779. *A historical account of the rise and progress of the colonies of South Carolina and Georgia.* 2 vols. London UK: Alexander Donaldson.

Heyward, Duncan Clinch, Institute for Southern Studies University of South Carolina, and South Caroliniana Society. 1993. *Seed from Madagascar.* Columbia SC: University of South Carolina Press.

Hicks, John. 1932. *The theory of wages.* London UK: Macmillan.

Hilliard, Sam B. 1975. The tidewater rice plantation: an ingenious adaptation to nature. In *Geoscience and man,* edited by H. J. Walker. Baton Rouge LA: Louisiana State Press.

——. 1978. Antebellum tidewater rice culture in South Carolina and Georgia. In *European settlement and development in North America: essays on geographical change in honour and memory of Andrew Hill Clark,* edited by J. R. Gibson and A. H. Clark. Folkstone UK: Dawson.

"History of transfer of Pooshee to 1756." Ravenel Land Papers. 1695–1880. South Carolina Historical Society, Charleston, SC.

Ho, Ping-ti. 1974. *Studies on population of China, 1368–1953.* Cambridge MA: Harvard University Press.

Holms, F. S. 1849. Notes on the geology of Charleston SC. *American Journal of Science and Arts* 7 (March):655–71.

Hong Lu, Marc A. Redus, Jason R. J. Coburn, Neil Rutger, Susan R. McCouch, and Thomas H. Tai. 2005. Population structure and breeding patterns of 145 rice cultivars based on SSR marker analysis. *Crop Science* 45 (Jan-Feb):66–76.

Hong, Xingjin 洪兴锦编. 1936. *Gongshang ribao* 工商日报 (Hong Kong industry and commerce daily). Xianggang/ Hongkong.

Hoornaert, Eduardo. 1992. *História da igreja na Amazônia.* Pretrós: Vozes.

Huang, Philip C. C. 1990. *The peasant family and rural development in the Yangzi Delta, 1350–1988.* Stanford CA: Stanford University Press.

Huang, Yinhui 黄阴晦. 1998. Lijin kanke shi baoguoqing weile: ji Chen Zupei xiansheng de aiguo shiji 历尽坎坷事 报国情末了：记陈祖伂先生的爱国事记 (Having gone through rough affairs, a patriotic mind is not enough: reminiscences of Mr. Chen Zupei's patriotic life). 广东文史资料 79 (1):65.

Huber, Franz. 2009. Social capital of economic clusters: towards a network-based conception of social resources. *Tijdschrift voor economische en sociale gographie* 1000 (Apr):160–170.

Hugenholtz, W. R. 2008. *Landrentebelasting op Java, 1812–1920.* Proefschrift, Universiteit Leiden.

Hunter, Janet. 2003. *Women and the labour market in Japan's industrializing economy: The textile industry before the Pacific war.* London UK: Routledge-Curzon.

Hurt, R. Douglas. 1994. *American agriculture: a brief history.* Ames IA: Iowa State University Press.

India, Government of. Census of 1931. Online at: http://censusindia.gov.in/Census_And_You/old_report/Census_1931_tebles.aspx.

Ingram, James C. 1955. *Economic change in Thailand since 1850*. Stanford CA: Stanford University Press.

Inkpen, Andrew C., and Eric W. K. Tsang. 2005. Social capital, networks, and knowledge transfer. *Academy of Management Review* 30 (Jan):146–165.

Innes, Gordon. 1969. *A Mende-English dictionary*. Cambridge UK: Cambridge University Press.

International Rice Research Institute. *World rice statistics* 2012. Available from http://ricestat.irri.org.

Iqbal, Iftekhar. 2010. *The Bengal delta: ecology, state and social change, 1840–1943*. Basingstoke UK: Palgrave Macmillan.

IRIN News. 2007. *Empty granaries in Casamance*. United Nations Office.

Irving, John B. 1840–88. *Record of Windsor and Kensington Plantations, 1840–1888*. Charleston Library Society, Charleston, SC.

Ishige, Naomichi. 2001. *The history and culture of Japanese food*. London UK, New York NY: Kegan Paul.

Ishii, Yoneo. 1978. History and rice-growing. In *Thailand, a rice-growing society*, edited by Y. Ishii. Honolulu: University Press of Hawai'i.

Ishikawa, Shigeru. 1981. *Essays on technology, employment and institutions in economic development: comparative Asian experience*. Tōkyō Japan: Kinokuniya.

Ishikawa, Shigeru, and K. Ohkawa. 1972. Significance of Japan's experience – technological changes in agricultural production and changes in agrarian structure. In *Agriculture and economic development – structural readjustment in Asian perspective*, edited by Japan Economic Research Centre. Tōkyō Japan: Japan Economic Research Centre.

Iyengar, Mandayam Osuri Tirunarayana 1928. *Report on the malaria survey of the environs of Calcutta*. Calcutta: Public Health Department, Bengal.

Jameson, James, and India Medical Department. 1820. *Report on the epidemick cholera morbus, as it visited the territories subject to the Presidency of Bengal, in the years 1817, 1818 and 1819*. Calcutta India: Balfour.

Jedrej, Charles. 1983. The growth and decline of a mechanical agriculture scheme in West Africa. *African Affairs* 83 (329):541–558.

Jennings, Peter R. 1964. Plant type as a rice breeding objective. *Crop Science* 4:13–15.

Jolly, Curtis M., and Michigan State University. Dept. of Agricultural Economics. 1988. *Farm level cereal situation in lower Casamance: results of a field study*. East Lansing MI: Department of Agricultural Economics, Michigan State University.

Jolly, C. M., O. Diop, and Institut sénégalais de recherches agricoles. 1985. *La filière de commercialisation céréalière en Basse et Moyenne Casamance*. Dakar: Bureau d'analyses macro-économiques.

Jones, Jenkin W. and J. Mitchell Jenkins 1938. *Rice culture in the southern states*. Washington DC: US Department of Agriculture.

Jones, Jenkin W., Loren L. Davis, and Arthur H. Williams. 1950. *Rice culture in California*. Washington DC: US Department of Agriculture.

Jong, J. J. P. de. 1998. *De waaier van het fortuin: van handelscompagnie tot koloniaal imperium. De Nederlanders in Azië en de Indonesische archipel, 1595-1950*. Den Haag Netherlands: Sdu.

Journal of the Commons House of Assembly of South Carolina, 1695-1775. edited by the Department of Archives & History. South Carolina, Columbia, SC.

Joyner, Charles W. 1984. *Down by the riverside: a South Carolina slave community.* Urbana, IL: University of Illinois Press.

Juma, Calestous. 1989. *The gene hunters: biotechnology and the scramble for seeds.* London UK, Princeton NJ: Zed Books, Princeton University Press.

Jusu, Malcolm. 1999. Management of genetic variability in rice (Oryza sativa L. and O. glaberrima Steud.) by breeders and farmers in Sierra Leone. PhD thesis, Wageningen University.

Kamal, A. 2006. Living with water: Bangladesh since ancient times. In *A history of water: water control and river biographies*, edited by T. Tvedt and E. Jakobsson (pp. 194–216). London UK: I. B. Taurus.

Kastenholz, Raimund. 1991. Comparative mandé studies: state of art. *Sprache und Geschichte in Afrika* 12/13:107–158.

Kawakatsu Mamoru 川胜守. 1992. *Min Shin Kōnan nōgyō keizaishi kenkyû* 明清江南农业经济史研究 (Economic and agricultural history of Jiangnan during the Ming and Qing era). Tōkyō Japan: Tōkyō daigaku shuppankai.

Kayō, Nobufumi 加用信文. 1958. *Nihon nōgyō kiso tōkei* 日本农业基础统计 (Basic statistics of Japanese agriculture). Tōkyō Japan: Nōrin Suisangyō Seisan Kōjō Kaigi.

Kenny, John. 1910. *The coconut and rice.* Madras India: Higginbotham & Co.

Kerridge, Eric. 1967. *The agricultural revolution.* London UK: Allen & Unwin.

Kiessling, Ludwig. 1906. Die Organisation einer Landessaatgutzüchtung in Bayern. *Fühlings Landwirtschaftliche Zeitung* 55:329–338.

—. 1924. Zur Problemstellung, Begriffsbestimmung und Methodik der Pflanzenzucht. *Beitrage zur Pflanzenzucht* 7:11–21.

Kirby, Jack Temple. 1995. *Poquosin: a study of rural landscape & society.* Chapel Hill NC: University of North Carolina Press.

Kirby, William C. 2000. Engineering China: birth of the developmental state, 1928–1937. In *Becoming Chinese: passages to modernity and beyond*, edited by W.-H. Yeh (pp. 137–160). Berkeley CA: University of California Press.

Kirk, John H. 2013 Pathogens in manure. *School of Veterinary Medicine, University of California Davis*, online at: http://www.vetmed.ucdavis.edu/vetext/INF-DA/pathog-manure.pdf.

Kitō, Hiroshi. 1998. Edo jidai no beishoku (The Edo-period rice diet). In *Kome, Mugi, Zakkoku, Mame* (Rice, Other Grains and Beans). *Zenshū Nihon no Shoku Bunka* (Series: Japanese Food Culture) 3, edited by Noboru Haga and Hiroko Ishikawa. Tōkyō: Yūzankaku, 47–58.

Klee, M., B. Zach, and K. Neumann. 2000. Four thousand years of plant exploitation in the Chad basin of north-east Nigeria 1: the archaeobotany of Kursakata. *Vegetation History and Archaeology* 9:223–237.

Klein, Ira. 1990. Population growth and mortality in British India. Part I: the climacteric of death. *Indian Economic and Social History Review* 27:33–63.

—. 1994. Population growth and mortality in British India. Part II: the demographic revolution. *Indian Economic and Social History Review* 31:491–518.

—. 2001. Development and death: reinterpreting malaria, economics and ecology in British India. *Indian Economic and Social History Review* 38 (2):147–179.

Klieman, Kairn A. 2003. *The Pygmies were our compass: Bantu and Batwa in the history of west central Africa, early times to c 1900 CE.* Portsmouth NH: Heinemann.

Kloppenburg, Jack Ralph. 1988. *First the seed: the political economy of plant bio-technology, 1492–2000.* Cambridge UK, New York NY: Cambridge University Press.

Knapp, Seaman Asahel. 1899. *The present status of rice culture in the United States.* Washington DC: United States Department of Agriculture, Division of Botany.

——. 1910. *Rice culture.* Washington DC: United States Department of Agriculture, Division of Botany.

Knight, Frederick C. 2010. *Working the diaspora: the impact of African labor on the Anglo-American world, 1650–1850.* New York NY: New York University Press.

Koloniaal Verslag. 1855–1930. Den Haag Netherlands: Staatsdrukkerij.

Komlos, John. 1995. *The biological standard of living on three continents: further explorations in anthropometric history.* Boulder CO: Westview Press.

——. 1998. Shrinking in a growing economy? The mystery of physical stature during the industrial revolution. *Journal of Economic History* 58:779–802.

Kovacik, Charles G., and John J. Winberry. 1989. *South Carolina: the making of a landscape.* Columbia SC: University of South Carolina Press.

Kreike, Emmanuel. 2004. *Re-creating Eden: land use, environment, and society in southern Angola and northern Namibia.* Portsmouth NH: Heinemann.

Kryzymowski, Richard. 1913. Beziehungen zwischen der Betriebsintensitat und der Sortenfrage. *Jahrbuch der Deutschen Landwirtschafts-Gesellschaft* 28:456–467.

Kühle, Ludwig. 1926. Der Stand und die Lage der deutschen Pflanzenzucht. *Mitteilungen der Deutschen Landwirtschafts-Gesellschaft* 41:856–865.

Kulisch, Paul. 1913. Die staatliche Forderung der Saatzucht und des Saatgutbaues in Elsass-Lothringen. *Jahrbuch der Deutschen Landwirtschafts-Gesellschaft* 28:467–487.

Kurin, Richard. 1983a. Indigenous agronomics and agricultural development in the Indus basin. *Human Organization* 42 (4):283–294.

——. 1983b. Modernization and traditionalization: hot and cold agriculture in Punjab, Pakistan. *South Asian Anthropologist* 4 (2):65–75.

Lam, D.A, and J.A. Miron. 1991. Temperature and the seasonality of births. *Advances in Experimental Medicine and Biology* 186:73–88.

Lambert, Michael C. 2002. *Longing for exile: migration and the making of a trans-local community in Senegal, West Africa.* Portmouth NH: Heinemann.

Lambert, Sheila, ed. 1975. *House of Commons sessional papers of the eighteenth century: minutes of evidence on the slave trade: 1788 and 1789: George III. Vol. 68.* Wilmington: Scholarly Resources.

Lang, Hans. 1909. Einiges über Saatgutzüchtung. *Badisches Landwirtschaftliches Wochenblatt* (29):613–614.

Lansing, J. Stephen. 2006. *Perfect order: recognizing complexity in Bali.* Princeton NJ: Princeton University Press.

Latham, A.J.H. 1998. *Rice: the primary commodity.* London UK, New York NY: Routledge.

——. 1999. Rice is a luxury, not a necessity. In *Pacific centuries: Pacific and Pacific Rim history since the sixteenth century,* edited by D.O. Flynn, L. Frost, and A.J.H. Latham (pp. 110–124). London UK, New York NY: Routledge.

Latham, A.J.H., and Larry Neal. 1983. The international market in rice and wheat, 1868–1914. *The Economic History Review, New Series* 36 (2):260–280.

Latimer, W. J., ed. 1916. *Soil survey of Berkeley county, South Carolina. Field operations of the Bureau of Soils*. Washington DC: Bureau of Soils.

Latour, Bruno. 2005. *Reassembling the social: an introduction to actor-network-theory, Clarendon lectures in management studies*. Oxford UK, New York NY: Oxford University Press.

Law, John. 2009. Actor network theory and material semiotics. In *The new Blackwell companion to social theory*, edited by B. S. Turner (pp. 141–158). Chichester UK, Malden MA: Wiley-Blackwell.

Learmonth, A. T. A. 1957. Some contrasts in the regional geography of malaria in India and Pakistan. *Transactions and Papers (Institute of British Geographers)* 23:37–59.

Lee, Brian, and International Rice Research Institute. 1994. *IRRI 1993–1994: filling the world's rice bowl*. Manila: International Rice Research Institute.

Lee, Christopher M. 1994. Organization for survival: the rice industry and protective tariffs, 1921–1929. *Louisiana History: The Journal of the Louisiana Historical Association* 35 (Autumn):433–454.

——. 1996. The American rice industry's organization for a domestic market: the associated rice millers of America. *Louisiana History: The Journal of the Louisiana Historical Association* 37 (Spring):187–199.

Lee, Seung-joon. 2011. *Gourmets in the land of famine: the culture and politics of rice in modern Canton*. Stanford CA: Stanford University Press.

Lewis, Michael. 1990. *Rioters and citizens: mass protest in Imperial Japan*. Berkeley CA: University of California Press.

Li, Bozhong. 1998. *Agricultural development in Jiangnan, 1620–1850, Studies on the Chinese economy*. New York NY: St. Martin's Press.

Li, Cho-ying. 2010. Contending strategies, collaboration among local specialists and officials, and reform in the late-fifteenth-century Lower Yangzi delta. *East Asian Science, Technology and Society: An International Journal* 4 (2):229–253.

Li, Zhi-Ming, Xiao-Ming Zheng, and Song Ge. 2011. Genetic diversity and domestication history of African rice (Oryza glaberrima) as inferred from multiple gene sequences. *Theoretical and Applied Genetics* 123:21–31.

Li, Zidian 李自典. 2006. Zhongyang nongye shiyansuo shulun 中央农业实验所述论 (On the central agricultural experiment center) 历史档案 104 (11):113–120.

Lin, Man-Houng. 2001. Overseas Chinese merchants and multiple nationality: A means for reducing commercial risk (1895–1935). *Modern Asian Studies* 35 (July):985–1009.

Linares, Olga F. 1981. From tidal swamp to inland valley: on the social organization of wet rice cultivation among the Diola of Senegal. *Africa: Journal of the International African Institute* 51 (2):557–595.

——. 1992. *Power, prayer, and production: the Jola of Casamance, Senegal*. Cambridge UK, New York NY: Cambridge University Press.

——. 1997. Diminished rains and divided tasks: rice growing in three Jola communities of Casamance, Senegal. In *The ecology of practice. Food crop production in Sub-Saharan West Africa*, edited by E. Nyerges (pp. 39–76). New York NY: Gordon & Breach.

——. 2002. African rice (Oryza glaberrima): history and future potential. *Proceedings of the National Academy of Sciences (PNAS)* 99 (25):16360–16365.

——. 2003 Going to the city . . . . and coming back? Turn-around migration among the Jola of Senegal. *Africa* 73 (1):113–132.

Lipton, Michael. 1978. Inter-farm, inter-regional and farm-nonfarm income distribution: The impact of the new cereal varieties. *World Development* **6** (3):319–337.

Littlefield, Daniel C. 1920. *Map of Pooshee*. edited by Berkeley County Register of Mesne Conveyance. Monks Corner SC.

——. 1981. *Rice and slaves: ethnicity and the slave trade in colonial South Carolina*. Baton Rouge LA: Louisiana State University Press.

Lockwood, David. 1990. *Solidarity and schism*. Oxford UK: Oxford University Pres.

Longley, Catherine, and Paul Richards. 1993. Farmer innovation and local knowledge in Sierra Leone. In *Cultivating knowledge*, edited by Walter de Boef, Kojo Amanor, Kate Wellard, and Anthony Bebbington. London UK: Intermediate Technology Press.

Longley, Catherine Ann. 2000. A social life of seeds: local management of crop variability in north-western Sierra Leone. PhD thesis, University College London UK, s.n.

Ludden, David E. 1999. *An agrarian history of South Asia*. Cambridge UK, New York NY: Cambridge University Press.

Lufu zouzhe 奏折录副 (Recorded notes and memorials).北京：中国第一历史档案馆. dang'anguan.

Lulofs, C., and Louis van Vuuren. 1919. *De Voedselvoorziening van Nederlandsch-Indië. Door C. Lulofs, met medewerking van L. van Vuuren*. Weltevreden Netherlands: n.d.

Lynam, John. 2011. Plant breeding in sub-Saharan Africa in an era of donor dependence. *IDS Bulletin* **42** (4):36–47.

Lyndon Baines Johnson Presidential Library. 1967. *Memorandum for the Honorable Orville L. Freeman secretary of agriculture: silver lining to disaster or how IR-8 rice came to Vietnam in a big way*.

Maat, Harro. 2001. *Science cultivating practice: a history of agricultural science in the Netherlands and its colonies, 1863–1986*. Dordrecht Netherlands, Boston MA: Kluwer Academic Publishers.

——. 2007. Is participation rooted in colonialism? Agricultural innovation systems and participation in the Netherlands Indies. *IDS Bulletin* **38** (5):50–60.

Macaulay, Zachary. 1815. *A letter to his royal highness the Duke of Gloucester, President of the African institution*. London UK: Ellerton and Henderson, for John Hatchard.

Maddison, Angus. 2005. *Growth and the interaction in the world economy: the roots of modernity*. Washington DC: AEI Press.

Magalhaens, D. J. G. de. 1865. *Memoria historica da revolução da provincia do Maranhão (1838–1840)*. Rio de Janeiro Brazil: Livraria de B. L. Garnier.

Maguin, François-Henri, and Comité Agricole de l'Arrondissement de Metz. 1868. *Bulletin du Comice Agricole de l'Arrondissement de Metz*. Metz France: F. Blanc.

Maharatna, Arup. 1996. *The demography of famines: an Indian historical perspective*. Delhi India: Oxford University Press.

Malleret, Louis. 1959. *L'archéologie du Delta du Mékong, Tome premier. L'exploration archéologique et les fouilles d'Oc-Èo*. Paris France: Ecole française d'Extrême-Orient.

——. 1962. *L'archéologie du Delta du Mékong. Tome troisième, la culture du Fou-Nan*. Paris France: École française d'Extrême-Orient.

Mandala, Elias Coutinho. 2005. *The end of Chidyerano: a history of food and every-day life in Malawi, 1860–2004*. Portsmouth NH: Heinemann.

Mandell, Paul I. 1971. The rise of the modern Brazilian rice industry: demand expansion in a dynamic economy. *Food Research Institute Studies in Agricultural Economics, Trade, and Development* 10 (2):161–219.

Mansvelt, W. M. F., P. Creutzberg, and Petrus Johannes van Dooren. 1978. *Changing economy in Indonesia: a selection of statistical source material from the early nineteenth century up to 1940 / Vol. 4, Rice prices*. The Hague Netherlands: Nijhoff.

"Map of Pooshee," 1920. Berkeley County Register of Mesne Conveyance, Monks Corner, SC

Marglin, Stephen A. 1996. Farmers, seedsmen and scientists: systems of agriculture and systems of knowledge. In *Decolonizing knowledge: from development to dialogue*, edited by F. Apffel-Marglin and S. A. Marglin (pp. 185–248). Oxford UK: Clarendon Press.

Marks, Robert. 1998. *Tigers, rice, silk, and silt: environment and economy in late imperial south China, Studies in environment and history*. Cambridge UK, New York NY: Cambridge University Press.

Marmé, Michael. 2005. *Suzhou: where the goods of all the provinces converge*. Stanford CA: Stanford University Press.

Marshall, D. R. 1991. Alternative approaches and perspectives in breeding for higher yields. *Field Crops Research* 26:171–190.

Martin, Frédéric, and E. Crawford. 1991. The new agricultural policy: its feasibility and implications for the future. In *The Political Economy of Senegal Under Structural Adjustment*, edited by C. L. Delgado and S. Jammeh (pp. 85–96). New York NY: Praeger.

Martins, Susanna Wade, and Tom Williamson. 1994. Floated water-meadows in Norfolk: a misplaced innovation. *Agricultural History Review* 42:30–37.

Mathew, William M., ed. 1992. *Agriculture, geology, and society in Antebellum South Carolina: The private diary of Edmund Ruffin, 1843*. Athens: University of Georgia Press.

Matthews, John. 1788. *A Voyage to the River Sierra Leone, on the Coast of Africa…* London: B. White and Sons

Mazumdar, Sucheta. 1998. *Sugar and society in China: peasants, technology, and the world market*. Cambridge MA: Harvard University Asia Center.

McAlpin, Michelle. 1983. Price movements and fluctuations in economic activity (1860–1947). In *The Cambridge economic history of India*, vol. 2 c.1757–c.1970, edited by D. Kumar and M. Desai (pp. 878–904). Cambridge UK: Cambridge University Press.

McCann, James. 2007. *Maize and grace: Africa's encounter with a new world crop, 1500–2000*. Cambridge MA, London UK: Harvard University Press.

McCartan, Lucy, Earl M. Lemon, R. E. Weems, Geological Survey (US), and U.S. Nuclear Regulatory Commission. 1984. *Geologic map of the area between Charleston and Orangeburg, South Carolina*. Reston VA: US Geological Survey.

McCay, David. 1910. *Investigations on Bengal jail dietaries, with some observations on the influence of dietary on the physical development and well-being of the people of Bengal*. Calcutta India: Superintendent Government Printing, India.

McClain, Molly and Alessa Ellefson. 2007. A letter from Carolina, 1688: French Huguenots in the New World. *William and Mary Quarterly*, 3rd series **64** (April): 377–94.

McCrady Plat collection edited by Charleston County Register of Mesne Conveyance. Charleston, SC.

McCusker, John J. 2006. Colonial Statistics. In *Historical Statistics of the United States*, vol. V, edited by S. B. Carter (pp. 681–684). Cambridge UK, New York NY: Cambridge University Press.

McFadyen, M. Ann, and Albert A. Cannella Jr. 2004. Social capital and knowledge creation: diminishing returns of the number and strength of exchange. *Academy of Management Journal* **47** (Oct):735–746.

McIntosh, Susan Keech. 1995. *Excavations at Jenné-Jeno, Hambarketolo, and Kaniana (Inland Niger Delta, Mali), the 1981 season*. Berkeley CA: University of California Press.

McNair, A. D. 1924. *Labor requirements of Arkansas crops*. Edited by United States Department of Agriculture. Vol. 1181. Washington DC: United States Government Printing Office.

Mededeelingen van het Deli-Proefstation te Medan 1920. Medan: Deli Proefstation.

Meillassoux, Claude. 1981. *Maidens, meal, and money: capitalism and the domestic community*. Cambridge UK, New York NY: Cambridge University Press.

Merchant, Carolyn. 1995. Reinventing Eden: western culture as a recovery narrative. In *Uncommon ground: rethinking the human place in nature*, edited by W. Cronon. New York NY: W.W. Norton & Co.

Merrens, H. Roy. 1977. *The colonial South Carolina scene: contemporary views, 1697–1774*. Columbia SC: University of South Carolina Press.

Merrens, H. Roy, and George D. Terry. 1984. Dying in paradise: malaria, mortality, and the perceptual environment in colonial South Carolina. *Journal of Southern History* **50** (Nov):533–550.

Migeod, Frederick William Hugh. 1926. *A view of Sierra Leone*. London UK: K. Paul, Trench, Trubner.

Migu tongji 米谷统计 (Rice statistics). 1934.南京：全国经济委员会农业处.

Millet, Donald J., Sr. 1964. The economic development of Southwest Louisiana, 1865–1900. PhD thesis, Louisiana State University.

Milling, Chapman J., ed., 1951. *Colonial South Carolina: Two contemporary descriptions*. Columbia: University of South Carolina Press.

Mintz, Sidney W. 1985. *Sweetness and Power: the Place of Sugar in Modern History*. New York: Viking.

Miscellaneous inventories and wills, Charleston County, 1687–1785. edited by South Carolina Department of Archives & History. Columbia SC.

Mitchell, John B. 1949. An analysis of Arkansas' population by race and nativity, and residence. *Arkansas Historical Quarterly* **8** (Summer):115–132.

Mitchell, Laura J. 2002. Traces in the landscape: hunters, herders and farmers on the Cedarberg frontier, South Africa, 1725–1795. *Journal of African History* **43**:431–450.

Mokuwa, Alfred et al. 2013. Robustness and strategies of adaptation among farmer varieties of African rice (Oryza glaberrima) and Asian rice (Oryza sativa) across West Africa [Short title: "How robust are rice varieties in West Africa?]. *PloS ONE*, **8**(2).

Mokuwa, Esther, Maarten Voors, Erwin Bulte, and Paul Richards. 2011. Peasant grievance and insurgency in Sierra Leone: judicial serfdom as a driver of conflict. *African Affairs* 110 (440):339–366.

Monroe, J. T., and H. C. Fondren. 1916. *Southwest Louisiana: It's [sic] agricultural and industrial developments and its potential wealth along Southern Pacific lines*. No publisher, no place of publication.

Monson, Jamie. 1991. Agricultural transformation of the inner Kilombero. PhD thesis, UCLA, UCLA, Los Angeles.

Montesano, Michael J. 2009. Revisiting the rice deltas and reconsidering modern Southeast Asia's economic history. *Journal of Southeast Asian Studies* 40 (2):417–429.

Moon, Suzanne. 2007. *Technology and ethical idealism: a history of development in the Netherlands East Indies*. Leiden Netherlands: CNWS Publications.

Moore, Alexander. 1994. Daniel Axtell's account book and the economy of Early South Carolina. *South Carolina Historical Magazine* 95 (Oct):280–301.

Moore-Sieray, David. 1988. The evolution of colonial agricultural policy in Sierra Leone, with special reference to swamp rice cultivation, 1908–1939. PhD thesis, School of Oriental and African Studies, University of London, 1988.

Morgan, Philip D. 1982. Work and culture: the task system and the world of Lowcountry Blacks, 1700 to 1880. *William and Mary Quarterly* 39 (Oct):563–599.

Morgan, W. T. W. 1988. Tamilnad and Eastern Tanzania: comparative regional geography and the historical process. *Geographical Journal* 154 (1):69–85.

Mori, Takemaro 森武麿. 1999. 战时日本农村社会的研究 戦時日本農村社会の研究 (A study of rural society in war time). Tōkyō: Tōkyō Daigaku Shuppan Kai.

Morris, Grover C. 1906. Rice has transformed the barren prairies into fertile lands. *Arkansas Gazette (Little Rock)* 30 (Sep):8.

Morris, Morris D. 1983. The growth of large-scale industry to 1947. In *The Cambridge economic history of India, c.1757–c.1970*, edited by D. Kumar, and M. Desai (pp. 551–676). Cambridge UK: Cambridge University Press.

Mouser, Bruce, ed. 2000. *Account of the Mandingoes, Susoos, & Other Nations c. 1815, by the Reverend Leopold Butscher, University of Leizig Papers on Africa, History and Culture Series 6* SFAX: Ifriqiya Books.

Mouser, Bruce L. 1973. Moria politics in 1814: Amara to Maxwell, March 2. *Bulletin de Institut Fondamental d'Afrique Noire* 35, B (4):805–812.

——. 1978. The voyage of the good sloop Dolphin to Africa, 1795–1796. *The American Neptune* 38 (4):249–261.

——. 1979. Richard Bright Journal 1802. In *Guinea journals: journeys into Guinea-Conakry during the Sierra Leone phase, 1800–1821*, edited by Bruce L. Mouser (31–113). Washington DC: University Press of America.

——. 2007. Rebellion, marronage and 'jih'ad': strategies of resistance to slavery on the Sierra Leone coast, c. 1783–1796. *Journal of African History* 48:27–44.

Mouser, Bruce L., and Samuel Gamble. 2002. *A slaving voyage to Africa and Jamaica: the log of the Sandown, 1793–1794*. Bloomington: Indiana University Press.

Mukherjee, Mridula. 2005. *Colonizing agriculture: the myth of Punjab exceptionalism*. New Delhi: Sage.

Mukherjee, Radhakamal, and University of Calcutta. 1938. *The changing face of Bengal – A study in riverine economy, Calcutta University Readership Lectures*. Calcutta: The University of Calcutta.

Myren, Delbert T. 1970. The Rockefeller foundation program in corn and wheat in Mexico. In *Subsistence agriculture and economic development*, edited by C. R. Wharton (438–452). London UK: Cass.

Nalini, Govind. 1986. *Regional perspectives in agricultural development: a case study of wheat and rice in selected regions of India*. New Delhi India: Concept Publication Co.

Narain, Brij. 1926. *Eighty years of Punjab food prices, 1841–1920, Rural Section publication*. Lahore Pakistan: Civil and Military Gazette Press.

Narain, Raj, and Narain Brij. 1932. *An economic survey of Gijhi, a village in the Rohtak district of the Punjab*. Lahore Pakistan: Civil and Military Gazette Press.

Nash, R. C. 1992. South Carolina and the Atlantic economy in the late seventeenth and eighteenth centuries. *The Economic History Review, New Series* 45 (Nov):677–702.

National Archives and Records Administration – College Park, NARA-CP. 1968. Rice 1967.

——. 1970. Small rice mills in the Mekong delta. Pacification Studies Group, Box 22, CORDS Historical Working Group, 1967–1973, Record Group 472.

Nayar, N. M. 2011. Evolution of the African rice: a historical and biological perspective. *Crop Science* 51:505–516.

Needham, Joseph. 1969. *The grand titration: science and society in East and West*. London UK: Allen & Unwin.

Nei, Masatoshi. 1973. Analysis of gene diversity in subdivided populations. *Proceedings of the National Academy of Science (NAS)* 70 (12):3321–3323.

Nelson, Lynn A. 2007. *Pharsalia: an environmental biography of a southern plantation, 1780–1880*. Athens: University of Georgia Press.

Netting, Robert McC. 1993. *Smallholders, householders: farm families and the ecology of intensive, sustainable agriculture*. Stanford CA: Stanford University Press.

Newman, Mark D., Alassane Sow, Ousseynou Ndoye, and Institut sénégalais de recherches agricoles. 1987. *Tradeoffs between domestic and imported cereals in Senegal: a marketing systems perspective*. East Lansing MI: Department of Agricultural Economics, Institut Sénégalais de recherches agricoles, Bureau d'analyses macro-économiques.

Nguyen Duc Tu. Rice Production and a Vision for Vietnam's Wetlands. In *Successful cases on sustainable rice paddy farming practices and wetland conservation in Asia*, edited by George Lukacs. Tōkyō: Ministry of Environment, Japan, 2011: 46–49.

Nguyen, Huu Chiem. 1994. Studies on agro-ecological environment and land use in the Mekong delta, Vietnam. PhD thesis, Kyōto University, Kyōto.

Nguyên ng'oc, Hiên. 1997. *Lê-thành-hâu-nguyên-h'uu-Canh-1650–1700: (vói-cōng-cuôc-khai-sáng-miên-Nam-nuóc-Viêt-cuōi-thê-ky-17)*. Tái-ban-lân-thú-hai. ed. Thành-phō-Hō-chí-Minh Vietnam: Nhà-xuât-ban-Van-hoc.

Nilsson-Ehle, H. 1913. Über die Winterweizenarbeiten in Svalöf. *Beiträge zur Pflanzenzucht* 3:62–88.

Norimatsu, Akifumi 则松彰文. 1985. Yōzeiki ni okeru beikiku ryūtsū to beika hendō: Sōshū to Fukken no kanren o chūshin to shite 雍正期的米谷流通与米价变动——苏州与福建之间的关联を中心として—(Rice price changes and customs during the Yongzheng era – Relations between Suzhou and Fujian). *Kyûshû daigaku tōyōshironshû* 14:157–188.

Nōrinsuisanshō Tōkeijōhōbu (农林水产省统计方情报部). Various years. *Poketto Nōrinsuisan Tōkei* (ポケット农森水产统计) (Statistics of Agriculture, Forestry and Fishing, Pocket Edition). Tōkyō: Nōrin Tōkei Kyōkai.

Nowak, Bruce 1986. The slave rebellion in Sierra Leone in 1785–1796. *Hemispheres (Warsaw)* 3:151–169.

Nuijten, Edwin. 2005. Farmer management of gene flow: the impact of gender and breeding system on genetic diversity and crop improvement in The Gambia. PhD thesis, Wageningen Universiteit, Wageningen.

——. 2010. Gender and the management of crop diversity in The Gambia. *Journal of Political Ecology* 7:42–58.

Nuijten, Edwin, and Paul Richards. 2013. Gene flow in African rice farmers' fields. In *Realizing Africa's rice promise*, edited by M Wopereis, D. Johnson, N. Ahmadi, E. Tollens, and A. Jalloh. Wallingford UK: CABI Publishing.

Nuijten, Edwin, and Robert van Treuren 2007. Spatial and temporal dynamics of genetic diversity in upland rice and late millet (Pennisetum glaucum (L.) R.Br.) in The Gambia. *Genetic Resources & Crop Evolution* 54 (5):989–1005.

Nuijten, Edwin, et al. 2009. Evidence for the emergence of new rice types of inter-specific hybrid origin in West African farmers' fields. *PloS ONE*, 4(10), e7335.

Nurse, Derek. 1997. The contribution of linguistics to the study of history in Africa. *Journal of African History* 38: 59–91.

Oaks, Robert Q., and Jules R. DuBar. 1974. Post-miocene stratigraphy central and Southern Atlantic coastal plain. In *Post-Miocene stratigraphy, central and southern Atlantic coastal plain*, edited by R. Q. Oaks and J. R. DuBar. Logan: Utah State University Press.

Observations on the winter flowing of rice lands, in reply to Mr. Munnerlyn's answers to queries, & c. by a rice planter. 1828. *Southern Agriculturalist and Register of Rural Affairs* 1 Dec 1.

Odaka, Kōnosuke. 1993. Redundancy utilized: the economics of female domestic servants in pre-war Japan. In *Japanese women working*, edited by J. Hunter (16–36). London UK, New York NY: Routledge.

Ohnuki-Tierney, Emiko. 1993. *Rice as self: Japanese identities through time*. Princeton NJ: Princeton University Press.

Okry, Florent. 2011. Strengthening rice seed systems and agro-biodiversity conservation in West Africa: a socio-technical focus on farmers' practices of rice seed development and diversity conservation in Susu cross border lands in Guinea and Sierra Leone. PhD, Wageningen University.

Oliver, Roland, Thomas Spear, Kairn Klieman, Jan Vansina, Scott MacEachern, David Schoenbrun, James Denbow, et al. (2001) Comments on Christopher Ehret, "Bantu history: re-envisioning the evidence of language." *International Journal of African Historical Studies* 34, (1):43–81.

Olmstead, Alan L. 1998. Induced innovation in American agriculture: an econometric analysis. *Research in Economic History* 18:103–119.

Olmstead, Alan L. and Paul Webb Rhode 1993. Induced innovation in American agriculture: a reconsideration. *Journal of Political Economy* 101 (Feb): 100–118.

——. 2008. *Creating abundance: biological innovation and American agricultural development*. New York NY: Cambridge University Press.

Packard, Randall M. 2007. *The making of a tropical disease: a short history of malaria*. Baltimore MD: Johns Hopkins University Press.

Pakendorf, Bridgitte, Koen Bostoen, and Cesare de Fillippo. 2011. Molecular perspectives on the Bantu expansion: a synthesis. *Language Dynamics and Change* 1:50–58.

Palat, Ravi Arvind. 1995. Historical transformations in agrarian systems based on wet-rice cultivation: towards an alternative model of social change. In *Food and agrarian orders in the world economy*, edited by P. McMichael. Westport CT: Greenwood Press.

Panyu xian xuzhi 番禺县续志 (Gazetteer of Panyu county). 1911. Panyu: n.d.

Paris, Pierre. 1931. Anciens Canaux Reconnus Sur Photographs Aeriénnes dans les Provinces de Tak Ev et de Chau Doc. *Bulletin de l'École française de l'Extrême-Orient* 31:221–223.

Patnaik, Utsa. 1996. Peasant subsistence and food security in the context of the international commoditisation of production: the present and history. In *Meanings of agriculture: essays in South Asian history and economics*, edited by P. Robb. Delhi India: Oxford University Press.

Pavie, Auguste, and Walter E. J. Tips. 1999. *Travel reports of the Pavie missio: Vietnam, Laos, Yunnan, and Siam*. Bangkok Thailand: White Lotus Press.

Pelzer, Karl J. 1978. *Planter and peasant: colonial policy and the agrarian struggle in East Sumatra 1863–1947*. The Hague Netherlands: Martinus Nijhoff.

Petitions to the General Assembly, 1782–1866. edited by South Carolina Department of Archive & History. Columbia SC.

Pereira do Lago, Antonio Bernardino 1822. *Estatistica historica-geografica da provincia do Maranhão*. Lisbon Portugal: Academia Real das Sciencias.

Pereira, J. A., and E. P. Guimarães. 2010. History of rice in Latin America. In *Rice: origin, antiquity and history*, edited by S. D. Sharma (432– 451). New Delhi India: Oxford University Press and IBH.

Perkins, John. 1997. *Geopolitics and the green revolution: wheat, genes and the cold war*. New York NY: Oxford University Press.

Perrin, Frank L. 1910. Arkansas rice. *Farm Journal* 34 (Feb):97.

Pfister, Christian. 1978. Climate and economy in Eighteenth-Century Switzerland. *Journal of Interdisciplinary History* 9 (autumn):223–243.

Phillips, Edward Hake. 1951. The Gulf coast rice industry. *Agricultural History* 25 (Apr):91–96.

Pineiro, M., and Eduardo Trigo, eds. 1983. *Technical change and social conflict in agriculture: Latin American perspectives*. Boulder CO: Westview Press.

Pinstrup-Andersen, Per, and Peter Hazell. 1985. The impact of the green revolution and prospects for the future. *Food Reviews International* 1 (1):1–25.

Plan of Fairlawn Plantation. 1794. St. Thomas Parish, Charleston District (May.) John McCrady Plat Collection. no. 4339. Charleston County Register of Mesne Conveyance, Charleston, SC.

Ploeg, Jan Douwe Van der 1992. The reconstitution of locality: technology and labour in modern agriculture. In *Labour and locality*, edited by T. Marsden, P. Lowe and S. Whatmore (19–43). London UK: David Fulton.

Pomeranz, Kenneth. 2000. *The great divergence: China, Europe, and the making of the modern world economy*. Princeton NJ: Princeton University Press.

——. 2003. Women's work, family, and economic development in Europe and East Asia: long-term trajectories and contemporary comparisons. In *The resurgence of East Asia: 500, 150, and 50 year perspectives*, edited by G. Arrighi and M. Selden (124–172). London UK: Routledge.

Porcher, Richard D. 1987. Rice culture in South Carolina: a brief history, the role of the Huguenots, and the preservation of its legacy. *Transactions of the Huguenot Society of South Carolina* 92:1–22.

Porcher, Richard D., and Douglas A. Rayner. 2001. *A guide to the wildflowers of South Carolina*. Columbia SC: University of South Carolina Press.

Portères, Roland. 1962. Berceaux agricoles primaires sur le continent Africain. *Journal of African History* 3 (2):195–210.

——. 1970. Primary cradles of agriculture in the African continent. In *Papers in African prehistory*, edited by J.D. Fage and R.A. Oliver (43–58). Cambridge UK: Cambridge University Press.

Posner, Joshua Lowe. 1988. *A contribution to agronomic knowledge of the lower Casamance: bibliographical synthesis*. East Lansing MI: Department of Agricultural Economics, Michigan State University.

Posner, Joshua Lowe, Mulumba Kamuanga, and Mamadou Gueye Lo. 1991. *Lowland cropping systems in the Lower Casamance of Senegal: results of four years of agronomic research (1982–1985)*. East Lansing MI: Department of Agricultural Economics, Michigan State University.

Posner, Joshua Lowe, Mulumba Kamuanga, and Samba Sall. 1985. Les systèmes de production en Basse Casamance et les stratégies paysannes face au déficit pluviométrique. edited by I. Institut Senegalais de Recherches Agricoles, Travaux et Documents. Dakar: Département Systéme et. Transfert, Centre de Djibelor, Institut Sénégalais de Recherches Agricoles.

Post, Lauren. 1940. The rice country of Southwest Louisiana. *Geographical Review* 30 (October):574–590.

Pozdniakov, Konstantin. 1993. *Сравнительная грамматика атлантических языков (Grammaire comparée historique des langues Atlantiques)*. Moscow Russia: Nauka.

Pratt, Edward E. 1999. *Japan's protoindustrial elite: the economic foundations of the gōnō*. Cambridge MA: Harvard University Asia Center, Harvard University Press.

Public Health Department of Bengal (India). 1929. *Malaria problem in Bengal*. Calcutta India: Public Health Department of Bengal, India.

Pyne, Stephen J. 1997. *Vestal fire: an environmental history, told through fire, of Europe and Europe's encounter with the world*. Seattle WA: University of Washington Press.

Qu, Dajun 屈大均. 1985. *Guangdong xinyu* 广东新语 (New words from Guangdong). 北京：中华书局.

Ram, Rai Bahadur Ganga. 1920. *Punjab agricultural proverbs and their scientific significance: being a lecture delivered by Rai Bahadur Ganga Ram, on 27th September, 1920 before a public meeting in Simla under the presidency of Sir Edward Maclagan*. Lahore Pakistan: Ram.

Randrianja, Solofo, ed. 2009. *Madagascar, le coup d'etat de mars 2009, Hommes et sociétés*. Paris France: Karthala.

Randrianja, Solofo and Stephen Ellis. 2009. *Madagascar: A short history*. Chicago: University of Chicago Press.

Ranis, Gustav. 1969. The financing of Japanese economic development. In *Agriculture and economic growth: Japan's experience* edited by K. Ohkawa, B. Johnston, and H. Kaneda (440–454). Tōkyō, Japan: Tōkyō University Press.

Rash, Matthias, 1773. Rash to Peter Taylor. 18 March 1773. Taylor Family Papers. 1709–1829. South Caroliniana Library, University of South Carolina, Columbia, SC.

Rashid, Ishmael 2000. Escape, revolt and marronage in eighteenth and nineteenth century Sierra Leone hinterland. *Canadian Journal of African Studies* 34:656–683.

Ravenel, Henry Edmund. 1860. The limestone springs of St. John's Berkeley. Paper read at Proceedings of the Elliott Society of Science and Art, 1 Feb 1859, at Charleston, South Carolina.

——. 1898. *Ravenel records. A history and genealogy of the Huguenot family of Ravenel, of South Carolina; with some incidental account of the parish of St. Johns Berkeley, which was their principal location*. Atlanta GA: Franklin Printing and Publishing Co.

Ravenel land papers, 1695–1880. edited by South Carolina History Society. Charleston SC.

Ravina, Mark. 1999. *Land and lordship in early modern Japan*. Stanford CA: Stanford University Press.

Rawski, Evelyn Sakakida. 1972. *Agricultural change and the peasant economy of South China*. Cambridge MA: Harvard University Press.

Reclamation of Southern swamps. 1854. *DeBow's Review and Industrial Resources* 17 (Nov):525.

Rediker, Marcus. 2007. *The slave ship: a human history*. New York NY: Viking.

Remy, Theodor. 1908. Nochmals einige Worte über die Gefahren und Nachteile des modernen Pflanzenzuchtbetriebes. *Deutsche Landwirtschaftliche Presse* 35 (36):385–387.

Rénaud, J. 1880. Étude d'un Projet de Canal Entre le Vaico et le Cua-Tieu. *Excursions et Reconnaissances* 3:315–330.

Richards, John F., Edward S. Haynes, and James R. Hagen. 1985. Changes in the land and human productivity in Northern India, 1870–1970. *Agricultural History* 59 (4):523–548.

Richards, Paul. 1985. *Indigenous agricultural revolution: ecology and food production in West Africa*. London UK: Hutchinson.

——. 1986. *Coping with hunger: hazard and experiment in an African rice-farming system*. London UK, Boston MA: Allen & Unwin.

——. 1989. Farmers also experiment: a neglected intellectual resource in African science. *Discovery & Innovation* 1 (1):19–25.

——. 1990. Local strategies for coping with hunger: northern Nigeria and central Sierra Leone compared. *African Affairs* 89:265–275.

——. 1995. The versatility of the poor: indigenous wetland management systems in Sierra Leone. *GeoJournal* 35 (2):197–203.

——. 1996a. Culture and community values in the selection and maintenance of African rice. In *Valuing local knowledge: indigenous people and intellectual property rights*, edited by S. Brush and D. Stabinsky (209– 229). Washington DC: Island Press.

——. 1996b. *Fighting for the rain forest: war, youth & resources in Sierra Leone*. Portsmouth NH: Heinemann.

——. 1997. Toward an African green revolution? An anthropology of rice research in Sierra Leone. In *The ecology of practice: studies of food crop production in sub-Saharan West Africa*, edited by E. Nyerges (201–252). Newark NJ: Gordon & Breach.

Richardson, David 2001. Shipboard revolts, African authority, and the African slave trade. *William and Mary Quarterly 3rd Series* 58:69–92.

Riello, Giorgio, and Prasannan Parthasarathi. 2011. *The spinning world: a global history of cotton textiles, 1200–1850*. Oxford UK: Oxford University Press.

Rigg, Jonathan. 2001. *More than the soil: rural change in Southeast Asia*. Harlow UK: Prentice Hall.

Riley, Ralph. 1983. Plant breeding – an integrating technology. In *Plant breeding for low input conditions* edited by K. ter Horst and E. R. Watts. Lusaka: Ministry of Agriculture & Water Development.

Riser, Henry LeRoy. 1948. *The history of Jennings, Louisiana*. MA thesis, Louisiana State University.

Rist, Gilbert. 2008. *The history of development: from Western origins to global faith*. London UK: Zed Books.

Robb, Peter. 1996. *Meanings of agriculture: essays in South Asian history and economics*. Delhi India: Oxford University Press.

Roberts, Luke Shepherd. 1998. *Mercantilism in a Japanese domain: the merchant origins of economic nationalism in eighteenth-century Tosa*. Cambridge UK, New York NY: Cambridge University Press.

Robertson, C. J. 1936. The rice export from Burma, Siam, and French Indo-China. *Pacific Affairs* 9 (2):243–253.

Rodney, Walter. 1970. *A history of the Upper Guinea coast, 1545–1800, Oxford studies in African affairs*. Oxford UK: Clarendon Press.

Rosencrantz, Florence L. 1946. The rice industry in Arkansas. *Arkansas Historical Quarterly* 5 (Summer):123–137.

Rosengarten, Theodore. 1998. In the master's garden. In *Art and landscape in Charleston and the Lowcountry*, edited by J. Beardslay. Washington DC: Spacemaker Press.

Roy, Gopaul Chunder. 1876. *The causes, symptoms, and treatment of Burdwan fever, or the epidemic fever of lower Bengal*. London UK: Churchill.

Rudra, A. 1987. Technology choice in agriculture in India over the past three decades. In *Macropolicies for appropriate technology in developing countries*, edited by F. Stewart (22–73). Boulder CO: Westview.

Ruffin, Edmund, and William M. Mathew, eds. 1992. *Agriculture, geology, and society in antebellum South Carolina: the private diary of Edmund Ruffin, 1843*. Athens GA: University of Georgia Press.

Ruttan, Vernon. 1977. The green revolution: seven generalizations. *International Development Review* 4:16–23.

Sachs, Jeffrey. 2005. *The end of poverty: economic possibilities for our time*. New York NY: Penguin Press.

Sadio, Moussa. 2009 Production triplé`a Ziguinchor. *Le Soleil* Mardi 24 Fevrie.

Saitō Osamu 齐藤修. 1988. Daikaikon, jinkō, shōnō keizai 大开垦, 人口, 小农经业 (Land reclamation, population and the small-farm economy) In *Nihon keizaishi. 1, Keizai shakai no seiritsu* 日本经济史. 1, 经济社会の成立. *(Economic history of Japan. 1. The establishment of economic society)*, edited by Umemura Mataji 梅村又次, Hayami Akira 速水融 and Miyamoto Matao 宫本又郎. Tōkyō Japan: Iwanami Shoten.

——. 2005. Pre-modern economic growth revisited: Japan and the West. *LSE/GEHN Working Paper Series*.

——. 2008. *Hikaku keizai hatten ron* 比较经济发展论 (Comparative economic development). Tōkyō Japan: Iwanami Shoten.

Sakane Yoshihiro 坂根嘉弘. 2002. Kindaiteki tochi shoyū no gaiken to tokushitsu" (The outline and characteristics of modern landownership) In *Tochi shoyū shi* 土地所有史 (The history of landownership), edited by Watanabe Takashi 渡辺尚志 and Gomi Fumihiko 五味文. Tōkyō Japan: Yamakawa Shuppansha.

Samanta, Arabinda. 2002. *Malarial fever in colonial Bengal, 1820–1939: social history of an epidemic.* Kolkata: Firma KLM.

Sansom, Robert. 1967, Oct. 18. *The use and impact of the four horsepower gasoline engine in rural Vietnam.* Lyndon Baines Johnson Presidential Library, Reel 1.

——. 2010. L'agriculture traditionnelle chinoise est-elle verte et jusqu'où? In *L'empreinte de la Technique. Ethnologie Prospective (Cerisy 2–9 Juillet 2009)*, edited by É. Faroult and T. Gaudin (pp. 117–140). Paris: L'Harmattan.

——. 2011. Rethinking the green revolution in South China: technological materialities and human-environment relations. *East Asian Science, Technology and Society* 5 (4):479–504.

Sapir, J. David. 1971. West Atlantic: an inventory of the languages, their noun class systems and consonant alternation. *Current Trends in Linguistics* 7, (1):5–112.

Sarasin, Viraphol. 1977. *Tribute and profit: Sino-Siamese trade, 1652–1853.* Cambridge MA: Council on East Asian Studies, Harvard University Press.

Sarró, Ramon. 2009. *The politics of religious change on the Upper Guinea coast: iconoclasm done and undone.* Edinburgh UK: Edinburgh University Press.

Scanlon, Sister Francis Assisi. 1954. The rice industry of Texas. MA thesis, University of Texas, Austin.

Scharnagel, Theodor. 1936. Stand und Aufgaben der Pflanbzenzüchtung im süddeutschen Raum. *Der Forschungsdienst* Sonderheft Nr. 3:34–40.

——. 1953. Die Bedeutung der Lokalsortenzüchtung für Bayern. *Landwirtschaftliches Jahrbuch für Bayern* 30 (June):174–181.

Schindler, Franz. 1907. Inwieweit hat die Getreidezüchtung auf die Landrassen Rücksicht zu nehmen und welche Massnahmen sind geeignet, die Saatgutzüchtung in wirksamster Weise zu fördern? In *VIII. Internationaler landwirtschaftlicher Kongress Wien*, edited by anon. Vienna Austria: F.A. Wachtl.

——. 1928. Über die Notwendigkeit der Erforschung und Erhaltung der Getreidelandrassen im Hinblick auf ihre züchterische und wirtschaftliche Bedeutung. In *Festschrift anlässlich des 70. Geburtstages Professor Dr. Julius Stoklasa*, edited by E. G. Doerell. Berlin Germany: Parey.

Schneider, Jürg. 1992. *From upland to irrigated rice: the development of wet-rice agriculture in Rejang-Musi, Southwest Sumatra.* Bern: Reimer.

Schoenbrun, David Lee. 1993. We are what we eat: ancient agriculture between the Great Lakes. *The Journal of African History* 34, (1):1-31.

——. 1998. *A green place, a good place: agrarian change, gender, and social identity in the Great Lakes region to the 15th century*. Portsmouth NH: Heinemann.

Schultz, Theodore. 1964. *Transforming traditional agriculture*. Chicago IL, London UK: University of Chicago Press.

Science. 1998. Wonder wheat. *Science* 280 (24 Apr):527.

Scott, James C. 1998. *Seeing like a state: how certain schemes to improve the human condition have failed*. New Haven CT, London UK: Yale University Press.

——. 2009. *The art of not being governed: an anarchist history of upland Southeast Asia*. New Haven CT: Yale University Press.

Searing, James F. 1993. *West African slavery and Atlantic commerce (Texto impreso): the Senegal River valley, 1700-1860. African studies series*. Cambridge UK: Cambridge University Press.

Segerer, Guillaume. 2000. L'origine des Bijogo: hypothèses de linguiste. In *Migrations anciennes et peuplement actuel des Côtes guinéennes: actes du colloque international de l'Université de Lille 1, les 1er, 2 et 3 décembre 1997*, edited by G. Gaillard and Université de science et technique de Lille (183-92). Paris France: Harmattan.

——. 2002. *La Langue Bijogo De Bubaque (Guinee Bissau)*. Louvain, Belgium: Peters.

Semon, Mande, Rasmus Neilsen, Monty P. Jones, and Susan R. McCouch. 2005. Population structure of African cultivated rice Oryza glaberrima (Steud.): evidence for elevated levels of linkage. Disequilibrium caused by admixture with O. sativa and ecological adaptation. *Genetics* 169:1639-1647.

Sen, Amartya. 1981. *Poverty and famines: an essay on entitlement and deprivation*. Oxford UK, New York NY: Clarendon Press, Oxford University Press.

Shannon, Fred A. 1945. *The farmer's last frontier, agriculture, 1860-1897, The economic history of the United States*. New York NY, Toronto Canada: Farrar & Rinehart.

Sharma, Shatanjiw Das. 2010. *Rice: origin, antiquity and history*. Enfield NH, Boca Raton FL: Science Publishers, distributed by CRC Press.

Shen Chiran 沈赤然. 1986. preface dated 1808. Hanye congtan 寒夜丛谈 (Random notes of a chilly night) In *Youmanlou congshu* 又满楼丛书 (Book collection of Youmanlou). 1924年出版,1986年重印. 江苏: 广陵古籍刻印社.

Shen, Xiaobai. 2010. Understanding the evolution of rice technology in China – from traditional agriculture to GM rice today. *Journal of Development Studies* 46 (6):1026-1046.

Shen Zonghan, 1980. Xiansheng jinian ji沈宗翰先生纪念集 (Collection of articles to commemorate Shen Zonghan). 中国台北: 沈宗翰先生纪念集编印委员会.

Shen Zonghan 沈宗翰. 1984. *Shen Zonghan zishu* 沈宗翰自述 (Memoirs of Shen Zonghan).中国台北: 传记文学出版社.

Sherman, D. George, and Hedy Bruyns Sherman. 1990. *Rice, rupees, and ritual: economy and society among the Samosir Batak of Sumatra*. Stanford CA: Stanford University Press.

Shetler, Jan Bender. 2007. *Imagining Serengeti: a history of landscape memory in Tanzania from earliest times to the present, New African histories series*. Athens OH: Ohio University Press.

Shiba Yoshinobu 斯波义信. 1968. *Sōdai keizaishi no kenkyû* 宋代商业史研究 (Study of Song Dynastic economic history). Tōkyō Japan: Kazama Shobo.

Shina no kome ni kansuru chōsa 支那ノ米ニ關スル調査 (*China and rice: analysis of their relation*). 1917. Tōkyō Japan: Nōshōmushō nōmukyoku.

Siddiqui, Iqtidar Hussein. 1986. Water works and irrigation systems in India during Pre-Mughal times. *Journal of Economic and Social History of the Orient* 29 (1):53–72.

Simmonds, N.W. 1991. Selection for local adaptation in a plant breeding programme. *Theoretical and Applied Genetics* 82:363–367.

Singh, Chetan. 1985. Well-irrigation methods in medieval Panjab: the Persian wheel reconsidered. *Indian Economic and Social History Review* 22 (1):73–88.

Singh, Chetan. 1991. *Region and empire: Panjab in the seventeenth century*. Delhi: Oxford University Press.

Singh, Navtej. 1996. *Starvation and colonialism: a study of famines in the nineteenth century British Punjab, 1858–1901*. New Delhi India: National Book Organisation.

Singleton, Theresa A. 2010. Reclaiming the Gullah-Geechee past: archaeology of slavery in coastal Georgia. In *African American life in the Georgia Lowcountry: the Atlantic world and the Gullah Geechee*, edited by P. Morgan (151–187). Athens GA: University of Georgia Press.

Sinn, Elizabeth. 1990. *Between east and west: aspects of social and political development in Hong Kong*. Hong Kong: Centre of Asian Studies, University of Hong Kong.

Siple, George E. 1960. Some geologic and hydrologic factors affecting limestone terraces of tertiary age in South Carolina. *Southeastern Geology* 2 (Aug):1–11.

Small, John C., and St. Louis Southwestern Railway Company. 1910. *Rice, the white cereal of Arkansas*. St. Louis, MO: E.W. LaBeaume.

Smith, Hayden R. 2012. Rich swamps and rice grounds: the specialization of inland rice culture in the South Carolina Lowcountry, 1670–1861. PhD thesis, History, University of Georgia.

Smith, Thomas C. 1959. *The agrarian origins of modern Japan*. Stanford CA: Stanford University Press.

——. 1988. Farm family by-employments in pre-industrial Japan. In *Native sources of Japanese industrialization, 1750–1920*, edited by T. C. Smith (71–102). Berkeley CA: University of California Press.

Smits, M. B. 1919a. *De voedselvoorziening van Nederlandsch-Indië*, Batavia: Vereeniging voor Studie van Koloniaal Maatschappelijke Vraagstukken.

——. 1919b. Onderzoek naar de landbouwtoestanden in de Onderafdeling Aier Bangis (S.W.K.). *Mededeelingen van den Landbouwvoorlichtingsdienst* 2:1–16.

——. 1920. *De rijstcultuur in Noord-Amerika met behulp van mechanischen arbeid*. Weltevreden Netherlands: Landsdrukkerij.

——. 1934. Mechanische Rijstcultuur en haar betekenis voor de Nederlandsche Koloniën. *Landbouwkundig Tijdschrift* 46:617–629.

Society for the propagation of the gospel in foreign parts. South Carolina. Microfilm.

Soller, D. R., and H. H. Mills. 1991. Surficial geology and geomorphology. In *Geology of the Carolinas: Carolina Geological Society fiftieth anniversary volume*, edited by J. W. Horton, V. A. Zullo, and Carolina Geological Society (290–308). Knoxville TN: University of Tennessee Press.

South Carolina Gazette, Various years. Charleston SC.

Southern Pacific [Railroad] Company. 1899. *Southwest Louisiana up-to-date*. Omaha, Edition: n.p.

——. 1901. *Louisiana rice book*. Houston TX: Passenger Department of the Southern Pacific "Sunset Route".

——. 1902. *Rice cook book*. Houston: n.p. Passenger Department.

Southworth, F. C. 2011. Proto-Dravidian agriculture. In *Rice and language across Asia: crops movement and social change symposium*. Cornell University's East Asia Program.

Spear, Thomas T., Richard Waller, and African Studies Association Meeting. 1993. *Being Maasai: ethnicity & identity in East Africa*. London UK: J. Currey.

Spicer, J. M. 1964. *Beginnings of the rice industry in Arkansas*. Arkansas: Arkansas Rice Promotion Association and Rice Council.

Stadelmann. 1924. Saatzüchterische Tagesfragen. *Wochenblatt des landwirtschaftlichen Vereins in Bayern* 114:233–234.

Starostin, Sergei. 2000. Comparative-historical linguistics and lexicostatistics. *Time Depth in Historical Linguistics* 1:223–259.

Steglich, Bruno. 1893. *Über Verbesserung und Veredelung landwirtschaftlicher Kulturgesächse durch Züchtung* (lecture, 2 Dec 1892 at Ökonomische Gesellschaft im Kgr. Sachsen). Leipzig Germany: Reichenbach.

Stein, Burton, and David Arnold. 2010. *A history of India*. Oxford UK, Malden MA: Wiley-Blackwell.

Steinberg, Theodore. 1991. *Nature incorporated: industrialization and the waters of New England, Studies in environment and history*. Cambridge UK, New York NY: Cambridge University Press.

Stewart, Mart A. 2002a. Southern environmental history. In *A companion to the American South*, edited by John B. Bowles. Malden, MA: Blackwell.

——. 2002b. *What nature suffers to groe: life, labor, and landscape on the Georgia Coast, 1680–1920, Wormsloe foundation publications*. Athens GA, London UK: University of Georgia Press.

Stewart, Mart A., and Peter A. Coclanis. 2011. *Environmental change and agricultural sustainability in the Mekong Delta*. Dordrecht Netherlands: Springer.

Stiven, A. E. 1908. Rice. In *Twentieth century impressions of Siam: its history, people, commerce, industries, and resources, with which is incorporated an abridged edition of twentieth century impressions of British Malaya*, edited by A. Wright and O. T. Breakspear (144–169). London UK: Lloyds Greater Britain Publishing Company, Ltd.

Stobbs, A. R. 1963. *The soils and geography of the Boliland Region of Sierra Leone*. Freetown Sierra Leone: Government of Sierra Leone.

Stoler, Ann Laura. 1985. *Capitalism and confrontation in Sumatra's plantation belt, 1870–1979*. New Haven CT: Yale University Press.

Stoll, Steven. 2002. *Larding the lean earth: soil and society in nineteenth-century America*. New York NY: Hill and Wang.

Storey, William Kelleher. 1997. *Science and power in colonial Mauritius*. Rochester NY: University of Rochester Press.

Stross, Randall E. 1986. *The stubborn earth: American agriculturalists on Chinese soil, 1898–1937*. Berkeley CA: University of California Press.

Suba, Agostinho Clode. As estruturas sociais Balantas. *Bombolom* 1:n.d.

Subrahmanyam, Sanjay, and C. A. Bayly. 1988. Portfolio capitalists and the political economy of early modern India. *The Indian Economic and Social History Review* 25 (4):401–424.

Suehiro Akira. 1989. *Capital accumulation in Thailand, 1855–1985*. Tōkyō Japan: Centre for East Asian Cultural Studies.

Sugihara Kaoru. 2003. The East Asian path of development: a long-term perspective. In *The resurgence of East Asia: 500, 150 and 50 year perspectives*, edited by G. Arrighi, T. Hamashita and M. Selden (178–23). London UK, New York NY: Routledge.

Sun Wen 孙文. 1957. *Guofu quanji* 国父全集 (Completed works of Sun Yat-sen) 中国台北: 文物供应社.

Sun Yixian 孙逸仙. 1957. *Guofu quanji* 国父全集 (Completed works of Sun Yat-sen). 6 vols. 中国台北: 文物.

Sur, D., and S. P. Mukhopadhyay. 2006. Prevalence of Thalassaemia trait in the state of West Bengal. *Journal of the Indian Medical Association* 104 (1):11–5.

Surface, G. T. 1911. Rice in the United States. *Bulletin of the American Geographical Society* 43:500–509.

Sutter, Paul, S. 2010. What gullies mean: Georgia's "little Grand Canyon" and Southern environmental history. *The Journal of Southern History* 76 (Aug): 579–616.

Sutton, J. E. G. 1984. Irrigation and soil-conservation in African agricultural history. *Journal of Agricultural History* 25:25–41.

Sweeney, M. T. et al. 2007. Global dissemination of a single mutation conferring white pericarp in rice. *PloS Genetics* 3 (8):1418–1424.

Sweeny, Megan, and Susan R. McCouch. 2007. The complex history of the domestication of rice. *Annals of Botany* 100 (5):951–957.

Taiwan Sōtoku kanbō chōsaka. 1925. *Saigon mai no chosa* 西貢米の 調査 (The survey of Saigon rice). Taipei: Taiwan Sōtoku kanbō chōsaka.

Takeuchi, J. Ozen. 1991. *The role of labour-intensive sectors in Japanese industrialization*. Tōkyō Japan: United Nations University Press.

Tamaki Akira 玉城哲. 1977. *Mizu no shisō* 水の思想 (The philosophy of water). Tokyo: Ronsōsha.

Tan Qian 谈迁. 1960. *Beiyou lu* 北游录 *(Record of Northern travels)* 北京: 中华书局.

Tanimoto Masayuki 谷本雅之. 1998. *Nihon ni okeru zairaiteki keizai hatten to orimonogyō: shijō keisei to kazoku keizai* 日本における在来的経済発展と織物業: 市場形成と家族経済 (Indigenous economic development and the textile industry in Japan: market formation and the household economy). Nagoya, Japan: Nagoya Daigaku Shuppankai.

——. 2006. The role of tradition in Japan's industrialization. In *The role of tradition in Japan's industrialization: another path to industrialization*, edited by M. Tanimoto (3–44). Oxford UK, New York NY: Oxford University Press.

——. 2013. From peasant economy to urban agglomeration: the transformation of labor-intensive industrialization in modern Japan. In *Labour-intensive industrialization in historical perspective*, edited by G. Austin and K. Sugihara (144–75). Abingdon UK: Routledge.

Taselaar, Arjen. 1998. *De Nederlandse koloniale lobby: ondernemers en de Indische politiek, 1914–1940*. Leiden Netherlands: Research School CNWS, School of Asian, African, and Amerindian Studies.

Tawney, R.H. 1932, reprint 1966. *Land and labor in China*. Boston MA: Beacon Press.

Taylor family papers. 1709–1829. edited by University of South Carolina, South Caroliniana Library. Columbia SC.

Temudo, Marina Padrão. 2009. From the margins of the state to the presidential palace: the Balanta case in Guinea-Bissau. *African Studies Review* **52** (2):49–50.

terHorst, K., and E.R. Watts, eds. 1983. *Plant breeding for low input conditions (Proceedings of a workshop on plant breeding for "lousy" conditions, held at Mt. Makulu Central Research Station, Chilanga, Zambia, 5 March 1982)*. Lusaka Zambia: Ministry of Agriculture & Water Development.

Terry, George D. 1981. "Champaign Country": a social history of an eighteenth century Lowcountry Parish in South Carolina, St. Johns Berkley County. PhD, University of South Carolina.

Thee, Kian Wie. 1969. Plantation agriculture and export growth an economic history of East Sumatra, 1863–1942. PhD thesis, National Institute of Economic and Social Research University of Wisconsin.

Thomson, William Cooper. 1846. Narrative of Mr. William Cooper Thomson's journey from Sierra Leone to Timbo, capital of Futah Kallo, in Western Africa. *Journal of the Royal Geographical Society of London* **16**:106–138.

Tibbetts, John. 2006. African roots, Carolina gold, Coastal Heritage. *Coastal Heritage* **21** (1):3–10.

Tilley, Helen. 2011. *Africa as a living laboratory: empire, development, and the problem of scientific knowledge, 1870–1950*. Chicago: University of Chicago Press.

Tomobe Kenichi友部谦一. 1996. Tochiseido 土地制度 (The land system). In *Nihon Keizai no 200-nen* 日本経済の200年 (200 years of the Japanese economy), edited by Nishikawa Shunsuke 西川俊作, Odaka Kōnosuke 尾高煌 and Saitō Osamu 齐藤修. Tōkyō Japan: Nihon Hyōronsha.

Tripp, Robert, and et al. 2006. *Self-sufficient agriculture: labour and knowledge in small-scale farming*. London UK: Earthscan.

Tsao, Ellen. 1932. Chinese rice merchants and millers in French Indo-China. *Chinese Economic Journal* **11** (6 Dec):450–463.

Tsou, S.C.S., and R.L. Villareal. 1982. Resistance to eating sweet potatoes. In *Sweet potato*, edited by R.L. Villareal and T.D. Griggs (37–42). Shanhua: Asian Vegetable Research and Development Center.

Tu, Nguyen Duc. 2011. Rice production and a vision for Vietnam's wetlands. In *Successful cases on sustainable rice paddy farming practices and wetland conservation in Asia*, edited by G. Lukacs. Tōkyō Japan: Ministry of Environment.

United States Department of Agriculture. 1971. *Soil survey of Charleston County, South Carolina*. Washington DC: Government Printing Office.

———. 1980a. *Soil survey of Beaufort and Jasper counties*. Washington DC: Government Printing Office.

———. 1980b. *Soil survey of Berkeley county, South Carolina*. Washington DC: Government Printing Office.

United States Geological Survey. 2012. *The National Map*. Washington DC: online at: http://nationalmap.gov/ [accessed August 5, 2014).

U.S. Department of the Interior. 1898. *Water supply and irrigation papers of the United States Geological Survey*. Vol. 13, *Irrigation systems in Texas*. Washington DC: Government Printing Office.

Van der Leij, Marco, and Sanjeev Goyal. 2011. Strong ties in a small world. *Review of Network Economics* online at: http://www.bepress.com/rne/vol10/iss2/1 [accessed August 5, 2014].

Van der Stok, J. E. 1924. *Verslag over het rijstproefbedrijf Selatdjaran*. edited by I. K. National Archive. The Hague Netherlands.

Van Ruymbeke, Bertrand. 2006. *From New Babylon to Eden: the Huguenots and their migration to colonial South Carolina*. Columbia SC: University of South Carolina Press.

Vansina, Jan. 1990. *Paths in the rainforests: toward a history of political tradition in equatorial Africa*. Madison WI: University of Wisconsin Press.

——. 1995. New linguistic evidence and "the Bantu expansion." *The Journal of African History* **36** (2):173–195.

——. 2004. *How societies are born: governance in West Central Africa before 1600*. Charlottesville VA: University of Virginia Press.

Vaughan, D. A., Koh-ichi Kadowaki, Akito Kaga, and Norihiko Tomooka. 2005. On the phylogeny and biogeography of the genus Oryza. *Breeding Science* **55**: 113–122.

Vernon, Amelia Wallace. 1993. *African Americans at Mars Bluff, South Carolina*. Baton Rouge LA: Louisiana State University Press.

Verschuer, Charlotte von. 2003. *Le riz dans la culture de Heian, mythe et réalité, Bibliothèque de l'Institut des hautes études japonaises*. Paris France: Collège de France, Institut des hautes études japonaises.

Vincenheller, W. G. 1906. *Rice growing in Arkansas*. Fayetteville AR: Arkansas Agricultural Experiment Station.

Vink, G. J. 1941. *De grondslagen van het Indonesische landbouwbedrijf*. Wageningen Netherlands: H. Veenman.

Virk, P. S., G. S. Khush, and S. Peng. 2004. Breeding to enhance yield potential of rice at IRRI: the ideotype approach. *International Rice Research Notes* **29** (1):5–9.

Vlach, John Michael. 1993. *Back of the big house: the architecture of plantation slavery, The Fred W. Morrison series in Southern studies*. Chapel Hill NC: University of North Carolina Press.

Volker, Tys. 1928. *Van oerbosch tot cultuurgebied: een schets van de beteekenis van de tabak, de andere cultures en de industrie ter oostkust van Sumatra*. Medan Indonesia: Deli Planters Vereeniging.

Vydrin, Valentin. 2009. On the problem of the proto-Mande homeland. *Вопросы языкового родства–Journal of Language Relationship* 1: 107–142.

Vydrin, Valentin, and T. G. Bergman. *Mandé language group of West Africa: location and genetic classification*, June 23, 2010 2010. Online at: http://www-01.sil.org/silesr/2000/2000-003/silesr2000-003.htm [accessed August 5, 2014].

Wakimura, Kohei. 1997. Famines, epidemics and mortality in Northern India, 1870–1921. In *Local agrarian societies in colonial India: Japanese perspectives*, edited by P. Robb, K. Sugihara and H. Yanagisawa (280–310). New Delhi India: Manohar.

Wall, A. J. 1883. *Indian snake poisons, their nature and effects*. London UK: Allen.

Walshaw, Sarah. 2005. Swahili urbanization, trade and food production: botanical perspectives from Pemba Island, Tanzania, AD 600–1500, PhD dissertation, Washington University.

Walton, J. R. 1999. Varietal innovation and the competitiveness of the British cereals sector, 1760–1930. *Agricultural History Review* 47:29–57.

Wang Xixian 黄希宪. 前言 1640. *Fu Wu xilue* 抚吴檄略 (Brief sketch of the administrator Fu).

Wang Yeh-chien 王业键. 1986. The food supply in eighteenth-century Fukien. *Late Imperial China* 7 (2):80–117.

——. 2003. *Qingdai jingji shilun wenji* 清代经济史论文集 (Collected essays in the economic history of Qing China). 中国台北：稻乡出版社.

Wang Zuoyue. 2002. Saving China through science: the science society of China, scientific nationalism, and civil society in Republican China. *Osiris* 17 291–322.

Warman, Arturo. 2003. *Corn & capitalism: how a botanical bastard grew to global dominance, Latin America in translation/en traducción/em tradução.* Chapel Hill NC: University of North Carolina Press.

Watanabe Minoru 渡邊実. 1964. *Nihon shoku seikatsu shi* 日本食生活史 (A history of foodways in Japan). Tōkyō Japan: Yoshikawa Kobunkan.

Watanabe Takashi 渡辺尚志. 2002. Kinseiteki tochi shoyū no tokushitsu 近世的土地所有の特質 (The features of landownership in the early-modern period). In *Tochi Shoyū Shi* 土地所有史 (The history of landownership), edited by Watanabe Takashi and Gomi Fumihiko. Tōkyō Japan: Yamakawa Shuppansha.

Watson, Andrew. 1974. The Arab agricultural revolution and its diffusion, 700–1100. *Journal of Economic History* 34 (1):8–35.

Watt, George. 1891. *A dictionary of the economic products of India/ 5, Linum to oyster.* Calcutta India: Government Printing, India.

Webb, James L. A. 2009. *Humanity's burden: a global history of malaria, Studies in environment and history.* Cambridge UK, New York NY: Cambridge University Press.

Weems, R. E., Geological Survey (U.S.), Earl M. Lemon, and US Nuclear Regulatory Commission. 1989. *Geology of the Bethera, Cordesville, Huger, and Kittredge quadrangles, Berkeley County, South Carolina.* Reston CA, Denver CO: The Survey, Map Distribution.

West, Ellen Hillman. 1987. Itinerant farm worker – Charles Miller. *Grand Prairie Historical Society Bulletin* 30 (Apr):39–42.

White, Benjamin. 1983. "Agricultural involution" and its critics: twenty years after. *Bulletin of Concerned Asian Scholars* 15 (2):18–31.

White, Frederick Norman. 1918. *Twenty years of plague in India with special reference to the outbreak of 1917–1918.* Calcutta India: Supt. Government Printing.

White, Richard. 1995. *The organic machine: the remaking of the Columbia river.* New York NY: Hill and Wang.

White, William. 2008. Economic history of tractors in the United States. In *Eh.Net Encyclopedia*: Robert Whaples online at: http://eh.net/encyclopedia/article/white.tractors.history.us [accessed October 13, 2011].

Wickizer, Vernon Dale, Merrill Kelley Bennett, and Institute of Pacific Relations. 1941. *The rice economy of monsoon Asia.* Stanford CA: Stanford University, Food Research Institute.

Wilkinson, R. A. 1848. Production of rice in Louisiana. *De Bow's Review* 6 (July):53–57.

Will, Pierre-Etienne and R. Bin Wong. 1991. *Nourish the people: the state civilian granary system in China, 1650–1850*. Ann Arbor MI: Center for Chinese Studies Publications.

Willis, Russell Austin. 2006. Genetic stratigraphy and geochronology of last interglacial shorelines on the central coast of South Carolina. MA thesis, Geology & Geophysics, Louisiana State University.

Willoughby, Ralph H., and Doar, W.R., III. 2006. *Solution to the two-Talbot problem of maritime Pleistocene terraces in South Carolina*. Columbia SC: South Carolina Department of Natural Resources, Geological Survey.

Willson, Jack H., and Butte County Rice Growers Association. 1979. *Rice in California*. Richvale CA: Butte County Rice Growers Association.

Wilmsen, Edwin N. 1989. *Land filled with flies: a political economy of the Kalahari*. Chicago IL: University of Chicago Press.

Winder, Gordon M. 2012. *The American reaper: harvesting networks and technology, 1830–1910*. Farham, UK: Ashgate.

Winterbottom, Thomas Masterman. 1803. *An account of the native Africans in the neighbourhood of Sierra Leone; to which is added, an account of the present state of medicine among them*. London UK: C. Whittingham, J. Hatchard.

Wittfogel, Karl August. 1957. *Oriental despotism; a comparative study of total power*. New Haven CT: Yale University Press.

Wong, R. Bin. 1997. *China transformed: historical change and the limits of European experience*. Ithaca NY: Cornell University Press.

Wood, Peter H. 1974. *Black majority. Negroes in colonial South Carolina from 1670 through the Stono Rebellion*. New York NY: Knopf, distributed by Random House.

Woolcock, Michael, Simon Szreter, and Vijayendra Rao. 2011. How and why does history matter for development policy? *Journal of Development Studies* **47** (1):70–96.

Wooster, Ralph. 2012. *Viterbo, TX*. Online at: http://www.tshaonline.org/handbook/online/articles/htv08 [accessed August 5, 2014].

World Bank. 2007. *World development report 2008: agriculture for development*. Washington DC: World Bank.

Wright, Arnold, and Oliver T. Breakspear. 1908. *Twentieth century impressions of Siam: its history, people, commerce, industries, and resources, with which is incorporated an abridged edition of Twentieth century impressions of British Malaya*. London UK: Lloyds Greater Britain Publishing Company, Ltd.

Wu Han 吴晗. 1960. Aiguo de lishijia Tan Qian 爱国的历史学家谈迁 (Tan Qian, A patriot-historian). In *Beiyou lu*, edited by T. Qian. 北京: 中华书局.

Xingzhengyuan nongcun fuxing weiyuan hui 行政院农村复兴委员会. 1934. *Zhongguo nongye zhi gaijin* 中国农业之改进 (The improvement of Chinese agriculture). 上海: 商务印书馆.

Xuan, Vo Tong. 1975. Rice cultivation in the Mekong delta: present situation and potentials for increased production. *South East Asian Studies* **13** (1):88–111.

——. 1994, 4–7 *May History of Vietnam-IRRI Rice Cooperation*. Paper read at Vietnam and IRRI: A partnership in rice research 1995, at Hanoi.

Yamaguchi Kazuo 山口和雄. 1963. *Meiji zenki keizai no bunseki* 明治前期經濟の分析 (Analysis of the Early Meiji economy), 2nd ed.. Tōkyō Japan: Tōkyō Daigaku Shuppansha.

Yeh Wen-Hsin. 2000. *Becoming Chinese: passages to modernity and beyond, Studies on China*. Berkeley CA: University of California Press.

You Xiuling 游修龄. 1986. Taihu diqu daozuo qiyuan ji qi chuanbo he fazhan wenti 太湖地区稻作起源及其传播和发展问题 (The origin of grains, its development and spread in the Taihu era). 中国农事 10:71–83.

Yu, Hwa-Lung, and George Christakos. 2006. Spatiotemporal modelling and mapping of the Bubonic Plague epidemic in India. *International Journal of Health Geography* (12), online at: http://www.ncbi.nlm.nih.gov/pmc/articles/PMC1448212 [accessed August 5, 2014].

Zader, Amy. 2011. Technologies of quality: the role of the Chinese state in guiding the market for rice. *East Asian Science, Technology and Society* 5 (4):461–477.

Zanden, J. L. van. 2000. The great convergence from a West-European perspective: some thought and hypotheses. *Itinerario* 24 (3/4):9–28.

Zappi, Elda Gentili. 1991. *If eight hours seem too few: mobilization of women workers in the Italian rice fields*. Albany NY: State University of New York Press.

Zhang, Xinyi. 1931. *China's food problem*. Shanghai: China Institute of Pacific Relations.

Zhao Fangtian 赵方田, and Yang Jun 杨军. 2008. *Zhongguo nongxue huishi* 中国农学会史 (A history of China association of agricultural science societies). 上海：上海交通大学出版社.

Zhao Lianfang 赵连芳. 1954. *Xiandai nongye* 现代农业 (Modern agriculture), Xiandai guomin jiben zhishi congshu. 中国台北：中华文化出版事业委员会.

——. 赵连芳. 1970. *Zhao Lianfang boshi huiyilu* 赵连芳博士回忆录 (Dr. Zhao Lianfang's memoir). Taibei: Zhaozhang xiaosong.

Zhupi zouzhe 硃批奏折 (Throne memorials with imperial annotations) Edited by Z. d. d. a. guan.北京：中国第一历史档案馆，缩微胶卷.

Zuijin sinian jian shiliang wenti wenxian mulu 最近四年来食粮问题文献目录 (Index of the works for food problem in recent four years). 1936. 国际贸易导报 8 (6): 267–278.

Zurbrigg, Sheila. 1992. Hunger and epidemic malaria in Punjab, 1968–1940. *Economic and Political Weekly* 25 (Jan): PE 2–26.

Zurndorfer, Harriet T. 2004. Imperialism, globalization, and public finance: the case of the late Qing. *LSE, Global Economic History Network (GEHN) Working Paper* 06/04.